本著作得到“十三五”国家重点研发计划课题“村镇社区绿色宜居单元规划动态模拟技术(项目号:2019YFD1100805)”资助

村镇社区微气候评价与优化设计研究

彭昌海　李向锋　于新蕾　徐利明　著

图书在版编目（CIP）数据

村镇社区微气候评价与优化设计研究 / 彭昌海等著
. -- 2版. -- 天津 : 天津大学出版社, 2022.11
ISBN 978-7-5618-7339-7

Ⅰ. ①村… Ⅱ. ①彭… Ⅲ. ①农村社区－微气候－关系－乡村规划－研究－中国 Ⅳ. ①P463.2②TU982.29

中国版本图书馆CIP数据核字(2022)第209086号

村镇社区微气候评价与优化设计研究 | CUNZHEN SHEQU WEIQIHOU PINGJIA YU YOUHUA SHEJI YANJIU

出版发行　天津大学出版社
地　　址　天津市卫津路92号天津大学内（邮编：300072）
电　　话　发行部：022-27403647
网　　址　www.tjupress.com.cn
印　　刷　廊坊市瑞德印刷有限公司
经　　销　全国各地新华书店
开　　本　787mm×1092mm　1/16
印　　张　21
字　　数　499千
版　　次　2022年11月第1版
印　　次　2022年11月第1次
定　　价　105.00元

前　言

随着国家乡村振兴战略的实施，人们对村镇的室外微气候环境提出了更高的要求，村镇室外空间形态与微气候环境的关系机制受到了越来越多的关注。由于村镇的建筑布局、环境特点、气候特征均与城市有较大差异，城市的形态与微气候环境的关联机制对村镇而言并不一定适用。本书分上篇和下篇两个部分，层层深入研究村镇社区微气候与其空间形态的量化关系、微气候评价方法、优化设计策略。其中，上篇以长江中下游地区的 6 个村镇为例，研究村镇空间形态对其微气候环境的影响与优化，提出一种基于提升舒适度的村镇空间评价、识别和优化的方法，以指导该区域村镇的气候适应性规划设计，并特别探索了江苏省宜兴市丁蜀镇西望村空间形态因子对室外热舒适度影响的机理；下篇将研究范围从西望村扩大到苏南地区，根据该地区常见的空间形态布局方式，建立了 48 个基准模型，分 96 种冬、夏季工况，进一步深入研究基于微气候环境的村镇社区空间形态量化关系。

上下两篇的具体内容如下。

上　篇

首先，以长江中下游地区 6 个典型性村镇为研究对象，通过开展室外微气候测量、人体热感觉与舒适度的调查研究，建立了一套适用于该地区的人体热感觉预测评价模型、室外热舒适度的评价尺度；使用主观定性与统计指标定量相结合的方法，探讨了 4 种热舒适度评价指标（生理等效温度（PET）、新标准有效温度（SET*）、通用热气候指标（UTCI）和湿球黑球温度（WBGT））在研究区域的适用性。结果发现：对于该地区村镇全年的室外热舒适度评估，PET 最为适用，UTCI 次之。

其次，以西望村为例，展开冬、夏季典型气象日的微气候环境模拟与评价研究，分析冬、夏季室外综合舒适度的特点。关于典型气象日的选取，提出了 2 种方法：基于参数权重典型气象日选取法、基于“主成分—聚类”的典型气象日选取法。前者可选取出冬、夏季最冷、最热月的典型气象日；后者可将季节划分为多种气候类型并选取各类型的典型气象日，使用该结果进行模拟，可更全面地反映季节的微气候环境特点。至于热舒适度的综合评价，使用了 3 种评判方法：折中性评判方法、独立性评判方法与标准化评判方法。结果发现：基于“主成分—聚类”的典型气象日选取法对于气候的考量更为全面，其评价结果能更好地反映季节整体的舒适度状况；建筑空间与环境形态确实对室外舒适度存在显著性影响；在综合舒适度评判方法中，独立性评判方法的结果更适用于村镇室外空间的舒适度优化设计，可帮助设计师选取较为舒适的区域规划公共活动功能。

再次，对该地区 6 个村镇的冬、夏季气候使用“主成分—聚类”的方法，划分了 5 种冬季气候类型与 6 种夏季气候类型。结果发现：西望村使用该种方法划分的冬、夏季气候类型与该地区的气候类型在组成结构与特点上较为相似；西望村各气候典型气象日的微气候环境模拟能较为典型地反映出该地区部分村镇微气候环境状况。

然后,讨论常用的空间形态因子,总结基于参数化平台的空间形态因子自动提取方法,并在西望村开展应用;基于西望村冬、夏季室外综合舒适度计算结果,讨论村镇空间形态因子与综合舒适度的相关关系,使用回归分析的方法建立了西望村冬、夏季室外舒适度的预测评价模型,用统计学方法总结了西望村空间形态因子对热舒适度的影响机制。

最后,基于西望村的热舒适度综合评价结果,提出在建筑、街道、环境等3个层级的优化设计建议,为村镇的气候适应性设计提供参考;提出一种村镇建筑自动布局生成与舒适度可视化评价的算法,帮助设计人员在设计初期快速评价方案的舒适度。

下　篇

首先,分析总结空间形态与微气候的量化关系,以平均风速比、空气温度及热舒适度指标(生理等效温度(PET))为微气候导向,空间形态参数选取容积率、建筑群体朝向、建筑密度、平面围合度、建筑高度、建筑平均高度、最大建筑高度和建筑高度离散度等,针对苏南地区冬、夏季村镇社区空间形态与微气候评价指标的量化关系开展深入研究。

其次,通过现场调研及文献综述的方法,归纳总结苏南地区村镇社区空间形态及布局特征并建立基准模型,总结出常见建筑原型为联排、封闭合院及架空院落,常见布局方式为行列式和围合式。在此基础上以南北(SN)、东西(EW)两种建筑朝向,3 m、6 m 两种道路宽度,9 m、12 m 两种建筑高度来扩充空间形态样本数据。据此建立了48个基准模型,96种冬、夏季工况。

最后,运用 ENVI-met 软件对96种工况进行微气候模拟。通过统计分析方法,确定了村镇社区空间形态对空气温度、平均风速比和生理等效温度的敏感性。结果表明:建筑平均高度和风向投射角均与空气温度和平均风速比呈正相关;平面围合度与空气温度和平均风速比呈负相关;对于生理等效温度而言,冬、夏季影响参数各不相同。同时揭示了不同平面组合形式间各指标的差异性。围合式布局的平均风速比、空气温度和生理等效温度普遍高于行列式布局,并且行列式布局各评价指标受空间形态影响变化较大。最终利用逐步回归方法建立了冬、夏季村镇社区空间形态参数与空气温度、平均风速比和生理等效温度的量化模型。

本研究能为规划设计人员开展苏南地区村镇社区微气候环境优化设计提供基础,对改善人居环境,指导村镇规划,建筑设计向科学化、精细化发展具有重要价值和科学意义。

目　　录

上篇

村镇空间形态对其微气候环境的影响与优化研究

——以长江中下游地区的 6 个村镇为例

第一章　上篇绪论

1.1　研究背景

预计到 2035 年,我国将全面步入城市化,与此同时,村镇社区将容纳近 4 亿的庞大人口。城市化进程的发展,势必带来村镇社区的衰落,进而阻碍总体社会的发展。面对亟须解决的村镇社区衰落问题,远离“现代化陷阱”,在未来数十年间,村镇社区的改造与发展将是我国社会主义现代化建设的重点任务[1]。党的十九大报告提出了要实施乡村振兴战略,推进农业、农村的现代化发展。与此同时,“逆城市化”现象也在大、中、小城市中不断出现,这种转变为村镇社区的发展和乡村振兴创造了良好的机遇。村镇社区处于大规模的建设之中[2]。

然而目前村镇社区的居住、生产、公共建筑等普遍存在建筑质量差、功能不完善、流线不合理、风貌不统一、居住不舒适的问题[3]。根据清华大学建筑节能研究中心发布的《中国建筑节能年度发展研究报告 2020》显示,在 2018 年,农村住宅建筑面积达 229 亿 m^2,占全国建筑面积总量的 38.10%;农村住宅的商品能耗为 2.16 亿 tce,占全国当年建筑总能耗的 22%。2001—2018 年,农村人口从 8.0 亿人降至 5.6 亿人,而住房面积从 26 m^2/ 人增至 41 m^2/ 人;农村民居建筑的空调数量也从平均 16 台 / 百户增长至 65 台 / 百户[4]。这些数据反映出,农村居民对居住环境要求不断提高,村镇社区环境的舒适度亟须改善。

我国《民用建筑绿色设计规范》(JGJ/T 229—2010)[5] 建议在设计阶段引入计算机性能模拟方法,以此来调整建筑的形体与空间布局,提高建筑的气候适应性。在既有的建筑单体及建筑群的气候适应性设计中,建筑师多采用试错法,即根据主观经验,提出若干种设计方案,应用软件计算其性能指标进行比较与修改,从而获得最终设计结果。在这个过程中,设计的形态参数因子与性能结果间的关系是设计者主观判断的,受设计者自身分析数据能力影响很大;此外,这是一个自上而下的过程,性能模拟的数据不能量化地作用于设计之中。

在目前对村镇的研究中,存在着将“村镇”当作“城市”来研究的现象——直接套用了城市气候问题的思路与方法,忽视了村镇居民需求,导致研究结果难以在村镇中落地应用。村镇与城市之间,在人口规模、产业构成、生活娱乐方式、出行交通、地域文化、住房需求等多方面都存在巨大差异,故规划师与建筑师需从村镇角度出发,满足村民最急迫的愿景,方能真正解决村镇的气候适应性问题。因此,对于村镇的热环境、村民的舒适度问题,本研究从评价、识别、优化等 3 个层级出发,探究一种适用于村镇热环境与舒适度提升的集成技术。

1.2 研究目的与意义

1.2.1 研究目的

研究选择长江中下游地区的村镇为研究范围，核心旨在通过实测验证计算机性能模拟的方式，分析评价村镇多气候类型下的室外热环境特点，总结村镇气候热舒适度提升的策略，并通过参数化生成与评价设计的方法应用，为村镇规划设计提供一种参考。具体的研究目标可分为 4 个方面。

（1）通过实地人体主观热感觉问卷调查与微气候测量，建立适用于长江中下游地区村镇社区的室外热舒适度评价模型和预测评价尺度，并给予各热舒适度指标的适用环境与推荐顺序。

（2）以西望村为例，提出 2 种典型气象日的选取与计算方法，对气候进行分类与典型日提取；通过实测微气候数据验证计算机性能仿真模型的方法，对各气候类型下的村镇室外热环境进行模拟；提出 3 种综合舒适度评价方法，并进行可视化分析，归纳总结多种气候类型下的村镇室外综合热舒适度的特点。

（3）选取村镇社区的空间形态因子，建立一种空间形态因子批量自动提取的方法，探寻村镇形态因子对室外热环境的影响关系。通过数学分析总结主要影响村镇室外热环境的形态因子，构建村镇形态因子与冬、夏季室外热舒适度的关系方程，以量化评价村镇空间形态对室外热舒适度与微气候的影响。

（4）提出基于室外热舒适度提升的村镇社区设计策略；提出一种村镇空间形态生成及室外舒适度快速评价可视化的方法。

1.2.2 研究意义

1）加强长江中下游地区村镇社区热感觉预测的地域性精准量化

此前较多关于人体热感觉与热舒适指标的关系研究是在中国各大城市开展的，对于村镇居民的热感受研究较少。本研究中对长江中下游地区村镇室外热舒适度选取了多种评价指标进行适用性评价，并建立了热舒适度指标的预测评价模型，设计者可根据设计需求及评价建议选取适用于描述长江中下游地区村镇室外热舒适度的评价指标和预测模型，使评价结果可以更准确地反映该地区居民的热感受状态。

2）建立一种长江中下游地区村镇社区室外热舒适度的综合性评价方法

过去大部分的室外热环境研究，是选取冬、夏季正午最热时刻的热环境结果进行分析，较为片面，而且忽视了多种气候类型下的不同热环境特点。本研究中提出 2 种典型气象日的计算选取办法——基于参数权重的典型气象日选取法、基于主成分提取的典型气象日聚类选取法，运用这 2 种方法可选出有效的各气候类型的典型气象日，并运用至计算机性能仿真模拟中，获得较为客观的多气候类型下的室外热环境模拟结果；配合空间栅格化的定量综合性自动评价算法，可快速获得村镇室外热舒适度的全年综合性评价结果，有利于规划设计人员快速了解村镇室外热舒适度的特点。

3）提升村镇社区气候适应性规划设计的效果与信息化集成水平

提出一种长江中下游地区村镇空间形态生成及室外舒适度快速评价可视化方法，这是一种基于气候适应性设计的信息集成与设计生成算法，综合应用计算机建模技术、参数化编程技术、数据分析与聚类、性能仿真模拟结果等，未来还可结合遗传优化搜索程序等实现对综合目标的优化处理。该方法可应用于实际项目的前期生成阶段与后期评价可视化阶段，有利于提高村镇社区气候适应性规划设计方面的设计效率。

1.3　国内外研究现状

1.3.1　规划设计中对于气候适应性问题的策略演变

在电子信息与互联网的快速发展的环境下，规划设计对解决气候适应性问题发生了意识与思维的变化——从传统的形态塑造策略，到形态发生策略，再至如今由性能驱动的气候适应性设计策略的转变过程[6]。

1）形态塑造的气候适应性策略

形态塑造的气候适应性设计策略源于工匠的实践，是在现代科学技术尚未出现时，经验总结性的设计策略。千百年来，该策略广泛应用于传统单体建筑与传统城镇规划中，如烟囱效应、土壤蓄热、院落天井、蒸发吸热等是运用气候适应性原理的典范。如徽州传统民居“四水归堂”的狭小天井院落空间，在遮雨的同时，夏季能阻挡大量的太阳辐射，同时借助拔风效应更新室内空气。但它也有局限性，如小天井在冬季会阻挡过多有益太阳辐射并大大影响整体民居的保温性能。

2）形态发生的气候适应性策略

近代，随着 DOE-2、EnergyPlus 等建筑性能方面模拟工具的提出，建筑师逐步具备了对建筑单体与建筑群热工性能进行仿真模拟与量化分析的能力。学者们逐渐发现，建筑气候适应性受自然环境与建筑使用方式等多因素影响。建筑的气候适应性过程中外部自然环境的气象因子对建筑的影响是复合性的；性能模拟结果分析也表明，有利于某项性能的决策可能同时阻碍了其他性能。气候适应性问题的复杂化，令建筑师认识到“形态塑造”这一“自上而下”策略的局限性，从而自发地向“自下而上”的“形态发生”气候适应性策略演化。

“形态发生”气候适应性策略是指以建筑形态构成方案为设计的出发点，对最终设计结果不加以限定，以提升建筑性能为方案设计优化的目标，结合目标明确建筑形态发生逻辑，并应用计算机进行形态发生过程建模，引导建筑形态设计元素根据形态发生逻辑，以自组织方式生成建筑形态。学界衍生了一系列设计理论与方法，如形态发生算法、元胞自动计算法（Cellular Automata）、分形算法（Fractals）等。

在整个形态发生气候适应性设计过程中，设计者能够决定建筑形态的发生逻辑，控制形态发生过程的初始设计元素类型和参数；但整个形态发生过程由计算机完成，设计者无法相对准确地控制生产的最终建筑形态，结果具有较大的不确定性，容易导致建筑形态结构不合理等问题。

3）性能驱动的气候适应性策略

由于形态发生策略的种种缺陷，学者们开始将建筑形态生成设计与数字技术结合，性能驱动的气候适应性设计策略应运而生。该策略以性能提升为设计导向，根据场地特征、设计要求和气候特点，从空间组织、功能流线、热工性能和人体舒适等目标出发，使用优化算法制定空间形态设计，计算机经计算获得规划与形态设计方案的最优解集，最后由建筑师对最优解集进行筛选获得最终解。在整个过程中，设计者在优化设计前与优化设计后会主观介入，优化设计中的决策由遗传优化算法根据性能目标适应度函数来制定。因此，性能驱动的气候适应性策略在探索空间形态的可行解的同时，充分对各项约束条件和目标进行回应，实现了数学技术客观计算能力与设计者主观约束能力的平衡。

1.3.2 空间形态与室外微气候间的关系研究

性能驱动的气候适应性策略要求对每一个生成的解都进行性能模拟。对于人体在室外的舒适度研究而言，相关的风热环境仿真模拟计算耗时极长，该策略难以直接应用于舒适度提升的规划设计中。因此，大量学者尝试总结空间形态与室外微气候的关系，即将“形态塑造”策略同“性能驱动”策略结合起来，希望获得可直接用于规划设计的策略与方法，降低气候适应性设计的难度。

1）经验总结性关系研究

近几十年来，城市形态对室外微气候的影响引起了国内外学者广泛的研究兴趣。建筑环境的舒适度取决于建筑物和植被的比例、建筑高度、墙体面积、道路等其他元素和区域气候的不同[7~8]。Y. Wang 等人[9]发现城市的空间形态在不同程度上影响着微气候。Yan[10]在北京进行的实地研究表明，城市形态对 75 m 半径范围内的温度影响最为显著。天空可视度（SVF）取决于测点的环境现状，是影响平均辐射温度的另一个关键因素[11]。在我国，徐小东、王建国等[12~14]在《可持续发展的城市与建筑设计》一书中，分别阐述了绿色城市和建筑的可持续发展路线、气候适应性城市和建筑的设计要点，并以相关实例辅以说明。东南大学徐小东[15]对夏热冬冷地区、干热地区、湿热地区的城市设计提出了基于生物气候条件的城市设计生态策略。刘加平[16]在《城市环境物理》一书中简述了城市环境的物理特征和变化规律，进而详细介绍了通过设计手段改善城市物理环境的策略和方法。但是，上述研究仍是基于形态塑造的气候适应性设计策略，是对有效性经验的总结，无法定量评价在动态的形态调整过程中策略对多种性能的具体影响。

2）经验模型分析法研究

此后，众多学者转而应用基于实测模拟与调查的统计学方法来展开建筑热工性能研究。基于现场实测或软件模拟数据，建立城市空间形态因子与微气候因子之间的经验模型，以此评估拥有相似城市空间形态与环境的微气候影响机制。ME Matallah 等人[17]选取 12 个测量点，记录街道方向、街道高度等形态特征；用气象站采集空气温度、相对湿度、风速和表面温度；最后经性能分析软件计算后，建立生理等效温度 PET 与天空可视度 SVF 的线性回归模型。

在国内，郭朝[18]建立了能代表 6 个城市街道典型特征的街道简化模型，提取模型的开口率、平滑率、不对称率等形态因子，并使用 ENVI-met 计算 6 个模型的舒适度指标 MRT、PMV、AT；最终建立形态因子与舒适度指标间的线性回归模型，指出 SVF 与 MRT 间有强相关性。肖毅强等人[19]对广府地区的传统村落开展形态组合的气候适应性研究，选择 3 个在朝向、规模、环境等方面有差异的广府典型村落进行 ENVI-met 微气候模拟并进行对比分析，结果发现街巷高宽比越大、民居排列越紧密则热舒适度越优，但未发现空间尺度变化对村落内部热环境分布的明确影响。

实测工作任务量大、成本高、数据量少；而软件模拟精度、误差与时间呈正比，故二者应协同使用。但是，风、光、热环境对建筑群热工性能的影响是非线性的，在面对多因子变量与复杂目标时，线性回归数据处理方法无法准确描述它们的关系，故也存在一定的局限性。Goyal[20]也指出面对非线性环境影响下的建筑能耗和环境性能预测问题，既有模拟分析方法亟待优化与完善。

3）参数化建模技术与遗传优化搜索技术的结合运用

国内众多学者从不同角度探讨了基于参数化建模技术和“生成艺术”理论的建筑形态生成设计方法。天津大学闫力[21]指出，计算机数字化技术为复杂科学与建筑创作之间搭建起应用的桥梁，参数化建模技术为建筑创作和建筑技术提供了新的契机和挑战。清华大学黄蔚欣、徐卫国[22]指出，参数化建模方法对建筑设计方案的生成有重大意义，它不仅可以辅助设计，还影响到建筑设计的方法；此外他们还阐述了设计参数关系的建立及软件参数模型建构方法。东南大学李飚[23]提出，面对复杂的系统模型，可使用参数化建模技术，结合细胞自动机系统、遗传进化算法及多智能体模型复杂系统方法，探究生成艺术在建筑学领域转化过程中的思维特征及操作方式。

建筑群体的气候适应性设计需要对多个设计参量（空间形态因子）和性能目标进行讨论，使研究问题变得愈发复杂。因而建筑群空间形态设计平台呈现出融合遗传优化搜索技术的革新趋向。遗传优化搜索技术，应用参数化编程，对建模软件二次开发，构建遗传算法与建筑信息模型间的数据交互通道，提高可行解的生成效率；另外，经由编程软件制作接口，可调用性能模拟软件对可行解的性能评价结果进行分析，从而能够承担单目标与多目标的优化计算，制定建筑气候适应性的设计策略。

Kampf 等人[24]基于 Radiance 模拟数据，应用遗传算法对固定体积下的建筑形态设计参数进行了优化。Sahu 等人[25]针对热带气候下的空调房间能耗问题，提出了建筑设计前期遗传优化方法，以建筑能耗最低为优化目标，基于 TRNSYS 建筑能耗模拟数据，对建筑体形、朝向和材料设计参数进行了优化。Turrin 等人[26]提出了 ParaGen 模型，该模型整合了参数化模型和遗传算法，以结构性能和日照得热为优化目标对大跨度建筑屋面形态进行优化，结果表明参数化模型的引入能够明显改善建筑形态优化效率，但是该模型在建筑能耗水平模拟方面效率较低。Yi 和 Kim[27]也尝试应用遗传优化方法，基于日照辐射影响，展开高层居住建筑形态优化，以代理模型对建筑几何信息进行优化，从而实现更灵活的建筑形态变化,并通过减少优化参量提升遗传优化效率。

在国内,同济大学石邢[28]通过整合 Ecotect 和 Rhino 模型,探讨了遗传优化算法引导下的建筑屋面形态节能设计方法。2020 年,殷晨欢[29]通过使用 Rhino 和 Grasshopper 计算机平台的遗传算法来控制城市形态要素的参数,使用 Ladybug 进行通用热气候指标 UTCI 的模拟计算,从而生成既定条件下的最优街区布局方案。2020 年,李珠[30]等人通过 Raino 和 Grasshopper 计算机平台的遗传算法,对中国北方乡村旅游建筑进行能耗、采光和热舒适度性能的寻优生成。

但该技术也存在不足,遗传优化搜索技术以性能模拟软件结果为分析依据,单次城市空间形态可行解的运算时间太长,无法忽视简化模型的误差,故遗传优化搜索技术主要单独使用于建筑单体的空间形态问题讨论中,不适合城市与村镇社区等较大规模的空间形态优化设计。

1.4 研究方法与技术路线

1.4.1 研究方法

本研究以村镇社区为载体,采用实地调研数据采集、数据分析、计算机性能仿真模拟、参数化编程等方法,为长江中下游地区村镇社区的布局规划提供气候适应性设计的建议与参考。具体研究方法如下。

1)基础研究方法

应用文献归纳与案例分析法,解析既有建筑与建筑群的气候适应性设计过程,并对设计方法与策略进行分析;应用类型学的方式,对于长江中下游地区的村镇社区,根据地形地貌、建筑组团的分布特点,选取具有典型意义的村镇社区,展开后续的微气候数据收集、空间形态研究、室外舒适度研究等工作。

2)基础数据调查

对于选取的典型村镇社区,通过图纸资料调查、现场测绘、无人机倾斜摄影建模相结合的方式,建立村镇的三维模型;运用手持式微型气象站、固定式气象站、主观式问卷调查等方法,对村镇社区微气候环境进行现场实测,掌握该村镇社区的室外热舒适度特点、热舒适度空间性差异等问题。

3)参数化编程

研究选取 Rhinoceros 三维建模软件与其 Grasshopper 参数化编程插件作为研究的主要工具之一。其一,构建村镇空间形态因子的自动提取与输出算法,可高效、精确、快捷地提取出形态因子;其二,构建性能仿真模拟结果的综合、简洁的可视化评价流程;其三,基于村镇建筑群体的组织与布局关系,建立村镇规划的参数化生成程序,引入室外综合舒适度评价公式,以获取室外热舒适度提升的规划设计方案。

4)计算机性能仿真模拟

运用性能仿真模拟软件对村镇社区的室外热环境进行模拟与基础分析。使用实测数据作为边界条件,运用 ENVI-met 对村镇热环境进行模拟计算,并用实测数据校核模拟结果,证明计算机性能仿真模拟结果可反映出真实村镇热环境的特点，作为村镇形态因子与热舒适度耦合分析的基础。

5）统计分析技术

应用多种数学统计分析模型，分析多种村镇空间形态因子之间的相关关系；找寻主要影响热舒适度的形态因子，揭示形态因子影响热舒适度的最佳半径；最终建立村镇空间形态因子与室外热舒适度的耦合关系。

1.4.2 技术路线

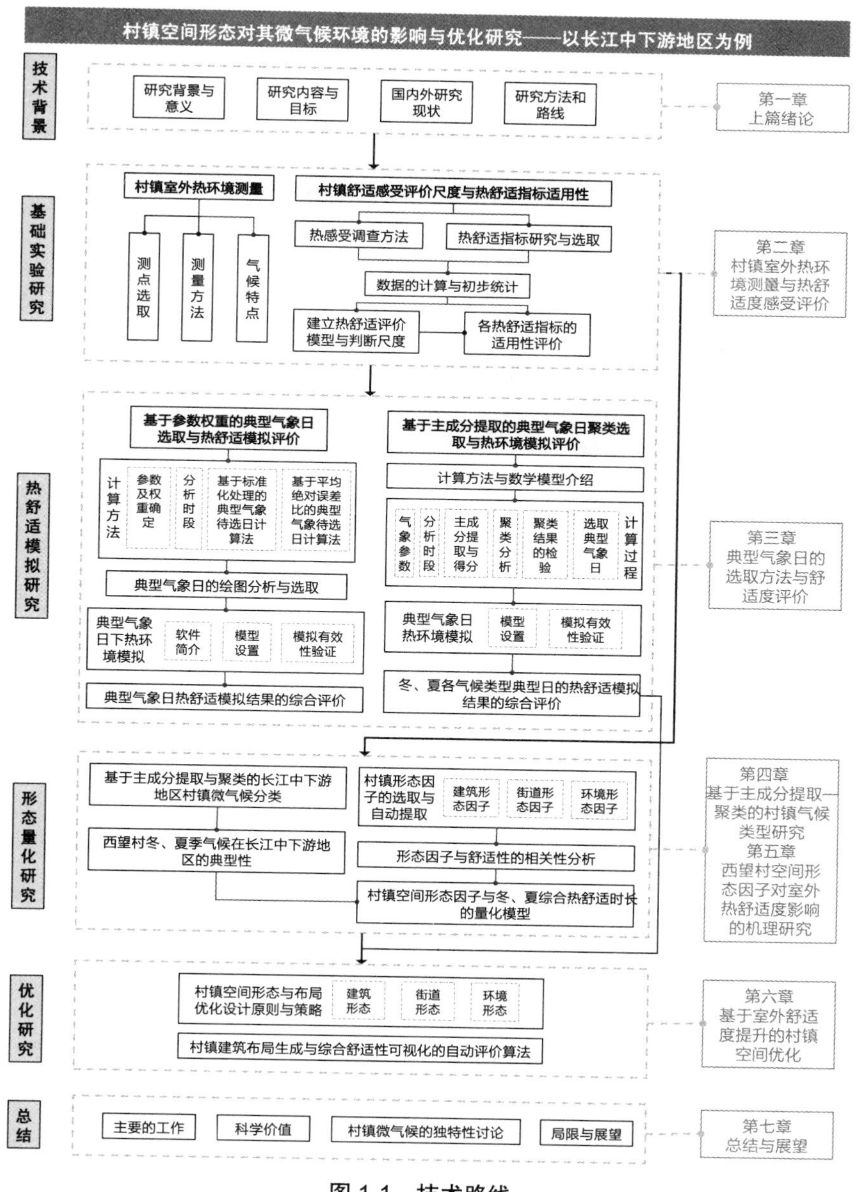

图 1-1 技术路线

第二章 村镇室外热环境测量与热舒适度感受评价

2.1 村镇室外热环境测量

2.1.1 测量村镇介绍及布点设置

本次研究中共涉及长江中下游地区的 6 个村镇,分别是:位于湖北省黄冈市红安县七里坪镇的张家湾村,安徽省马鞍山市当涂县护河镇的万山村、詹村,位于江苏省宜兴市丁蜀镇的西望村、周铁镇的周铁村,以及位于江西省井冈山市龙市镇的大仓村。

选取的村镇可代表性地概括长江中下游地区村镇的空间组织与布局形式。张家湾村地处丘陵地区,紧靠宽阔的河流;村镇民居以 1~3 层为主,白墙灰瓦;公共建筑与公共设施完善,村镇景色优美。万山村和詹村同属丘陵地区,万山村被群山环绕,民居建筑沿地形散布于山谷中,民居多为 1~2 层,白墙灰瓦、马头墙,具有徽派建筑特点;詹村背山面水,村落布局顺地势大致呈行列状分布,民居以 1~2 层为主,整体建筑风格带有江南水乡特色。西望村和周铁村位于平原地区,水系发达河流较多。西望村具有典型的"新农村"风貌:建筑以砖混结构为主,体量较大;建筑群坐北朝南、东西向连排,村镇整体呈行列式布局。周铁村是传统历史村落,传统聚落的布局与风貌保存较为完整;民居大多为砖木结构,单体建筑低矮且体量较小,建筑密度较大[31]。

村落内的调研点选取需位于居民主要活动区域,同时考虑到不同建筑布局与形态组合下的环境状况,以达到可涵盖居民日常室外活动情形,所记录的室外气候数据可描述村镇社区室外微气候特点。基于上述原则,每个研究对象村镇中安排了测量记录点,如图 2-1 所示。记录点的环境种类有活动广场、主要道路、宅间巷道等;记录点位于活动环境的中心,位于道路上的记录点为避让车辆而设置在道路一侧。人体热舒适度的采访调查也在各个记录点旁随气候数据采集同步进行。每个村镇在村域边界的位置,按无建筑物、植被遮挡、无车行与人行活动干扰的原则,选取合适的位置安设气象站进行长期的气象数据检测记录。

各村镇测试区域的整体环境特点、各测点的位置及周边基础状况可在上篇附录 B 中详查。

每个村镇具体的微气候数据采集点及采集时段如表 2-1 所示;除集中数据采集时段外,每个村镇还选择了一个处于开阔空间、无遮挡环境的代表性测量点进行过夜测试,其数据作为该村镇测量日的整体气象条件。

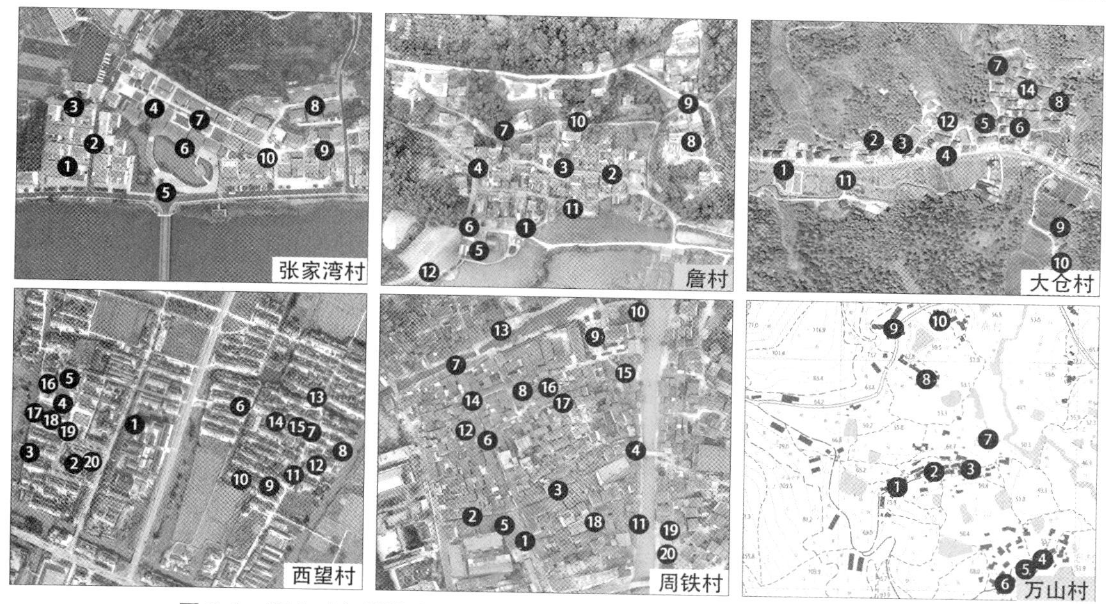

图 2-1　研究对象村镇空间形态与测量点分布情况(图片来源:作者自绘)

表 2-1　研究对象村镇室外热环境测量的日期及测量点

地点	调研日期	微气候测量与问卷调查时间	测量点	村镇的代表性测点
张家湾村	2020-11-29—2020-11-30	9:00—17:08	ZJ1 ~ ZJ10	ZJ5
	2021-07-14	8:00—17:00		
詹村	2020-11-11—2020-11-12	9:10—17:10	Z1 ~ Z10	Z5
	2021-01-09	8:50—17:00	Z1 ~ Z11	
	2021-08-29	8:30—18:00	Z1 ~ Z4、Z7 ~ Z12	Z12
万山村	2020-11-13—2020-11-14	8:55—17:20	W1 ~ W10	W7
	2021-01-08	9:05—17:00		
	2021-08-29	8:30—18:00		
西望村	2020-12-19—2020-12-20	8:45—17:10	X1 ~ X10	X2
	2021-09-03	8:00—18:00	X1 ~ X14、X16 ~ X20	
周铁村	2020-12-21—2020-12-22	8:55—17:05	ZT1 ~ ZT10	ZT5
	2021-09-01	8:00—18:20	ZT1 ~ ZT20	
大仓村	2021-01-14	9:05—17:40	D1 ~ D10	D1
	2021-07-12	9:00—17:40	D1 ~D6、D8~D12、D14	

注:由于受实验条件、客观环境等因素的影响,部分点位的测量时段、有效数据量、数据准确度等与其他点位存在较大差异,不适用于本项研究,不纳入研究范围,包括詹村 2021 年 8 月 29 日的 Z5、Z6,西望村的 X15,大仓村 2021 年 7 月 12 日的 D7、D13。

2.1.2　测量仪器选取及测量方法

村镇微气候测量中所使用到的仪器及其参数如表 2-2 所示。后续研究中主要使用到的测量物理量如下。风速（Wind Speed，V_a），单位：m/s。风向（Wind Direction，D），单位：°。空气温度（Air Temperature，T_a），单位：℃。黑球温度（Globe Temperature，T_g），单位：℃。相对湿度（Relative Humidity，R_H），单位：%。水体、土壤、地表温度，单位：℃。太阳总辐射（Globe Radiation，G），单位：W/m^2。

Kestrel 5400 手持式热应力记录器（后文简称 NK-5400）安置在各测量点距离地面 1.5 m 高度处，20 秒记录一次，取 3 分钟内各气象参数测量值的平均值记为各测量点的微气候状况；Kipp & Zonen CMP6 日射强度计设置在村镇开阔且周边无建筑与遮挡构筑物的位置处，1 分钟自动记录一次，记为村镇测量日的整体太阳总辐射情况；FLUKE-54 接触式温度表的热电偶接口安置在水体与土壤中，5 分钟自动记录一次，记为村镇测量日的水体与土壤温度信息；使用 FLUKE 手持式红外热像仪每小时拍摄一次测量点周边的地面温度、建筑物温度等，用以未来对建筑立面材质研究、校验模型模拟准确度等；村镇的气象站设置在村域边界开阔无遮挡处，30 分钟自动记录一次并上传数据至云端服务器，记为村镇整体全年的气候水平。

在仪器的准确度方面，除存在启动速阈无法测得 0.4 m/s 以下的风速外，其余测量获得的物理量均符合《热环境的人类工效学 物理量测量仪器》标准（GB/T 40233—2021）[32]。

表 2-2　测试用仪器及其相关参数

仪器名称	仪器图片	间隔	传感器	仪器准确度	分辨率	测量范围
Kestrel NK-5400 手持式热应力记录器		20 秒	风速 V_a	≥3% 的读数	0.1 m/s	0.4 ~ 40.0 m/s
			空气温度 T_a	0.5 ℃	0.1 ℃	-29.0 ~ 70.0 ℃
			黑球温度 T_g	1.4 ℃	0.1 ℃	-29.0 ~ 60.0 ℃
			相对湿度 R_H	2% R_H	0.1%	10%~90%，25 ℃环境下
			大气压	1.5 hPa|mbar	0.1 hPa|mbar	700 ~ 1 100 hPa|mbar
			风向 D	5°	1°	0° ~360°，方向为外部吹向中心地区的方向
Kipp & Zonen CMP6 日射强度计		1 分钟	太阳总辐射 G	<4 W/m^2	5~20 μV/W/m^2	最大 2 000 W/m^2
FLUKE-54 接触式温度表		5 分钟	温度	100 ℃以下	0.1 ℃	± [0.2%+0.3 ℃]

续表

仪器名称	仪器图片	间隔	传感器	仪器准确度	分辨率	测量范围
FLUKE 手持式红外热像仪 PTi120		1 小时	温度	目标为 0 ℃或以上时：± 2 ℃或 ± 2%（取大值）	0.06 ℃	-10 ~ 50 ℃
Onset HOBO RX3003 固定式气象站		30 分钟	空气温度T_a	± 0.25 ℃	0.02 ℃	-40 ~ 75 ℃
			相对湿度R_H	0.01% R_H	0.01%	0% ~ 100%
			风速V_a	± 1.1 m/s（± 2 mph）或读数的 ± 4%	0.5 m/s	0~76 m/s
			风向D	± 7°	1°	0~355°
			太阳总辐射G	± 10 W/m² 或 ± 5% 范围内（取大值）	1.25 W/m²	0 ~ 1 280 W/m²
			雨量	± 4.0% ± 1 降雨计数 @0.2~50.0 mm/h	0.2 mm	0 ~ 10.2 cm 或 0 ~4 in/h

人体主观热感受的采访也在各个记录点旁随气候数据采集工作同步进行，选取处于记录点环境中的居民游客为受访者，使其在指导下完成采访记录，采访过程中该记录点 NK-5400 所记录的气象参数信息即为与该受访者主观热感觉相对应的客观微气候状态。

2.1.3 各村镇测量日的基本气象情况

参考《气候季节划分》标准（QX/T 152—2012）[33]，某地区气象站连续 5 日的全日平均空气温度（0：00~24：00 Average Air Temperature，$\overline{T}_a$）≥ 22 ℃的第一天即为该地区的入夏日，连续 5 日 $\overline{T}_a$ < 10 ℃的第一天即为该地区的入冬日，中间时段即为春季与秋季，根据村镇测试日的 $\overline{T}_a$ 与当地气象站记录信息，可将全部测试日划分为 3 类：秋季测试日、冬季测试日与夏季测试日。

各村镇代表性测量点在测量日测量时段的气候参数测量值如图 2-2 至图 2-4 所示。

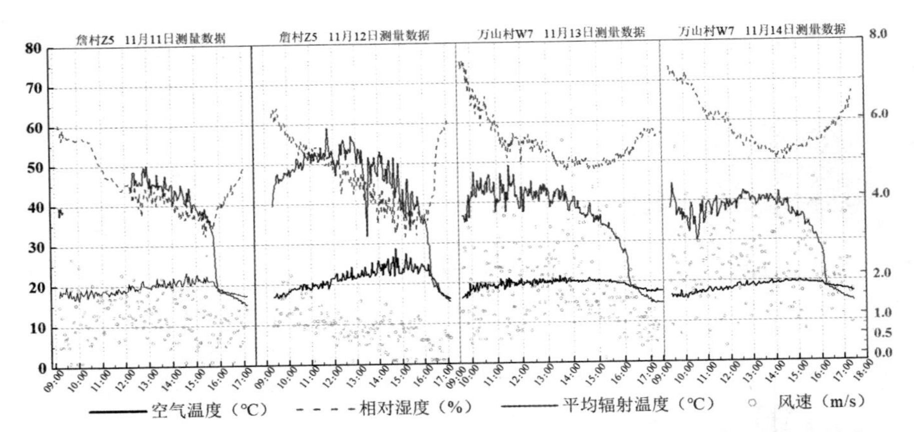

图 2-2 秋季村镇气候测量日的代表性测量点测量数据（图片来源：作者自绘）

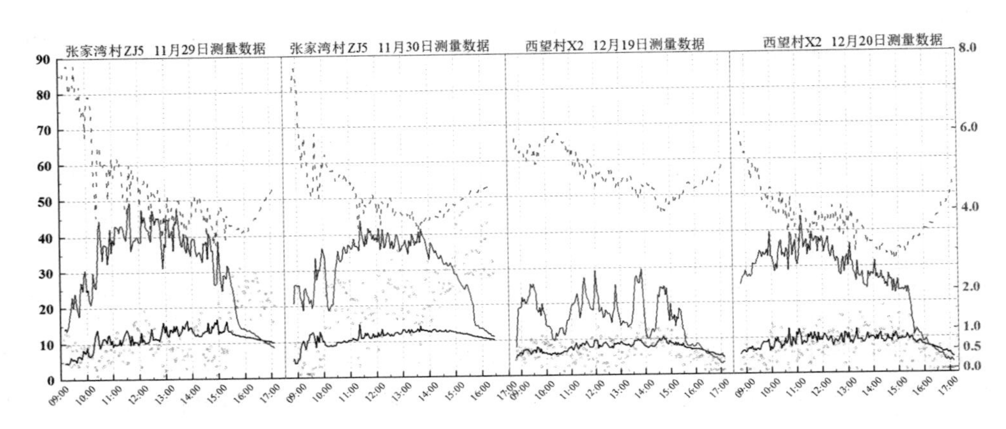

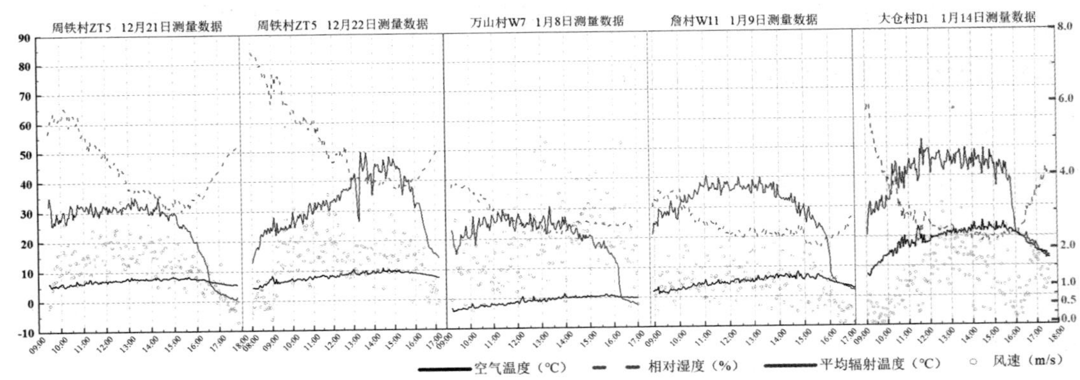

（a）冬季各村镇气候测量日代表性测量点的空气温度、相对湿度、平均辐射温度和风速情况

图 2-3 冬季村镇气候测量日的代表性测量点测量数据（图片来源：作者自绘）

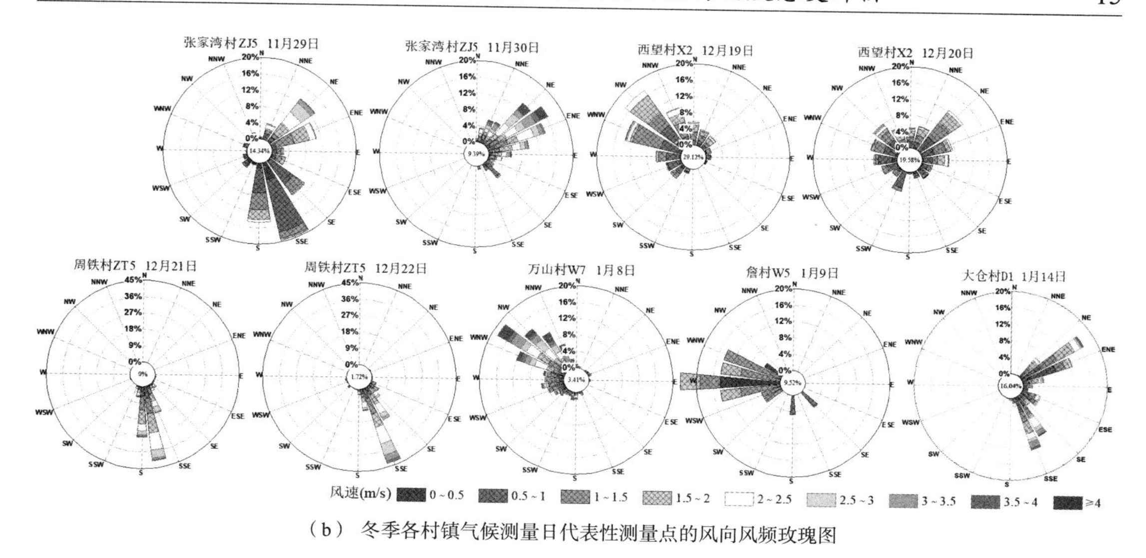

（b）　冬季各村镇气候测量日代表性测量点的风向风频玫瑰图

图 2-3　冬季村镇气候测量日的代表性测量点测量数据（图片来源：作者自绘）（续）

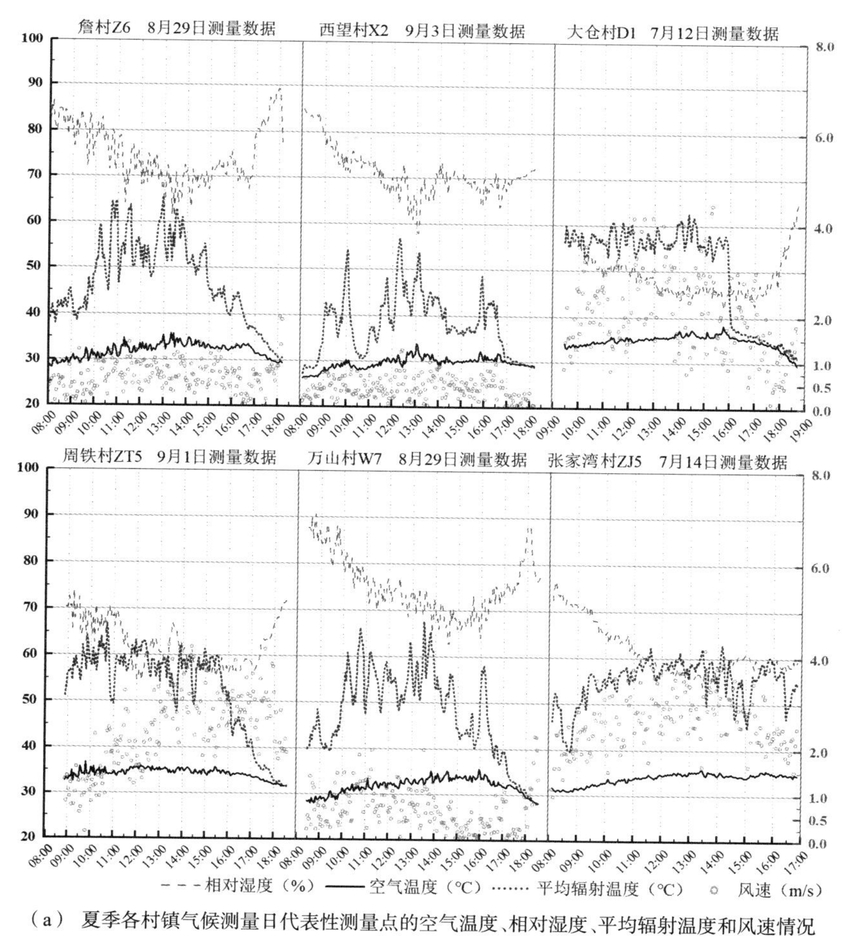

（a）　夏季各村镇气候测量日代表性测量点的空气温度、相对湿度、平均辐射温度和风速情况

图 2-4　夏季村镇气候测量日的代表性测量点测量数据（图片来源：作者自绘）

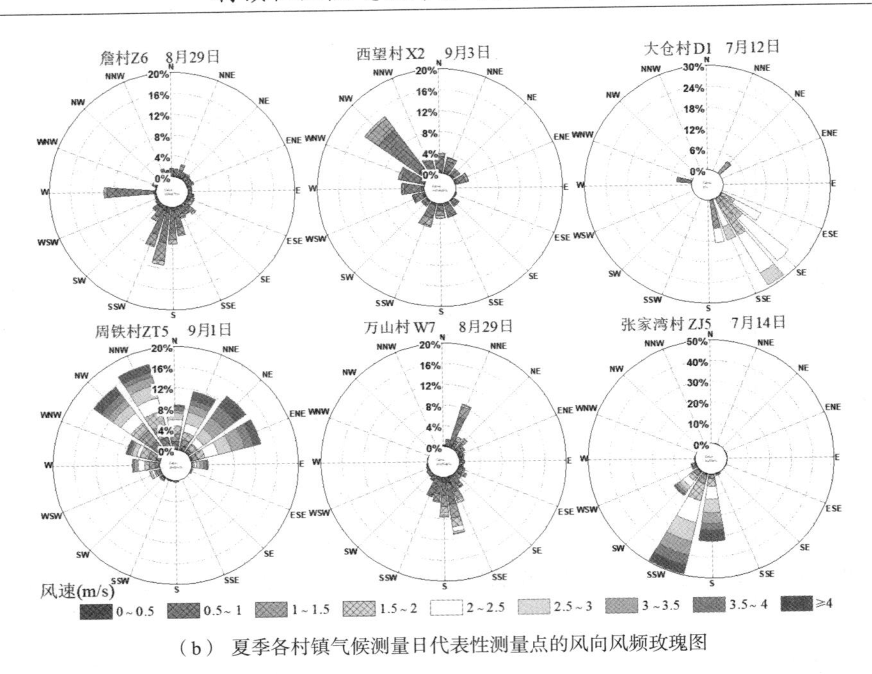

（b） 夏季各村镇气候测量日代表性测量点的风向风频玫瑰图

图 2-4 夏季村镇气候测量日的代表性测量点测量数据（图片来源：作者自绘）（续）

秋季时期测量时段的平均空气温度值约为 20 ℃，天气晴朗，平均辐射温度（Mean Radiant Temperature，T_{mrt}）主要分布在 40～50 ℃区段。对于冬季测量时段，除大仓村的其余各村平均 T_a 小于 8 ℃，天气较为晴朗，T_{mrt} 主要分布在 30～40 ℃区段；大仓村 11：00~16：00 时段中，T_a 大于 20 ℃，T_{mrt} 主要分布在 40～50 ℃区段，结合上篇附录 F 中图 F-6、图 F-7 可知，大仓村在调研日前后出现了较为巨大的早晚温差现象。夏季测量时段中，各村平均 T_a 大于 30 ℃，天气较为晴朗，T_{mrt} 可达 50～60 ℃。

2.2 室外热舒适度指标概述

2.2.1 概述

随着经济快速发展与人民生活水平的提高，室外空间的舒适度问题得到了越来越多的关注与研究，现已有大量指标被提出并用于室外舒适度研究，如衡量人体热量散失状况及冻伤危险的指标风冷温度（Wind Chill Temperature，WCT）[34]；评估炎热气候下人体热负荷的湿球黑球温度（Wet-Bulb-Globe Temperature，WBGT）[35] 与热压力指数（Heat Stress Index，HSI）[36]；以及综合评估人体舒适状况的生理等效温度（Physiologically Equivalent Temperature，PET）[37]、通用热气候指标（Universal Thermal Climate Index，UTCI）[38] 与新标准有效温度（Standard Effective Temperature，SET*）[39] 等。

在我国的室外舒适度研究中，大多研究仍以大型城市为独立研究对象，对于村镇社区的室外热舒适度关注较少 [40]。众多学者的研究已经表明，绿化、湖泊、建筑群特征、下垫面材质等因素对室外热环境影响巨大[41~42]。由于村镇社区在建筑形式与布局、绿地构成、居民生产生活等方面与城市间存在巨大的差异,故村镇社区也与城市存在较大的热环境差异。另一方面,尽管相同的热舒适度指标值所反映的热生理情况相同,但不同地区居民对不同气候环境的忍耐与接受能力是不同的,故不同地区居民的舒适度范围也不同[43]。因此,在同一地区,城市居民与村镇居民的中性温度也可能是不同的。

综上,有必要对村镇社区的室外热环境展开研究,探究村镇社区室外舒适度指标的适用性并明确舒适度指标数值大小的热感觉意义。本文选取长江中下游地区的典型村镇社区为研究对象,开展室外微气候数据收集与主观热感觉问卷调查,探究村镇社区居民室外的热舒适度特点,选取最适宜的舒适度评价指标并建立预测评价模型;从而为村镇社区室外热环境的评估提供一种判断依据,促进未来村镇社区的气候适应性发展。

2.2.2 室外热舒适度指标介绍

在热舒适度指标的发展历程中,有超过165种不同的指标被提出[44]。根据Li Jianwei和Liu Naiyuan的研究[40],目前中国室外热舒适度研究的舒适度评价指标使用频率最高的前3名为PET、UTCI和SET*,分别是40%、12%和11%;其余使用频率较高的热舒适度指标有平均预测投票(Predicted Mean Vote,PMV)和WBGT,使用频率分别为4%与3%。

生理等效温度PET是基于慕尼黑人体热量平衡模型MEMI推导出的指标[45]。它的定义为:在典型室内环境下(无风、无太阳辐射),人体的能量收支与处于待评估室外环境状态下的核心与皮肤温度相平衡时的空气温度值;PET以一种与热生理相关的方式,考虑了所有与热相关的气候参数(空气温度、辐射温度、风速、湿度)[37;46]。PET不使用自适应服装模型,计算时可考虑不同人的服装热阻与活动量信息。

通用热气候指标UTCI的定义为:在相对湿度为50%、无风速而且空气温度与平均辐射温度相同的参考环境下,生理模型产生与实际环境下相同动态响应时的空气温度等温值[38]。UTCI采用自适应服装模型[47],永久假定人体行走速度为1.1 m/s,内部产热量为135 W/m^2,因而不能修改设置人体模型参数。由于UTCI计算过于复杂,许多软件使用回归方程进行近似计算,减少输入参数,降低UTCI的计算成本。

新标准有效温度SET*是一个等效温度指数,Gagge在1986年修改并扩展了SET*的适用场景,该指标被定义为:在空气温度与平均辐射温度数值相同而且相对湿度为50%的标准环境下,并且此环境的受试者穿着基于活动考量的标准化服装(服装热阻和标准风速随新陈代谢率的变化而变化),可认为此时标准环境的受试者与真实环境的受试者的皮肤湿润度、皮肤的热损失量和平均皮肤温度相同[39]。SET*是一个综合指标,综合了气温、风速、湿度、辐射暴露对热感觉的影响,同时考虑人们多样化的体形信息、服装热阻与产热量信息。

平均预测投票PMV引入了表征人体偏离热平衡程度的人体热负荷概念,当人处于稳态环境下,热负荷越大则人就越远离热舒适的状态,其中热负荷的正负表示距离热舒适的冷感受距离与热感受距离,PMV的计算公式是根据1 396名受访者在室内稳态环境下的冷热感觉与热负荷参数回归获得的[48]。根据Cheng等人[49]进行的PMV指标与室外实际热感觉投票之间关系的研究结果发现,平均预测投票 PMV 不适用于室外非稳态传热环境的人体热舒适度评价;另一方面,当人体较多偏离热舒适时 PMV 的预测值会有较大偏差[45]。因此,PMV 不适用于本研究中对村镇室外热环境的热感觉研究。

1957 年湿球黑球温度 WBGT 由 Yaglou[50] 提出,目前广泛用于室外炎热环境下户外作业的热安全判断。我国《工作场所职业病危害作业分级 第 3 部分:高温》(GBZ/T 229.3—2010)标准中依据 WBGT 制订了高温作业分级规定;同时也被《城市居住区热环境设计标准》(JGJ 286—2013)选用,以 *WBGT* 不得超过 33 ℃作为评价居住区热环境设计指标的限值。*WBGT* 在室外环境下的计算公式如式(2-1)所示。

$$WBGT = 0.7T_{nwb} + 0.2T_g + 0.1T_a \tag{2-1}$$

其中,T_{nwb} 为自然湿球温度,即不在通风状态下的湿球温度计所测量的温度值,℃;T_g 为黑球温度,℃;T_a 为空气温度,℃。

综上所述,本文选取 PET、UTCI 、SET* 和 WBGT 为评价指标,探究在长江中下游地区村镇,这 4 种热舒适度评价指标与人体热感觉的关系及适用性。

2.2.3 室外热舒适度指标的评价尺度

依据文献整理适用于全国范围的热舒适度指标评价标准,如表 2-3 所示。

表 2-3 热舒适度指标评价标准

等级	描述	划分标准			
		PET[51]	*UTCI*[52]	*SET**[53]	*WBGT*[54]
-4 级	严寒		(-∞, -27]		
-3 级	寒冷	(-∞, 4]	(-27, -13]		
-2 级	冷	(4, 8]	(-13, 0]		
-1 级	凉	(8, 18]	(0, 9]	(-∞, 17]	
0 级	舒适	(18, 23]	(9, 26]	(17, 30]	(-∞, 18]
1 级	暖	(23, 35]	(26, 32]	(30, 34]	(18, 24]
2 级	热	(35, 41]	(32, 38]	(34, 37]	(24, 28]
3 级	炎热	(41, +∞)	(38, 46]	(34, +∞)	(28, 30]
4 级	酷热		(46, +∞)		(30, +∞)

2.3 村镇主观人体热感觉实验方案

2.3.1 调查问卷的设计

调查问卷包括 3 部分,完整的调查问卷记录于上篇附录 C 中。

第一部分为基本信息,包含受访者所在的调研点编号,以及受访者的性别、年龄、身高、体重和活动量信息（如表 2-4 所示）。活动量指受访者过去 15 分钟的主要活动类型，用以估算新陈代谢量，该部分设置参考《热环境人类工效学 代谢率的测定》（GB/T 18048—2008）标准[55]。

表 2-4　新陈代谢量调查表

过去 15 分钟内您的主要活动为：				
□ 静坐（60 W）	□ 站立（70 W）	□ 散步（115 W）	□ 陪孩子玩耍（150 W）	□ 锻炼（180 W）

第二部分为收集到的受访者的主观热感受，包含热感觉、舒适度、热偏好、可接受性与个体耐受性问题，并采用《热环境人类工效学 使用主观判定量表评价热环境的影响》（GB/T 18977—2003）[56] 标准设定的量表与问答方法。热感觉投票（Thermal Sensation Vote，TSV）在冬季较暖期采取 7 级标度（-3～+3），在冬季较冷期采取 9 级标度（-4～+4），分别表示：很冷、冷、凉、稍凉、不冷不热、稍暖、暖、热、很热。

第三部分为受访者的服装热阻调查。服装热阻的设置参考规范 ASHRAE 标准[57] 与国内一些学者[58~61] 选取的服装热阻取值。本研究选取的服装分类及其热阻值如表 2-5 所示。

表 2-5　服装分类及单件服装热阻值

分类	服装类型	热阻值（clo）	服装类型	热阻值（clo）	服装类型	热阻值（clo）
外套	薄运动外套	0.15	风衣 / 西服	0.25	短款呢子大衣 / 加绒风衣	0.4
	长款呢子大衣	0.45	短款棉衣 / 羽绒服	0.5	加长棉衣 / 羽绒服	0.6
上衣	吊带衫 / 小背心	0.05	单衣 / 秋衣	0.1	薄毛衣 / 单卫衣	0.15
	保暖衣 / 加绒衣	0.2	厚毛衣 / 羊绒衣	0.25	羽绒背心 / 薄羽绒衣	0.3
下装	短裤	0.05	线裤 / 秋裤	0.1	外裤 / 牛仔裤	0.15
	毛裤 / 保暖裤 / 绒裤	0.2	棉裤	0.3		
鞋袜	凉鞋 / 塑料拖鞋	0.02	皮鞋 / 旅游鞋 / 薄靴	0.1	棉鞋 / 加绒靴	0.12
	雪地靴	0.15	薄棉袜	0.02	厚棉袜	0.03
配饰	丝巾	0.02	毛围巾 / 绒围巾	0.1	加绒帽 / 羽绒帽	0.05

各季节统计受访者的服装热阻情况如表 2-6 至表 2-8 所示。秋季全体受访者的服装热阻平均值为 0.663 clo；冬季全体受访者的服装热阻平均值为 1.43 clo，大仓村由于调研时段温度显著偏高，因此该村在调研时段的服装热阻显著比其他村镇低，除大仓村外冬季全体受访者的服装热阻平均值为 1.49 clo；夏季全体受访者的服装热阻平均值为 0.27 clo。

表 2-6 秋季受访者的服装热阻情况

秋季调研时段中受访者的服装热阻情况			
	詹村 2020-11-11—2020-11-12	万山村 2020-11-13—2020-11-14	秋季总体样本
平均值（clo）	0.637	0.685	0.663
标准差（clo）	0.194	0.201	0.199

表 2-7 冬季受访者的服装热阻情况

	冬季调研时段中受访者的服装热阻情况						
	张家湾村 2020-11-29— 2020-11-30	西望村 2020-12-19— 2020-12-20	周铁村 2020-12-21— 2020-12-22	万山村 2021-01-08	詹村 2021-01-09	大仓村 2021-01-14	冬季总体样本
平均值（clo）	1.356	1.516	1.44	1.805	1.694	0.931	1.43
标准差（clo）	0.229	0.158	0.277	0.178	0.217	0.246	0.322

表 2-8 夏季受访者的服装热阻情况

夏季调研时段中受访者的服装热阻情况							
	詹村 2021-08-29	西望村 2021-09-03	大仓村 2021-07-12	周铁村 2021-09-01	万山村 2021-08-29	张家湾村 2021-07-14	夏季总体样本
平均值（clo）	0.238	0.225	0.308	0.270	0.320	0.225	0.271
标准差（clo）	0.080	0.024	0.096	0.065	0.046	0.047	0.072

问卷随气候数据测量同步进行，测量时段均为晴朗无雨且适宜户外活动的时间段（图 2-5）。问卷采用纸制问卷与电子问卷相结合的发放方式，共收集有效问卷 1 079 份，秋季共收集问卷 399 份，其中有效问卷 345 份；冬季共收集问卷 515 份，其中大仓村调研问卷 74 份，由于大仓村调研期间气候较为反常，在该村获得的问卷数据与其他村镇间存在较为显著的差异，因此冬季的热感觉调查将不使用大仓村的问卷数据，其余各村的有效问卷为 436 份；夏季共收集问卷 314 份，其中有效问卷 298 份。纸制问卷手动记录起始作答时间；电子问卷选用问卷星平台，该平台可记录每份问卷填写号。根据电子问卷与纸制问卷的作答数据，统计后算得平均每份有效问卷的作答用时为 182 秒。

图 2-5 实验人员于万山村进行热感觉调查

2.3.2　数据的计算处理

1）基本参数的计算

依据《热环境的人类工效学 物理量测量仪器》标准（GB/T 40233—2021）[32]，使用测得的黑球温度进行平均辐射温度（Mean Radiant Temperature，T_{mrt}）的求解。在自然对流情况下，T_{mrt} 按式（2-2）求得；在强制对流情况下，T_{mrt} 按式（2-3）求得。式中，T_g 为黑球温度，℃；ε 为黑球发射率，0.95；T_a 为空气温度，℃；D 为黑球直径，0.025 m。

$$T_{mrt}=\left[\left(T_g+273\right)^4+\frac{0.25\times10^8}{\varepsilon}\left(\frac{\left|T_g-T_a\right|}{D}\right)^{1/4}\times\left(T_g-T_a\right)\right]^{1/4}-273 \tag{2-2}$$

$$T_{mrt}=\left[\left(T_g+273\right)^4+\frac{1.10\times10^8 V_a^{0.6}}{\varepsilon D^{0.4}}\left(T_g-T_a\right)\right]^{1/4}-273 \tag{2-3}$$

受访者的总服装热阻 I_{cl} 根据问卷信息，使用单件服装的热阻 $I_{clu,i,}$ 按式（2-4）[45] 求得：

$$I_{cl}=\sum_i I_{clu,i} \tag{2-4}$$

室外风场中存在梯度风的现象，梯度风的求解可遵循幂法则（power law）的计算方法，即式（2-5）。由于 NK-5400 仪器测量的风速为 1.5 m 高度处的风速，气象站测量的风速为 2 m 高度处的风速，而在舒适度指标计算以及后续的室外热环境模拟中需要用到 1.1 m、10 m 高度处的风速，因此本研究中使用该式进行所需高度处风速的转化计算。幂法则所定义的平均风速随高度的变化规律如下：

$$V=V_R\left(\frac{Z}{Z_R}\right)^{\alpha} \tag{2-5}$$

其中，V 指求解高度点处的风速，m/s；Z 指求解高度点对应的高度，m；V_R 指测量高度点处的风速，m/s；Z_R 指测量高度点对应的高度，m；α 为平均速度指数，其大小取决于地面的粗糙度，在本研究涉及的村镇环境中，α 取值 0.15。

2）舒适度指标的计算

本研究中选取的热舒适度评价指标 PET、SET*、UTCI 使用软件 RayMan 和 BioKlima 2.6 进行计算。Rayman 可计算简单或复杂环境的辐射量 [62~63]，此外还可根据输入的参数计算热评估指标，该软件在计算 SET* 时使用的公式是 Gagge[39] 在 1986 年修改扩充的版本。3 个待评价指标计算使用的参数如表 2-9 所示。各项参数数值均取自问卷调查时期气候参数测量值的平均值，以此描述采访者受访期间的微气候状态。

表 2-9　热舒适度指标的计算所需参数及软件

指标	软件	计算所需的参数
PET	RayMan	T_a，T_g，V_a，T_{mrt}，W，clo
SET*		T_a，T_g，V_a，T_{mrt}，W，clo，身高，体重，年龄，性别
UTCI	BioKlima	T_a，T_g，V_a，T_{mrt}

续表

指标	软件	计算所需的参数
WBGT	公式计算	T_{nwb}，T_a，T_g

Rayman 软件与 BioKlima 软件的计算界面如图 2-6 所示。

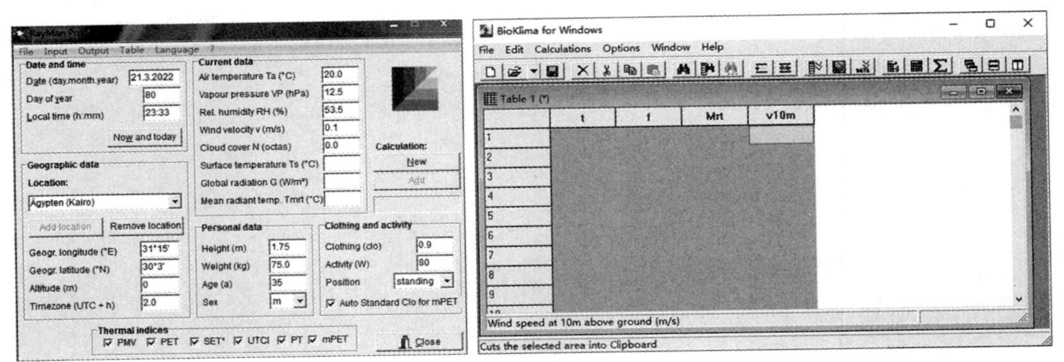

图 2-6 舒适度指标计算软件界面（图片来源：作者自绘）

2.4 人体主观热感觉与舒适度指标评价值的关系

2.4.1 热感觉投票结果

全部测量日主观热感受问卷调查中的热感觉投票 *TSV* 结果如图 2-7 所示。

在秋季，共计有 85.17% 的 *TSV* 的值位于 3 个中心类型（“稍凉”“不冷不热”“稍暖”，*TSV* = −1，0，1），其中感到不冷不热（*TSV* = 0）的投票人次比例最高（44.78%）；感到凉和暖（*TSV* = −2，2）的投票人次均小于 10%，数据样本量较少，这也反映出秋季的气候条件较为温和。在冬季，共有 87.19% 的 *TSV* 位于“冷”至“不冷不热”（*TSV* = −3，−2，−1，0）的 4 段区间中，其中“稍凉”（*TSV* = −1）的投票人次比例最高；而感到“稍暖”与“暖”（*TSV* = 1，2）的投票比例仅占 9.84%，这反映出冬季的气候更为严峻，人需要更高的接受与忍耐程度。在夏季，共有 79% 的 *TSV* 位于“稍暖”至“很热”（*TSV*= 1，2，3，4）的 4 段区间中，其中“热”（*TSV* = 3）的投票人次比例最高，这可能与调研日的天气较为炎热、采访大多发生在日间时段有关；而“不冷不热”（*TSV* = 0）与“稍凉”（*TSV* = −1）的投票比例仅占 21%，这反映出夏季调研日的采访时段确实较为炎热，人们较难以接受该时段的热感觉。

综合不同时期的 *TSV* 投票结果与全部投票结果综合来看，不同时段的 *TSV* 投票比例构成差异较大，因此将人们主观热感觉的研究按秋季、冬季与夏季分开研究是合理的。

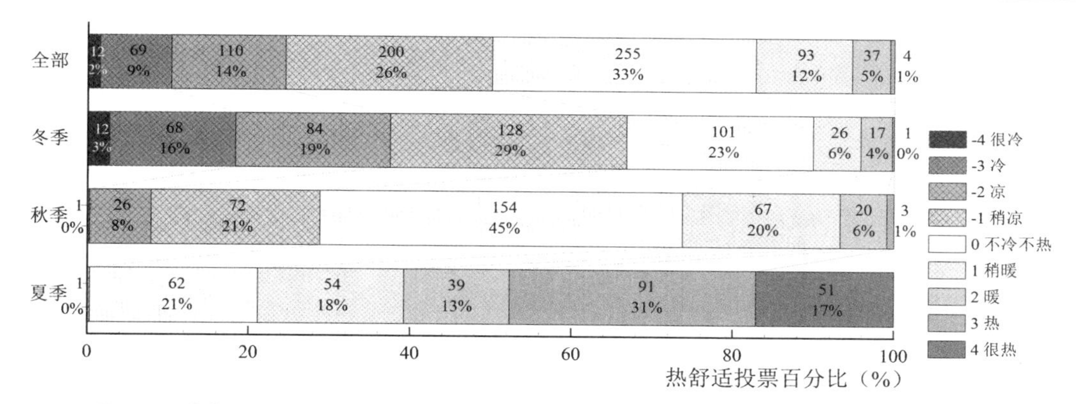

图 2-7　全部测量日主观热感受调查的热感觉投票结果组成结构（图片来源：作者自绘）

2.4.2　热感觉投票与舒适度指标的映射关系

图 2-8 至图 2-10 为秋季、冬季和夏季的 *TSV* 与舒适度指标计算值的分布关系图。

不同时期各舒适度指标数值的四分位距的大小大约都在 5 ~12 ℃的范围内，分布范围较为合理。比较秋季与冬季时期 *TSV* 各分类的上、下四分位数的数值区别，发现秋季时期的下四分位数值与冬季时期的上四分位数值大小近似。例如，当 *TSV* = −1 时，秋季时期 *UTCI* 50% 指标数值的分布范围是 [16.33 , 23.60] ℃，而冬季时期 *UTCI* 50% 指标数值的分布范围是 [8.92 , 15.43]℃。

以 *UTCI* 为例，比较各时期同 *TSV* 值分类的指标中位数的数值大小，发现秋季时期比冬季时期相同投票值的中位数高约 7 ℃，夏季比秋季相同投票制的中位数高约 17 ℃。这反映出相同热感觉下，秋、冬、夏季气候间存在显著差异；另一方面，也反映出在不同季节，人们的接受能力、适应能力及心理预期是不同的。因此，将 *TSV* 的数据按季节分开讨论是合理的。

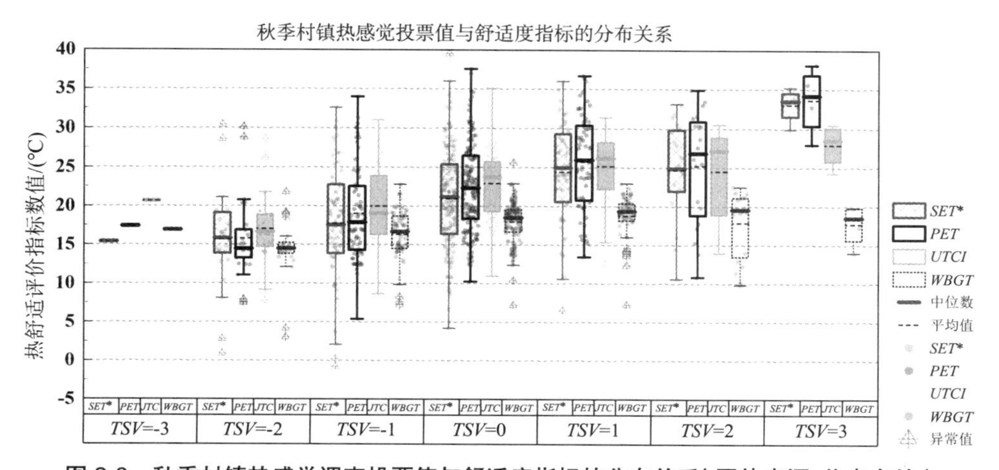

图 2-8　秋季村镇热感觉调查投票值与舒适度指标的分布关系（图片来源：作者自绘）

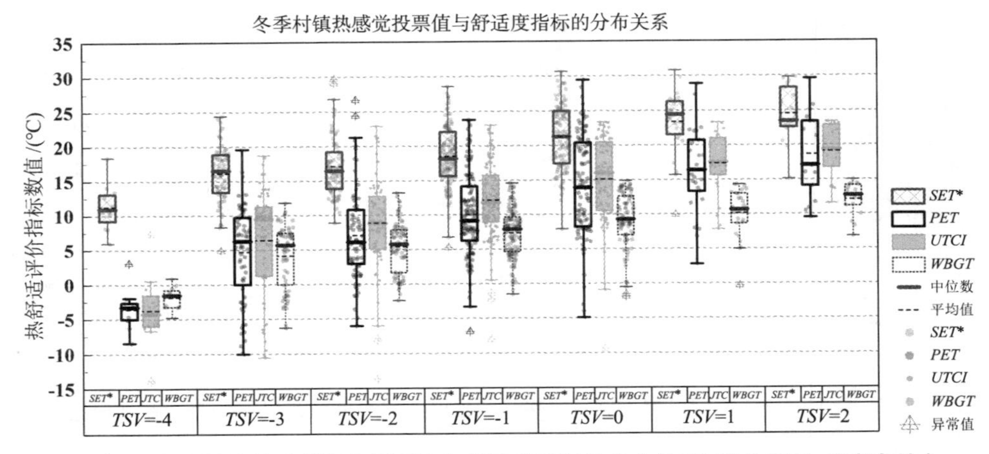

图 2-9　冬季村镇热感觉调查投票值与舒适度指标的分布关系(图片来源:作者自绘)

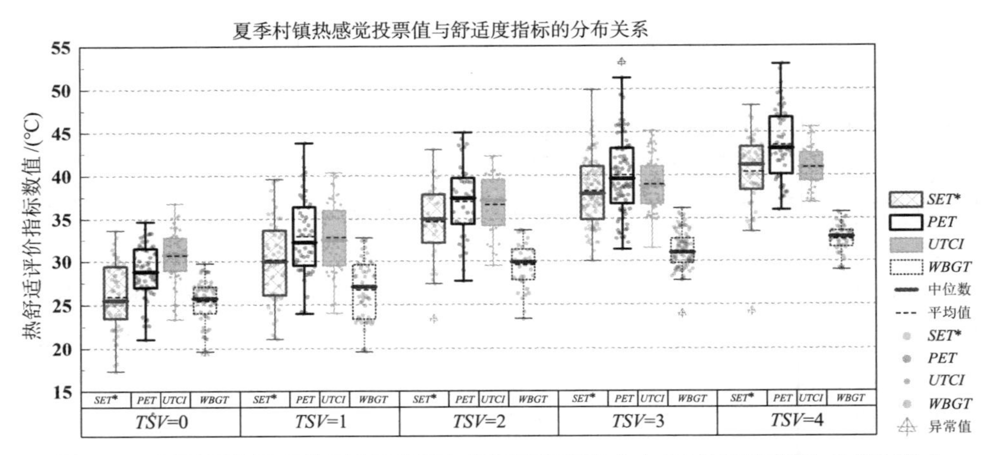

图 2-10　夏季村镇热感觉调查投票值与舒适度指标的分布关系(图片来源:作者自绘)

2.4.3　热感觉投票与舒适度指标判定值的关系

热舒适度指标与 TSV 的相关关系研究主要采用回归分析的方法。许多学者[64~70]采用温度频率法进行舒适度指标数值与 TSV 的回归分析,即 1 ℃范围内的平均舒适度指标值与平均热感觉投票值(Mean Thermal Sensation Vote, MTSV)的回归分析。这样的分析存在一定的缺陷,由于实际进行问卷调查时的天气状况不一,难以做到受访者受访时的气候类型是正态分布的,必然存在部分气候类型问卷数量较为集中的情况,故在温度频率法使用时 1 ℃范围内的样本量是不均衡的,整体结果极易受到强影响点的影响。另一方面,由于人群存在个体差异性(忍受度、年龄、性别、活动行为等),在同一环境下不同受访者的热感觉不同,因而受访者的热舒适度范围也不尽相同。

为减少人群间个体差异带来的影响,在热感觉投票与舒适度指标判定值的关系研究中,采用平均投票法进行统计分析:以 *UTCI* 为例,首先将图 2-8 至图 2-10 中舒适度指标判定值位于箱体 1.5 倍四分位距范围外的异常值去除；其次，将 *UTCI* 的大小进行排序，数值相邻的 10 位采访者计为一个平均组，计算该组的平均 *UTCI* 值与平均热感觉投票值 *MTSV*；最后，对平均 *UTCI* 值与 *MTSV* 建立回归方程，以研究热感觉与舒适度指标之间的相关关系。

秋季平均热感觉与平均舒适度指数的分布关系如图 2-11 所示，*PET*、*SET**、*UTCI*、*WBGT* 与 *TSV* 的回归公式如式（2-6）至式（2-9）所示：

$$MTSV = 0.0658SET* - 1.386(R^2 = 0.6536) \tag{2-6}$$

$$MTSV = 0.0767PET - 1.7138(R^2 = 0.7538) \tag{2-7}$$

$$MTSV = 0.1001UTCI - 2.2588(R^2 = 0.7964) \tag{2-8}$$

$$MTSV = 0.1395WBGT - 2.4826(R^2 = 0.5412) \tag{2-9}$$

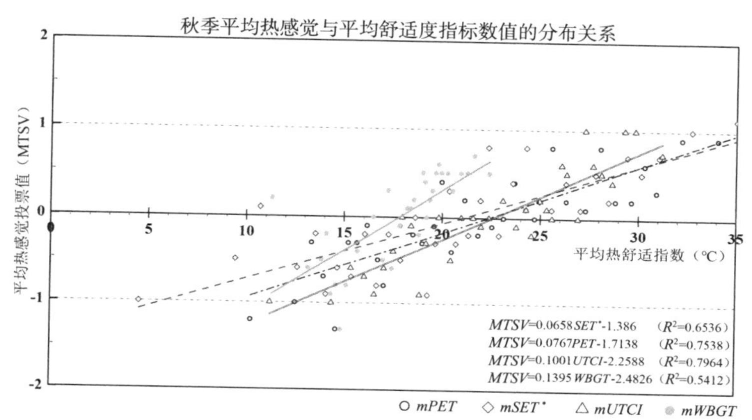

图 2-11　秋季平均热感觉与平均舒适度数值的分布关系（图片来源：作者自绘）

冬季时期平均热感觉与平均舒适度指数的分布关系如图 2-12 所示，*PET*、*SET**、*UTCI*、*WBGT* 与 *TSV* 的回归公式如式（2-10）至式（2-13）所示。

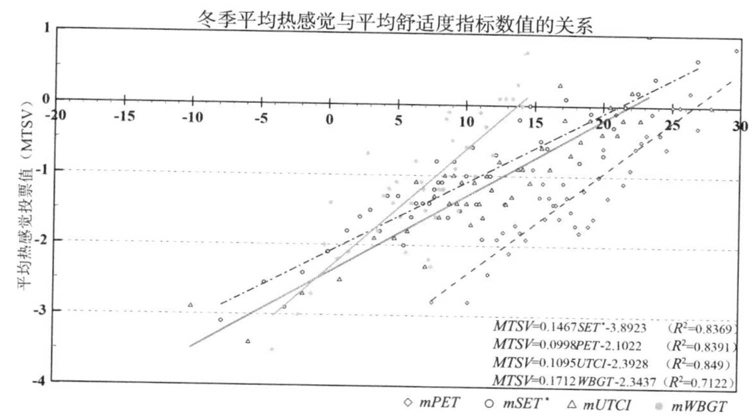

图 2-12　冬季平均热感觉与平均舒适度数值的分布关系（图片来源：作者自绘）

$$MTSV = 0.1467SET^* - 3.8923(R^2 = 0.8369) \tag{2-10}$$

$$MTSV = 0.0998PET - 2.1022(R^2 = 0.8391) \tag{2-11}$$

$$MTSV = 0.1095UTCI - 2.3928(R^2 = 0.849) \tag{2-12}$$

$$MTSV = 0.1712WBGT - 2.3437(R^2 = 0.7122) \tag{2-13}$$

夏季平均热感觉与平均舒适度指数的分布关系如图 2-13 所示，*PET*、*SET**、*UTCI*、*WBGT* 与 *TSV* 的回归公式如式（2-14）至式（2-17）所示。

$$MTSV = 0.1682SET^* - 3.7136(R^2 = 0.9040) \tag{2-14}$$

$$MTSV = 0.1651PET - 4.0077(R^2 = 0.8878) \tag{2-15}$$

$$MTSV = 0.2192UTCI - 5.8852(R^2 = 0.8703) \tag{2-16}$$

$$MTSV = 0.283WBGT - 6.2319(R^2 = 0.8248) \tag{2-17}$$

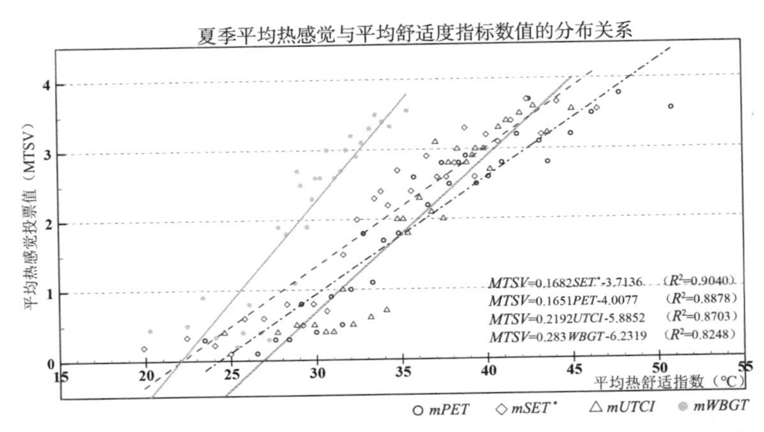

图 2-13 夏季平均热感觉与平均舒适度数值的分布关系（图片来源：作者自绘）

使用上述回归方程，当 $MTSV = 0$ 时可求得各热舒适度指标所对应的中性值，即为人体最舒适状态的指标数值，简称"中性温度"。计算可得，*PET* 在秋、冬、夏季时期的中性温度分别为 22.34 ℃、21.06 ℃、24.27 ℃；*SET** 在秋、冬、夏季时期的中性温度分别为 21.06 ℃、26.53 ℃、21.67 ℃；*UTCI* 在秋、冬、夏季时期的中性温度分别为 22.57 ℃、21.85 ℃、26.85 ℃；*WBGT* 在秋、冬、夏季时期的中性温度分别为 17.75 ℃、13.69 ℃、21.91 ℃。

从夏、秋至冬季，各地居民的 *PET*、*UTCI* 与 *WBGT* 的中性温度数值都呈现出逐渐降低的规律，这反映出人们逐渐对寒冷产生了更高的容忍度。中性温度差异的现象不能解释为服装调整的行为适应结果，因为 *PET*、*SET**、*UTCI* 在计算时，服装热阻信息已通过输入的热阻值或自适应服装模型被纳入热舒适度的考虑，这更可能反映出居民对季节气候的一种心理适应。

相反的是，*SET** 冬季时期的中性温度比秋季高 5.47 ℃，比夏季仅低 0.61 ℃，与 *PET*、*UTCI*、*WBGT* 都不同。*SET** 本质为一个等效温度指数，在由夏至冬季气候渐凉的过程中，伴随着装的增加与人体对冷产生的耐受性，*SET** 冬季中性温度偏高的现象是存在一定异常性的。在雷永生[71]对哈尔滨开展的人体主观热感受调查与 *PET*、*SET**、*UTCI* 的适用性研究中发现：冬季 *SET** 的中性温度最高（32.8 ℃），夏季 *SET** 的中性温度最低（15.6 ℃），与实际情况分析不符，这种冬季 *SET** 中性温度异常的情况与本研究相似。初步推测这个异常现象可能是由于 *SET** 自身而导致的。

2.4.4　室外舒适度指标的预测评价尺度建构

ASHRAE 标准[57]规定各热感觉等级数值的范围应为 *TSV* ± 0.5 后范围所对应的舒适度指数数值。因此，以 *PET* 为例，热感觉“不冷不热”（*TSV* = 0）时 *PET* 的取值范围即为 *MTSV* ∈ [-0.5, 0.5] 回归方程求解所得的 *PET* 值范围。由于秋季时期所获得的 *TSV* 的绝对值 >1 时样本较少，冬季时期所获得的 *TSV*>1 时样本较少，夏季时期所获得的 *TSV*<1 时样本过少，因此式（2-6）至式（2-17）存在适用范围。

求解公式计算获得长江中下游地区村镇舒适度指标的热感觉尺度如表 2-10 所示。

表 2-10　长江中下游地区村镇室外热舒适度的预测评价尺度

季节	指标	热感觉							
		寒冷	冷	凉	舒适	暖	热	炎热	酷热
		TSV= -3	*TSV*= -2	*TSV*= -1	*TSV*= 0	*TSV*= 1	*TSV*= 2	*TSV*= 3	*TSV*= 4
秋季	*PET*			<15.83	15.83~ 28.86	>28.86			
	SET^*			<13.46	13.46~ 28.66	>28.66			
	UTCI			<17.57	17.57~ 26.42	>26.42			
	WBGT			<14.21	14.21~ 21.38	>21.38			
冬季	*PET*	<-3.99	-3.99 ~ 6.03	6.03~ 16.05	16.05~ 26.07	>26.07			
	SET^*	<9.49	9.49~ 16.31	16.31~ 23.12	23.12~ 36.76	>36.76			
	UTCI	<-0.98	-0.98 ~ 8.15	8.15~ 17.28	17.28~ 26.42	>26.42			
	WBGT	<-0.91	-0.91 ~ 4.93	4.93~10.77	10.77~ 16.61	>16.61			
夏季	*PET*			<21.24	21.24~ 27.30	27.30~ 33.36	33.36~ 39.42	39.42~ 45.47	>45.47
	SET^*			<19.11	19.11~ 25.05	25.05~ 31.00	31.00~ 36.94	36.94~ 42.89	>42.89
	UTCI			<24.57	24.57~ 29.13	29.13~ 33.69	33.69~ 38.25	38.25~ 42.82	>42.82
	WBGT			<20.25	20.25~ 23.79	23.79~ 27.32	27.32~ 30.85	30.85~ 34.39	>34.39

2.5　室外热舒适度指标的适用性评价

参考李坤明[43]的研究方法，本研究中运用定性分析与定量分析相结合的办法，综合评价各室外热舒适度指标的人体热感觉预测评价模型在长江中下游地区村镇室外空间的适用性。定量分析使用到的指标有：统计学指标 Spearman 相关系数与判定系数（Coefficient of Determination，R^2）、舒适度指标热感觉尺度预测准确率。

2.5.1　主观定性分析

观察图 2-8 至图 2-10 中各问卷的舒适度指标在不同 *TSV* 分级下的数值分布结构，对比同一时期、不同指标、不同 *TSV* 分级下四分位距的上阈值和下阈值发现，*WBGT* 在秋、冬、夏季时上、下四分位数变化最小，即 *WBGT* 值的中间 50% 样本的数值分布范围随 *TSV* 增大而增大的趋势最弱；*SET** 在冬季时期中间 50% 样本的数值分布范围随 *TSV* 增大而增大的趋势次弱，秋季与夏季时期的趋势较明显；*PET* 与 *UTCI* 在 3 个时期上、下四分位数变化都较为明显，它们中间 50% 样本的数值分布范围随 *TSV* 增大而增大的趋势最为明显。

这说明 *PET* 与 *UTCI* 在秋、冬、夏季时期都能较为优秀地描述不同人体对于气候的感受；结合 2.4.4 节对 *SET** 模型缺陷的分析，认为 *SET** 能够较好地反映长江中下游地区村镇夏季时期人体的热感受，而受本研究中方法的限制，计算获得的 *SET** 指数较难反映出冬季人体在室外热舒适度的感受；*WBGT* 在秋、冬、夏季时期描述人体对于气候的感受能力较弱。

2.5.2 指标定量分析

1）统计学指标量化分析

定量分析运用到的统计学指标为舒适度指标计算值与 *TSV* 的 Spearman 相关系数、各平均舒适度指标计算值与 *MTSV* 回归关系的判定系数 R^2。使用软件 SPSS 进行计算，两个统计学指标的计算结果如表 2-11 所示。

表 2-11 各舒适度指标与实际热感觉投票的 Spearman 相关系数与判定系数

指标	秋季		冬季		夏季	
	相关系数	判定系数	相关系数	判定系数	相关系数	判定系数
PET	0.45	0.753 8	0.540	0.839 1	0.778	0.887 8
*SET**	0.409	0.653 6	0.499	0.836 9	0.781	0.904
UTCI	0.460	0.796 4	0.546	0.849	0.773	0.870 3
WBGT	0.346	0.467 7	0.528	0.712 2	0.746	0.824 4

各项舒适度指标与 *TSV* 间均存在强相关关系。秋季时期，*UTCI* 的相关系数与判定系数都为最高，反之 *SET** 为偏低；在冬季较冷时期，*UTCI* 与 *PET* 的相关系数与判定系数都比较高。这说明冬季气候条件下 *PET* 与 *UTCI* 的表现都较为出色。

2）预测准确率量化分析

参考雷永生的研究[71]，引入预测准确率（Predicting Accuracy，η）这一指标，用以量化分析长江中下游地区村镇舒适度指标评价尺度的热感觉判定准确率。比较不同指标的 η 值，越大即该指标的预测准确率越高。各热舒适度指标的预测准确率 η 计算公式如式（2-18）所示。

$$\eta = \frac{Q_{JTS-TSV}}{Q_{总}} \times 100\% \qquad (2\text{-}18)$$

其中，$Q_{JTS-TSV}$ 是分析时段内舒适度指标热感觉判定指数（Judgment Index of Thermal Sensation，JTS）与 *TSV* 指数相同的投票数量；$Q_{总}$ 是分析时段内的全部 *TSV* 数量。

在主观热感觉调研中发现，当受访者处于“稍凉”（$TSV = -1$）至“稍暖”（$TSV = 1$）之间时，人们的热感觉差异是不太大的，即当室外气候处于 $JTS \in [-1\ ,\ 1]$ 时，人们普遍是接受的。因此，对于各舒适度指标的预测准确率判定，将使用 η_x 与 $\eta_{-1,0,1}$ 两种预测准确率指标。η_x 表示 *JTS* 的数值与 *TSV* 数值完全一致时的舒适度指标精准预测率；$\eta_{-1,0,1}$ 表示将 $JTS = -1,0,1$ 以及 $TSV = -1,0,1$ 都归为一类后进行判定的舒适度指标粗准预测率。

以冬季 *PET* 为例，*PET* 的热感觉判定指数与实际热感觉投票的交叉表如表 2-12 所示。根据式（2-18）计算可得 $\eta_{冬PET_x}$ =38.19%，$\eta_{冬PET_{-1,0,1}}$ =60.88%。

表 2-12　冬季 PET 的热感觉判定指数与实际热感觉投票的交叉表

PET		*TSV*						
	累计	-4	-3	-2	-1	0	1	2
JTS = -3	19	5	10	2	0	2	0	0
JTS = -2	107	6	22	40	30	8	1	0
JTS = -1	213	0	34	33	77	50	12	7
JTS = 0	87	0	2	7	20	38	11	9
JTS = 1	6	0	0	0	0	3	2	1
累计	432	11	68	82	127	101	26	17

各季节舒适度指标的预测准确率根据上篇附录 D 各舒适度指标热感觉判定指数与实际热感觉投票的交叉表计算求得，结果如表 2-13 所示。由表可知，秋、冬季时期 *PET*、*UTCI* 的精准预测率、粗准预测准确率都较高；夏季时期 *SET** 的精准预测率、粗准预测率都为最高，*PET* 略为次之，*UTCI* 和 *WBGT* 较低。

表 2-13　各舒适度指标的预测准确率

	秋季		冬季		夏季	
舒适度指标	η_x	$\eta_{-1,0,1}$	η_x	$\eta_{-1,0,1}$	η_x	$\eta_{-1,0,1}$
PET	46.88%	86.35%	38.19%	60.88%	37.58%	54.70%
*SET**	44.05%	86.01%	36.81%	55.78%	40.20%	55.07%
UTCI	47.79%	86.14%	38.60%	62.56%	33.22%	48.99%
WBGT	45.17%	86.60%	36.57%	57.64%	29.73%	48.65%

2.5.3　适用性综合评价

依据主观定性分析与指标定量分析的结果，归纳各舒适度指标及其预测评价模型在长江中下游村镇地区的综合表现，即为各舒适度指标的适用性综合评价，结果如表 2-14 所示。

表 2-14 各舒适度指标预测评价模型的适用性综合评价

季节	舒适度指标	主观评价	统计学指标		判定准确率指标		整体综合评价
		定性分析	相关系数	判定系数 R^2	精准预测率 η_x	粗准预测率 $\eta_{-1,0,1}$	
秋季	*PET*	▲▲▲	▲▲▲	▲▲▲	▲▲▲	▲▲▲	▲▲▲
	*SET**	▲▲	▲▲	▲▲	▲▲	▲▲▲	▲▲
	UTCI	▲▲▲	▲▲▲	▲▲▲	▲▲▲	▲▲▲	▲▲▲
	WBGT	▲▲	▲	▲	▲▲	▲▲▲	▲
冬季	*PET*	▲▲▲	▲▲▲	▲▲▲	▲▲▲	▲▲▲	▲▲▲
	*SET**	▲▲	▲▲	▲▲▲	▲▲	▲▲	▲▲
	UTCI	▲▲▲	▲▲▲	▲▲▲	▲▲▲	▲▲▲	▲▲▲
	WBGT	▲	▲▲	▲▲	▲▲	▲▲	▲
夏季	*PET*	▲▲▲	▲▲▲	▲▲	▲▲▲	▲▲	▲▲▲
	*SET**	▲▲▲	▲▲▲	▲▲▲	▲▲▲	▲▲▲	▲▲▲
	UTCI	▲▲▲	▲▲▲	▲▲	▲▲	▲	▲▲
	WBGT	▲▲	▲▲	▲	▲	▲	▲

注：▲▲▲为表现较好，▲▲为次之，▲为表现一般。

由表 2-14 进行综合评价可知，秋、冬季舒适度指标适用性最好的为 *PET*、*UTCI*，*SET** 次之，*WBGT* 建议作为备选指标；夏季舒适度指标适用性最好的为 *SET** 和 *PET*，*UTCI* 次之，*WBGT* 仍建议作为备选指标。考虑到各时段的综合表现，舒适度指标综合表现能力最好的是 *PET*，*UTCI* 略逊一筹，再次为 *SET**，*WBGT* 的适用性最弱。

因此当需要根据长江中下游地区使用热舒适度指标对村镇全年室外热舒适度进行评价时，对于表 2-10 长江中下游地区村镇室外热舒适度的预测评价尺度、式(2-6)至式(2-17)长江中下游地区村镇的人体热感觉预测评价模型的选用，本研究推荐首选指标 *PET*，次选指标 *UTCI*。

2.6 对适用性评价结果的讨论

2.6.1 *SET** 适用性较低的原因 [72~73]

目前 *SET** 在实际应用性研究中，大多被用于温暖气候下的户外热舒适度研究 [74]；Satoru Takada 等人 [74~75] 收集了空气温度 16~40 ℃、相对湿度 40%~72%、服装热阻 0.06~0.6 clo 稳态环境条件范围下的受试者数据，进行 *SET** 两节点模型皮肤温度预测的有效性验证，结果证明 *SET** 在实验条件范围中的预测精度较好。

1）不同 *SET** 定义与计算方法使计算结果不同

Wenjie Ji 等人 [72] 指出，由于 *SET** 较为复杂，标准环境的定义历经多次修改，可能造成使用者的误解与混淆，从而导致计算结果产生一定偏差，即不同标准环境的定义会使 SET*

计算的结果不同，当实际环境的参数值越极端时，计算结果与真实结果的差异越大。Wenjie Ji 等人认为 1986 年 Gagge 修改扩充后的 SET^* 定义与计算方法[39]是较为精确与全面的，本研究中 Rayman 软件正是使用该计算方法求解 SET^* 值，因此，由于混淆 SET^* 标准环境条件而造成偏差的可能性较小。

2）对于 SET^* 模型中的假设，其适用条件还需进一步研究和验证[73]

SET^* 的定义即为一种假设"实际环境中的人与标准环境中的人具有相同的平均皮肤温度、皮肤湿润度、皮肤热损失量，此时人体热感觉相同"。因此，可利用热环境的 6 要素——空气气温、相对湿度、风速、平均辐射温度、衣着和代谢率，计算获得真实环境下的热生理参数——核心温度、平均皮肤温度、皮肤湿润度、皮肤的热损失量，进而根据定义，将平均皮肤温度、皮肤湿润度、皮肤的热损失量转化为一个标准环境下的 SET^* 值。SET^* 的假设模型存在具体如下的问题。

问题一：假设模型忽视了呼吸散热的影响。SET^* 模型是基于两节点模型的，两节点模型将人体简化为核心层和皮肤层两部分，人体的热量在核心层产生，随后一小部分热量通过呼吸消散，其余热量通过皮肤表面的衣物传递到外界环境中。而 SET^* 模型忽略了呼吸散热，只考虑了皮肤散热，实际中，当人体代谢率较高时，呼吸热损失可能在热感觉中占很大比例。因此 SET^* 较适用于受试者静息和低运动强度时的热感觉评价，对高运动强度时的模拟相对不准确。

问题二：在不同的热环境或不同的代谢率下，皮肤的热损失量一般是不同的。因此，当标准环境与实际环境的受试者代谢率不同时，假设"受试者在标准环境下皮肤表层的热交换与实际环境下的皮肤热损失量一致"是不准确的。

问题三：由于环境条件和生理调节共同决定人体皮肤温度和皮肤湿润度，很难找到一个标准环境的等效空气温度值，即 SET^* 值，其中受试者具有与实际环境相同的平均皮肤温度和皮肤湿润度。

3）SET^* 计算公式中部分参数的定义及其经验值还需进一步讨论和研究[73]

第一点：Gagge[39] 将皮肤湿润度定义为实际出汗量与最大出汗量之比，而不是直接反映皮肤表面的湿润度。

第二点：调研获得的实际环境下受访者的代谢率值估算错误。本研究中人的代谢率依据《热环境人类工效学 代谢率的测定》（GB/T 18048—2008）标准[56]，通过记录受访者的活动估算代谢率值，然而相同活动行为在不同衣着及环境条件下人的代谢率相差较大，尤其在冬、夏季气候较为极端时，使用这种方法估算代谢率会带来较大的误差。代谢率是使用 SET^* 比较人体在不同环境中的热状态时的关键参数，一般来说，皮肤的热损失主要由人的代谢率决定，皮肤的温度与湿润度对皮肤的热损失量影响较小，因此，代谢率计算产生的误差会极大地影响 SET^* 计算的准确性。

第三点：不同季节环境下，SET^* 模型中部分参数与系数值（如皮肤温度初始值、核心温度初始值、出汗参数、血管扩张的参数、血管收缩的参数等）不应固定不变，若将其修改为自适应模型则能更好地反映不同环境下人的热适应性。

综上所述，认为本研究中“SET^*冬季的中性温度比秋季高 5.47 ℃，比夏季仅低 0.61 ℃”的异常现象，是由于调查方法不足、SET^*理论模型存在问题、Rayman 软件计算方法限制所共同导致的。因此，认为本研究中的对人体代谢率测定的方法仍存在改进的空间；对于在冬季采集获得的村镇微气候数据及人体主观热感觉调查数据，不适合选用 Rayman 软件进行SET^*计算，式(2-10)基于SET^*的人体热感觉预测模型的基础数据不够准确。

2.6.2 对 *UTCI* 适用性的讨论

UTCI 是近年来提出的多节点模型，其适用性与准确性得到众多学者的验证，而本研究中 *UTCI* 在夏季的表现稍逊一筹，夏季时期 *UTCI* 的判定准确率略低于 *PET* 与SET^*。推测主要是由于 *UTCI* 的自适应服装模型算法与本研究的实验方法之间存在矛盾。

UTCI 的计算采用恒定不变的人体模型参数，人体代谢率、服装热阻等变量是将气象变量带入自适应服装模型算法而获得的，无法自定义输入。在本研究中，受试者的体形信息、活动信息、活动状态、着装情况非常多变，而且存在与气候相悖的着装情况，这些信息直接关联到人体热感觉判断，进而输入热舒适度指标的计算模型中并影响指标值，而 *UTCI* 的计算无法使用这些信息，因此 *UTCI* 的计算值会产生较大的误差。例如在炎热的夏季，村镇受访者为防晒而身着长衣长裤并于户外作业时，服装热阻与代谢率都较大，受访者易产生偏热的感觉，此时 *UTCI* 的自适应服装参数与实际情况不符，使 *UTCI* 的计算值偏低；在寒冷的冬季，存在部分受访者穿着较厚并且于避风有阳光处玩耍，此时受访者服装热阻与代谢率都偏大，受访者易产生偏暖的感觉，此时 *UTCI* 的自适应服装参数与实际情况不符，使 *UTCI* 的计算值偏低。

另一方面，*UTCI* 的快速计算公式为 *UTCI* 准确计算公式的回归模型，当风速小于 0.5 m/s 时 *UTCI* 的计算准确性会降低，因此该指标的使用存在一定的局限性。

因此，认为本研究的实验方法存在一定局限性，并直接对 *UTCI* 的预测准确率产生较为直接的影响，其直接表现即为 *UTCI* 在夏季的人体热感觉预测模型的判定准确率低于 *PET* 和SET^*，即 *UTCI* 在长江中下游地区村镇夏季的预测评价尺度准确率与适用性方面稍逊一筹，因此对于预测评价尺度、预测评价模型的应用，提出全年预测评价的首选指标为 *PET*，次选指标为 *UTCI*。

本研究的结果并非表明 *UTCI* 指标本身的准确性与适用性弱于 *PET*。实际上，尽管受实验方法的影响，*UTCI* 在秋季与冬季的表现都优于SET^*，与 *PET* 的表现同为优秀，这即表明该指标自身的优异性。在未来的研究中，可进一步规范实验方法，对受试者的着装与活动进行一定的约束限制；或完善 *UTCI* 的计算方法，降低 *UTCI* 完整模型的计算时长与计算简便度，随后再开展各舒适度指标间的适用性与准确性测试与讨论。

2.7 本章小结

本章对地处长江中下游的 6 个村镇社区进行了室外微气候数据测量与主观热感数据调

查，建立了4种热舒适度指标 *PET*、*SET**、*UTCI*、*WBGT* 与主观热感觉间的函数关系式；使用函数关系式计算获得该地区秋、冬、夏季气候下室外环境的舒适度指标中性温度值、舒适度指标热感觉的判定取值范围，建立了长江中下游地区室外热舒适度的预测评价模型；通过综合主观定性分析、相关系数、判定系数和判定准确率的研究，发现 *PET*、*UTCI* 在多种季节气候下的综合表现性更好。在冬季中国长江中下游地区的村镇社区室外热舒适度评估中，首推指标 *PET*，其次推荐指标 *UTCI*，并建议结合长江中下游地区村镇舒适度指标热感觉评价尺度进行热舒适度预测判定。

第三章 典型气象日的选取方法与舒适度评价

3.1 概述

在过去的室外热环境研究中，使用仪器进行实地测量与记录是最真实的数据采集办法。一方面，大部分研究对象为城镇环境，研究范围较大，有限的仪器数量难以充分反映城镇的微气候特点；另一方面，观测方法存在一定局限性，实地测量受资金与人力因素影响难以持续开展，大部分研究通过预估的方法选取调研日，难以测量全年不同气候特点下的城镇微气候特点。因此，实测与计算机软件模拟相结合的研究方法应用更为广泛，使用城镇边界气象站数据与城镇空间模型即可满足室外热环境模拟的最低要求；这种研究方法的缺点则是目前计算机模拟的速度较慢，无法对城镇空间进行全年性的气候模拟，因此，选取各种气候类型中最具代表性与研究价值的气象日，即广义上的典型气象日（Typical Meteorological Day，TMD）作为研究日是很有必要的。通过模拟多种典型气象日条件下的热环境情况进行综合分析与评价，归纳总结优化方案的方向并作为方案筛选的依据。如何选取典型气象日，成为室外热环境研究中首先面临的问题。

《城市居住区热环境设计标准》（JGJ 286—2013）[35]中明确规定了典型气象日的含义与选取方法。典型气象日指从典型气象年的数据集中，以某种方法原则选取，用于热环境模拟与指标计算的气象日数据；其需反映季节气候的典型性特征，从典型气象年最冷月与最热月中的温度、日较差、湿度、太阳辐射照度的日平均值与该月平均值最接近的一日，即为冬、夏季典型气象日。《公共建筑节能设计标准》[76]对典型气象年的定义为：“以近30年的月平均值为依据，从近10年的资料中选取一年各月接近30年的平均值作为典型气象年。若选取的月平均值处于不同的年份，资料不连续，还需要进行月间平滑处理。”典型气象年数据可反映一个地区长期气候的均性特点，目前较多应用于建筑物的能耗模拟，能使计算结果具备代表性。

典型气象年的计算方法有许多种，李红莲[77]对国内外建筑能耗模拟用的典型气象年计算方法展开了综述研究：国际上最为通用与认可的方法是美国Sandia国家实验室[78]提出的经验分布函数法，即修整后的TMY2（简称为Sandia法）；在中国，应用较多的有张晴原先生[79]使用1995—2005年360个地区数据制作的《建筑用标准气象数据手册》（Chinese Typical Year Weather，CTYW），清华大学使用1970—2003年全国270个站点数据建立的《中国建筑热环境分析专用气象数据集》[80]（Chinese Standard Weather Data，CSWD），西安建筑科技大学使用Sandia法，对1971—2000年194个城市的数据建立了中国典型气象年[81]

（ChinaTMY2），杨柳[82]使用主成分分析法生成中国5个气候区代表城市的主成分分析年。

由于城市有较强的热岛效应现象，与村镇气候相比具有较大的差异，城市的气象年数据不适用于村镇热环境的研究。因此，本研究将使用在村镇架设的气象站采集数据作为待分析的气象年数据，如何从自测数据中选取具有研究价值的典型性气象日是本章的研究核心。本章将以宜兴市西望村为例，提出两类典型气象日的选取办法，计算并确立典型气象日，通过模拟方法比较不同典型气象日下村镇室外热环境的特点。

3.2　典型气象日的选取方法——以西望村为例

3.2.1　西望村简介

西望村位于江苏省宜兴市丁蜀镇，紧邻太湖；地处夏热冬冷地区，四季分明。西望村历史悠久，有千余年的制陶历史，目前全村有80%以上的居民从事紫砂壶的相关制作，是著名的“紫砂专业村”；村内紫砂产业链完善，目前已形成设计、制作、经销、紫砂旅游等完整的产业模式；村民收入高、幸福感强，他们对未来的生活与工作环境提出了更高的期望。西望村的区位及村域范围如图3-1所示，西望村西、北、东三个方向均被农田环绕，南侧为低矮厂房建筑；西望村内的建筑密度较为适宜，建筑群体大致呈行列式，方向主要为南偏东20°；村域内水网密布，植被较为丰富，宁杭公路于中部南北贯穿全村，交通便利，是较为理想的现代化村镇，具备一定的研究典型性。

图3-1　西望村村域范围（图片来源：作者自摄）

西望村的环境如图3-2所示。西望村的建筑主要可分为两类：一类为现代建筑，以2~3层的别墅、4~6层的单元式民居及公共建筑为主，主要分布在中心公路的西侧；另一类为旧有民居建筑，以两层的村民自建住宅为主，主要分布在中心公路的东侧。公路西侧为村域的行政中心及商业活动中心，游客与消费者主要在此区域参观、体验、制作及购买紫砂壶，拥有两处集中的公园广场，景色宜人，绿化优美；公路东侧为旧有的村民自建民居建筑群，村民主要从事农业生产与紫砂壶制作，该建筑群沿环绕的河网呈显著的行列式布局，缺少公共活动空间与公共服务设施，是未来村域规划中环境与设施提升的重点区域。

图 3-2 冬季的西望村(图片来源:作者自摄)

西望村气象站架设在村域东边农田中心位置,周围无建筑物与植物遮挡,可较好地记录西望村的整体气候数据。

3.2.2 基于参数权重的典型气象日选取方法

对于典型气象年中的典型月选取,Sandia 法、CTYW、CSWD 都是一种对气象参数赋予权重而计算评价值的方法。李红莲[77]指出,Sandia 法与 CTYW 都使用干球温度、露点温度、风速和水平面辐射等 4 个参数,CSWD 还额外使用日平均地表温度、日平均水汽压参数;Sandia 法使用经验分布函数,对数据进行排序,比较各月份的逐年累积分布函数与常年累积分布函数的接近程度来确定典型月;CTYW 先使用各月份气象参数的标准偏差进行标准月选取,若有多个待选月产生,则使用 Sandia 法中的气象参数逐年累计式衡量各参数,加权求和后的最小值月即为典型月;CSWD 则对数据集中参数进行标准化处理,随后类同 CTYW,利用标准差进行典型月的初选,最后对待选月各参数的标准化值进行加权求和,值最小月即为该月份的典型月。由于源数据不同,无法准确判别何种方法的普适性与准确性更高。

从计算方法上来看,CTYW 和 CSWD 方法的核心是衡量标准偏差;而 Sandia 法的核心是统计样本的发生次序,用发生频率代替概率的方法。Sandia 法既能反映累积分布的相似程度,又能反映偏离程度,样本量越大则近似性越好。在本研究中,参考典型月的计算方法来计算典型日。但由于西望村气象站建设时间短,获取的数据少,Sandia 法不适用。

因此为确切量化各气象日的权重值,基于《城市居住区热环境设计标准》的典型气象日选取原则,主要参考 CSWD 的典型气象年构成方法,提出一种对气象日数据评分并按参数权重加权取值的典型气象日选取方法,又可根据计算方法的不同,分为基于标准化处理的典型气象日计算方法与基于平均绝对误差比处理的典型气象日计算方法。

3.2.2.1 计算方法

1)气象参数及其权重的确定

CSWD 以 0:00—23:59 所记录的信息为一个气象日数据。CSWD 选取了空气温度、风速、太阳辐射、水汽压、地表温度作为源气象参数,并根据气象特点、气象参数间的耦合关联性、气象参数对建筑负荷的影响作用来确定最终的评估参数及其权重,共计确定了 7 个挑选参数,具体参数名称及其权重如表 3-1 所示。

在本节“基于参数化权重的典型气象日选取”的研究中,也以 0:00—23:59 为一个气象日。由于自设的气象站测量的源气象参数不同,参考李红莲、刘乐[83]在研究中露点温度参数缺测的做法,使用与露点温度、水汽压相关的日平均相对湿度来代替日平均水汽压,使用增加平均日空气温度参数权重的方法来代替地表温度;由于《城市居住区热环境设计标准》中建议典型气象日的选取需考虑日较差,因此新增日最高相对湿度、日最低相对湿度这两个挑选参数,二者权重与日平均相对湿度相等;参考杨小山等学者[84]对典型气象日的研究,傍晚是居民主要活动时间段之一,在室外热环境研究中也比较重要,考虑到夜间的风速通常低于日间风速,将日平均风速分为白天时段平均风速与夜间时段平均风速两个参数。

气象参数最终确定为如下 9 个气象参数,它们的名称与权重分别为:全日平均温度 $\overline{T}_a$,3/20;全日最高温度(0:00—24:00 Maximum Air Temperature, $T_{a\max}$),1/20;全日最低温度(0:00—24:00 Minimum Air Temperature, $T_{a\min}$),1/20;全日平均相对湿度(0:00—24:00 Average Relative Humidity, $\overline{R}_H$),1/20;全日最高相对湿度(0:00—24:00 Maximum Relative Humidity, $R_{H\max}$),1/20;全日最低相对湿度(0:00—24:00 Minimum Relative Humidity, $R_{H\min}$),1/20;日间平均风速(Daytime Average Wind Speed, $\overline{V}_{ad}$),1/20;夜间平均风速(Nighttime Average Wind Speed, $\overline{V}_{an}$),1/20;日间平均太阳总辐射(Daytime Average Globe Radiation, $\overline{G}$),10/20。

其中,“全日”指一个气象日,以 $\overline{T}_a$ 为例,$\overline{T}_a$ 即为 0:00—23:59 时段中气象站监测记录的 48 条空气温度记录值的平均值;“日间”指日间时段,以 $\overline{V}_{ad}$ 为例,夏季 $\overline{V}_{ad}$ 取 7:00—18:30 时段的 22 条风速记录值的平均值,冬季 $\overline{V}_{ad}$ 取 7:30—17:00 时段的 20 条风速记录值的平均值;“夜间”指夜间时段,夏季夜间时段为 19:00—6:30,冬季夜间时段为 17:30—7:00。

各挑选参数的权重设置如表 3-1 所示,大部分挑选参数的权重与 CSWD 一致。

表 3-1　气象挑选参数及其权重

<table>
<tr><td>挑选参数</td><td colspan="4">空气温度</td><td colspan="3">相对湿度</td><td colspan="2">风速</td><td>太阳辐射</td></tr>
<tr><td rowspan="2">CSWD 权重</td><td>日平均温度</td><td>日平均地表温度</td><td>日最高温度</td><td>日最低温度</td><td colspan="3">日平均水汽压</td><td colspan="2">日平均风速</td><td>日总辐射</td></tr>
<tr><td>2/16</td><td>1/16</td><td>1/16</td><td>1/16</td><td colspan="3">2/16</td><td colspan="2">1/16</td><td>8/16</td></tr>
<tr><td rowspan="2">自选权重</td><td colspan="2">全日平均温度</td><td>全日最高温度</td><td>全日最低温度</td><td>全日平均相对湿度</td><td>全日最高相对湿度</td><td>全日最低相对湿度</td><td>日间平均风速</td><td>夜间平均风速</td><td>日平均太阳总辐射</td></tr>
<tr><td colspan="2">3/20</td><td>1/20</td><td>1/20</td><td>1/20</td><td>1/20</td><td>1/20</td><td>1/20</td><td>1/20</td><td>10/20</td></tr>
</table>

2)分析时段的选取

考虑到在城市热环境设计研究中,《城市居住区热环境设计标准》建议选取最冷与最热月的典型气象日作为热环境的研究设计基础依据。因此,首先需对自测获得的西望村气象站冬、夏季数据进行分析,确定其最冷与最热时期。

2020—2021 年西望村冬、夏季逐日空气温度及降水情况如图 3-3、图 3-4 所示。

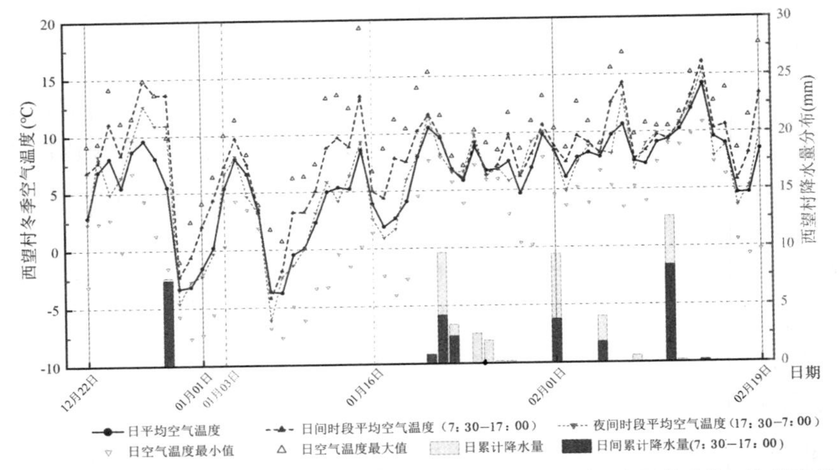

图 3-3　2020—2021 年西望村冬季逐日空气温度与降水情况(图片来源:作者自绘)

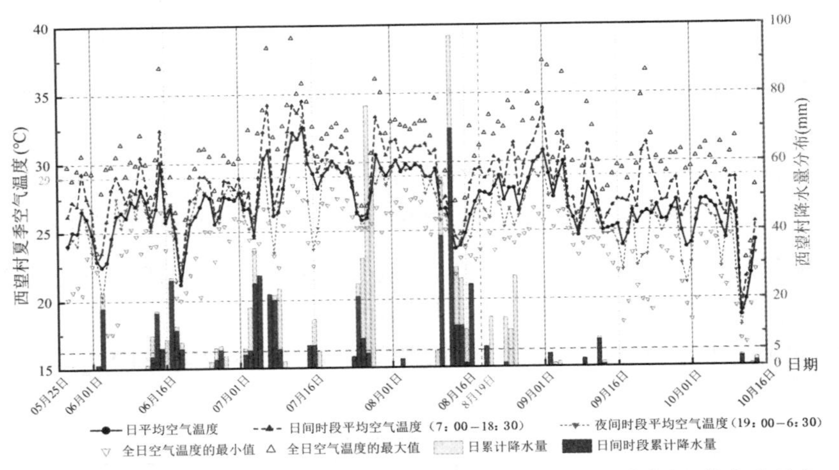

图 3-4　2021 年西望村夏季逐日空气温度与降水情况(图片来源:作者自绘)

如图 3-3 所示,西望村 2020—2021 年气象站所记录的冬季时段中, 1 月有 13 天 $\overline{T}_a$ 小于 5 ℃,日间时段平均温度有 4 天在 10 ℃之上;该冬季时段降水较少, 1 月下旬—2 月上旬有小雨(12 小时内降水量小于 5 mm; 20 小时降水量小于 10 mm)7 天,中雨(12 小时内降水量小于 15 mm; 20 小时降水量小于 25 mm)1 天,无影响居民活动的连续强降雨天气。由于夏热冬冷地区最冷月一般都为 1 月,故该年冬季典型气象日将从 1 月气象日数据中计算并选取。

如图 3-4 所示,西望村 2021 年夏季中, 6 月份有 29 天 $\overline{T}_a$ 小于 28 ℃,高温日数[85](日最高气温 ≥35 ℃的天数)为 1; 7 月有 17 天 $\overline{T}_a$ 大于 29 ℃,高温日数为 6; 8 月有 17 天 $\overline{T}_a$ 大于 29 ℃,高温日数为 1; 9 月有 3 天 $\overline{T}_a$ 大于 29 ℃,高温日数为 4。日间时段(7:00—18:30,人群主要活动的主要时段)平均空气温度方面, 6 月有 2 天在 30 ℃之上, 7 月有 17 天在 30 ℃之上, 8 月有 17 天在 30 ℃之上, 9 月有 7 天在 30 ℃之上。高温天气连续出现 7 月 11 日—7

月23日、7月29日—8月10日、8月29日—9月2日。

西望村夏季多发强对流天气。西望村2021年夏季共有4段强对流降雨时期，分别为6月13日—6月19日、7月2日—7月9日、7月25日—7月28日、8月11日—8月26日，强对流天气中降温明显，降雨量大，6月共计有11天出现降水，其中中雨4天、小雨7天；7月共计有16天出现降水，有暴雨（12小时降水量小于70 mm，20小时内降水量小于100 mm）2天、大雨（12小时降水量小于30 mm，20小时降水量小于50 mm）3天、中雨7天、小雨3天；8月共计有12天出现降水，有暴雨2天、大雨3天、中雨4天、小雨3天，9月共计有6天出现降水，全部为小雨。

因此，西望村2021年夏季最热月为7月、8月，该季的典型气象日将从这两个月中计算并选取。如若居民主要活动时段有连续强降雨，则该日不适于居民室外活动或劳作，因此在本研究中，将不考虑持续性中到暴雨下的气象日室外热环境特点，故设立剔除标准“日间时段有6小时及以上逐时降水量大于等于1.5 mm的天气”，剔除7、8月中的持续性强降雨日后再进行典型气象日的计算，并按此标准剔除7月4日、7月5日、7月8日、7月25日—7月27日、8月11日、8月13日、8月15日。

3）基于标准化处理的典型气象日的计算方法与步骤

数据经标准化处理后变为均值为0、方差为1、服从标准正态分布的数据集，标准化处理可以去除变量间不同量纲的影响，数据经标准化处理后按照连续变量的变化规律均处于同一数量级，可进行多变量的综合评价研究。标准化处理的缺陷在于，如若样本量较小、数据为非正态分布结构，则标准化处理后会损失扭曲部分原始数据间的关系，因此使用该种方法时需注意数据的分布状态，推荐在数据量较大时使用。

参考CSWD中典型气象年的“平均月”计算方法，提出一种基于标准化处理的典型气象日评价值计算方法：将每日的挑选参数标准化绝对值处理后，按权重系数加权求和，总评价值最小的几日即为典型气象日的待选日。结合之前讨论了挑选参数及权重、分析时段的确立，基于标准化处理的典型气象日挑选计算方法如下。

①统计分析时段中各气象日的挑选参数。计算每日空气温度的极值、相对湿度的极值、日间平均风速和夜间平均风速，记为$X_{i,d}$，i为参数编号，d为日期；将每日不同时刻测量获得的空气温度、相对湿度、太阳辐射，记为$x_{l,t,d}$，l为参数编号，t为测量时刻，d为测量日。

②统计分析时段的挑选参数的平均值。对于日极值温度、日极值相对湿度、日间时段风速、夜间时段风速，统计整个分析时段内数据的平均值与标准差，记为$\overline{X}_i$和S_i；对于日平均温度、日平均相对湿度、日平均辐射，统计分析时段中各测量时刻的平均值和标准差，记为$\overline{\mu}_{l,t}$和$\sigma_{l,t}$。

③对参数进行标准化处理如式（3-1）和式（3-2）：

$$\alpha_{i,d}=\frac{\left|X_{i,d}-\overline{X}_i\right|}{S_i} \tag{3-1}$$

$$\beta_{l,d}=\frac{1}{t}\sum_{t=1}^{t}\frac{\left|x_{l,t,d}-\overline{\mu}_{l,t}\right|}{\sigma_{l,t}} \tag{3-2}$$

④对 $\alpha_{i,d}$ 和 $\beta_{l,d}$ 按权重系数 k 求和，获得每日的总评价参数 Y_d 如式（3-3）：

$$Y_d=\sum_{i=1}^{i}\left(k_i\times\alpha_{i,d}\right)+\sum_{l=1}^{l}\left(k_l\times\beta_{l,d}\right) \tag{3-3}$$

4）基于平均绝对误差比处理的典型气象日的计算方法与步骤

平均绝对误差（Mean Absolute Error，MAE）可表示测量值与真实值之间绝对误差的平均值，计算公式如式（3-4）所示。由于是对残差直接进行的平均处理，每个测量值的差异在平均值上的权重都相等，适合用于多次试验测量误差的描述评价。平均绝对百分比误差（Percent Mean Absolute Error，PMAE）如式（3-5）所示，其为 MAE 的变形，表示预测值较真实值的平均偏离比，比 MAE 更容易理解且消除了变量量纲的影响。

$$MAE=\frac{1}{n}\sum_{i=1}^{n}\left|x_i-m(x)\right| \tag{3-4}$$

$$MAPE=\frac{1}{n}\sum_{i=1}^{n}\frac{\left|x_i-m(x)\right|}{m(x)} \tag{3-5}$$

参考刘哲铭[86]使用平均绝对百分比误差进行衡量选取典型气象日的研究方法，提出一种基于平均绝对比误差的典型气象日的计算方法：使用平均绝对比误差来描述每日同一时段内气象参数测量值与该月气象参数平均值间的差异比值，随后对各参数的差异比值按权重系数加权求和，评价数值最小的几日即为典型气象日的待选日。之前讨论了挑选参数及权重、分析时段的确立，基于平均绝对误差比处理的典型气象日挑选计算方法如下。

①统计分析时段中各气象日的挑选参数。计算每日空气温度的极值、相对湿度的极值、日间平均风速和夜间平均风速，记为 $X_{i,d}$，i 为参数编号，d 为日期；将每日不同时刻测量获得的空气温度、相对湿度、太阳辐射，记为 $x_{l,t,d}$，l 为参数编号，t 为测量时刻，d 为测量日。

②统计分析时段的挑选参数的平均值。对于空气温度的极值、相对湿度的极值、日间时段风速、夜间时段风速，统计整个分析时段内数据的平均值，记为 $\overline{X}_i$；对于日平均温度、日平均相对湿度、日总辐射，统计分析时段中各测量时刻的平均值，记为 $\overline{\mu}_{l,t}$。

对参数进行平均绝对误差比计算如式（3-6）和式（3-7）：

$$\gamma_{i,d}=\frac{\left|X_{i,d}-\overline{X}_i\right|}{\overline{X}_i} \tag{3-6}$$

$$\lambda_{i,d}=\frac{1}{t}\sum_{t=1}^{t}\frac{\left|x_{l,t,d}-\overline{\mu}_{l,t}\right|}{\overline{\mu}_{l,t}} \tag{3-7}$$

对 $\gamma_{i,d}$ 和 $\lambda_{l,d}$ 按权重系数 k 求和，获得每日的总评价参数 Z_d 如式（3-8）：

$$Z_d=\sum_{i=1}^{i}\left(k_i\times\gamma_{i,d}\right)+\sum_{l=1}^{l}\left(k_l\times\lambda_{l,d}\right) \tag{3-8}$$

3.2.2.2 计算结果与典型气象日的选取

1）计算结果

根据 3.2.2.1 节讲述的参数、权重设置和计算方法，对于西望村 2021 年 1 月、2021 年 7—8 月选取日期，进行基于标准化处理和基于平均绝对误差比处理的典型气象日评价值计算，每个备选日的总评价参数 Z_d 及其计算过程如表 3-2 所示。

综合考虑基于标准化处理的评价值与基于平均绝对误差比的评价值，选取两个计算方法中总评价参数 Z_d 值较低的 4~5 个气象日作为典型气象日的待选——冬季待选日为 1 月 3 日、1 月 16 日、1 月 6 日、1 月 30 日，夏季待选日为 7 月 11 日、8 月 19 日、8 月 2 日、8 月 30 日、8 月 31 日。

表 3-2　基于标准化处理与基于平均绝对误差比处理的西望村冬、夏季典型气象日评价值

分析时段	计算方法	日期	各挑选参数的评价值（$k_i \times \gamma_{i,d}$ 或 $k_i \times \lambda_{i,d}$）									总评价参数 Z_d
			$\overline{T}_a$	$T_{a\max}$	$T_{a\min}$	$\overline{R}_H$	$R_{H\max}$	$R_{H\min}$	$\overline{V}_{ad}$	$\overline{V}_{an}$	$\overline{G}$	
			3/20	1/20	1/20	1/20	1/20	1/20	1/20	1/20	10/20	
2021 年 1 月	基于标准化处理的典型气象日计算方法	1 月 16 日	0.061	0.034	0.009	0.014	0.002	0.005	0.010	0.014	0.320	0.470
		1 月 03 日	0.036	0.008	0.002	0.021	0.022	0.015	0.028	0.003	0.358	0.494
		1 月 06 日	0.076	0.070	0.014	0.021	0.038	0.005	0.037	0.013	0.293	0.567
		1 月 14 日	0.081	0.038	0.021	0.021	0.025	0.021	0.025	0.033	0.363	0.627
		1 月 29 日	0.032	0.010	0.001	0.019	0.021	0.009	0.041	0.034	0.493	0.661
		1 月 30 日	0.084	0.021	0.003	0.020	0.002	0.005	0.009	0.000	0.516	0.661
	基于平均绝对误差比的典型气象日计算方法	1 月 03 日	0.038	0.003	0.017	0.006	0.004	0.006	0.017	0.004	0.185	0.280
		1 月 16 日	0.069	0.014	0.085	0.004	0.000	0.002	0.006	0.015	0.169	0.365
		1 月 30 日	0.090	0.009	0.028	0.005	0.000	0.002	0.005	0.000	0.240	0.381
		1 月 15 日	0.116	0.053	0.031	0.009	0.005	0.023	0.008	0.000	0.171	0.416
		1 月 29 日	0.035	0.004	0.010	0.005	0.003	0.004	0.024	0.036	0.356	0.477
2021 年 7 月—8 月	基于标准化处理的典型气象日计算方法	8 月 30 日	0.080	0.007	0.031	0.026	0.017	0.029	0.009	0.024	0.308	0.531
		8 月 31 日	0.103	0.033	0.016	0.017	0.033	0.011	0.003	0.040	0.290	0.546
		8 月 19 日	0.083	0.036	0.069	0.021	0.023	0.008	0.024	0.034	0.274	0.574
		7 月 11 日	0.122	0.036	0.027	0.017	0.005	0.036	0.002	0.001	0.332	0.578
		8 月 02 日	0.094	0.009	0.047	0.025	0.011	0.007	0.005	0.000	0.402	0.599
	基于平均绝对误差比的典型气象日计算方法	7 月 11 日	0.009	0.002	0.002	0.001	0.005	0.036	0.001	0.002	0.175	0.233
		8 月 19 日	0.006	0.002	0.004	0.002	0.023	0.008	0.013	0.035	0.144	0.237
		8 月 02 日	0.007	0.001	0.003	0.002	0.011	0.007	0.003	0.000	0.210	0.243
		8 月 30 日	0.006	0.000	0.002	0.002	0.017	0.029	0.005	0.025	0.166	0.252
		8 月 31 日	0.007	0.002	0.001	0.002	0.033	0.011	0.002	0.042	0.155	0.254

2）典型气象日的选取

绘制各待选日气象参数在分析时段中的分布，选取各项气象参数在研究时段中分布较均衡的备选日，作为最终的典型气象日。

基于参数权重对气象数据评价的典型气象日选取方法中，冬季分析时段为 2021 年 1 月，冬季典型气象待选日的 T_a、R_H、G、$\overline{V}_{ad}$、$\overline{V}_{an}$ 在时段中的分布如图 3-5 至图 3-8 所示。

Yingni Jiang[87] 在对于中国不同气候区典型气象年的生成方法综述研究中提到，G 在各气象参数中最为重要，其次为 T_a。通过综合对比发现，1 月 3 日的 T_a、G 的逐时气象数据与该月逐时数据的中位数最为接近；日间时段、夜间时段和全天时段的平均风速距离全月平均风速的中位数较近；日间时段的 G 也都位于上、下四分位数范围之内。综上所述，1 月 3 日可代表性地反映该月气候的平均水平，因此选取 1 月 3 日作为西望村 2020—2021 年冬季最冷月的典型气象日。

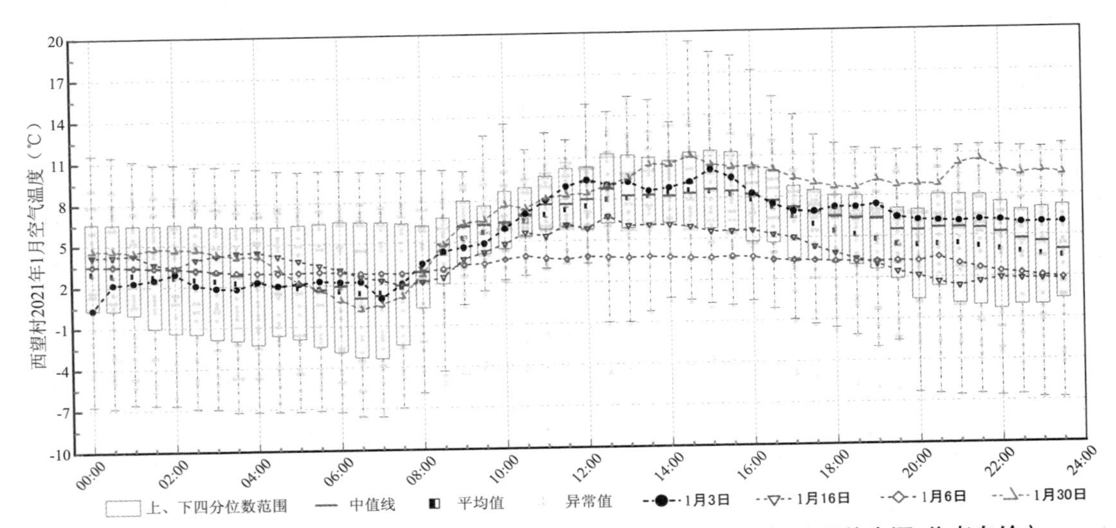

图 3-5　西望村 2020—2021 年冬季典型气象备选日的空气温度情况（图片来源：作者自绘）

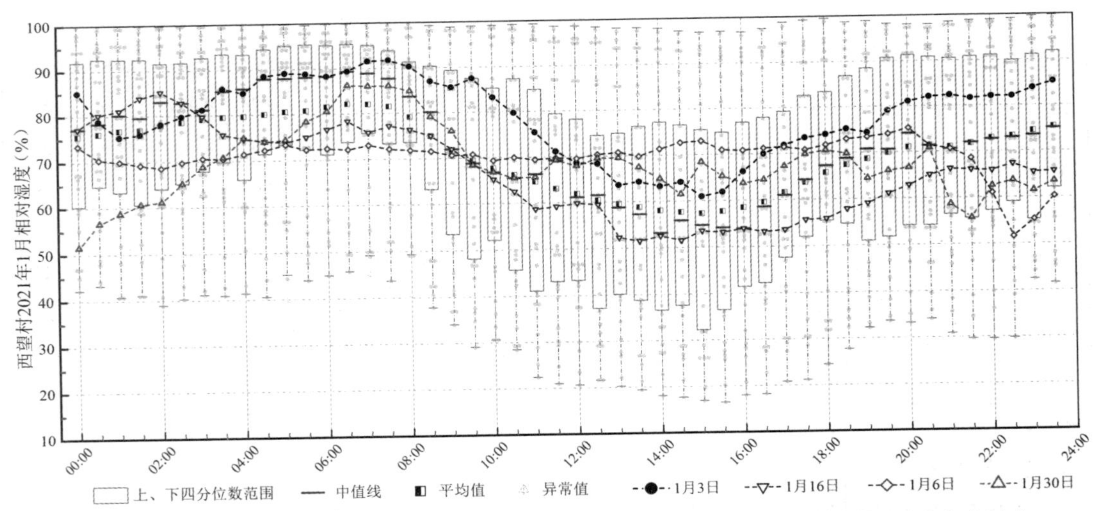

图 3-6　西望村 2020—2021 年冬季典型气象备选日的相对湿度情况（图片来源：作者自绘）

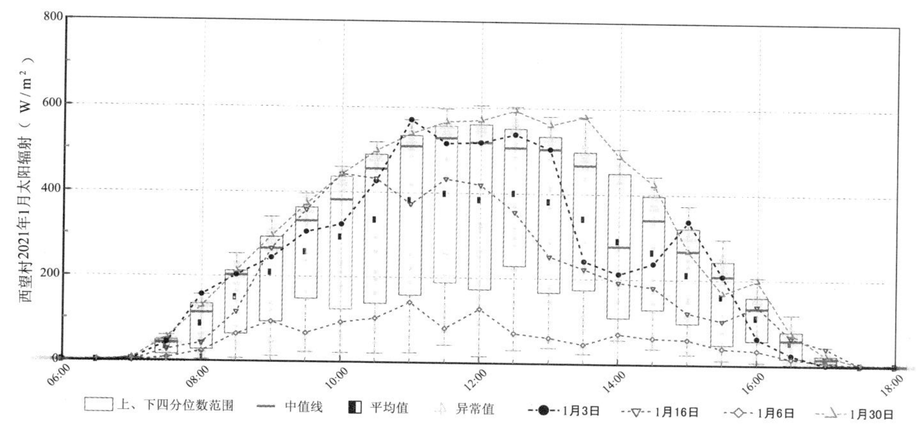

图 3-7 西望村 2020—2021 年冬季典型气象备选日的太阳总辐射情况（图片来源：作者自绘）

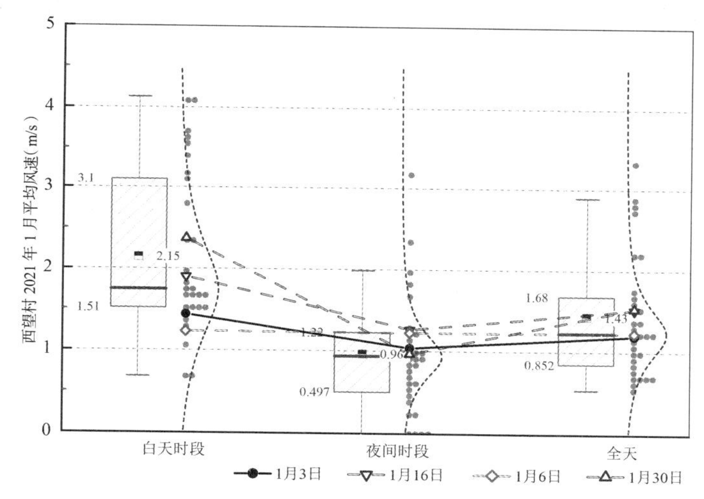

图 3-8 西望村 2020—2021 年冬季典型气象备选日的平均风速情况（图片来源：作者自绘）

基于参数权重对气象数据评价的典型气象日选取方法中，夏季分析时段为 7 月—8 月，不包含有持续性强降雨天气的 7 月 4 日、7 月 5 日、7 月 8 日、7 月 25 日—7 月 27 日、8 月 11 日、8 月 13 日、8 月 15 日。夏季典型气象备选日的 T_a、R_H、G、$\overline{V}_{ad}$、$\overline{V}_{an}$ 在全月中的分布如图 3-9 至图 3-12 所示。

综合对比发现，对于气象参数权重最大的 $\overline{G}$，8 月 19 日、8 月 2 日和 8 月 31 日的 G 较为稳定，可反映夏季晴朗时的气候情况；对于 T_a，8 月 2 日和 8 月 31 日过半数测量时刻的 T_a 位于上四分位数数值之上，说明这两个气候日天气过热无法代表该分析时段的平均水平，而 8 月 19 日大部分测量时刻的 T_a 都位于上、下四分位距之内，而且日间时段 T_a 与中位数的差较小，因此可反映夏季 7、8 月中较为适中的天气；对于 R_H、$\overline{V}_{ad}$、$\overline{V}_{an}$，8 月 19 日的数据均距离中位数较近，可反映分析时段中较为中等的湿度与风速水平，因此选取 8 月 19 日作为西望村 2021 年夏季最热时期的典型气象日。

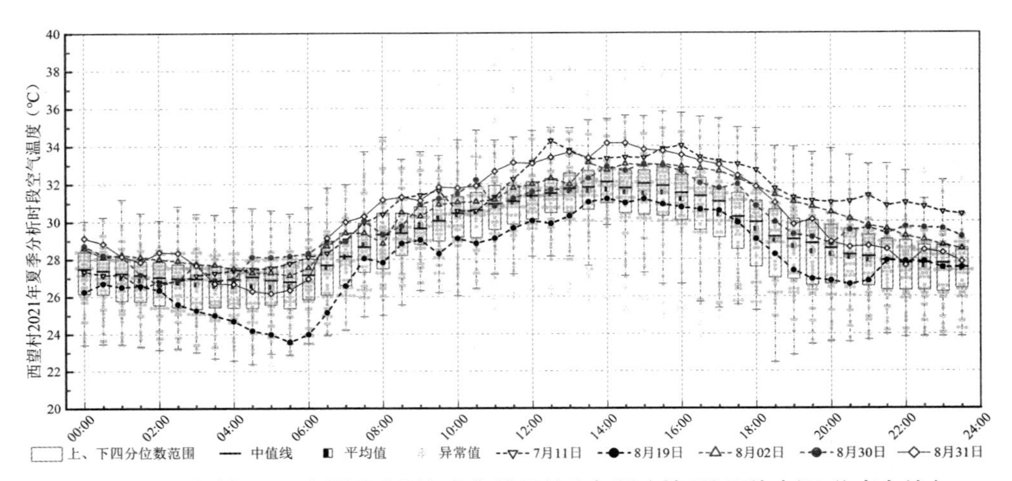

图 3-9 西望村 2021 年夏季典型气象备选日的空气温度情况(图片来源:作者自绘)

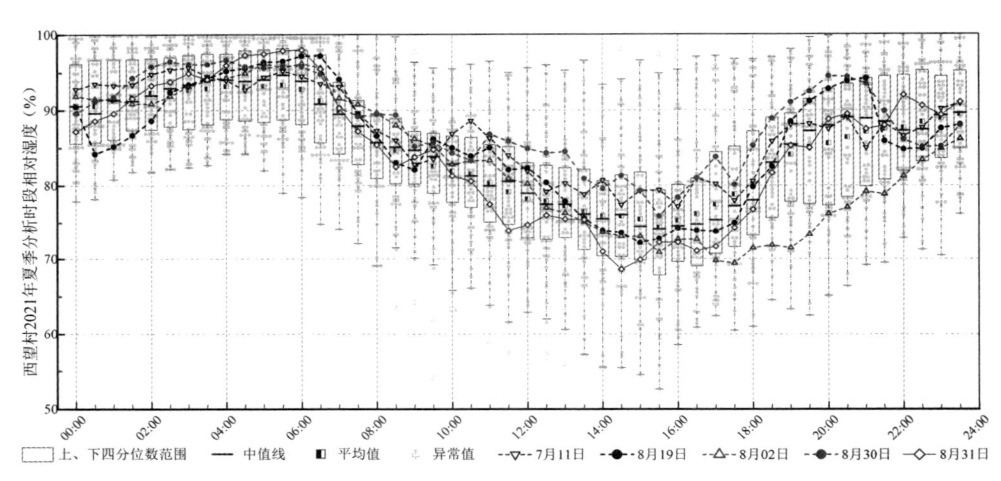

图 3-10 西望村 2021 年夏季典型气象备选日的相对湿度情况(图片来源:作者自绘)

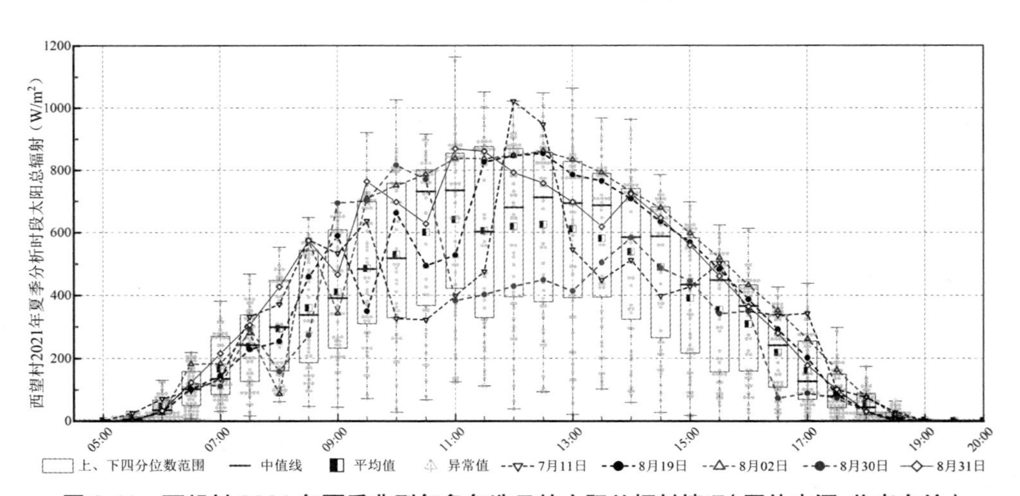

图 3-11 西望村 2021 年夏季典型气象备选日的太阳总辐射情况(图片来源:作者自绘)

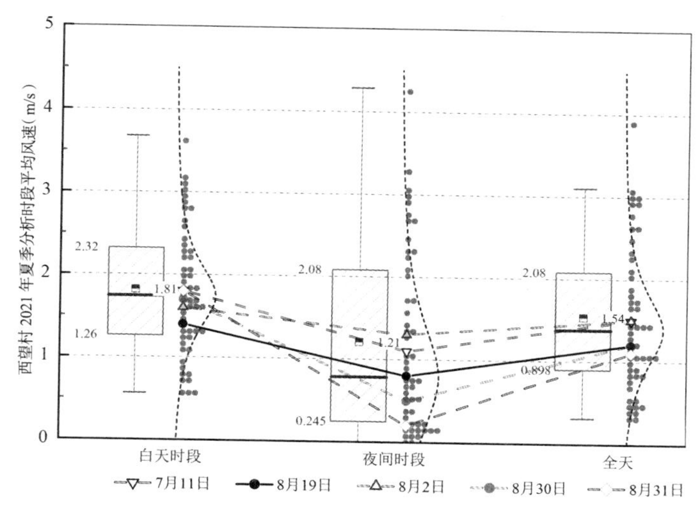

图 3-12　西望村 2021 年夏季典型气象备选日的平均风速分布情况(图片来源:作者自绘)

3)讨论

经过绘图后的分析,最终选取的西望村冬、夏季典型气象日并不都是基于标准化处理的典型气象日计算方法和基于平均绝对误差比的典型气象日计算方法中综合评估值最低的气象日。综合最终结果来看,本研究中基于平均绝对误差比处理的计算结果比标准化处理的计算结果更为准确,出现这样的情况可能有以下几种原因。

第一点:提出的两种计算方法本身存在算法的缺陷。标准化处理会强行将数据的空间结构映射为正态分布结构,这与数据数值本身的分布规律发生了冲突,当数据样本量较小或数据为非正态分布时,标准化处理会扭曲部分数据间的关系,因此损失了部分精度;平均绝对误差比的处理方式会忽视较多次序上的信息,对于较大的样本量,平均绝对误差比可能会使得结果更偏向于算术中心而产生较多的误差。如若使用长年连续观测的数据进行计算,即样本量较大时,平均绝对误差比的处理方式可能偏差更大,此时基于标准化处理的方法、Sandia 的经验函数分布法等可能更为适用。

第二点:数据样本量较少。由于气象站安设时间较短、采集到的数据有限——冬季分析时段数据集仅有 30 条,夏季分析时段数据集为 52 条,受 30 分钟采样间隔的限制,气象日的数据中存在一定的偶然性和不稳定性,这对整体数据的评价造成了影响。

第三点:气象参数的选取与赋值可能仍有研究与调整的空间。目前的挑选参数都为平均值与极值化,它们较难反映不稳定气象日的气象特点,未来可选取气象日气象参数的标准差进行研究,在参数的权重上进一步做出调整。

因此,对于典型气象日的计算,建议根据数据的特点选取更为适用的方法,可使用多种方法确立多个待选日,通过绘制待选日气象参数分布图等验证性方法选择最合适的典型气象日。

3.2.2.3　选取结果与现有气象数据库的差异性

《城市居住区热环境设计标准》建议,我国居住区进行热环境评价性设计时,热环境模拟计算所需的气象参数应采用所在城市或气候区的典型气象日的逐时气象参数，省会与直辖市城市的夏季典型气象日气象参数见该标准的附录中给出。该标准建议，非省会城市的居住区可根据其二级气候区类型，使用该标准附录给出的二级气候区夏季典型气象日的气象参数。由于该标准中不含冬季热环境评价设计所需的典型气象日的气象参数，因此只进行夏季最热月典型气象日气象参数的比较。

西望村基于参数权重的典型气象日选取法选取的夏季典型气象日为 2021 年 8 月 19 日（后文简称为“8 月 19 日”）。本研究中的 6 个村镇二级气候划分都为Ⅲ B，按《城市居住区热环境设计标准》要求，夏季热环境评价性设计使用的典型气象日，要使用Ⅲ B 建筑气候区的气象参数标准（后文简称为“Ⅲ B”）。两个气象日逐时空气温度 T_a、相对湿度 R_H、太阳总辐射 G、风速 V_a 的对比如图 3-13 所示。

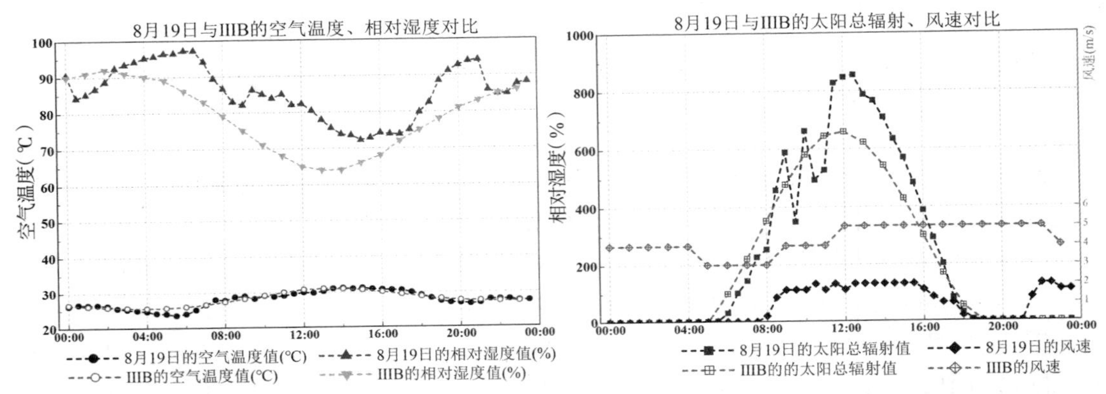

图 3-13 西望村 8 月 19 日与Ⅲ B 气候区夏季典型气象日的气象参数对比（图片来源：作者自绘）

8 月 19 日与Ⅲ B 的 T_a 走势与数值大小极为相似，无显著性差异；但二者的 R_H、G、V_a 均存在较为显著的差异。Ⅲ B 的 R_H、G 变化平稳，8 月 19 日的 R_H 波动较多；8 月 19 日的 R_{Hmax} 比Ⅲ B 高 5.2%，出现时刻迟约 4.5 小时，8 月 19 日的 R_{Hmax} 比Ⅲ B 高 8.2%，出现时刻迟约 1 小时；8 月 19 日的 G 最大值出现在 12：30，比Ⅲ B 的 G 最大值高 196 W/m^2。Ⅲ B 的 V_a 较大，逐时 V_a 值比 8 月 19 日高约 2～5 m/s；8 月 19 日的 V_a 较小，而且呈现日间时段 V_a 显著高于夜间时段 V_a 的特点。二者盛行风方向不同，西望村夏季最热时段的盛行风为东南风，8 月 19 日的主导风向为 112.5°；Ⅲ B 的主导风向为南，风向 180°。Ⅲ B 的风速较大，这与大部分Ⅲ B 气候区夏季人行高度的感受相悖，推测原因为：Ⅲ B 数据来源于城市气象站，城市气象站多设立于城市高点，所测风速为城市冠层风速，不能直接反映该气候区人行高度处的风速。

Ⅲ B 气候区的夏季典型气象日是从 30 余年Ⅲ B 气候区的二级城市气象站数据库中筛选获得的，所选气象日较为典型，各气象参数变化平缓，数据值本身能反映Ⅲ B 气候区夏季最热月的中性特点；缺点为风向、风速易与实际情况不符，使得热环境模拟设计评价产生一定的偏差。8 月 19 日数据可反映该地区的真实气候特点；缺点为数据波动较多，这是受气象日自身、采样间隔等多种原因所造成的，使得自测数据存在一定的误差、典型性略差等缺点，但该缺点可通过增加样本量、改进仪器与采样间隔来提升结果的准确性。

综上所述，可认为本研究中的基于参数权重的典型气象日选取方法合理，适用于基于小型气象站建立的小型气候数据库的典型气象日选取。我们认为《城市居住区热环境设计标准》中Ⅲ B气候区的典型气象日数据中的空气温度、相对湿度、太阳总辐射数据总体能反映出该气候区夏季最热时期的大部分中性状况；但考虑到风向与风速与热环境高度相关，风速、风向受小环境影响明显，因此认为标准的典型气象日数据在实际运用中，将风速、风向信息替换为真实项目地区的数据，可使模拟结果更为相似。

3.2.3　基于"主成分—聚类"的典型气象日选取方法

杨小山等人[84]提出了一种将主成分分析与聚类分析结合的典型气象日选取的方法。这种方法与基于参数权重对数据评价的典型气象日不同在于，后者对于各种气象参数的权重确定是以能耗计算考量下的经验判断作为结果，并不是以气象分类本身为核心目的，基于此，以冬季最冷月与夏季最热月这两个气候条件较为严峻的月份作为热环境评估的核心时段做法简化了问题，并忽略了其他月份；相反，主成分分析与聚类分析结合的典型气象日选取办法，可对选取时段内的每日全部气象要素进行评估与成分提取，依据主成分得分进行聚类的办法不会忽视分析时段内任何一天的数据，因此这种分析方法更为全面。

3.2.3.1　主成分分析介绍

主成分分析（Principal Component Analysis，PCA）的目的在于通过线性变换，将原本的多个变量组合成相互独立的、少数几个能够充分反映总体信息的指标，同时尽可能地保留了原始变量的信息，而且这些信息彼此不相关。由于指标变量间往往存在一定的相关，直接对指标进行分析不仅复杂，变量难以取舍，同时也可能会因为变量间的多重共线性而无法得出正确的结论；主成分分析可较好地解决多重共线性现象，减少了分析的维度，并且各个主成分之间互不相关，从而使问题变得直观简洁易于处理。主成分分析的缺点在于，该分析旨在信息浓缩而非信息的解释，因此该分析往往被用作达成最终目的的中间手段，对信息进行主成分提取后，并不一定能完全解释各成分的数值含义，后续可配合其他统计分析方法解决问题。

1）主成分分析原理[88]

主成分分析是将原有的p个具有一定相关性的指标，重新组合为新的无相互关系的综合指标，通常是将p个原有指标进行线性组合，第一个线性组合即为第一个新的综合指标，记为F_1。希望F_1中尽可能多地携带原来指标的信息，最为经典的方法是用方差来表达信息量。即F_1的方差越大，F_1所携带的信息就越多。故从所有线性组合中选取的第一个组合F_1的方差就是最大的，这个F_1就是第一主成分；如若F_1不足以携带原始p个指标的全部信息，则再选取第二个线性组合F_2，即第二主成分；以此类推，可获得第三、第四……直至第p个主成分。为了有效反映原有信息，F_2不再携带F_1中所携带的信息，因此各主成分之间互不相关，而且方差依次递减。在实际使用中，通常只选取几个前面较大的主成分，尽管这样做会损失一部分信息，但可以抓住全部信息的核心并简化矛盾，从而有利于后续分析和研究处理。

2）主成分分析的数学模型[89]

设某一事物的研究共包含 p 个原始指标，分别使用$X_1, X_2, \cdots, X_p$表示，这 p 个原始指标构成的 p 维随机向量为$X=\left(X_1, X_2, \cdots, X_p\right)'$。对$X$进行线性变换形成新的综合变量，用$F$表示，即新的综合变量可用原来的变量线性表示，即式（3-9）：

$$\begin{cases} F_1 = u_{11}X_1 + u_{21}X_2 + \cdots + u_{p1}X_p \\ F_2 = u_{12}X_1 + u_{22}X_2 + \cdots + u_{p2}X_p \\ \cdots \\ F_p = u_{1p}X_1 + u_{2p}X_2 + \cdots + u_{pp}X_p \end{cases} \tag{3-9}$$

由于原始变量可以任意地进行上式线性变换，不同线性变换后获得的综合变量F也不同，因此为取得较好的效果，我们总是希望$F_i = u_i'X$的方差尽可能大且各个F_i之间互相独立，规定线性变换受以下原则约束：

①其中对每一个 i，均有 $u_{1i}^2 + u_{2i}^2 + \cdots + u_{pi}^2 = 1$，（$i=1, 2, \cdots, p$）。

②F_i与F_j相互无关（$i \neq j; i, j=1, 2, \cdots, p$）。

③F_1是 p 个原始指标满足原则①的线性组合中方差最大者；F_2是与F_1不相关的 p 个原始指标线性组合中方差最大者；以此类推，F_p是与$F_1, F_2, \cdots, F_{p-1}$都不相关的 p 个原始指标线性组合中方差最大者。

基于以上 3 条原则确定的综合变量$F_1, F_2, \cdots, F_p$分别称为第一、第二……第 p 个主成分。在实际研究中，通常只选择前面几个方差最大的主成分。

3）主成分分析的步骤[89]

①针对研究问题选取指标与数据，对数据进行标准化处理，以消除量纲的影响。

假设进行主成分分析的变量有 p 个，分别用$X_1, X_2, \cdots, X_p$表示；共有 n 个评价对象，第 i 个评价对象的第 j 个指标的取值为X_{ij}；将各个指标X_{ij}转化成标准化指标X_{ij}，计算式如式（3-10）：

$$\tilde{X}_{ij} = \frac{X_{ij} - \bar{X}_j}{S_j}, \quad (i=1, 2, \cdots, n; j=1, 2, \cdots, p) \tag{3-10}$$

其中 $\bar{X}_j = \frac{1}{n}\sum_{i=1}^{n} X_{ij}$，$S_j = \frac{1}{n-1}\sum_{i=1}^{n}\left(X_{ij} - \bar{X}_j\right)^2$，即$\bar{X}_j$和$S_j$分别为第 j 个指标的样本均值和样本标准差。

②根据标准化后的数据矩阵求出协方差或相关系数矩阵。

这里给出相关系数矩阵的计算式（3-11），相关系数矩阵 $\boldsymbol{R}$ 可表示为$R=\left(r_{ij}\right)_{p \times p}$：

$$r_{ij} = \frac{\sum_{k=1}^{n} \tilde{X}_{ki} \cdot \tilde{X}_{kj}}{n-1}, \quad (i=1, 2, \cdots, p) \tag{3-11}$$

其中 $r_{ii}=1$，$r_{ij}=r_{ji}$，r_{ij}是第 i 个指标与第 j 个指标的相关函数。

③求出协方差矩阵或相关系数矩阵的特征值和特征向量。

特征值是衡量主成分解释力度的指标，含义为该主成分携带了平均多少个原始变量的信息，如若特征值小于 1，则说明该主成分的解释力度不如一个原始变量的平均解释力度大，因此一般用特征值大于 1 作为主成分的选入标准。

这里以相关系数矩阵 $\boldsymbol{R}$ 为例。计算相关系数矩阵 $\boldsymbol{R}$ 的特征值 $\lambda_1 \geqslant \lambda_2 \geqslant \cdots \geqslant \lambda_p \geqslant 0$ 及对应的特征向量 $u_1, u_2, \cdots, u_p$；其中 $u_j = \left(u_{1j}, u_{2j}, \cdots, u_{nj}\right)^T$，由特征向量组成 p 个新的指标变量，式（3-9）可写为式（3-12）：

$$\begin{cases} F_1 = u_{11}\tilde{X}_1 + u_{21}\tilde{X}_2 + \cdots + u_{p1}\tilde{X}_p \\ F_2 = u_{12}\tilde{X}_1 + u_{22}\tilde{X}_2 + \cdots + u_{p2}\tilde{X}_p \\ \cdots \\ F_p = u_{1p}\tilde{X}_1 + u_{2p}\tilde{X}_2 + \cdots + u_{pp}\tilde{X}_p \end{cases} \tag{3-12}$$

④计算特征根值 $\lambda_j (j=1, 2, \cdots, p)$ 的方差贡献率及累积贡献率，确定主成分。在可能的情况下结合专业知识为各主成分赋予适当的专业解释。

称 $a_j = \dfrac{\lambda_j}{\lambda_1 + \lambda_2 + \cdots + \lambda_p} (j=1, 2, \cdots, p)$ 为第 j 个主成分 F_j 的方差贡献率；称 $\dfrac{\sum_{j=1}^{m}\lambda_j}{\sum_{j=1}^{p}\lambda_j}$ 为主成分 $F_1, F_2, \cdots, F_m$ 的累积贡献率。例如，第一主成分 F_1 是以变化最大的方向向量各分量为系数的原始变量的线性函数，最大方差为 λ_1；F_1 的方差贡献率即为 a_1，$a_1 = \dfrac{\lambda_1}{\sum \lambda_j}$，表示了最大方差 λ_1 在全部方差中的比值。

通常选取 $m (m < p)$ 个主成分，理想情况下建议取 m 使得累积贡献率达到 85% 以上的值，也有研究 [90] 认为 m 可取使得累计贡献率达到 80% 的值。

3.2.3.2　聚类分析介绍

本研究中选取的聚类方法为 K- 均值聚类法（K-means clustering）。K- 均值聚类法属非层次聚类法，聚类的数量需在分析前确定，整个分析过程使用迭代的方法不断进行优化调整，不存在数据间互相嵌套的聚类结果，计算核心是基于空间距离来计算的。K- 均值聚类法适合用于中小数据库中的球状类型数据的分类。

1）聚类分析的步骤

第一步：首先要指定最终的聚类类型数。可根据问题与专业知识进行类型数预设值，随后在分析过程中比较不同的分类结果，确定最优的结果。

第二步：确定每个类型的初始聚类中心。初始聚类中心可通过研究者指定、算法选取数据结构的中心数据、随机选取中心的方式来给定。

第三步：逐一计算各样本到各类型初始聚类中心的距离，将各样本按距离最短原则归入各个类型，并计算各类型的新聚类中心，并用平均值表示。

第四步：按照新的聚类中心位置，重新计算各样本到新中心点的距离，随后重新进行分类并重新计算中心点。

第五步：重复上一步骤，直至达到收敛标准或是达到预设的迭代次数为止。

2）聚类分析的检验

由于无论数据中是否真正存在着类型，使用聚类分析总能将数据拆分为若干种类，因此聚类分析后进行结果的有效性验证就十分关键。一般来说聚类分析的检验有以下几种方式。

第一种：对关键变量进行分类描述。如若从专业角度出发，一些重要变量在各组间的分布没有明显的差异，则需对该聚类结果的有效性提出质疑。

第二种：各变量的组间比较。在理想情况下，聚类后的变量在组间均应存在差异性。基于此原理，可使用独立样本 t 检验或单因素方差分析进行检验。t 检验适用于两组分类数据间的对比检验；单因素方差分析适用于 3 组及以上。

单因素方差分析的原理，是比较不同组别间的差异，本质为计算组间的差异与组内差异的比值，若对比值非常大，则认为单因素方差分析的结果是显著的，即不同组别的均值是存在显著差异的；单因素方差分析的H_0假设是不同组别的平均值不存在差异，如若 $p > 0.05$，则不能接受H_0假设，即接受备选假设——至少有一个组别的平均值与其他组别存在显著性差异，可再进行两两比较进一步验证其他组间是否也存在显著性差异。单因素方差分析的使用条件需注意 3 点：一、因变量需要连续数值型变量，二、每组中的因变量应尽量服从正态性分布，三、各组的变量方差应尽量相等。在实际应用中，可对样本的正态分布性与方差齐性要求做适当降低。

第三种：将聚类结果作为因变量建立判别方程，如若对各类型进行判别的回代正确率都非常高，那么可有较大把握认为这些类型是客观存在明显特征差异的。

3.2.3.3 计算方法

西望村气象站自 2020 年 12 月 22 日开始记录，以西望村气象站所记录的冬、夏季气象日数据为分析时段；考虑到气象变化周期的完整性，划定每日 7：00—次日 6：30 气象站所记录的数据为一个气象日的数据。使用 SPSS 软件，运用主成分分析和聚类的方法进行冬、夏季天气类型的划分及典型气象日选取。基于主成分提取的典型气象日聚类选取法步骤简述如下。

第一步：选取气象变量并求值，运用相关系数表、KMO 检验和 Bartlett 球形检验判断气象变量是否适用于主成分分析。

参考《城市居住区热环境设计标准》（JGJ 286—2013）的典型气象日定义要求，选取的气象变量有：日间平均空气温度（Daytime Average Air Temperature，$\overline{T}_{ad}$），℃；夜间平均空气温度（Nighttime Average Air Temperature，$\overline{T}_{an}$），℃；空气温度日较差（Moving Range of 0：00-24：00 Air Temperature，ΔT_a），℃；日间平均相对湿度（Daytime Average Relative Humidity，$\overline{RH}_d$），%；夜间平均相对湿度（Nighttime Average Relative Humidity，$\overline{RH}_n$），%；日间平均风速 $\overline{V}_{ad}$，m/s；夜间平均风速 $\overline{V}_{an}$，m/s；日太阳总辐射记录值和（Sum of 0：00-24：00 Globe Radiation，G_{sum}），W/m^2。“日间”指日间时段，夏季指 7：00—18：00 所记录的数据，冬季指

7:00—17:00 所记录的数据;"夜间"指夜间时段,夏季指 18:30—次日 6:30 所记录的数据,冬季指 18:30—次日 6:30 所记录的数据。

太阳辐射是影响村镇热环境的重要因素,本研究中选取气象站所记录的日太阳总辐射记录值和 G_{sum} 来描述全日的太阳辐射情况。一方面,由于太阳辐射的影响,$\overline{T}_{ad}$ 与 $\overline{T}_{an}$、$\overline{RH}_d$ 与 $\overline{RH}_n$、$\overline{V}_{ad}$ 与 $\overline{V}_{an}$ 的值在组内均有较大的差异;另一方面,日间、傍晚时段人群均有活动的需求,故日间与夜间的热环境状况同时需要研究,因此将空气温度、相对湿度、风速按日、夜时段细分;最后,根据《城市居住区热环境设计标准》,选取空气温度日较差 ΔT_a 对空气温度的变化幅度进行补充描述。

主成分分析适用于各变量间有一定相关性的数据,如若原始数据相关性较弱,则主成分分析难以起到较好的降维作用,计算获得的各个主成分浓缩原始变量信息的能力相差不大。一般认为大部分原始变量间的相关系数都小于 0.3 时,主成分分析应用的效果不太理想;KMO 检验是比较原始变量之间的简单相关系数和偏相关系数的相对大小来进行的检验,Bartlett 球形检验也是一种检验各变量之间相关性的方法,一般认为 KMO 检验系数在 0.5 以上且 Bartlett 球形检验的 p 值小于 0.05 时,数据可用主成分分析,否则主成分分析的效果可能较弱。

第二步:根据气象变量的特性判断使用相关系数矩阵求解主成分。对气象变量进行标准化处理,随后进行主成分分析,确定主成分个数 m。

一般来说对于度量单位不同或取值范围差异巨大的变量,应考虑将数据标准化后再使用协方差矩阵或相关系数矩阵求解主成分。即使经过了数据标准化,从这种变量的协方差矩阵出发的主成分分析结果与从相关系数矩阵出发的主成分分析结果也存在较大的区别,原因在于标准化抹杀了原始变量数据的离散程度信息,造成一部分数据丢失,因此度量或取值范围在同量级的变量数据,仍建议使用协方差矩阵求解主成分。本研究方法中由于各气象变量的数值差异巨大,故选取相关系数矩阵求解主成分。

第三步:撰写主成分表达式,将各气象日的气象变量数据带入主成分表达式,获得主成分得分。

第四步:对各气象日的主成分得分进行 K- 均值聚类分析,并通过单因素方差分析、类型含义、空间散点图来验证聚类结果的合理性。

第五步:确定各气候类型的典型气象日。离聚类类型中心点最近的样本点即为该类气候的典型气象日。

3.2.3.4 冬季典型气象日的计算与确定

使用《气候季节划分》标准(QX/T 152—2012)[33]"连续 5 日全日平均空气温度 < 10 ℃"来划定冬季。西望村气象站自 2020 年 12 月 22 日开始有效性记录,该年冬季至 2021 年 2 月 18 日止,共计 59 个气象日;2021 年 11 月 30 日入冬,2022 年 2 月 25 日为止,共计 88 个气象日。气象站共记录有 147 个完整有效的气象日数据,西望村冬季时期的基本气候情况可在上篇附录 F 中图 F-4 中查看。

1)计算气象变量,判断主成分分析适用性

计算冬季每个气象日的气象变量数值,对原始数据进行标准化处理后(SPSS 软件自动执行 Z-score 法标准化)获得各原始气象变量的标化变量,然后使用相关系数矩阵、KMO 检验和 Bartlett 球形检验进行主成分适用性判断。西望村冬季气象日挑选的气象变量的相关系数矩阵如表 3-3 所示。

表 3-3　西望村冬季气象日挑选的气象变量的相关系数矩阵

	$\overline{T}_{ad}$	$\overline{T}_{an}$	G_{sum}	ΔT_a	$\overline{RH}_d$	$\overline{RH}_n$	$\overline{V}_{ad}$	$\overline{V}_{an}$
$\overline{T}_{ad}$	1.000	0.765	0.145	0.386	0.188	0.292	-0.191	-0.144
$\overline{T}_{an}$	0.765	1.000	-0.155	-0.144	0.529	0.443	-0.258	0.117
G_{sum}	0.145	-0.155	1.000	0.708	-0.697	-0.490	0.240	-0.287
ΔT_a	0.386	-0.144	0.708	1.000	-0.606	-0.378	0.034	-0.359
$\overline{RH}_d$	0.188	0.529	-0.697	-0.606	1.000	0.805	-0.317	0.218
$\overline{RH}_n$	0.292	0.443	-0.490	-0.378	0.805	1.000	-0.400	-0.083
$\overline{V}_{ad}$	-0.191	-0.258	0.240	0.034	-0.317	-0.400	1.000	0.384
$\overline{V}_{an}$	-0.144	0.117	-0.287	-0.359	0.218	-0.083	0.384	1.000

从气象变量的相关系数矩阵来看,大部分数值大于 0.3,变量间存在一定相关性;KMO 值为 0.530,说明各变量间存在一定的相关性;Bartlett 球形检验结果为 847.238,显著性为 0.000,即拒绝变量间不存在相关性的假设,说明各变量间存在相关性。因此,西望村冬季的气象变量可以使用主成分分析。

2)选取主成分 Y_1、Y_2 和 Y_3

表 3-4 是西望村冬季气象变量的主成分结果。8 个气象变量经过主成分分析后获得 8 个主成分,其中前 3 个成分的特征根大于 1,同时前 3 个主成分的累积贡献率为 83.254%,即前 3 个成分涵盖了 83.254% 原始变量的内容。因此提取前 3 个主成分,分别是 Y_1、Y_2 和 Y_3,代替原来的 8 个气象变量进行后续分析。

表 3-4　西望村冬季气象变量的主成分结果

成分	特征根值	方差解释率(%)	累积贡献率(%)
1	3.280	41.0	41.004
2	2.095	26.183	67.186
3	1.285	16.067	83.254
4	0.515	6.441	89.695
5	0.360	4.505	94.2
6	0.299	3.733	97.933
7	0.115	1.435	99.368
8	0.051	0.632	100

对主成分 Y_1、Y_2 和 Y_3 进行效果判断与表达式撰写[89;91]，获取各气象日的主成分值。

表 3-5 为公因子方差，表示所选取的 3 个主成分 Y_1、Y_2 和 Y_3 一共从每个原始变量中提取的信息量。由表可知，除 $\overline{RH}_{\mathrm{n}}$ 与 $\overline{V}_{\mathrm{ad}}$ 信息提取率略低外，其余变量信息提取率都约在 80% 以上，也说明选取的 3 个主成分已可反映大部分原始变量的信息。

表 3-5　公因子方差

	$\overline{T}_{\mathrm{ad}}$	$\overline{T}_{\mathrm{an}}$	G_{sum}	ΔT_{a}	$\overline{RH}_{\mathrm{d}}$	$\overline{RH}_{\mathrm{n}}$	$\overline{V}_{\mathrm{ad}}$	$\overline{V}_{\mathrm{an}}$
初始	1	1	1	1	1	1	1	1
提取	0.942	0.889	0.793	0.828	0.898	0.760	0.731	0.820

表 3-6 为 SPSS 输出的西望村冬季气象变量的因子载荷矩阵。

表 3-6　西望村冬季气象变量的因子载荷矩阵

原始变量	主成分 1	主成分 2	主成分 3
$\overline{RH}_{\mathrm{d}}$	0.946	-0.046	0.020
$\overline{RH}_{\mathrm{n}}$	0.828	0.200	-0.184
G_{sum}	-0.769	0.427	0.135
ΔT_{a}	-0.662	0.623	0.039
$\overline{T}_{\mathrm{an}}$	0.618	0.549	0.453
$\overline{T}_{\mathrm{ad}}$	0.253	0.848	0.397
$\overline{V}_{\mathrm{ad}}$	0.206	-0.538	0.699
$\overline{V}_{\mathrm{an}}$	-0.424	-0.413	0.616

该表给出了标准化原始变量用求得的主成分线性表示的近似表达式，以 $\overline{RH}_{\mathrm{d}}$ 为例，以 $Z\overline{RH}_{\mathrm{d}}$ 表示其标准化后的变量，则有 $Z\overline{RH}_{\mathrm{d}} \approx 0.946Y_1 - 0.046Y_2 + 0.02Y_3$。

由于 SPSS 输出的是因子载荷矩阵而不是主成分的系数阵，主成分表达式需根据表 3-4 与表 3-6 手动计算获得。用表 3-6 初始因子载荷矩阵表中的第 i 列向量除以表 3-4 中第 i 个特征根的平方根 $\sqrt{\lambda_i}$，即可得到主成分分析的第 i 个主成分的系数。西望村冬季气象变量的主成分系数矩阵如表 3-7 所示。

表 3-7　西望村冬季气象变量的主成分系数矩阵

标化变量	主成分 1	主成分 2	主成分 3
$Z\overline{RH}_{\mathrm{d}}$	0.522 3	-0.031 8	0.017 6
$Z\overline{RH}_{\mathrm{n}}$	0.457 2	0.138 2	-0.162 3
ZG_{sum}	-0.424 6	0.295 0	0.119 1

续表

标化变量	主成分 1	主成分 2	主成分 3
$Z\Delta T_a$	-0.365 5	0.430 4	0.034 4
$Z\overline{T}_{an}$	0.341 2	0.379 3	0.399 6
$Z\overline{T}_{ad}$	0.139 7	0.585 9	0.350 2
$Z\overline{V}_{ad}$	0.113 7	-0.371 7	0.616 6
$Z\overline{V}_{an}$	-0.234 1	-0.285 3	0.543 4

根据主成分系数矩阵，可写出各个主成分用标准化后的原始气象变量表达的表达式（3-13）。

$$
\begin{aligned}
Y_1 =& 0.5223 Z\overline{RH}_d + 0.4572 Z\overline{RH}_n - 0.4246 ZG_{sum} - 0.3655 Z\Delta T_a + \\
& 0.3412 Z\overline{T}_{an} + 0.1397 Z\overline{T}_{ad} + 0.1137 Z\overline{V}_{ad} - 0.2341 Z\overline{V}_{an} \\
Y_2 =& -0.0318 Z\overline{RH}_d + 0.1382 Z\overline{RH}_n + 0.2950 ZG_{sum} + 0.4304 Z\Delta T_a + \\
& 0.3793 Z\overline{T}_{an} + 0.5859 Z\overline{T}_{ad} - 0.3717 Z\overline{V}_{ad} - 0.2853 Z\overline{V}_{an} \\
Y_3 =& 0.0176 Z\overline{RH}_d - 0.1623 Z\overline{RH}_n + 0.1191 ZG_{sum} + 0.0344 Z\Delta T_a + \\
& 0.3996 Z\overline{T}_{an} + 0.3502 Z\overline{T}_{ad} + 0.6166 Z\overline{V}_{ad} + 0.5434 Z\overline{V}_{an}
\end{aligned}
\tag{3-13}
$$

第一主成分中，$Z\overline{RH}_d$、$Z\overline{RH}_n$、ZG_{sum}、$Z\Delta T_a$、$Z\overline{T}_{an}$ 的系数绝对值较大，并且 $Z\overline{RH}$、$Z\overline{T}_{an}$ 与 ZG_{sum}、$Z\Delta T_a$ 的数值之间呈相反关系，因此推断第一主成分应当是表征太阳辐射作用的意义，当累计太阳辐射较低时，气象日出现全日相对湿度较高、夜间平均空气温度高、空气温度日较差小的天气特点。

第二主成分中，ZG_{sum}、$Z\Delta T_a$、$Z\overline{T}_{an}$、$Z\overline{T}_{ad}$ 的系数值较大，因此推断第二主成分应当是主要反映日累计太阳辐射较大时，气象日空气温度日较差大、日间平均空气温度高的特点。

第三主成分中，$Z\overline{V}_{ad}$、$Z\overline{V}_{an}$ 的系数绝对值最大，因此推断第三主成分应当是补充反映全日风速。

将各气象日的标化后气象变量数据带入主成分表达式，获得各气象日的 3 个主成分值。

3）聚类分析

使用每个气象日的 3 个主成分值进行 K- 均值聚类分析，分别设置聚类数为 4、5、6 类，根据专业解释度判断聚类后各类型的样本数量是否分布合理，分析每种类型的气候类型含义，最终选取分成 5 类的分类结果。西望村冬季气象日最终聚类的中心及个案数量如表 3-8 所示。

表 3-8 西望村冬季气象日最终聚类的中心及个案数量

聚类变量	聚类类型				
	1	2	3	4	5
Y_1	-0.43	1.64	-1.78	0.00	-2.91

续表

聚类变量	聚类类型				
	1	2	3	4	5
Y_2	-1.34	-0.50	-0.01	1.48	-3.20
Y_3	1.84	-0.42	-0.64	0.26	0.16
个案数量	15	50	31	44	7

使用单因素方差分析对聚类的结果进行考察检验。

（1）分组对聚类后的结果进行原始气候变量的组内平均值、标准差描述，如表 3-9 所示，观察组间各平均气象变量的差异。初步观测到各气象参数的平均值组间具有差异，各组内气象参数数值的标准差大小合理，各组间样本分布数量合理，可初步认为该聚类结果是有效的。

表 3-9　西望村冬季 5 种天气类型的分组平均值与标准差

	类型	$\overline{T}_{ad}$（℃）	$\overline{T}_{an}$（℃）	G_{sum}（W/m²）	ΔT_a（℃）	$\overline{RH}_d$（%）	$\overline{RH}_n$（%）	$\overline{V}_{ad}$（m/s）	$\overline{V}_{an}$（m/s）
平均值	1	7.033	4.000	4 329.93	7.263	71.193	75.787	3.387	2.467
	2	6.828	5.558	1 910.80	4.179	89.490	92.216	1.518	1.044
	3	5.758	1.429	6 315.97	10.589	52.665	70.271	1.758	0.552
	4	10.528	6.828	5 987.48	10.867	72.133	85.567	1.674	0.637
	5	-0.429	-3.214	5 483.14	7.239	46.157	52.271	3.457	1.671
标准差	1	2.374 5	2.392 0	2 311.637	3.573 2	13.019 9	11.951 0	1.102 5	1.034 9
	2	2.232 1	2.583 9	1 173.290	2.193 2	6.523 6	6.787 4	0.663 5	0.694 9
	3	2.150 3	2.341 0	1 728.983	2.785 5	12.376 6	9.701 3	0.589 8	0.606 6
	4	2.399 4	2.652 4	1 546.776	3.235 6	11.137 3	7.453 5	0.677 1	0.626 2
	5	2.973 1	2.691 6	1 793.571	2.535 9	13.157 1	11.283 9	0.556 3	0.699 3

（2）对聚类的结果使用单因素方差分析进行检验，检验的详细过程如附录 E 中表 E-1 所示，检验结果认为分成的 5 类中均有变量存在与其他类型间的显著差异性，因此认为分成 5 类是有统计学效度的。

（3）绘制西望村冬季气象日主成分值在聚类结果下的空间分布散点图，如图 3-14 所示。观察各气象日的聚类结果空间分布图，可看出组间散点分布合理，主要的空间结构关系已被找出；聚类主要发生在 Y_1 与 Y_2 平面上，这与第一主成分、第二主成分特征根值较大是相通的。

因此，认为将西望村冬季气象日划分为表 3-9 中 5 种天气类型是合理的。

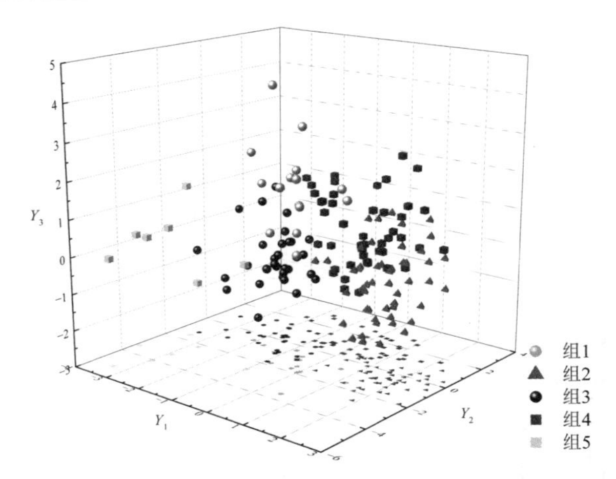

图 3-14 西望村冬季气象日主成分值在聚类结果下的空间分布图(图片来源:作者自绘)

4)明确各气象类型的特点

综合表 3-8 各聚类中心点的主成分值含义、表 3-9 与附录 E 中表 E-1 各类型组间气象变量平均值的显著性特点,可对聚类的西望村冬季 5 种气象类型的特征做如下描述。

类型 1——太阳辐射中;气温日较差适中,日间与夜间气温是类间中等偏高水平;日间与夜间的相对湿度也是类间中等偏高水平;风速较大。该类型可定义为冬季"多云温暖湿润天气",出现的频率为 10.20%。这种天气类型基本出现于其他几种天气类型交替之时,是一种过渡天气,发生频率也较低,因此是室外热环境模拟的可选气候类型。

类型 2——太阳辐射低;气温日较差小,日间与夜间气温适中;日间与夜间相对湿度都为类间最高;风速较小。该类型可定义为冬季"阴凉潮湿天气",出现的频率为 34.01%。尽管这种类型出现频率较高,但多云导致太阳总辐射较低,较大的湿度、缺少直射的太阳光致使室外热舒适度较差,也因此较难利用太阳辐射提升室外环境的适宜性。因此不建议作为该地区气候适应性设计时气候的首选类型。

类型 3——太阳总辐射强;气温日较差大,日间气温适中但夜间温度较低;日间相对湿度较低,夜间相对湿度较高;风速适中。该类型可被定义为冬季"晴朗微冷干燥天气",该类型出现的频率为 21.09%。这种气候类型的太阳辐射资源较为珍贵且丰富,日间时段气候舒适,较适合人体活动,可作为该地区气候适应性设计所需重点考虑的气候之一。

类型 4——太阳总辐射强;日间与夜间气温都处于组间较高水平;日间与夜间相对湿度都偏高;风速适中。该类型可被定义为冬季"晴朗温暖潮湿天气",出现频率为 29.93%。这种类型太阳光充足,气候舒适,非常适合人体活动,可作为该地区气候适应性设计所需重点考虑的气候之一。

类型 5——太阳总辐射强;日间和夜间的气温都很低;日间和夜间的相对湿度也很低;全日平均风速大。该类型可被定义为"寒潮天气"。尽管日照较好,但较低的气温值、气温日较差及偏高的风速都反映出这种天气非常不利于室外热舒适。但该类型出现时间短,两个冬季周期中共计出现 7 天,出现频率为 4.76%,因此可不作为该村镇气候适应性提升时的气候选取范围。

5）选取各类型的典型气象日

选取距离各气象聚类中心点最近的气象日为典型气象日。表 3-10 列出了冬季各气候类型发生的频率，由于 2020—2021 年冬季时段不够完整，故各气候类型的发生频率基于 2021—2022 年冬季气象日来计算；列出了基于冬季气候适应性提升而进行热环境研究时各气候类型选取的优先性；列出了各类型的典型气象日及其气象变量数值。

表 3-10　西望村冬季 5 种气象类型及其典型气象日的情况

类型	数量	频率	热环境研究的优先性	典型日	$\overline{T}_{ad}$（℃）	$\overline{T}_{an}$（℃）	G_{sum}（W/m2）	ΔT_a（℃）	$\overline{RH}_d$（%）	$\overline{RH}_n$（%）	$\overline{V}_{ad}$（m/s）	$\overline{V}_{an}$（m/s）
1	15	10.20%	▲	2021-02-08	7.6	5.3	3 880	4.53	69.4	68.8	2.0	2.6
2	50	34.01%	▲▲	2021-01-27	7.2	6.6	2 510	3.01	86.6	93.1	1.8	1.0
3	31	21.09%	▲▲▲	2022-01-11	6.1	0.8	6 692	9.32	55.4	73.6	1.8	0.2
4	44	29.93%	▲▲▲	2022-01-19	9.4	5.8	5 773	12.74	81.4	90.3	1.1	1.0
5	7	4.76%	▽	2021-12-26	0.0	-1.8	6 020	5.04	45.5	46.4	3.5	1.8

注：▲▲▲为建议作为气候适应性提升的热环境研究首选气候类型，▲▲为气候适应性提升的热环境研究应选气候类型，▲为气候适应性提升的热环境研究可选气候类型。▽是无需进行热环境研究的气候类型。

3.2.3.5　夏季典型气象日的计算与确定

选取 2021 年西望村夏季时段中气象站完整有效的气象日数据作为基础库数据。西望村 2021 年夏季自 5 月 27 日起，10 月 14 日结束，共计 141 天的气象日数据纳入计算。

1）计算气象变量，判断主成分分析适用性

计算夏季每个气象日的气象变量数值，对原始数据进行标准化处理后（SPSS 软件自动执行 Z-score 法标准化）获得各原始气象变量的标化变量，然后通过相关系数矩阵、KMO 检验和 Bartlett 球形检验的方法进行主成分适用性判断。西望村夏季气象日挑选的气象变量的相关系数矩阵如表 3-11 所示。

表 3-11　西望村夏季气象日挑选的气象变量的相关系数矩阵

	$\overline{T}_{ad}$	$\overline{T}_{an}$	G_{sum}	ΔT_a	$\overline{RH}_d$	$\overline{RH}_n$	$\overline{V}_{ad}$	$\overline{V}_{an}$
$\overline{T}_{ad}$	1	0.685	0.640	0.423	-0.530	-0.229	0.116	-0.094
$\overline{T}_{an}$	0.685	1	0.147	-0.192	0.012	-0.230	0.218	0.243
G_{sum}	0.640	0.147	1	0.498	-0.804	-0.435	0.293	-0.047
ΔT_a	0.423	-0.192	0.498	1	-0.659	-0.024	-0.219	-0.473
$\overline{RH}_d$	-0.530	0.012	-0.804	-0.659	1	0.527	-0.192	0.123
$\overline{RH}_n$	-0.229	-0.230	-0.435	-0.024	0.527	1	-0.449	-0.321
$\overline{V}_{ad}$	0.116	0.218	0.293	-0.219	-0.192	-0.449	1	0.669
$\overline{V}_{an}$	-0.094	0.234	-0.047	-0.473	0.123	-0.321	0.669	1

从气象变量的相关系数矩阵来看，大部分数值大于 0.3，变量间存在一定相关性；KMO 值为 0.600，说明各变量间也存在一定的相关性；Bartlett 球形检验结果为 809.569，显著性为 0.000，即拒绝变量间不存在相关性的假设，说明各变量间存在相关性。因此，西望村夏季的气象变量数据用主成分分析是比较有价值的。

2）选取主成分 Z_1、Z_2 和 Z_3

表 3-12 是西望村夏季气象变量的主成分计算结果。8 个气象变量经过主成分分析后获得 8 个主成分，其中前 3 个成分的特征根大于 1，同时前 3 个主成分的累积贡献率为 83.717%。因此提取前 3 个主成分，分别是 Z_1、Z_2 和 Z_3，代替原来的 8 个气象变量进行后续分析。

表 3-12　西望村夏季气象变量的主成分计算结果

成分	特征根	方差解释率（%）	累积贡献率（%）
1	3.147	39.341	39.341
2	2.266	28.321	67.662
3	1.284	16.055	83.717
4	0.564	7.055	90.772
5	0.315	3.937	94.709
6	0.247	3.088	97.798
7	0.118	1.469	99.267
8	0.059	0.733	100

对主成分 Z_1、Z_2 和 Z_3 进行效果判断与表达式撰写，获取各气象日的主成分值。

表 3-13 为公因子方差，表示所选取的 3 个主成分 Z_1、Z_2 和 Z_3 一共从每个原始变量中提取的信息量。由表可知，除 $\overline{RH}_n$ 与 $\overline{V}_{ad}$ 信息提取率略低外，其余变量信息提取率都约在 80% 以上，也说明选取的 3 个主成分已可反映大部分原始变量的信息。

表 3-13　公因子方差

	$\overline{T}_{ad}$	$\overline{T}_{an}$	G_{sum}	ΔT_a	$\overline{RH}_d$	$\overline{RH}_n$	$\overline{V}_{ad}$	$\overline{V}_{an}$
初始	1	1	1	1	1	1	1	1
提取	0.957	0.963	0.821	0.810	0.920	0.643	0.779	0.804

表 3-14 为 SPSS 输出的西望村夏季气象变量的因子载荷矩阵。该表给出了标准化原始变量用求得的主成分线性表示的近似表达式，以 G_{sum} 为例，以 ZG_{sum} 表示其标准化后的变量，则有 $ZG_{sum} \approx 0.893\,Z_1 - 0.046\,Z_2 + 0.02\,Z_3$。由于 SPSS 输出的是因子载荷矩阵而不是主成分的系数阵，表 3-15 主成分系数矩阵需根据表 3-12 与表 3-14 手动计算获得。

表 3-14　西望村夏季气象变量的因子载荷矩阵

原始变量	主成分 1	主成分 2	主成分 3
G_{sum}	0.893	-0.087	-0.123
$\overline{RH}_d$	-0.882	0.223	0.304
$\overline{T}_{ad}$	0.794	-0.039	0.570
$\overline{RH}_n$	-0.602	-0.431	0.308
$\overline{V}_{an}$	0.009	0.880	-0.172
$\overline{V}_{ad}$	0.351	0.757	-0.287
ΔT_a	0.571	-0.684	-0.126
$\overline{T}_{an}$	0.359	0.453	0.793

西望村夏季气象变量的主成分系数矩阵如表 3-15 所示。

表 3-15　西望村夏季气象变量的主成分系数矩阵

标化变量	主成分 1	主成分 2	主成分 3
ZG_{sum}	0.503 4	-0.057 8	-0.108 5
$Z\overline{RH}_d$	-0.497 2	0.148 1	0.268 3
$Z\overline{T}_{ad}$	0.447 6	-0.025 9	0.503 0
$Z\overline{RH}_n$	-0.339 4	-0.286 3	0.271 8
$Z\overline{V}_{an}$	0.005 1	0.584 6	-0.151 8
$Z\overline{V}_{ad}$	0.197 9	0.502 9	-0.253 3
$Z\Delta T_a$	0.321 9	-0.454 4	-0.111 2
$Z\overline{T}_{an}$	0.202 4	0.300 9	0.699 8

根据主成分系数矩阵，可写出各个主成分用标准化后的原始气象变量表达的表达式（3-14）。

$$
\begin{aligned}
Z_1 &= 0.503\,4\,ZG_{sum} - 0.497\,2\,Z\overline{RH}_d + 0.447\,6\,Z\overline{T}_{ad} - 0.339\,4\,Z\overline{RH}_n + \\
&\quad 0.005\,1\,Z\overline{V}_{an} + 0.197\,9\,Z\overline{V}_{ad} + 0.321\,9\,Z\Delta T_a + 0.202\,4\,Z\overline{T}_{an} \\
Z_2 &= -0.057\,8\,ZG_{sum} + 0.148\,1\,Z\overline{RH}_d - 0.025\,9\,Z\overline{T}_{ad} - 0.286\,3\,Z\overline{RH}_n + \\
&\quad 0.584\,6\,Z\overline{V}_{an} + 0.502\,9\,Z\overline{V}_{ad} - 0.454\,4\,Z\Delta T_a + 0.300\,9\,Z\overline{T}_{an} \\
Z_3 &= -0.108\,5\,ZG_{sum} + 0.268\,3\,Z\overline{RH}_d + 0.503\,0\,Z\overline{T}_{ad} + 0.271\,8\,Z\overline{RH}_n - \\
&\quad 0.151\,8\,Z\overline{V}_{an} - 0.253\,3\,Z\overline{V}_{ad} - 0.111\,2\,Z\Delta T_a + 0.699\,8\,Z\overline{T}_{an}
\end{aligned} \tag{3-14}
$$

第一主成分中，ZG_{sum}、$Z\overline{RH}_d$、$Z\overline{T}_{ad}$、$Z\overline{RH}_n$、$Z\Delta T_a$ 的系数绝对值较大，其中 ZG_{sum}、$Z\overline{T}_{ad}$、$Z\Delta T_a$ 与 $Z\overline{RH}_d$、$Z\overline{RH}_n$ 的数值呈相反关系，因此推断第一主成分应当是表征太阳辐射对气候的影响，当夏季太阳辐射水平较高时，天气会出现日间、夜间相对湿度较低，日间空气温度与温度日较差较大的特点。

第二主成分中，$Z\overline{V}_{an}$、$Z\overline{V}_{ad}$、$Z\Delta T_a$、$Z\overline{RH}_n$的系数绝对值较大，其中$Z\Delta T_a$、$Z\overline{RH}_n$与其他变量数值呈相反关系，因此推断第二主成分应当是描述大风天气下相对湿度、空气温度的关系，当全日风速较大时，易出现气温日较差较低、夜间相对湿度偏低的天气特点。

第三个主成分中，$Z\overline{T}_{ad}$、$Z\overline{T}_{an}$、$Z\overline{RH}_n$、$Z\overline{RH}_d$的系数绝对值较大且符号方向一致，因此推断第三主成分应当是补充描述空气温度与相对湿度协同变化的天气特点，在太阳辐射作用不明显，日间、夜间空气温度较高时，相对湿度也可出现较高水平的天气特点。

将各气象日的标准化后气象变量数据带入主成分表达式，获得各气象日的 3 个主成分值。

3）聚类分析

使用每个气象日的 3 个主成分值进行 K- 均值聚类分析，分别设置聚类数为 4~6 类，根据专业解释度判断聚类后各类型的样本数量是否分布合理、分析每种类型的气候类型含义，最终选取分成 5 类的分类结果。西望村夏季气象日最终聚类的中心及个案数量如表 3-16 所示。

表 3-16 西望村夏季气象日最终聚类的中心及个案数量

聚类变量	聚类类型				
	1	2	3	4	5
Z_1	-1.36	-3.01	1.38	0.99	1.13
Z_2	0.32	-0.67	-2.02	-0.80	1.77
Z_3	0.39	-0.93	-1.55	0.98	-0.40
个案数量	39	14	16	38	34

使用单因素方差分析对聚类的结果进行考察检验。

第一步：分组对聚类后的结果进行原始气候变量的组内平均值、标准差描述。如表 3-17 所示，观察组间各平均气象变量的差异。初步观测到各气象参数的平均值组间具有差异，各组内气象参数数值的标准差大小合理，各组间样本分布数量合理，可初步认为这种聚类结果是有效的。

表 3-17 西望村夏季 5 种天气类型的分组平均值与标准差

	类型	$\overline{T}_{ad}$（℃）	$\overline{T}_{an}$（℃）	G_{sum}（W/m^2）	ΔT_a（℃）	$\overline{RH}_d$（%）	$\overline{RH}_n$（%）	$\overline{V}_{ad}$（m/s）	$\overline{V}_{an}$（m/s）
平均值	1	27.179	25.795	4 900.05	5.446	88.438	92.185	1.665	1.360
	2	23.020	21.753	3 253.60	4.987	91.160	95.020	1.172	0.911
	3	28.306	21.706	11 858.94	11.100	67.363	88.494	1.667	0.320
	4	31.261	27.095	9 994.34	8.434	77.274	91.266	1.520	0.655
	5	29.165	26.650	10 656.12	5.729	76.941	83.362	2.738	2.409

续表

	类型	$\overline{T}_{ad}$(℃)	$\overline{T}_{an}$(℃)	G_{sum} (W/m^2)	ΔT_a(℃)	$\overline{RH}_d$(%)	$\overline{RH}_n$(%)	$\overline{V}_{ad}$(m/s)	$\overline{V}_{an}$(m/s)
标准差	1	1.278 6	1.165 7	2 363.615	1.804 6	5.906 3	3.893 4	0.677 0	0.918 1
	2	2.874 6	2.204 8	2 240.403	1.938 3	7.955 0	5.838 1	0.446 2	0.610 1
	3	1.524 2	1.364 0	2 106.906	2.470 6	6.653 2	6.968 5	0.576 0	0.393 2
	4	1.662 2	1.855 2	2 310.070	1.698 5	5.912 7	4.930 7	0.556 6	0.576 5
	5	1.386 9	1.540 6	2 422.004	1.033 8	5.583 0	5.917 0	0.526 2	0.735 5

第二步：对聚类的结果使用单因素方差分析进行检验，检验的详细过程如上篇附录E中表E-2所示。最终检验结果认为将分成的5类中均有变量存在与其他类型间的显著差异性，因此认为分成5类是有统计学效度的。

第三步：绘制西望村夏季气象日主成分值在聚类结果下的空间分布散点图，如图3-15所示。观察各气象日的聚类结果空间分布图，可看出组间散点分布合理，主要的空间结构关系已被找出。因此，认为将西望村夏季气象日划分为表3-16中的5种天气类型是合理的。

4）明确各气象类型的特点

综合表3-16各聚类中心点的主成分值含义、表3-17各类型组间气象变量平均值的显著性特点，可对聚类的西望村夏季5种气象类型的特征做如下描述。

类型1——太阳辐射较低；气温日较差较小，日间与夜间气温是类间中等水平；日间与夜间相对湿度较大；风速适中。该天气类型可被定义为夏季“多云较暖潮湿天气”，出现的频率为27.46%，整体较为适中。尽管多云、散射、辐射为主的天气使得气温偏低，但偏高的湿度仍对人们造成热舒适挑战；适中的风速限制了通风廊道的降温作用。天气类型可作为气候适应性规划的考虑类型之一。

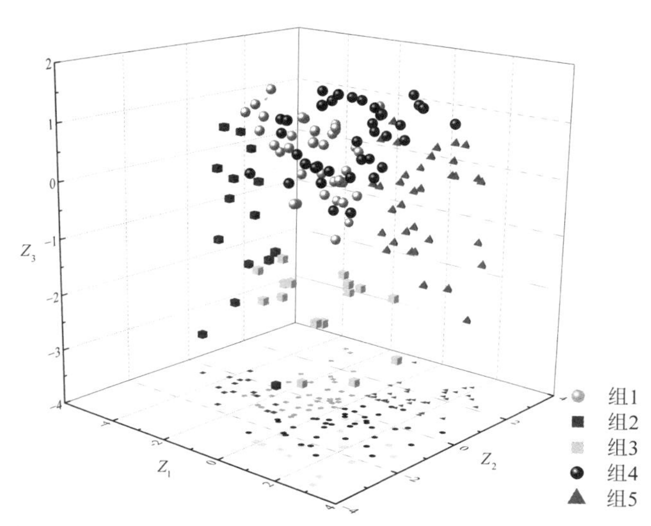

图3-15　西望村夏季气象日主成分值在聚类结果下的空间分布图（图片来源：作者自绘）

类型 2——太阳辐射低；气温日较差较小，日间、夜间气温都是类间最低；日间与夜间相对湿度较大；风速适中。该类型天气可被定义为夏季“多云微凉潮湿天气”，出现的频率是10.56%。该类型天气主要是冷空气导致的，较多出现于夏初与夏末，并伴随小雨，微凉舒适；夏中时期受强对流空气影响，伴随有较强降雨，不太适合户外活动。该天气类型是夏季中较为极端凉爽的天气，不对人们造成热舒适挑战，因此该类天气可不作为气候适应性规划的气候考虑类型。

类型 3——太阳辐射强；气温日较差是类间最大，日间气温较高，夜间气温却是类间最低；日间湿度是类间最低；风速适中。该类型天气可被定义为夏季“晴朗温和舒爽天气”，出现的频率是 11.27%。该类型天气主要出现在 2021 年的夏初与夏末，早晚温差较大，日照充足，温和舒爽，适宜户外活动，不对人们造成热舒适挑战，因此可考虑有效利用该类型天气的日照资源，但无需作为气候适应性规划的首选气候考虑类型。

类型 4——太阳辐射强；气温日较差适中，日间、夜间气温都是类间最高；湿度适中；风速适中。该类型天气可被定义为夏季“晴朗酷热天气”，出现的频率是 26.76%。该类天气是夏季中最为炎热的天气，主要出现于盛夏时期，高温高湿带给居民较大的热负担，需在规划设计中考虑阻挡太阳直射辐射。因此，类型 4 是需气候适应性规划的考虑气候类型之一。

类型 5——太阳辐射强；气温日较差较小，日间、夜间气温都偏高；湿度适中；风速较大。该类型天气可被定义为夏季“晴朗炎热大风天气”，出现的频率是 23.94%。尽管该类型天气温度、湿度仍然较高，但通过合理规划通风廊道和遮阳，较大的风速可有效帮助居民降低热负荷。因此类型 5 的天气应是气候适应性规划的首选考虑气候类型。

5）选取各类型的典型气象日

选取距离各气象聚类中心点最近的气象日为典型气象日。表 3-18 列出了为提升气候适应性，夏季热环境研究时各气候类型选取的优先性；各类型的典型气象日及其气象变量数值。

表 3-18 西望村 2021 年夏季 5 种气象类型及其典型气象日的情况

类型	数量	频率	热环境研究的优先性	典型日	$\overline{T}_{ad}$（℃）	$\overline{T}_{an}$（℃）	G_{sum}（W/m²）	ΔT_a（℃）	$\overline{RH}_d$（%）	$\overline{RH}_n$（%）	$\overline{V}_{ad}$（m/s）	$\overline{V}_{an}$（m/s）
1	39	27.46%	▲▲	7 月 2 日	28.0	26.1	3 794	6.8	88.5	97.1	2.3	1.1
2	15	10.56%	▽	6 月 2 日	23.6	22.9	3 180	8.1	94.1	98.1	1.7	1.3
3	16	11.27%	▲	5 月 29 日	29.4	22.9	13 503	10.2	66.3	88.4	2.1	0.0
4	38	26.76%	▲▲	6 月 14 日	32.5	26.8	7 439	10.4	74.2	95.7	1.9	1.4
5	34	23.94%	▲▲▲	7 月 17 日	30.2	26.8	9 910	7.6	79.2	88.1	3.1	2.4

注：▲▲▲为建议作为提升气候适应性的热环境研究首选气候类型，▲▲为提升气候适应性的热环境研究应选气候类型，▲为提升气候适应性的热环境研究可选气候类型。▽是无需进行热环境研究的气候类型。

3.3　典型气象日的热环境模拟模型设置与验证——以西望村为例

3.3.1　模拟软件的介绍

在复杂多变的室外环境中，气象条件常与植被绿化、建筑物布局、人的行为活动间存在复杂的相互作用与影响机制。因此在室外热环境的研究中，不能孤立地仅对一个气象参数进行模拟，必须使用对全部气象参数与环境考虑并模拟的方式。ENVI-met 是一款计算流体力学与热力学的软件，使用高分辨率的三维网格模型，采用了较新的热力学、流体模拟与植物生理学的方法，可以同时模拟小尺度范围中大气环境与植物、建筑物、地面环境之间的相互作用[92]。ENVI-met 适合并已广泛应用于城市风热环境模拟研究的多个领域，如城市绿化对微气候的影响[93; 94]、建筑物形态与气候的关联性研究[86; 95]、城市风环境与污染物分布研究[96; 97]等。目前已有许多学者通过比较实际测量的气候参数数据与模拟获取的气候参数数据来验证 ENVI-met 的可靠性，并证明 ENVI-met 在微气候环境模拟与室外热舒适度评估中具有较好的准确性[86;98;99]。

ENVI-met 的三维网格分辨率范围是 0.5 m~10 m，时间分辨率为 10 秒；ENVI-met 三维模型需用户输入模拟环境的物理信息，包含模型信息如建筑物的形体布局与材质、下垫面地表类型、植被形体与参数等以及边界与流入的气象信息，如空气温度、土壤温度、太阳辐射、风速风向等。ENVI-met 输出空气温度、建筑物表面温度、风速、相对湿度、平均辐射温度等信息给用户，并通过其 BIO-met 模块可实现舒适度指标 PMV、PET、UTCI 等的计算。本研究将使用 ENVI-met（5.0.2）对冬、夏季典型气象日下的西望村室外热环境进行模拟，并使用实测数据对模拟结果加以准确性评估。

3.3.2　西望村模型建立

整体的西望村 Rhino 模型如上篇附录 B 中图 B-7 所示，ENVI-met 模型如图 3-16 所示，网格化的 ENVI-met 模型可较好地还原出西望村建筑群体的形态与布局结构。

模型地理坐标设置在宜兴市西望村中心，坐标约为 119.88° E，31.26° N。模型的三维网格基础尺寸在 x、y、z 轴上分别设置为 3 m、3 m、2 m。ENVI-met 要求模型布局设置时，建筑物四周需留有一定格子数量让流体可自主流动，以避免发生建筑与边界过近、流体受到挤压而造成计算不准确的现象；在 z 轴格网的设置上，ENVI-met 建议使用者设置模型空间高度为最高建筑物的 2 倍及以上。在本研究中，西望村绝大部分建筑物的高度为 7~10 m，最高建筑物为 18 m，此外村域建筑物外围还需留有 30 个单位及以上的格子作为气流的缓冲空间，因此将模型的范围设置为：x 轴 333 个单位、y 轴 333 个单位、z 轴 20 个单位，即整个模型空间的实际大小为 999 × 999 × 40（m）；由于室外热环境研究主要以人行活动空间为研究主体，行人高度需更精细的分析，故在 z 轴方向上将近地面的网格细分为 5 份，即近地面 0~2 m 处网格尺寸为 3 × 3 × 0.4（m）。

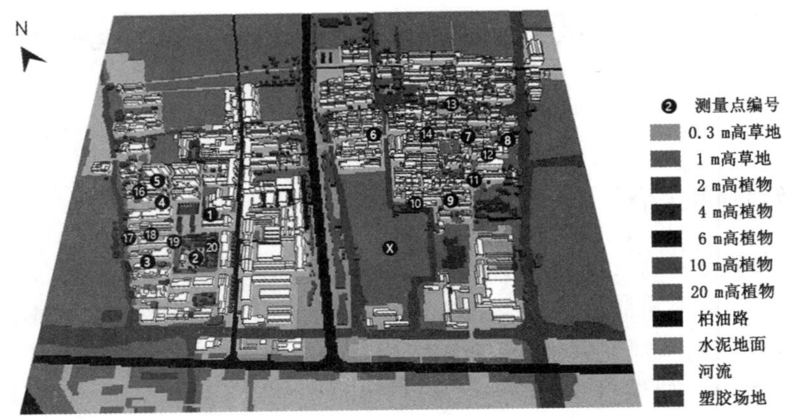

图 3-16 西望村 ENVI-met 转译模型（图片来源：作者自绘）

运用大疆精灵 4RTK 无人机对西望村进行倾斜摄影，随后使用大疆智图软件完成西望村模型复原重建，以无人机复原模型为依据建设基于 Rhino 平台的西望村三维模型，并进一步利用 Rhino 软件中的 Grasshopper 参数化编程功能之 Dragonfly 插件，参考并运用杨泽晖 [100] 在研究中的程序设置，完成西望村 ENVI-met 模拟所需的转译化网格模型。为减少建筑物在网格化建模时"锯齿化"现象，在转译前西望村 Rhino 模型逆时针旋转 22.26°，即在 ENVI-met 模型设置中将正北方向设置为逆时针 22.26°。Rhino 模型与 ENVI-met 模型对应第二章 2.1.1 节中的西望村数据测量点，于同位置处设置序号相同的 20 个数据监测点，以用于 4.2 节中西望村空间形态因子的提取与 ENVI-met 监测点模拟数据的提取。

ENVI-met 中植物使用指标叶面积密度 LAD（Leaf Area Density，m^2/m^3）进行描述，LAD 指单位体积中植物叶面积总和。与 LAD 相似的指标为叶面积和 LAI（Leaf Area Index，m^2/m^2），指单位范围面积中的植物叶面积总和。LAD 与 LAI 的关系，可用式（3-15）表示，其中H表示植物的总高度，$LAD(z)$表示z高度处的 LAD 值。

$$LAI = \int_0^H LAD(z)\,dz \tag{3-15}$$

ENVI-met 为描述植物的叶片状态，对植物按高度进行 10 等分，使用者按真实植物叶面积状态输入每种植物每个高度区间的 LAD 值即可。出于简化模型、减少运算时长的目的，将西望村的植被简化为 2 m、4 m、6 m、10 m、20 m 高的立方体，参考村域内真实植物的叶密度对立方体植物的 LAD 进行断层赋值。

3.3.3 模型准确性验证所需指标介绍

模拟结果的可靠性应使用统计学指标来定量评价。为衡量预测值或模拟值（Precision value，P）与观测值（Observation value，O）之间的误差，杨小山 [101] 总结了 3 类统计学指标。

第一类：误差评价指标，用于描述P与O之间的误差。该类指标有平均偏差（Mean Bias Error，MBE），用于描述P与O之间误差的平均值；偏差方差 s_d^2，用于描述误差的分布；平均绝对误差 MAE，描P与O之间误差绝对值的平均值；均方根误差（Root Mean Square Error，RMSE），描述P与O之间误差平方和的根均值。MBE 和 s_d^2 描述的信息有限；MAE 和 RMSE

描述的平均误差较为相似,实际应用时可只选取其一,与 MAE 相比 RMSE 对异常值更为敏感,目前的使用也更为广泛,RMSE 值越趋向于 0 证明模拟情况越好。

第二类:相关评价指标,用于描述P与O之间的相关性。该类指标有相关系数 R、判定系数R^2。R^2也被称为判定系数、拟合优度,衡量回归方程对真实值的拟合程度,是可解释误差 SSR(Regression sum of square)占总误差 SST(Error sum of square)的比例,取值在 0~1 之间,R^2越大说明模拟值与真实情况的吻合性越好。然而 Willmott[102] 提出,相关评价指标 R 和R^2不总与模拟模型的精度有关,P与O之间误差很小时也可能出现较小或负的 R 值,反之,较大的误差也可能有趋近于 1 的 R 值,因此不建议仅凭相关评价指标判断模型模拟的精度。

第三类:反映误差来源性质的指标,用于描述误差主要来源于系统误差还是非系统误差。该类指标有一致性指数 d （Willmott’s index of agreement),系统均方根误差 $RMSE_S$ 和非系统均方根误差 $RMSE_U$。一致性指数是P与O的均方误差和潜在误差的比率被 1 减去后得到的值,取值范围为 0~1,值越大表示模拟与真实情况的一致性越强;此外,d自身归一化的特质有利于各变量间的对比。

$RMSE$ 的计算公式如式(3-16)所示,d的计算公式如式(3-17)所示,其中O_i表示 i 点的观测值,即 i 点实测获得的数值;P_i表示 i 点的模拟值;$\overline{O}$ 表示观测值的平均值。

$$RMSE=\sqrt{\frac{1}{n}\sum_{i=1}^{n}\left(P_i-O_i\right)^2} \tag{3-16}$$

$$d=1-\frac{\sum_{i=1}^{n}\left(O_i-P_i\right)^2}{\sum_{i=1}^{n}\left(\left|P_i-\overline{O}\right|+\left|O_i-\overline{O}\right|\right)^2} \tag{3-17}$$

R^2的计算公式如式(3-18)所示,其中y_i表示待拟合系数,其平均值为$\overline{y}$,$\hat{y}_i$表示拟合值。

$$R^2=\frac{SSR}{SST}=\frac{\sum_{i=1}^{n}\left(\hat{y}_i-\overline{y}\right)^2}{\sum_{i=1}^{n}\left(y_i-\overline{y}\right)^2} \tag{3-18}$$

Erell 等人 [103] 对预测城市冠层温度模型做了规范性要求的评述,他们认同 Willmott 对于模型验证指标的观点;对于预测街道峡谷气温的模型模拟值和实测值的比较,他使用 MAE、s_d^2、MSE、$RMSE_S$、$RMSE_U$、d进行了定量描述。Ferdinando 等人 [99] 使用 ENVI-met 对一栋回廊式合院建筑的热环境进行了模拟,选取R^2、$RMSE$ 和d,评估了模拟获得的 T_a、T_{mrt} 的准确性,发现模拟结果与实测值一致性高;Ferdinando 对 Lee Hyunjung 等人 [104]、Wang Yupeng 等人 [105]、Duarte 等人 [106] 在研究中的 ENVI-met 模拟值与测量值的验证方法进行了综述,发现R^2与 $RMSE$ 使用的频率最高,其次为d;其中,模拟与实测结果 T_a 的R^2分布在 0.52~0.96, T_{mrt} 的R^2分布在 0.71~0.95, T_a 的 $RMSE$ 分布在 0.66~4.83 ℃, T_{mrt} 的 $RMSE$ 分布在 2.79~7.68 ℃,d分布在 0.6~0.95。刘哲铭 [86] 对于严寒地区冬季城市住区的热环境使用 EN-

VI-met 进行模拟，选取了 *RMSE* 和 *d* 进行定量评价，T_a、R_H、V_a、T_{mrt} 的 *RMSE* 值分别为 1.34 ℃、6.28%、0.43 m/s、7.49 ℃，*d* 值分布在 0.72~0.95，他认为 ENVI-met 较好地反映出了实际情况。杨泽晖[100]对于夏热冬冷地区的小城镇冬、夏季的室外热环境选用了 ENVI-met 进行模拟，使用 R^2 来检验模拟结果 T_a、R_H 的精度，结果发现大部分测点 T_a 和 R_H 的 R^2 分布在 0.7~0.9 之间，证明模拟结果的准确性较高。

3.3.4 基于参数权重的典型气象日热环境模拟模型设置与验证

3.3.4.1 基于参数权重的典型气象日热环境模拟模型设置

ENVI-met 模拟中使用"简单流入"（Simple Forcing）设置模式，使用 3.2.2 节中选取的冬、夏季典型气象日的气象数据对西望村进行模拟。

空气温度、相对湿度使用 1 月 3 日与 8 月 19 日的气象站监测结果，其数值分布如图 3-5、图 3-6、图 3-9、图 3-10 所示，其中 22：00 至次日 2：00 时刻的数据将测量结果做平滑处理后使用。太阳总辐射和散射、辐射等通过设置低层云量与中层云量，使 ENVI-met 生成的太阳总辐射的变化趋势、数值大小和典型气象日测量的结果尽量接近。风向使用分析时段的主盛行风方向，如图 3-17 所示，冬季盛行风向为 ESE（112.5°），与冬季典型气象日 1 月 3 日的主风向大致符合；如图 3-18 所示，夏季盛行风方向同为 ESE（112.5°），与夏季典型气象日 8 月 19 日的盛行风向相符。风速使用典型气象日测量的日均风速，如图 3-8、图 3-12 所示，由于气象站风速表位于距地面 2 m 处、ENVI-met 需输入 10 m 高度处的风速，故使用式（2-5）带入典型气象日的日均风速后计算获得。参考郭艳君、丁一汇的研究[107]，冬季 2 500 m 高度处空气的比湿度设置为 2.2 g/kg，夏季 2 500 m 高度处空气比湿度设置为 8.3 g/kg。

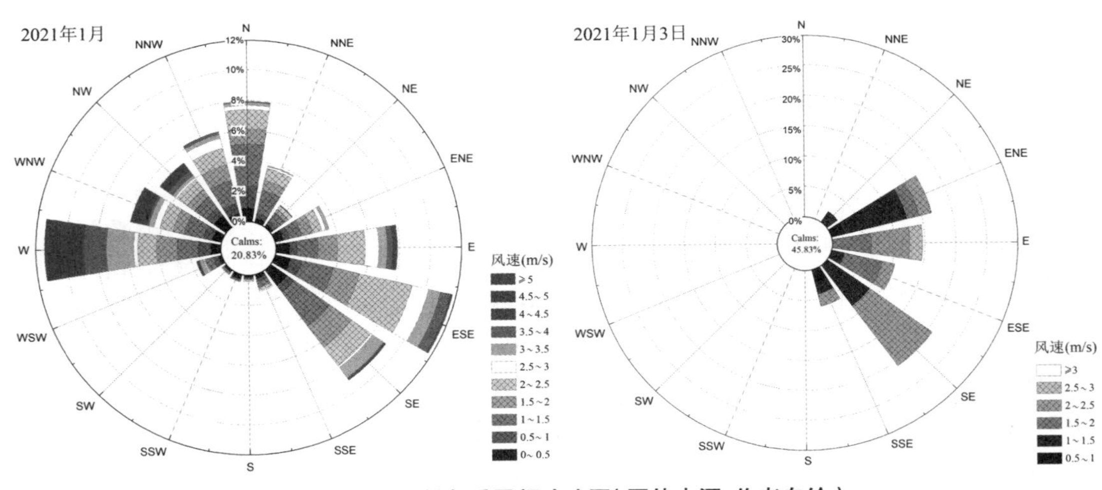

图 3-17 西望村冬季风频玫瑰图（图片来源：作者自绘）

考虑到模型参数设置不准确带来的误差影响，模拟从典型气象日前一天的 5：00 开始至典型气象日当日的 22：00 结束，取最后 15 小时（7：00—22：00）所模拟的数据以用于室外热环境的分析研究。模型中土壤的初始温度使用 FLUKE-54 接触式温度表测量的清晨时土壤温度;建筑物的初始温度参考测试日清晨所测量的空气温度值。

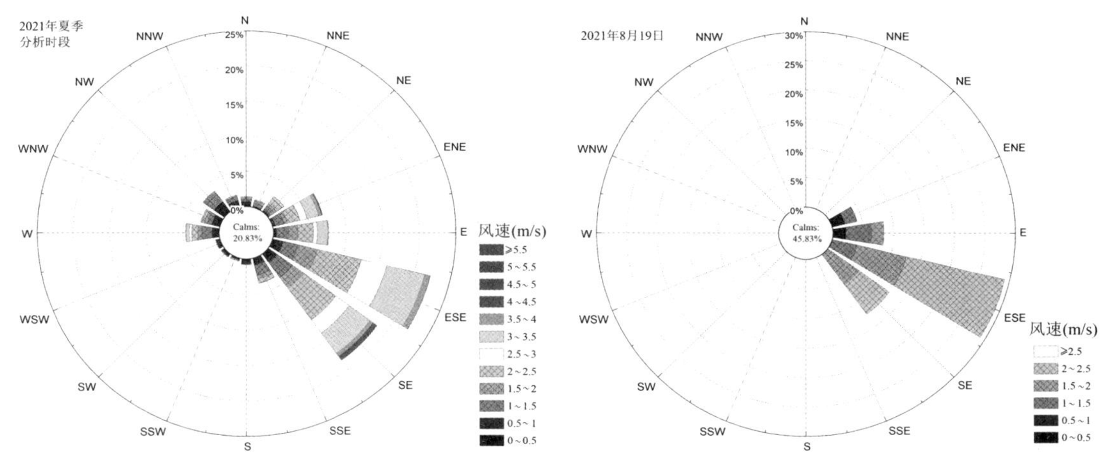

图 3-18　西望村夏季风频玫瑰图(图片来源:作者自绘)

西望村的建筑大约分为 2 种,第一种为新建民居,以 3~6 层独栋别墅与单元民居为主,砌体结构且有外保温层,该种民居在西望村中共计 6 栋,高约 15~22 m,分布在 X5 测点周围;第二种为旧有民居,主要为 1~2 层自建房,砌体结构加水泥砂浆抹面,无保温层。ENVI-met 中的建筑模型可设置墙体、屋顶的复合材质,每种复合材质由内层、中层、外层等 3 部分组成,每层的材料特性参数及厚度均可设置。旧有民居的墙体、屋顶使用同种复合材质,其内、中、外等 3 层构造分别为:0.03 m 厚的水泥砂浆层、0.24 m 厚的砖层、0.03 m 厚的水泥砂浆层。新建民居的墙体、屋顶使用另一种复合材质,其内、中、外等 3 层构造分别为:0.03 m 厚的水泥砂浆层、0.10 m 厚的泡沫保温层、0.27 m 厚的砖层。

ENVI-met 模型模拟时的全部基本参数设置如表 3-19 所示。

表 3-19　西望村 ENVI-met 模拟的参数设置

参数	冬季典型气象日的模拟	夏季典型气象日的模拟
模拟开始日期	2021-01-02	2021-08-18
模拟时长	4:00 至次日 22:00,42 h	
2 500 m 处比湿度	2.2 g/kg	8.3 g/kg
10 m 处风速风向	1.7 m/s,ESE 112.5°	1.6 m/s,ESE 112.5°
云量设置	低层云量 2 / 中层云量 1	低层云量 2 / 中层云量 2
地面粗糙度	0.01	
土壤温湿度	4.5 ℃,65 %(0~20 cm); 10 ℃,70%(20~50 cm)	26.5 ℃,70%(0~20 cm); 25 ℃,75%(20~50 cm)
建筑物温度	6 ℃	26 ℃
地面反射率	沥青马路 0.2;水泥地 0.4;塑胶场地 0.5	

续表

参数		冬季典型气象日的模拟	夏季典型气象日的模拟
植被	0.3 m 高草地	植物高度,0.3 m;LAD,0.15 m^2/m^3	植物高度,0.3 m;LAD,0.3 m^2/m^3
	1 m 高草地	植物高度,0.8 m;LAD,0.3 m^2/m^3	植物高度,1 m;LAD,0.8 m^2/m^3
	2 m 高植物—树篱	植物高度,2 m;LAD,0.8 m^2/m^3	植物高度,2 m;LAD,2 m^2/m^3
	4 m 高植物	植物高度,4 m; LAD(1/10 Z~10/10 Z)(m^2/m^3): 0,0,0,0.4,0.8,0.8,0.8,0.8,0.6,0.4	植物高度,4 m; LAD(1/10 Z~10/10 Z)(m^2/m^3): 0,0,0,1,2,2,2,2,1.5,1
	6 m 高植物	植物高度,6 m; LAD(1/10 Z~10/10 Z)(m^2/m^3): 0,0,0.1,0.4,0.8,0.8,0.8,0.8,0.6,0.4	植物高度,6 m; LAD(1/10 Z~10/10 Z)(m^2/m^3): 0,0,0.3,1,2,2,2,2,2,1.2
	10 m 高植物	植物高度,10 m; LAD(1/10 Z~10/10 Z)(m^2/m^3): 0,0,0.48,0.6,0.8,0.8,0.8,0.8,0.6,0.2	植物高度,10 m; LAD(1/10 Z~10/10 Z)(m^2/m^3): 0,0,1.2,1.5,2,2,2,2,1.5,0.8
	20 m 高植物	植物高度,20 m; LAD(1/10 Z~10/10 Z)(m^2/m^3): 0,0,0,0.48,0.9,0.9,0.9,0.9,0.8,0.2	植物高度,20 m; LAD(1/10 Z~10/10 Z)(m^2/m^3): 0,0.3,0.3,1.2,2,2.2,2.2,2.2,1.8,0.8

3.3.4.2 模拟的准确性验证

验证分为两个部分:模拟结果的边界环境验证、村镇内部环境的验证。前者为粗验,以证明模拟结果的边界环境条件与预设参数相似,模型的基本设置未出现过大的偏差;后者为精验,以证明村镇内部的模拟结果与实际情况类似,模拟结果可反映一定真实环境中的情况。

1)模拟结果的边界环境验证

使用 2021 年 1 月 3 日、2021 年 8 月 19 日边界输入气象条件与这两日 ENVI-met 边界环境模拟结果进行验证。边界输入气象条件数据来自该村气象站的监测数据,但由于西望村气象站不在该村的模拟模型范围中,故选用图 3-16 中点 X 1.8 m 高度处的模拟数据与气象站的监测数据进行验证计算,时段选取 7:00—22:00。点 X 与图 3-1 中的气象站周边环境相似,都处于开阔无遮挡处,地表有相同植被,该点的空气温度 T_a、相对湿度 R_H、太阳辐射的模拟结果应与边界输入条件高度相似。

选用评价误差的指标均方根误差 *RMSE*、评价模拟与实测结果相关性的指标判定系数 R^2 进行准确性验证。一致性指数 d 本质为反映模拟结果与多次测量结果间一致性的指标,而本研究中的气象站每 30 分钟仅记录一次数据,因此 d 不适用。*RMSE* 可反映点 X 模拟结果与边界输入条件的差异,R^2 可反映点 X 模拟数据与边界输入条件的相似性。*RMSE* 按式(3-16)计算求得,R^2 使用 SPSS 求模拟值与真实值的拟合程度获得。

表 3-20 1 月 3 日、8 月 19 日边界环境模拟的准确性验证情况

日期	判定系数 R^2			均方根误差 *RMSE*		
	空气温度	相对湿度	太阳总辐射	空气温度（℃）	相对湿度（%）	太阳总辐射（W/m^2）
1 月 3 日	0.95	0.96	0.91	0.67	3.77	71.32
8 月 19 日	0.89	0.83	0.95	0.87	9.03	94.77

1 月 3 日、8 月 19 日点 X 1.8 m 处与边界输入的 T_a、R_H、太阳总辐射 G 之间的准确性验证情况如表 3-20 所示。两日 R^2 都大于 0.8，*RMSE* 较小，证明点 X 处环境条件与真实环境条件相似，这两日的模拟设置满足要求。

2）村镇内部环境的验证

使用 12 月 20 日、9 月 3 日实地测量的数据与 1 月 3 日、8 月 19 日模拟数据进行准确性验证，分析时段选用 9：00—17：00。测量点如图 2-2、表 2-1 所示，测量仪器与测量方法见 2.1.2 节，气象变量的计算方法见 2.3.2 节。

选用指标 *RMSE* 和 R^2 进行准确性验证。其中，*RMSE* 反映各测点气象变量模拟值与实测值的平均差异，该差异值越接近于两个气象日之间气象变量的 *RMSE* 值越好；对于 R^2，虽然实测与模拟气象日间本身存在一定差异，但同一季节气象日的气象变化趋势有一定的相似性，因此 R^2 也可作为辅助指标。由于微气候数据测量日与计算获得的典型气象日不是同一天，因此准确性验证旨在定量分析西望村 ENVI-met 是否模拟出大部分真实室外热环境的特点，而并非在于模拟结果与实测结果一致，研究方法与数据本身即存在大量系统误差，故反映误差来源的指标，如 d 此时必定数值较低，即一致性较差，因此 d 不适用。

由于不同监测点的空间形态差异较大，各监测点间存在一定的小气候差异，故模拟结果与真实结果的比较需按测点单独进行分析。对于任意测点，在模拟与实测相同的时间段内，其 ENVI-met 模拟获得整点时刻数值即为模拟值，以测量点整点时刻前后 3 分钟内的测量数据平均值作为真实观测值，该测点的 *RMSE* 按式（3-16）计算求得；对于 R^2，使用各时刻数据，用 SPSS 求得真实观测值与模拟测量值的拟合程度。

1 月 3 日 ENVI-met 模拟与 12 月 20 日实测各测点的 T_a、R_H、平均辐射温度 T_{mrt} 准确性验证情况如表 3-21 所示。

表 3-21 1 月 3 日 ENVI-met 监测点模拟值与 12 月 20 日实地测量值的均方根误差与判定系数

测量点	判定系数 R^2			均方根误差 *RMSE*		
	空气温度	相对湿度	平均辐射温度	空气温度（℃）	相对湿度（%）	平均辐射温度（℃）
X1	0.74	0.77	0.94	2.52	20.94	9.44
X2	0.16	0.01	0.95	1.68	19.49	11.83
X3	0.44	0.73	0.55	1.27	21.68	8.14
X4	0.77	0.84	0.94	1.71	23.69	16.68
X5	0.96	0.77	0.80	0.95	7.86	5.56

续表

测量点	判定系数 R^2			均方根误差 *RMSE*		
	空气温度	相对湿度	平均辐射温度	空气温度(℃)	相对湿度(%)	平均辐射温度(℃)
X6	0.79	0.80	0.52	0.93	7.35	5.26
X7	0.51	0.56	0.61	1.08	27.78	7.32
X8	0.64	0.41	0.91	2.24	34.60	13.48
X9	0.01	0.39	0.82	2.83	28.67	9.31
X10	0.55	0.79	0.93	2.56	25.15	14.97
总体 R^2 均值 / 总体 *RMSE* 值	0.59	0.61	0.80	1.92	23.17	10.96

如表 3-21 所示,实测与模拟间有一定的相关性,但相关性不是很高。T_a、R_H、T_{mrt}的总体R^2分别为 0.59、0.61、0.80,T_a、R_H、T_{mrt}的总体 *RMSE* 分别为 1.92 ℃、23.17%、10.96 ℃。结合图 2-3 与图 3-5、图 3-6 可知,12 月 20 日的$\overline{T}_{ad}$比 1 月 3 日高约 2 ℃左右,12 月 20 日$\overline{RH}_d$比 1 月 3 日低约 20%,与 *RMSE* 值相近,即较低的相关性与偏大的 *RMSE* 值主要是由于 1 月 3 日与 12 月 20 日间气候的差异性所致。

其中T_a、R_H的R^2较低的点主要有 X2、X8、X9,它们 1 月 3 日实测与 12 月 20 日模拟的T_a、R_H、T_{mrt}数值结果对比如图 3-19 所示,整体来看,实测与模拟结果的变化趋势大致相同。这些测点R^2较低、*RMSE* 值偏大的核心原因是两个气象日间本身存在差异性:由图 2-3 可知,实测日 10:00—13:00 为多云转晴,随后下午转阴,整体上实测日的太阳辐射显著大于模拟日,因此图 3-19 中 X2、X8、X9 等 3 个测点 9:00—12:00 的空气温度出现较大波动,造成R^2较低,这也反映出指标R^2存在一定局限性,当双变量总体变化幅度小或异常点明显时,R^2可能不适用。

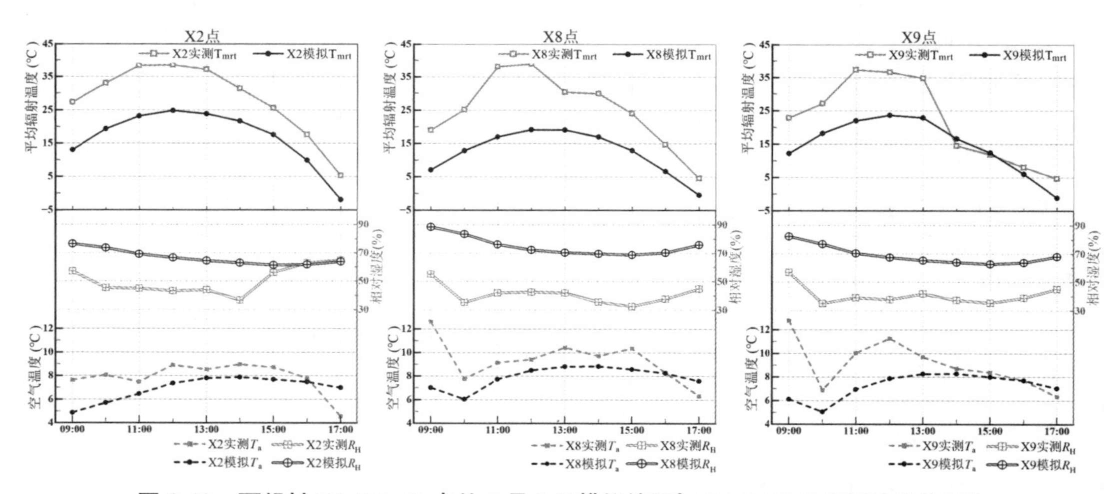

图 3-19 西望村 X2、X8、X9 点处 1 月 3 日模拟结果与 12 月 20 日实测结果的对比

整体来看，1 月 3 日模拟气候结果一定程度上反映了部分 12 月 20 日真实气候的特点，即 ENVI-met 在 1 月 3 日典型气象日数据模拟下的结果能反映出冬季西望村内部环境的微气候特点，其模拟结果可用于后续的评价研究。

8 月 19 日模拟与 9 月 3 日实测各测点的 T_a、R_H、T_{mrt} 准确性验证情况如表 3-22 所示。

表 3-22　8 月 19 日 ENVI-met 监测点模拟值与 9 月 3 日实地测量值的均方根误差 *RMSE* 与判定系数 R^2

测量点	判定系数 R^2			均方根误差 *RMSE*		
	空气温度	相对湿度	平均辐射温度	空气温度(℃)	相对湿度(%)	平均辐射温度(℃)
X1	0.82	0.83	0.42	0.75	7.33	8.98
X2	0.70	0.43	0.44	0.94	4.94	10.11
X3	0.75	0.80	0.36	0.79	6.65	12.39
X4	0.59	0.70	0.33	0.97	5.89	9.05
X5	0.82	0.83	0.39	0.81	7.00	5.21
X6	0.76	0.77	0.37	0.83	6.53	8.98
X7	0.89	0.73	0.48	0.72	4.94	10.63
X8	0.83	0.80	0.38	0.74	2.86	10.10
X9	0.69	0.60	0.41	0.96	4.69	8.13
X10	0.56	0.57	0.40	1.06	5.03	9.25
X11	0.82	0.74	0.45	0.79	5.82	8.46
X12	0.64	0.63	0.45	1.15	3.81	10.42
X13	0.79	0.66	0.38	1.31	4.08	7.82
X14	0.87	0.81	0.49	0.74	6.48	12.47
X16	0.73	0.63	0.40	0.79	6.48	8.62
X17	0.84	0.76	0.26	1.23	9.94	15.85
X18	0.82	0.75	0.46	0.47	5.43	10.71
X19	0.89	0.70	0.34	0.50	4.78	12.45
X20	0.88	0.56	0.31	0.63	7.16	9.58
总体 R^2 均值 / 总体 *RMSE* 值	0.77	0.70	0.39	0.85	5.78	10.21

如表 3-22 所示，模拟与实测之间相关性较好。T_a、R_H、T_{mrt} 的总体 R^2 分别为 0.77、0.70、0.39，T_a、R_H、T_{mrt} 的总体 *RMSE* 分别为 0.85 ℃、5.78%、10.21 ℃。T_{mrt} 的 R^2 较低、但 *RMSE* 值较小，出现这样的原因结合图 2-4（a）可知，实测日 9 月 3 日 10：00—11：30、14：00—15：30 出现多云，该时段的平均辐射测量值较低；而 8 月 19 日模拟的 ENVI-met 太阳辐射模型为晴朗状态，平均辐射温度不存在较大的波动，因此导致模拟与实测数值的拟合度较低、*RMSE* 值偏大。但总体上，8 月 19 日的 ENVI-met 模拟仍较好地反映出西望村夏季内部环境的微气候特点，其模拟结果可用于后续的评价研究。

3.3.5 基于“主成分—聚类”的典型气象日热环境模拟模型设置与验证

冬季气候类型5条件下室外气候最为严峻,人体热感受最为寒冷;夏季气候类型2条件下室外气候较为宜人,人体热感受最为舒适。冬季气候类型5、夏季气候类型2发生的频率都较低,分别为2.27%和10.64%;另一方面,根据表3-10、表3-18,这两种类型气候的热环境研究优先性都是同季气候类型中最低的,因此,出于简化问题、抓住核心矛盾的原因,本研究将不选取冬季气候类型5、夏季气候类型2的典型气象日进行模拟与评价。

3.3.5.1 冬季各气候类型的典型气象日热环境模拟模型设置

冬季气候类型1至类型4的4个典型气象日为2021年2月8日、2021年1月27日、2022年1月11日、2022年1月19日,它们7:00至次日6:30气象站记录的空气温度T_a、相对湿度R_H、太阳总辐射G如图3-20所示,各气候类型及其典型气象日的风频玫瑰图如图3-21所示。

气候类型1、类型2、类型3的风向较为多变;气候类型4的盛行风方向较为统一,主导风向为ESE;整体冬季的主导风向为东南风和西北风。

使用ENVI-met软件对各典型气象日下的室外热环境进行模拟。使用3.3.2节中的西望村模型;关于边界条件设置,T_a、R_H使用气象日的记录数据(首尾做平滑处理),风向选取典型气象日的主导风向(同时也与气候类型的主导风向相符),风速选取由典型气象日日间时段平均风速按式(2-5)换算获得的10 m高度处风速值,太阳辐射通过调整云量使生成辐射模型总辐射值与测量值大致相等;其余的基本参数设置如表3-23所示。

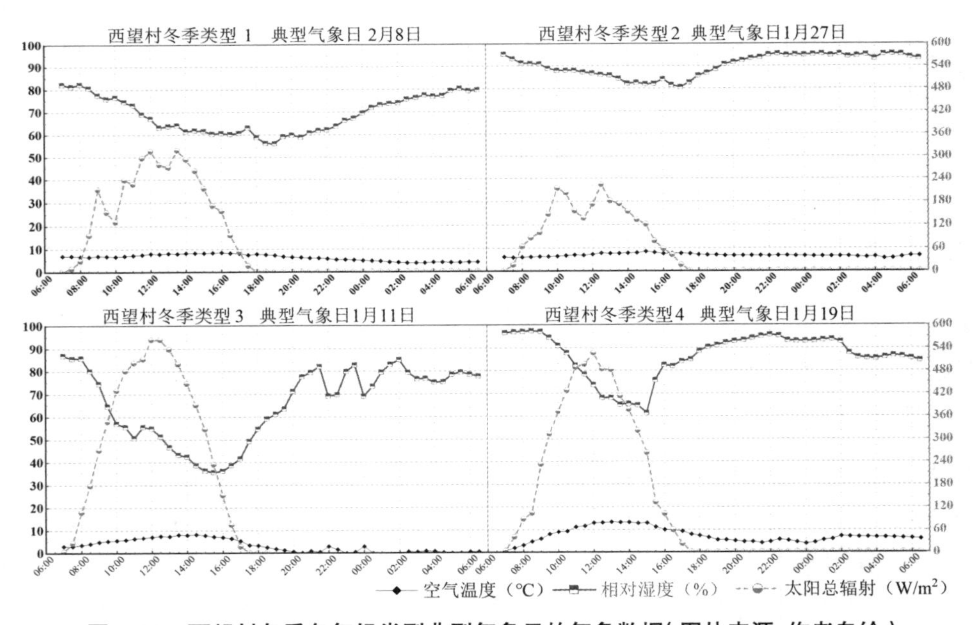

图3-20 西望村冬季各气候类型典型气象日的气象数据(图片来源:作者自绘)

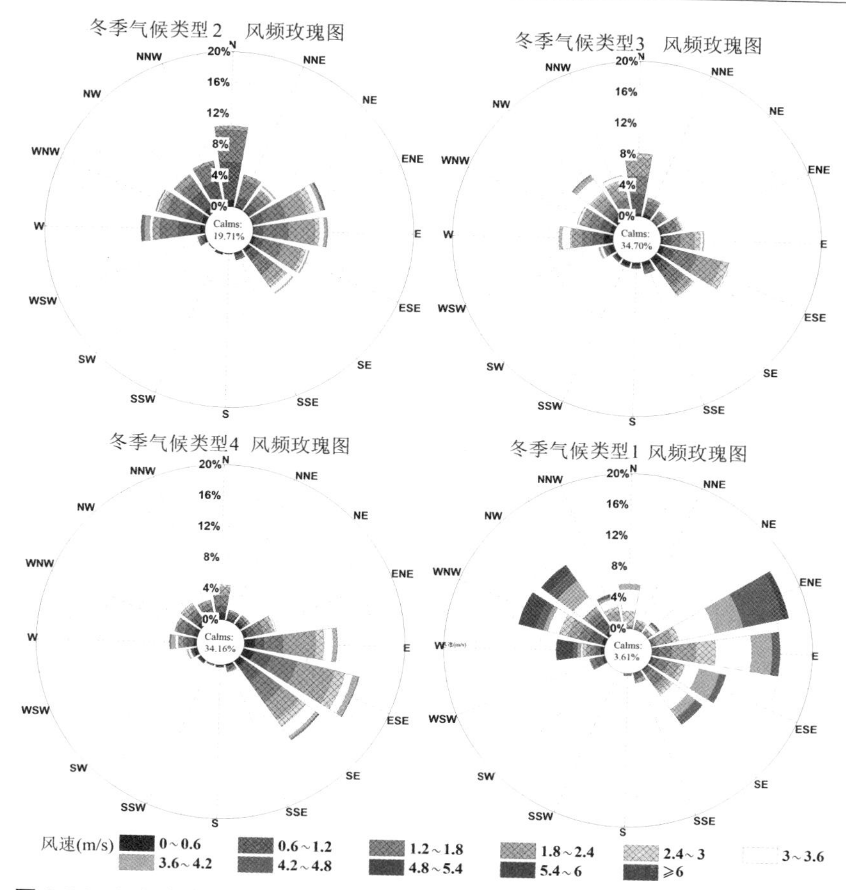

图 3-21 西望村冬季气候类型 1 至类型 4 的风频玫瑰图(图片来源:作者自绘)

表 3-23 西望村冬季选中的典型气象日 ENVI-met 模拟时的参数设置

参数	类型 1:2 月 8 日	类型 2:1 月 27 日	类型 3:1 月 11 日	类型 4:1 月 19 日
模拟开始日期	2021-02-07	2021-01-26	2022-01-10	2022-01-18
模拟时长	4:00 至次日 22:00,42 h			
2 500 m 处比湿度	2.2 g/kg			
风速风向(10 m 高度处)	2.54 m/s,78.8°	2.3 m/s,62.5°	2.3 m/s,348.8°	1.4 m/s,112.5°
云量设置	低层云量 6,中层云量 1	低层云量 8	低层云量 1,中层云量 1	低层云量 2,中层云量 1
土壤温湿度	6 ℃,65%(0~20 cm)/10 ℃,70%(20~50 cm)	6 ℃,65%(0~20 cm)/10 ℃,70%(20~50 cm)	3 ℃,65%(0~20 cm)/10 ℃,70%(20~50 cm)	4.5 ℃,65%(0~20 cm)/10 ℃,70%(20~50 cm)
建筑物温度	6 ℃	6 ℃	4 ℃	6 ℃
地面粗糙度	0.01			
材质植被属性	与表 3-19 一致			

3.3.5.2 夏季各气候类型的典型气象日热环境模拟模型设置

夏季气候类型 1、类型 3、类型 4、类型 5 的典型气象日分别为 7 月 2 日、5 月 29 日、6 月 14 日、7 月 17 日，各典型气象日 18：30 至次日 18：00 气象站记录的空气温度 T_a、相对湿度 R_H、太阳总辐射 G 如图 3-22 所示。

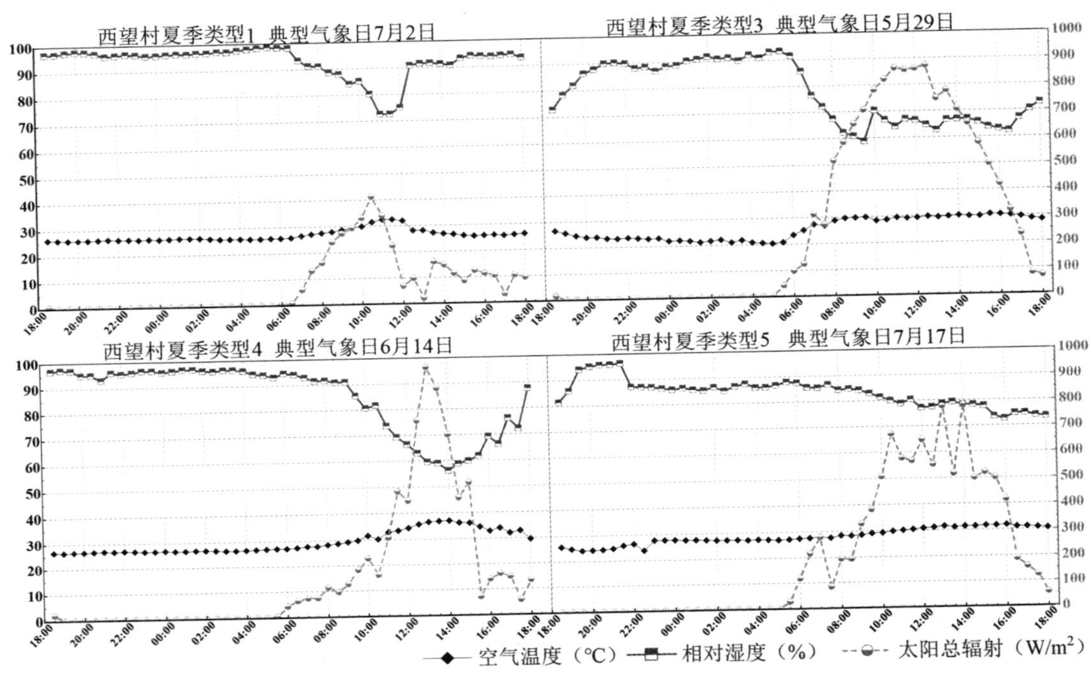

图 3-22 西望村夏季各气候类型典型气象日的气象数据(图片来源：作者自绘)

夏季各气候类型的风频玫瑰图如图 3-23 所示。类型 1~ 类型 4 的盛行风向都是东南风。

使用 ENVI-met 软件对各典型气象日下的室外热环境进行模拟。使用 3.3.2 节中的西望村模型；关于边界条件设置，T_a、R_H 使用气象日的记录数据(首尾做平滑处理)，风向选取典型气象日的主导风向(同时也与气候类型的主导风向相符)，风速选取典型气象日日间平均风速换算获得的 10 m 高度处风速值，太阳辐射通过调整云量使生成辐射模型总辐射值与测量值大致相等；其余的基本参数设置如表 3-24 所示。

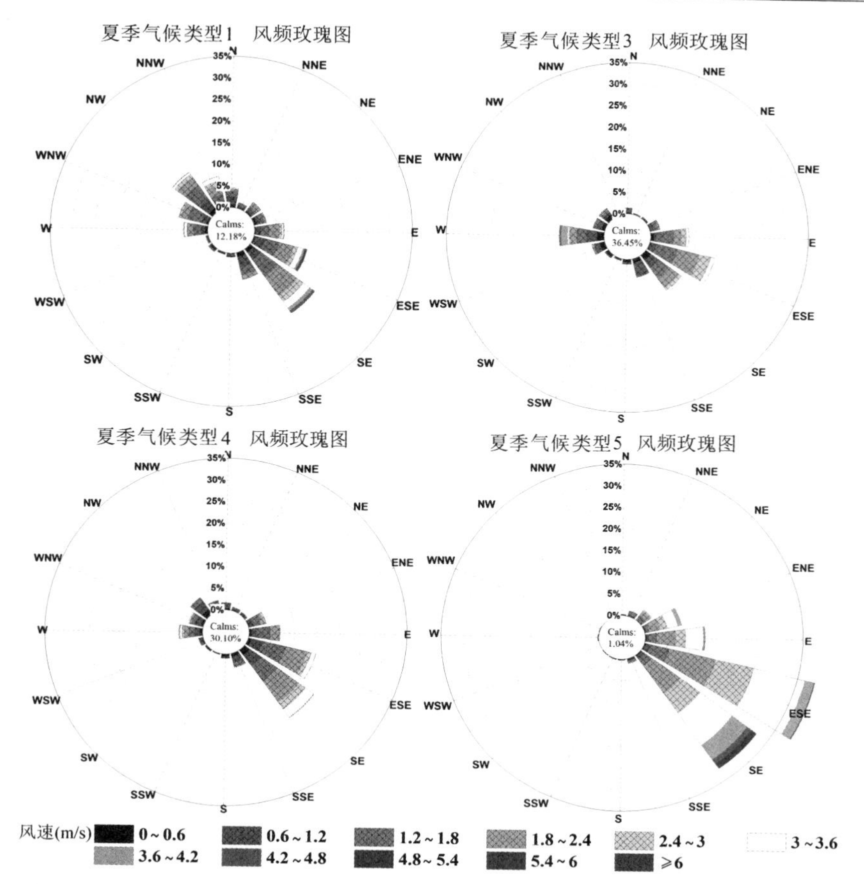

图 3-23 西望村夏季气候类型 1、3、4、5 的风频玫瑰图(图片来源:作者自绘)

表 3-24 西望村夏季选取的典型气象日 ENVI-met 模拟时的参数设置

参数	类型 1:7 月 2 日	类型 3:5 月 29 日	类型 4:6 月 14 日	类型 5:7 月 17 日
模拟开始日期	2021-07-01	2021-05-28	2021-06-13	2021-07-16
模拟时长	4:00 至次日 22:00,42 h			
2 500 m 处比湿度	8.3 g/kg			
10 m 处风速风向	2.93 m/s,146.3°	2.67 m/s,112.5°	2.42 m/s,146.3°	3.8 m/s,112.5°
云量设置	低层云量 8	低层云量 2 中层云量 2	低层云量 5 中层云量 1	低层云量 3 中层云量 2
土壤温湿度	0~20 cm:25 ℃,65% 20~50 cm:23 ℃,70% 20~50 cm:21 ℃,75%	0~20 cm:26.5 ℃,65% 20~50 cm:25 ℃,70% 20~50 cm:22 ℃,75%	0~20 cm:25 ℃,65% 20~50 cm:23 ℃,70% 20~50 cm:21 ℃,75%	0~20 cm:26.5 ℃,65% 20~50 cm:25 ℃,70% 20~50 cm:22 ℃,75%
建筑物温度	26 ℃			
地面粗糙度	0.01			
材质植被属性	与表 3-19 一致			

3.3.5.3 模拟的准确性验证

准确性验证方法与 3.3.4.2 节方法相同,具体可分为模拟结果的边界环境验证、村镇内部环境的验证两部分。

1)模拟结果的边界环境验证

对选取模拟的冬季 4 种典型气象日、夏季 4 种典型气象日,使用其边界输入气象条件与边界环境模拟结果进行验证。选用图 3-16 中点 X 1.8 m 高度处的模拟数据与气象站的监测数据进行验证计算,时段选取 7:00—22:00。选用评价误差的指标均方根误差 *RMSE*、评价模拟与实测结果相关性的指标判定系数R^2进行准确性验证。

各典型气象日点 X 1.8 m 处与边界输入的 T_a、R_H、G之间的准确性验证如表 3-25 所示。

表 3-25 西望村冬、夏季典型气象日模拟的边界环境准确性验证情况

季节	类型	典型气象日	判定系数 R^2			均方根误差 *RMSE*		
			空气温度	相对湿度	太阳总辐射	空气温度（℃）	相对湿度（%）	太阳总辐射（W/m²）
冬季	1	2 月 08 日	0.86	0.989	0.82	0.39	4.42	54.37
	2	1 月 27 日	0.93	0.72	0.90	0.28	10.73	28.31
	3	1 月 11 日	0.92	0.90	0.998	1.08	11.71	8.72
	4	1 月 19 日	0.92	0.88	0.98	1.32	9.41	35.98
夏季	1	7 月 02 日	0.75	0.74	0.13	1.35	14.11	152.98
	3	5 月 29 日	0.72	0.82	0.99	1.39	6.82	46.18
	4	6 月 14 日	0.90	0.86	0.57	1.71	12.22	229.77
	5	7 月 17 日	0.97	0.93	0.90	0.69	7.59	129.32

在上表中,冬季 4 个典型气象日,夏季 5 月 29 日、7 月 17 日,T_a、R_H、G 的 R^2 都较大,*RMSE* 较小,证明点 X 处的环境条件与真实环境情况相似,模拟设置满足要求;而 7 月 2 日、6 月 14 日 G 的 R^2 都较小,同时 G 的 *RMSE* 偏大,绘制这两日 X 点与气象站监测数据的 T_a、R_H、T_{mrt}数值结果对比如图 3-24 所示:

由上图所示,整体来看 5 月 29 日实测与模拟结果的变化趋势相似,数值间相差较小,可认为 X 处模拟环境与真实环境条件相似,模拟设置满足要求。6 月 14 日由于为晴间多云天气,正午时刻的太阳辐射值较大,上午与下午时刻辐射值较小,因此 11:00—15:00 时段T_a出现一定偏差,但总体上模拟与实测相似性较高,可认为 X 处模拟环境与真实环境条件相似。

综上所述,各典型气象日的模拟设置能满足要求。

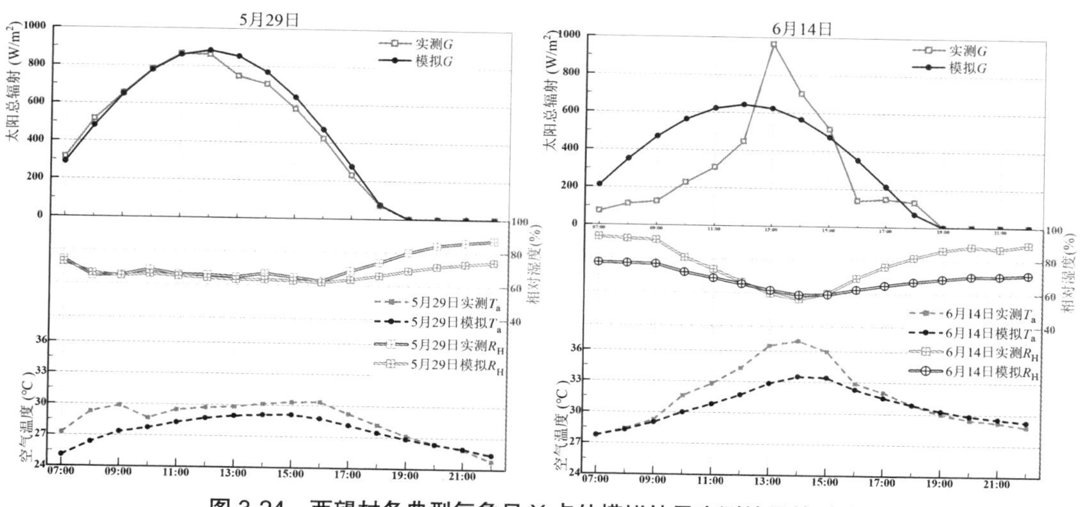

图 3-24 西望村各典型气象日 X 点处模拟结果实测结果的对比

2）村镇内部环境的验证

根据 3.2.3.4 节的西望村冬季气候类型划分方法，计算冬季实测日 2020 年 12 月 20 日的气象变量，变量标准化后使用式（3-13）获得该气象日的主成分值，随后与表 3-8 各聚类中心进行距离计算，判断为冬季气候类型 3，是“晴朗微冷干燥天气”。在 3.2.3.5 节西望村夏季气象日的类型划分结果中，实测日 2021 年 9 月 3 日被划分为夏季气候类型 5，是“夏季晴朗炎热大风天气”。12 月 20 日、9 月 3 日与 1 月 11 日、7 月 17 日的气象变量值对比如表 3-26 所示。

表 3-26 西望村实测日与同气候类型典型气象日的气象变量对比

	日期	$\overline{T}_{ad}$（℃）	$\overline{T}_{an}$（℃）	G_{sum}（W/m2）	ΔT_a（℃）	$\overline{RH}_d$（%）	$\overline{RH}_n$（%）	$\overline{V}_{ad}$（m/s）	$\overline{V}_{an}$（m/s）	盛行风向
冬季气候类型 3	12 月 20 日	7.4	2.1	7 365	15.6	51.0	75.5	0.8	0.1	45°
	1 月 11 日	6.1	0.8	6 692	9.32	55.4	73.6	1.8	0.2	348.8°
夏季气候类型 5	9 月 3 日	30.0	27.3	7 451	5.6	84.2	90.3	2.4	1.9	315°
	7 月 17 日	30.2	26.8	9 910	7.6	79.2	88.1	3.1	2.4	112.5°

使用 12 月 20 日、9 月 3 日实地测量的数据与冬季气候类型 3 典型气象日 2022 年 1 月 11 日、夏季气候类型 5 典型气象日 2021 年 7 月 17 日的 ENVI-met 模拟数据进行准确性验证。选用指标 *RMSE* 和 R^2 进行准确性验证。对于任意测点，ENVI-met 模拟获得整点时刻数值即为模拟值，以测量点整点时刻前后 3 分钟内的测量数据平均值作为真实观测值。

1 月 11 日模拟与 12 月 20 日实测各测点的 T_a、R_H、T_{mrt} 准确性验证情况如表 3-27 所示。

表 3-27 1 月 11 日 ENVI-met 监测点模拟值与 12 月 20 日实地测量值的均方根误差 *RMSE* 与判定系数

测量点	判定系数 R^2			均方根误差 *RMSE*		
	空气温度	相对湿度	平均辐射温度	空气温度(℃)	相对湿度(%)	平均辐射温度(℃)
X1	0.73	0.80	0.91	1.92	12.94	7.10
X2	0.65	0.47	0.91	2.23	11.96	8.94
X3	0.46	0.85	0.50	2.05	14.28	8.17
X4	0.76	0.94	0.84	1.48	14.75	10.17
X5	0.98	0.54	0.75	2.98	6.83	5.99
X6	0.83	0.78	0.48	2.46	5.78	6.24
X7	0.43	0.81	0.78	2.16	13.76	8.30
X8	0.42	0.46	0.87	2.11	15.58	10.20
X9	0.62	0.32	0.86	2.50	15.15	8.15
X10	0.89	0.89	0.89	1.51	15.12	9.74
总体 R^2 均值/总体 *RMSE* 值	0.68	0.64	0.78	2.14	12.61	8.30

如上表所示,实测值与模拟值间有一定的相关性。T_a、R_H、T_{mrt} 的总体 R^2 在 0.6 以上,高于 3.3.4.2 节中 12 月 20 日与 1 月 3 日数据的相关性结果;T_a 的总体 *RMSE* 比 12 月 20 日与 1 月 3 日的 *RMSE* 高 0.22 ℃,但 R_H、T_{mrt} 的总体 *RMSE* 分别比 12 月 20 日与 1 月 3 日的 *RMSE* 低 10.56% 和 2.66 ℃,说明实测日 12 月 20 日村镇内部微气候状况与 1 月 11 日的模拟情况更加相似。推测各测点气象变量 R^2 略低、*RMSE* 值偏大的原因有两点:第一,两个测量日自身存在差异性;第二,西望村模拟模型为网格模型,与真实村镇相比存在一定差异。但整体而言,12 月 20 日的气候状况与 1 月 11 日间存在相似性,可认为"主成分—聚类"的气候划分较为合理;1 月 11 日的 ENVI-met 模拟结果能够反映大部分村镇内部的真实微气候状态,其模拟数据可用于后续的热环境评价分析。

7 月 17 日模拟与 9 月 3 日实测各测点的 T_a、R_H、T_{mrt} 准确性验证情况如表 3-28 所示。

表 3-28 7 月 17 日 ENVI-met 监测点模拟值与 9 月 3 日实地测量值的均方根误差 *RMSE* 与判定系数 R^2

测量点	判定系数 R^2			均方根误差 *RMSE*		
	空气温度	相对湿度	平均辐射温度	空气温度(℃)	相对湿度(%)	平均辐射温度(℃)
X1	0.81	0.81	0.43	1.19	9.02	11.29
X2	0.72	0.57	0.45	1.02	6.53	12.81
X3	0.73	0.83	0.37	1.28	8.72	15.03
X4	0.57	0.74	0.34	1.22	7.96	11.07
X5	0.80	0.87	0.38	1.53	9.72	6.02
X6	0.75	0.83	0.38	1.32	7.85	10.41

续表

测量点	判定系数 R^2			均方根误差 *RMSE*		
	空气温度	相对湿度	平均辐射温度	空气温度（℃）	相对湿度（%）	平均辐射温度（℃）
X7	0.89	0.74	0.48	1.19	5.80	13.32
X8	0.81	0.58	0.39	1.24	3.89	12.28
X9	0.69	0.54	0.42	1.12	5.35	9.90
X10	0.56	0.55	0.42	1.20	5.80	11.70
X11	0.82	0.73	0.44	1.31	6.67	10.51
X12	0.62	0.48	0.46	1.10	4.43	13.05
X13	0.78	0.60	0.39	0.90	4.52	9.61
X14	0.86	0.86	0.51	1.49	7.87	15.30
X16	0.74	0.73	0.40	1.32	8.83	10.64
X17	0.83	0.93	0.27	1.87	12.00	18.74
X18	0.80	0.78	0.47	0.87	7.27	13.50
X19	0.88	0.70	0.35	0.91	6.47	15.16
X20	0.87	0.65	0.33	1.25	9.12	11.56
总体 R^2 均值 / 总体 *RMSE* 值	0.76	0.71	0.40	1.23	7.25	12.21

如表3-28所示，模拟与实测之间相关性较好。与3.3.4.2节中9月3日实测和8月19日模拟结果的准确性验证相比，7月17日模拟与实测的T_a、R_H、T_{mrt}总体R^2都极为相近，差值在0.01之内；7月17日模拟与实测T_a、R_H、T_{mrt}的总体*RMSE*分别比8月19日的总体*RMSE*高了0.46 ℃、1.47%和2.0 ℃，说明9月3日实测日的格点微气候状况与8月19日更为相似，但与7月17日间也存在较强的相似性。因此，也可认为7月17日的模拟结果能够反映大部分村镇内部的微气候状态，其模拟数据可用于后续的热环境评价分析。

综上所述，通过边界环境与内部环境双重验证，可认为西望村热环境模拟模型、各典型气象日的模拟设置较为合理，其模拟结果能够反映出真实状况下村镇大部分的微气候状况，可将模拟结果用于后续的分析研究。

3.4　典型气象日数据应用下的热舒适度模拟结果与评价

3.4.1　热舒适度的计算评价方法

1）舒适度指标的选取

根据本文2.5节，长江中下游地区村镇热舒适度指标及人体热感觉预测评价模型的适用评价结果，对于西望村冬、夏季典型气象日室外热环境的分析与评价，选取*PET*指标、表2-10 *PET*评价尺度，计算软件为ENVI-met的BIO-met。

*PET*计算时使用的人体模型数据如表3-29所示；根据表2-7、表2-8，夏、冬季选用总体受访者的服装热阻平均值。

表3-29 西望村*PET*计算时使用的人体模型参数信息

年龄	性别	体重	身高	服装热阻	产热量
35	男	75 kg	1.75 m	夏季0.3 clo；冬季1.49 clo	3.69 W/m^2

2）评价指标的介绍

村镇室外舒适度评价选用舒适时长累计值（Comfort Duration Accumulation，CDA）、热舒适阈占比[100]（Spatial Outdoor Comfort Autonomy，sOTCA）进行定量评价。

CDA指对进行室外热舒适度分析的单元区域在指定的分析时段中满足舒适度评价标准的时长累计值，单位为：小时（hour，h）。

sOTCA指在规定使用时段内室外空间中满足一定比例舒适时间的面积占比，其中舒适时间表示在规定使用时段内室外空间中的测点满足指定热舒适度指标的舒适度范围的时间总和。sOTCA的计算公式如式（3-19）所示。其中：

$$sOTCA_{A,q}=\frac{1}{S}\sum_{i=1}^{S}TP_i$$
$$TP_i=\begin{cases}1 & OTCA_i\geq q\\ 0 & OTCA_i\leq q\end{cases} \qquad (3\text{-}19)$$

A——设定热舒适度指标的舒适度范围，℃；

q——设定在规定使用时段内有百分之q以上的时间满足指定热舒适度范围A，%；

S——评估区域的总的测点数量；

TP_i——判断空间测点i是否满足规定使用时段内存在百分之q以上舒适时间的特征值；

$OTCA_i$——空间测点i满足设定热舒适度指标的舒适度范围的时间总和占规定使用时间的百分比，%。

例如，$sOTCA_{>13℃,30\%}=50\%$表示在室外空间中存在50%的场地，有30%以上的规定使用时段满足舒适度指标大于13 ℃的条件。

3）评价工具

*PET*数值的频率分布提取计算使用作者自编的Grasshopper（后文中简称为“GH”）小程序。使用ENVI-met的Leonardo可视化处理程序输出逐时的*PET*数值至Excel中，由GH程序读取，进行建筑区域、村域计算范围的筛除，随后进行*PET*的频率计算与结果输出。图3-25中以7：00—9：00为例，节选了数据处理程序的核心部分。

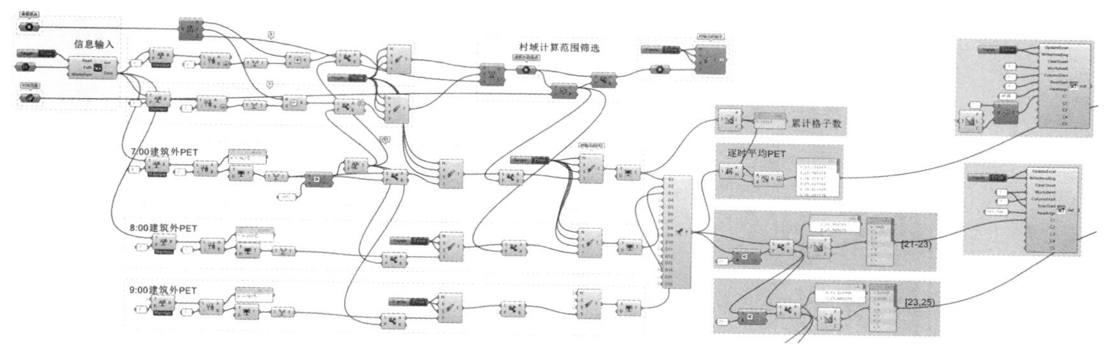

图 3-25　PET 频率自动计算与输出程序(图片来源:作者自绘)

sOTCA 指标的计算同样使用作者自编的 GH 程序。将模拟结果的 *PET* 汇总数据输入至 GH 后,设定热舒适度指标的舒适范围,随后进行舒适度判断与 sOTCA 的计算,最终将结果可视化显示在 Rhino 界面中。图 3-26 以 7∶00—9∶00 为例,节选了数据处理程序的核心部分。

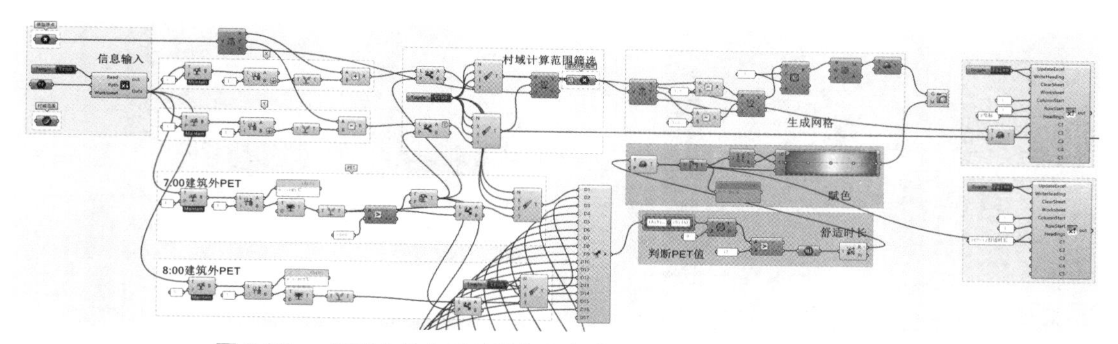

图 3-26　sOTCA 的自动计算与可视化程序(图片来源:作者自绘)

3.4.2　基于参数权重的典型气象日热舒适度模拟结果与评价

3.4.2.1　冬季最冷月典型气象日的热舒适度情况

1)逐时舒适度的模拟结果

以 7∶00—22∶00 的居民主要活动时间段为舒适度的研究时段,以西望村核心村域为进一步分析的区域,冬季 1 月 3 日逐时 *PET* 数值分布的频率如图 3-27 所示。

由图可知,冬季西望村典型气象日(1 月 3 日)ENVI-met 模拟后,全日分析时段的热舒适度最差的时刻为早上 7∶00;热舒适度最好的时刻出现在下午 13∶00。这两个时刻 1.4 m 高度处的室外热舒适度模拟结果如图 3-28 所示。

7∶00 与 13∶00 舒适度更优的区域分布特点相似,全日 *PET* 最大值为 16.20 ℃,出现在下午 13:00,位于南北向街道、南北向连续型建筑的西侧。

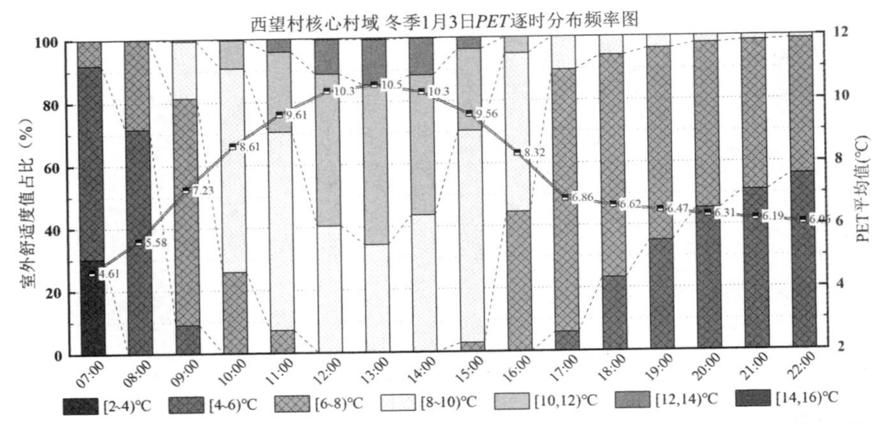

图 3-27　西望村核心村域冬季 1 月 3 日 *PET* 逐时分布频率图（图片来源：作者自绘）

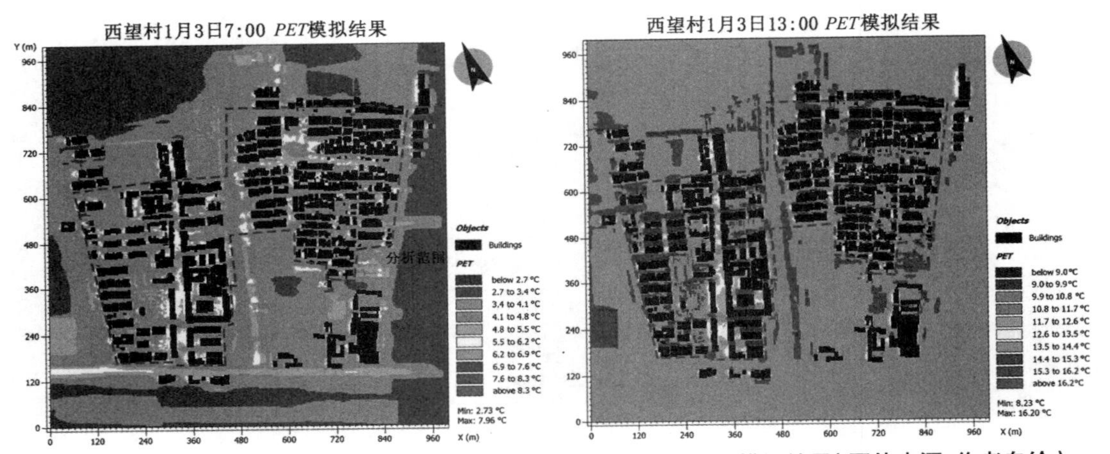

图 3-28　西望村 1 月 3 日 7:00 与 13:00 ENVI-met 室外热舒适度模拟结果（图片来源：作者自绘）

2）综合性舒适度的分析

综合表 2-10 *PET* 冬季的热舒适度评价标准，可知该日热舒适度最优时几乎无区域能够满足评价尺度中“舒适”的要求（$PET \in [16.05, 26.07]$ ℃），这与该日整体气候偏低有关。因此对于该日综合舒适度分析，退一步选取一半的 *PET* 热舒适度评价为“-1”时的尺度标准，即 $PET \geqslant 11.04$ ℃为当日的舒适度较优的判定标准，以 1 h 为舒适时长的最低标准，对 7：00—22：00 的模拟结果进行单位面积逐时舒适时长累计值的计算与可视化，结果如图 3-29 所示。

1 月 3 日 7：00—22：00 中，满足指定舒适度要求的区域占比较少，核心村域内 $sOTCA_{PET\geqslant 11.04,1h}$ 为 25.42%，$sOTCA_{PET\geqslant 11.04,2h}$ 为 21.55%，舒适区域主要分布在南北向街道。推测原因是由于冬季盛行风为 ESE（112.5°），东西向街道、开阔空地不利于阻挡冷风，因此整体舒适度较低。最大面积的连续舒适区域位于西侧柏油马路中，这两侧建筑物长度较长（80~100 m）、建筑物较高（12 m），较好地阻挡了来自东方向的冷风流入。因此对于西望村的气候适应性规划，应当考虑利用合理的建筑布局对冬季盛行风进行阻挡。

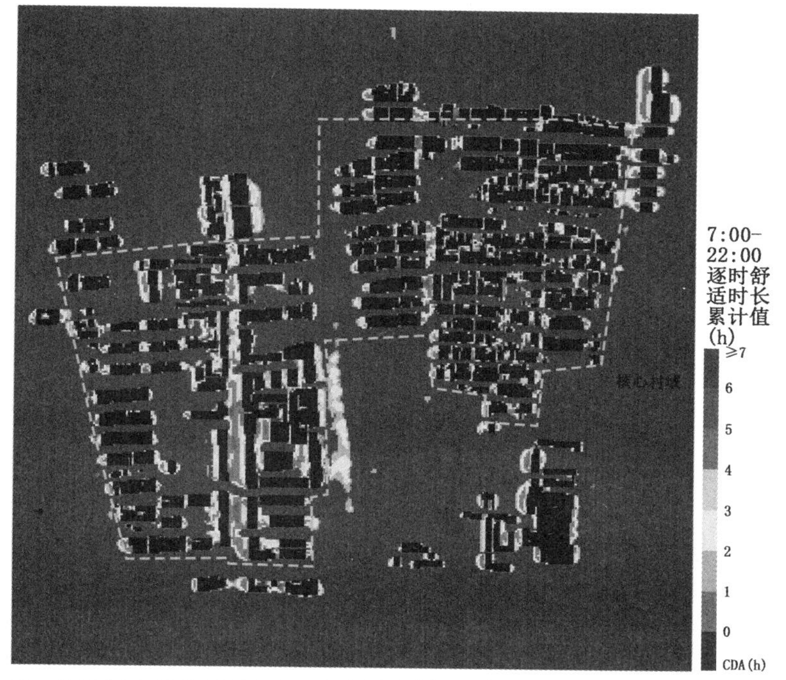

图 3-29　西望村 1 月 3 日 7:00—22:00 逐时舒适时长累计图(图片来源:作者自绘)

3.4.2.2　夏季最热时期典型气象日的热舒适度情况

1)逐时舒适度的模拟结果

分析时段为 7:00—22:00,以西望村居民的主要生活与行动区域为进一步分析的区域,绘制西望村核心村域夏季 8 月 19 日逐时 *PET* 数值分布的频率如图 3-30 所示。

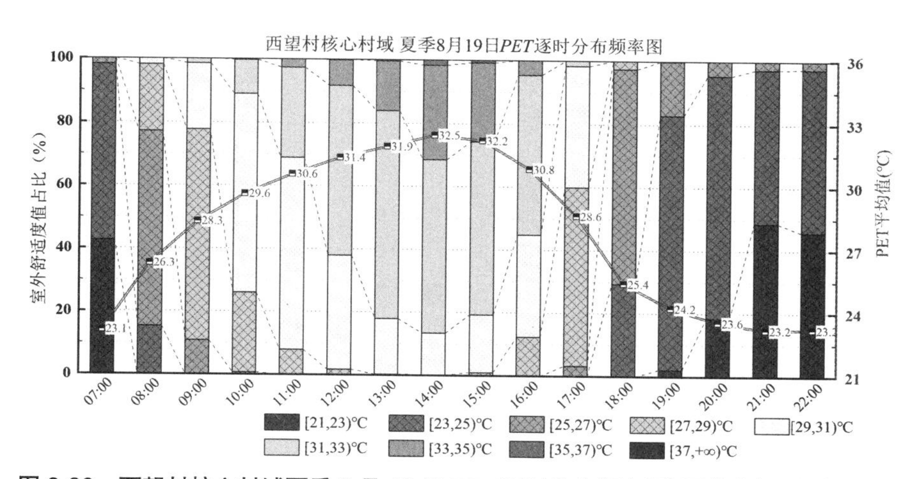

图 3-30　西望村核心村域夏季 8 月 19 日 *PET* 逐时分布频率图(图片来源:作者自绘)

夏季西望村典型气象日(8 月 19 日)ENVI-met 模拟后,日间时段 *PET* 最低值出现在早上 7:00,*PET* 最高值出现在下午 14:00。选取 *PET* 为室外舒适度评价指标,这两个时刻 1.4 m 高度处的室外热舒适度模拟结果如图 3-31 所示。

日间时段(7:00—18:00)整体舒适度最优出现在7:00,根据表2-10,此时达到"$PET \in [21.24, 27.30]$℃, TSV=0'舒适'"的区域主要为东西向的街道、河流周边区域,此时较利于居民的活动;日间时段整体舒适度最弱出现在下午14:00,此时大部分区域都属于"暖"($PET \in (27.30, 33.36]$℃),少部分南北向街道区域达到"热"($PET \in (33.36, 39.42]$℃)的评价。

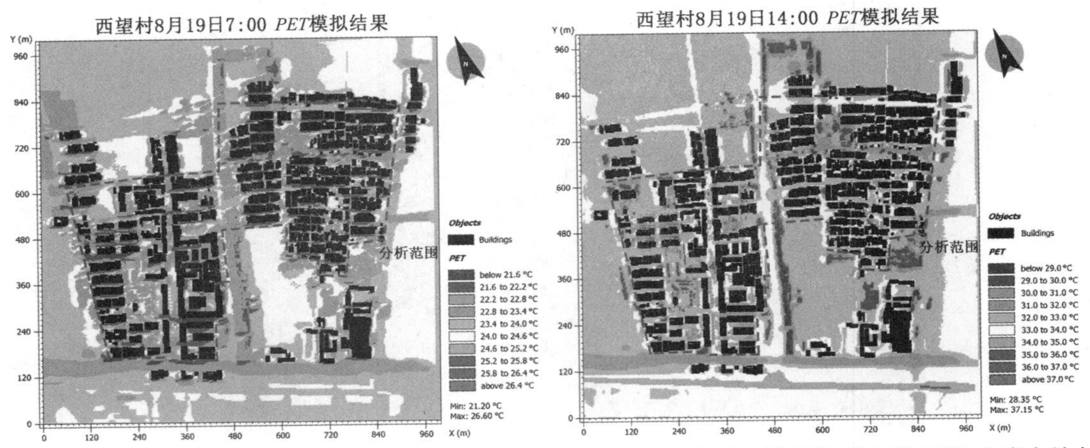

图3-31 西望村夏季8月19日7:00与14:00 ENVI-met室外热舒适度模拟结果(图片来源:作者自绘)

2)综合舒适度分析

综合表2-10 PET夏季时的热舒适度评价标准、图3-31中8月19日分析时段PET值分布频率可知,日间时段(7:00—17:00)内$PET \leqslant 27.30$ ℃的比例较少,而且主要存在于7:00—8:00,以此为评价标准会忽视大部分日间时段的热状态,不合适。因此选取$PET \leqslant 29$ ℃作为夏季日间舒适区域的判断标准,对日间时段进行单位面积逐时舒适时长累计值计算与可视化;夜间时段(18:00—22:00)从19:00起开始有区域的$PET \leqslant 23$ ℃,因此选取$PET \leqslant 23$ ℃作为夏季夜间舒适区域的判断标准,对日间时段进行单位面积逐时舒适时长累计值计算与可视化,结果如图3-32所示。

在日间时段的核心村域范围中,$sOTCA_{PET \leqslant 29, \geqslant 2h}$为88.29%,$sOTCA_{PET \leqslant 29, \geqslant 3h}$为53.69%,$sOTCA_{PET \leqslant 29, \geqslant 5h}$为10.91%,主要分布在东西向街道上、有高大绿化树木的区域。夜间时段的核心村域范围中,$sOTCA_{PET \leqslant 23, \geqslant 1h}$为45.40%,$sOTCA_{PET \leqslant 23, \geqslant 2h}$为18.54%,主要分布在东西向的街道及开阔空旷处。夏季全日整体来看,由于盛行风方向是相对于村域建筑布局的东方向,因此村域中建筑东西向的行列式布局中可形成通风廊道,增强夏季的室外热舒适度;另一方面,日间时段$sOTCA_{PET \leqslant 29, \geqslant 7h}$大部分都出现在高大的绿化植物范围,说明其可有效降温遮阴,从而提高热舒适度,这是农田作物与灌木绿化所不能及的。

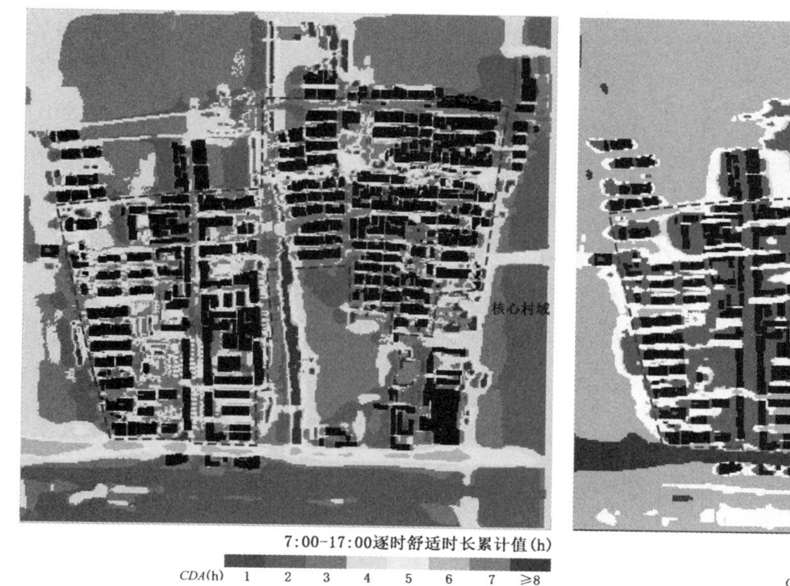

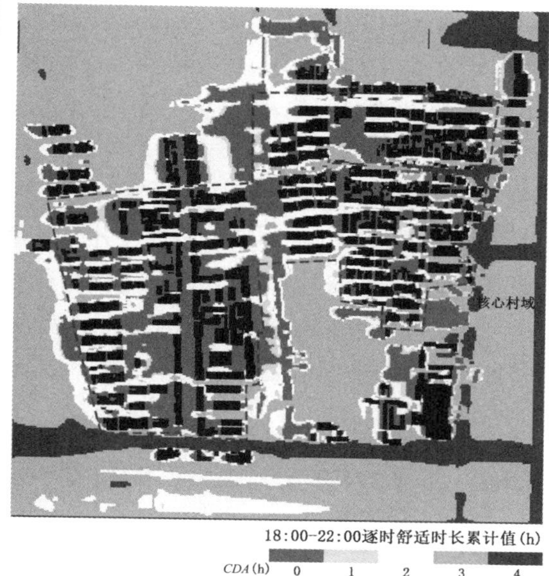

图 3-32 西望村夏季 8 月 19 日 7:00—22:00 逐时舒适时长累计图(图片来源:作者自绘)

3.4.2.3 冬、夏季典型气象日的室外综合热舒适度分析

冬、夏季综合分析时段选取日间时段(7:00—17:00),共计 11 个逐时数据。冬季以 *PET*≥11.04 ℃的评价尺度为舒适度较优的判定标准,以 *CDA*≥2 h 为判断区域舒适的最低标准;夏季以 *PET*≤29 ℃的评价尺度为舒适度较优的判定标准,以 *CDA*≥4 h 为判断区域舒适的最低标准;综合图 3-29、图 3-32,绘制冬、夏季典型气象日室外较舒适区域图,如图 3-33 所示。

图 3-33 西望村 1 月 3 日与 8 月 19 日日间时段综合室外舒适区域判定(图片来源:作者自绘)

由图 3-34 可知，夏季与冬季舒适区域范围不一致。对于核心村域来说，夏季满足舒适度最低要求（$CDA\geq4$ h）的 $sOTCA_{PET\leq29,\geq4h}$ 为 53.46%，主要分布在东西向的街道上，其中有 10.84% 的区域 $CDA\geq6$ h；而冬季满足舒适度最低要求的 $sOTCA_{PET\geq11.04,2h}$ 为 25.43%，主要分布在南北向的街道上；而冬季与夏季同时满足舒适度最低要求的区域仅占 5.88%，出现在西侧马路的道路绿化范围中。就冬季与夏季典型气象日室外热舒适度的整体情况而言，该村镇夏季室外热环境明显优于冬季室外热环境，推测原因是该地区夏季时间较长、冬季时间短，因此东西向的建筑行列式布局可提高村镇整体的气候适应性能力。

从夏季与冬季典型气象日的日间时段综合舒适度结果来看，该村镇在未来的规划中，可注重规划对冬季舒适度友好的南北街巷，结合行道树的种植，塑造冬、夏季舒适度都较优的户外活动空间。

3.4.3 基于“主成分—聚类”的典型气象日热舒适度模拟结果与评价

3.4.3.1 冬季各气候类型的典型气象日热舒适度模拟结果与评价

1）逐时舒适度模拟结果

分析时段为 7：00—22：00，以西望村核心村域为重点研究范围，统计西望村冬季各典型气象日室外热环境逐时 *PET* 分布与频率信息，如图 3-34 所示。

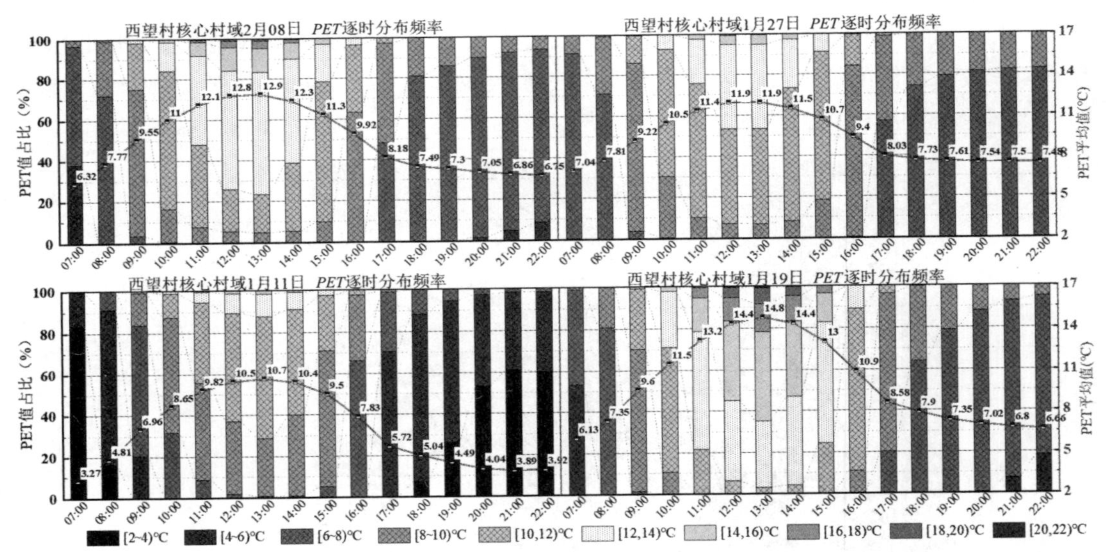

图 3-34 西望村冬季核心村域范围中，各典型气象日条件下的室外舒适值 *PET* 的分布变化情况

（图片来源：作者自绘）

由上图可知，在核心村域范围中，1 月 19 日全日整体舒适度最优，2 月 8 日全日次优，1 月 11 日全日整体舒适度最差。综合冬季各典型气象日模拟结果，在 7：00—22：00 中，舒适度最优的时刻为 13：00，舒适度最差时刻为 7：00；日间 12：00—14：00 时段的舒适度状况较好；夜间时段（18：00—22：00）的舒适度状况较差，且舒适度值分差较小，因此改进优化的空间较小，因此冬季的气候适应性设计可主要针对日间时段（7：00—17：00）的室外热环境。

各气候类型的典型气象日 13:00 室外 1.4 m 高度处的热舒适度情况如图 3-35 所示。对于冬季气候 13: 00 室外热舒适度状况,类型 4 的典型气象日 1 月 19 日整体最优, *PET* 最高值为 21.8 ℃;冬季气候类型 3 的典型气象日 1 月 11 日室外热舒适度最差,最大 *PET* 值仅为 17.6 ℃,村域中仅有极少部分区域在 13: 00 的 *PET*≥ 16 ℃(根据表 2-10,此时人体感觉为舒适)。冬季气候类型 1、类型 2、类型 3 的室外热环境特点较为类似,热舒适度较优的区域主要分布在建筑相互围合的区域;对于类型 1 和类型 2,也有建筑西侧的舒适度偏优的现象。冬季气候类型 4 的室外热环境特点与其他类型有明显不同,从 13: 00 *PET* 的分布结果来看,舒适度较好的区域主要是南北街道、建筑的东西两侧。

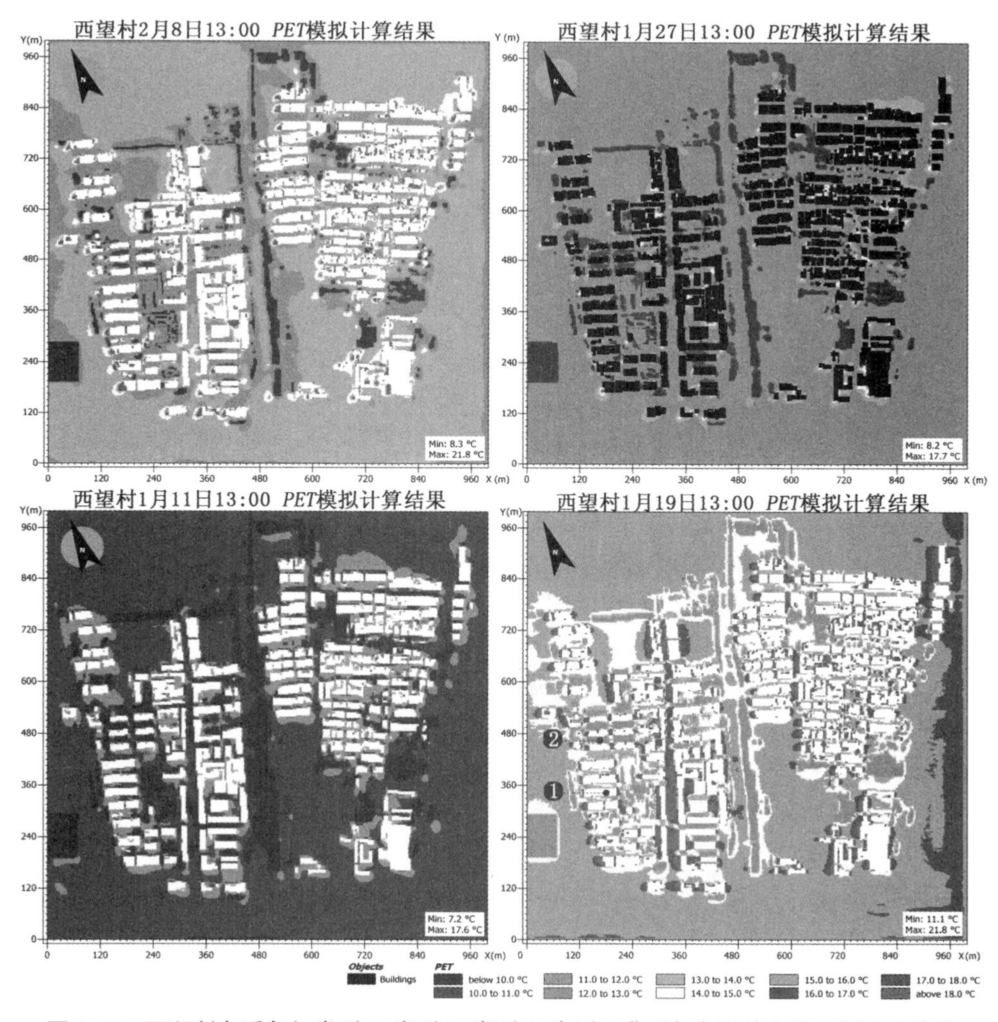

图 3-35　西望村冬季气候类型 1、类型 2、类型 3、类型 4 典型气象日的室外热舒适度情况

(图片来源:作者自绘)

综合各气候类型的热舒适度结果来看,推测导致冬季热舒适度分布区域不同的关键因

素为风。根据表3-23,类型1、类型2、类型3的典型气象日模拟使用的风速大小大致相等,风向有所差别,分别为78.8°、62.5°和348.8°,此时只有建筑围合较高的区域、建筑西侧属静风区,因此这些区域的舒适度较好;事实上,由图3-21可知,类型1、类型2、类型3的风频变化丰富,在这种多变风的气候类型下,建筑围合度较高的区域舒适度较好。对于类型4的典型气象日1月19日,由于该种气候类型的主导风向主要为东西风且风速较大、太阳辐射充足,故南北街道、建筑的东西两侧舒适度比围合的院落更好,此时这些区域不仅同属静风区,而且南侧无建筑物遮挡,故可获得更多有益的太阳辐射。另一方面,比较各气候类型下的①点与②点处的舒适度情况,都有①处热舒适度状况优于②处,推测原因是两处街道宽度大致相同,但②处两侧建筑高度是①的3倍,在冬季盛行风方向街道高宽比更小的区域容易产生更大的风,从而导致较差的舒适度。

2)综合舒适性度分析

使用GH自编程序,对冬季不同典型气象日下的西望村核心村域进行舒适程度判断。对于*PET*的热舒适尺度参考使用2.4.3节中式(2-11)的*PET*预测评价公式,分别选取了*PET*≥16 ℃(*TSV*≥-0.5),*PET*≥14 ℃(*TSV*≥-0.7),*PET*≥12 ℃(*TSV*≥-0.9)为热舒适度要求,计算西望村核心村域中符合热舒适度要求的区域比,结果如表3-30所示。

由下表可知,对于西望村使用不同的热舒适度评价要求,冬季不同气候类型下满足热舒适度要求区域的面积比有明显不同。若根据表2-10中*PET*人体热感觉预测评价尺度"*PET*≥16 ℃,*TSV*≥0"为*sOTCA*的热舒适度评判标准,则对于西望村冬季前3种类型气候的典型气象日,核心村域范围中,满足舒适条件的*sOTCA*都太小(分别为4.55%、0.36%和0.86%);而若选取的评价尺度太低,如*PET*≥12 ℃,此时类型1、类型4的典型气象日模拟结果中,分别有61.14%、93.81%的核心村域范围满足3 h及以上的舒适度要求,即满足要求的范围太大,失去了评价的意义。又如图3-35所示,西望村冬季不同气候类型下的热舒适度分布区域有较明显的不同,即同一种建筑布局在西望村冬季不同气候类型下会呈现多种热环境分布特点。

表3-30 室外热舒适阈占比情况

西望村冬季天气				7:00—22:00核心村域内满足热舒适度要求的区域面积占比(*sOTCA*)					
类型	频率	热环境研究优先性	典型气象日	*PET*≥16 ℃	*PET*≥14 ℃		*PET*≥12 ℃		
				≥1 h	≥1 h	≥3 h	≥1 h	≥3 h	≥5 h
1	10.20%	▲	2月08日	4.55%	16.72%	10.09%	76.81%	61.14%	21.74%
2	34.01%	▲▲	1月27日	0.36%	5.04%	2.39%	47.0%	27.1%	8.71%
3	21.09%	▲▲▲	1月11日	0.86%	1.73%	0.71%	13.43%	8.49%	2.53%
4	29.93%	▲▲▲	1月19日	22.23%	66.15%	50.59%	97.18%	93.81%	69.36%

因此,为综合各冬季气候类型的结果,整体性地评价西望村冬季的热舒适度,在此提出3种综合评价方法,并探究这3种评价方法的适用性,以求获得较好的西望村冬季综合舒适度评价结果。

第一种是折中性评判方法，对各种气候类型典型气象日的热舒适度模拟结果均使用一个较为适中的评价标准进行舒适度的判断。

第二种是独立性评判方法，对各气候类型提出独立的评判尺度，避免有气候类型的典型气象日的舒适区域比例值出现过高或过低的情况，核心目的为确保筛选出各气候类型下大致相等比例的舒适区域。

第三种是标准化评判方法，不提出具体的评判尺度，设定评价时段，对各典型气象日时段内逐时 PET 模拟计算结果进行标准化处理，随后将各点、各时刻的标准化值叠加可视化，即为该典型气象日评价时段的综合评价结果。

①折中性评判方法

折中性评判方法，以 *PET*≥14 ℃为西望村冬季满足热舒适度的评判尺度，以满足舒适尺度的累计时长值（*CDA*）≥ 3 h 为全日舒适度合格的要求，对各典型气象日的模拟结果进行全日整体的热舒适度评价，结果如图 3-36 所示。其中，蓝色区域为不能满足全日综合舒适度评判标准的区域，蓝色越深即代表全日舒适度越差；其他颜色的区域为满足全日综合舒适度评判标准的区域，颜色越红即代表全日舒适度越好。

冬季各类型的典型气象日下，7：00—22：00 的累计符合舒适度要求的情况与图 3-35 所示的 13：00 室外热舒适度情况大致相符。在气候类型 2 的典型气象日 1 月 27 日、气候类型 3 的典型气象日 1 月 11 日条件下，整体的热舒适度情况较差，仅有极小部分区域可满足“*PET* ≥ 14 ℃，且累计时间 ≥ 3 h”的舒适标准，主要是有建筑围合较多的区域。在气候类型 1 的典型气象日 2 月 8 日条件下，整体的热舒适度情况良好，核心区域中满足舒适的评价标准的 *sOTCA* 值为 10.09%，满足舒适评价条件的区域主要是有较高建筑围合的区域、建筑西侧区域。在类型 4 气候的典型气象日 1 月 19 日条件下，整体的热舒适度情况最优，核心区域中满足舒适的评价标准的 *sOTCA* 值为 50.59%，除街道高宽比较小、东西向较为笔直的街道区域不符合舒适度标准外，大部分区域满足舒适度要求，其中建筑围合较高的区域、南北向街道、建筑的东西两侧舒适度较好。

综合 4 种气候类型的典型气象日热舒适度评价结果，4 种类型下热舒适区域的分布规律大致相同，即尽量垂直于盛行风向的区域热舒适度较好，在此基础上南侧遮挡小的区域可获得更多的有益太阳辐射，即热舒适度更优。因此对于西望村冬季的建筑布局优化设计，可注意适当围合一些活动区域，尽量减少连续大尺度的东西向街道。

折中性评判方法下的冬季综合舒适度评价，也以“*PET* ≥ 14 ℃”为 *CDA* 的计算标准，在单位网格范围中，各气候类型 7：00—22：00 的 *CDA* 结果值按各气候类型的频率加权求和（除未选中的类型 5），最终结果即作为西望村冬季气候下的综合热舒适时长值。西望村冬季综合热舒适时长的分布情况如图 3-37 所示。

折中性评判方法由于使用了加权平均的衡量方法，冬季整体性综合舒适情况本质上是各类型舒适情况的平均。平均的统计学处理方法极易受强影响点的干扰，而各气候类型间存在显著的差异性，即必然存在舒适度结果的显著性差异。因此，如图 3-37 所示，折中性评判方法下的综合舒适时长分布图大部分反映出冬季类型 4 典型气象日，即 1 月 19 日的热舒适度情况，对于该图中舒适度结果较好的④、⑤点而言，⑤点的舒适度结果与2月8日、1月27日、1月11日的综合舒适度结果大致相符；④点的舒适度结果与其他3个典型气象日的综合舒适度结果相矛盾。

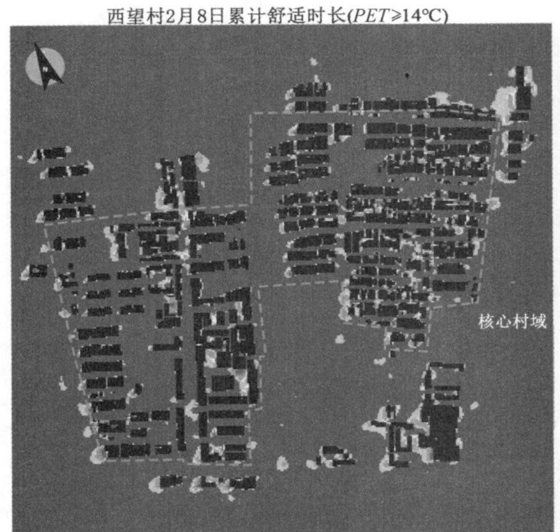

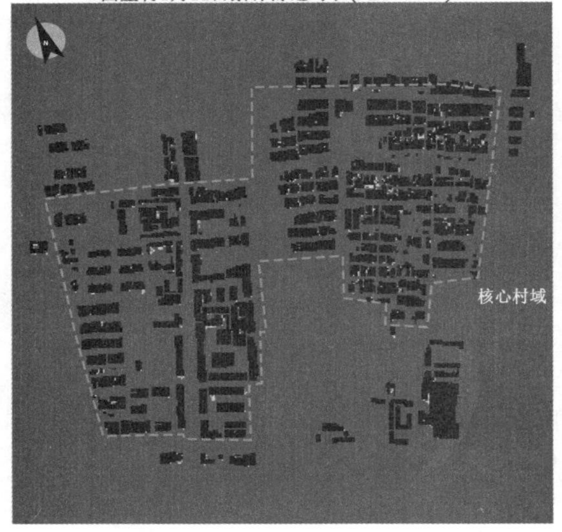

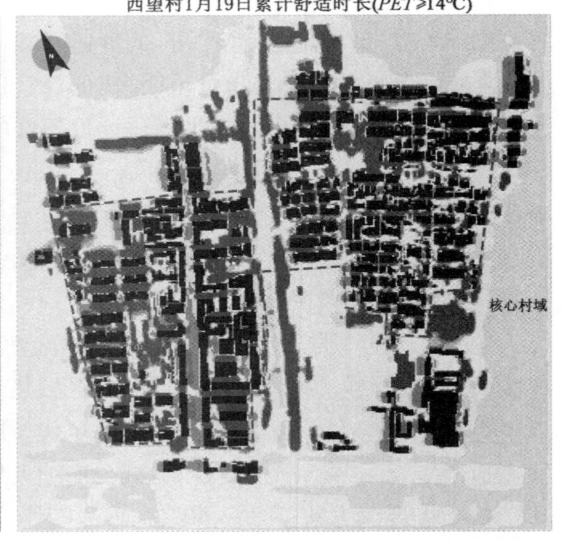

7:00-22:00逐时舒适时长累计值(h)

CDA(h) 0 1 2 3 4 5 6 ≥7

图3-36 折中性评判尺度下西望村冬季典型气象日的累计舒适时长（*PET*≥14 ℃）（图片来源：作者自绘）

综上所述，认为折中性评判方法易使热舒适度评价结果只反映出少部分气候类型的特点，在本研究中，折中性评判方法的适用性不强。

②独立性评判方法

对西望村冬季各气候类型提出各自的评判尺度，对于较温和的气候类型，评判尺度更为苛刻;对于较寒冷的气候类型,评判尺度则略为宽松。对各气候类型选取具有区分性的评判尺度,如表 3-31 所示。

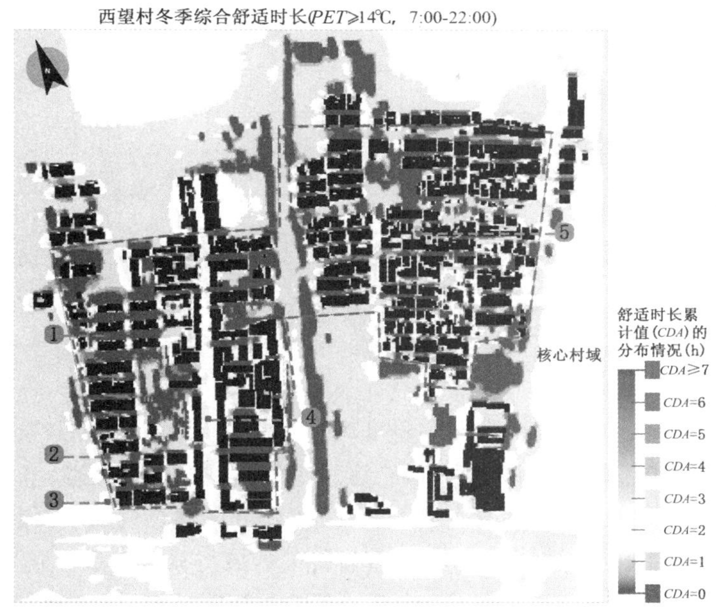

图 3-37 折中性评判尺度下的西望村冬季综合舒适时长(**PET** ≥ 14 ℃)(图片来源:作者自绘)

表 3-31 西望村冬季各气候类型的舒适度评判尺度

类型	典型气象日	全日综合舒适度的评判尺度		
		分析时段	舒适度判断标准	全日舒适的累计时长要求
1	2 月 8 日	7:00—22:00	*PET* ≥ 13.55 ℃ (*TSV* ≥ -0.75)	≥2 h
2	1 月 27 日		*PET* ≥ 12.55 ℃ (*TSV* ≥ -0.85)	≥2 h
3	1 月 11 日		*PET* ≥ 11.55 ℃ (*TSV* ≥ -0.95)	≥2 h
4	1 月 19 日		*PET* ≥ 15.05 ℃ (*TSV* ≥ -0.60)	≥2 h

使用独立的舒适度评判尺度,各气候的典型气象日核心村域范围中,舒适时长值 *CDA* 的分布频率如表 3-32 所示。由表可知,各气候类型下的全日舒适区域比例差异较小,其中类型 3 偏小、类型 4 偏大,这与类型 3 气候偏冷、类型 4 气候偏暖的特点一致。

表 3-32 西望村冬季核心村域中舒适时长区域的比例构成

类型	典型气象日	舒适时长值 *CDA* 的分布比例								全日舒适的比例,*CDA*≥2 h
		CDA=0 h	*CDA*=1 h	*CDA*=2 h	*CDA*=3 h	*CDA*=4h	*CDA*=5h	*CDA*=6 h	*CDA*≥7 h	
1	2 月 8 日	74.80%	1.49%	8.71%	2.67%	7.63%	1.85%	2.85%	0%	23.72%

续表

类型	典型气象日	舒适时长值 *CDA* 的分布比例								全日舒适的比例，*CDA*≥2 h
		CDA=0 h	*CDA*=1 h	*CDA*=2 h	*CDA*=3 h	*CDA*=4h	*CDA*=5h	*CDA*=6 h	*CDA*≥7 h	
2	1 月 27 日	73.96%	0.69%	11.23%	1.29%	8.42%	1.04%	3.36%	0.004%	25.35%
3	1 月 11 日	78.56%	3.35%	4.58%	5.68%	3.34%	3.32%	1.16%	0.009%	18.09%
4	1 月 19 日	66.18%	5.60%	5.17%	10.48%	7.58%	4.80%	0.19%	0%	28.22%

各气候类型独立性评判舒适时长结果如图 3-38 所示。其中，蓝色区域为不能满足全日综合舒适度评判标准的区域，简称为“全日不舒适区域”，蓝色越深即代表全日舒适性越差；其他颜色的区域为满足全日综合舒适度评判标准的区域，简称为“全日舒适区域”，颜色越红即代表全日舒适性越好。

气候类型 1、类型 2、类型 3 的典型气象日热舒适度较优的区域分布特点一致性较强，满足舒适度评价条件的区域主要是有建筑围合度较大的区域；对于气候类型 1、类型 2 的典型气象日，建筑西南侧的热舒适度也较好；对于气候类型 3 的典型气象日，建筑东南侧的热舒适度较好；气候类型 4 的典型气象日热舒适度较优的区域与其他类型有显著性差异，除建筑围合较高的区域外，主要是南北向街道、建筑的东西两侧区域舒适度较好。整体来看，西望村冬季以①、②点为例的东西向走廊、开阔区域舒适度较差；垂直于盛行风向的区域热舒适度较好。因此，推测提高冬季舒适度的核心因素是阻挡盛行风、提高对有益太阳辐射的利用；对于西望村冬季的建筑布局优化设计，可注意适当围合一些活动区域，尽量减少连续大尺度的东西向街道。

与采用折中性方法获得的图 3-36 对比，使用独立性评判方法获得的图 3-38 更好地反映出在 1 月 27 日、1 月 11 日气象条件下，热舒适度较好的区域位置与分布特点；对于较为温和、与其他典型气象日的舒适度存在显著性差异的 1 月 19 日，图 3-38 也更好地减小了类型间结果的离散程度，能更好地反映出各气候类型的综合舒适度情况。

各气候类型独立舒适度判断方法应用下，进行冬季西望村综合舒适度评价计算。在单位网格范围中，各气候类型 7：00—22：00 的 *CDA* 结果值按各气候类型的频率加权求和（除未选中的类型 5），最终结果即作为西望村冬季气候下的综合热舒适时长值。西望村独立评判尺度冬季综合热舒适时长的分布情况如图 3-39 所示。

与图 3-37 相比，在使用独立性评判方法下，冬季各气候类型的舒适度特点均被考虑：对比两图的点③、④、⑤，图 3-37 的点④舒适时长较明显偏高，点③、⑤舒适时长较明显偏低。因此，可认为独立性评判方法的综合评价更能较好地反映出西望村冬季的热舒适度特点，但缺点是该评判方法的建立过程较为复杂，方法的尺度难以直接推广至其他村镇；折中性评判方法易受强影响气候的舒适度结果影响，冬季热舒适度较差的气候容易被忽视，但优势在于，可直接推广其评判尺度至其他村镇，进行多村镇的横向对比。

西望村1月11日累计舒适时长(PET≥11.55℃)

核心村域

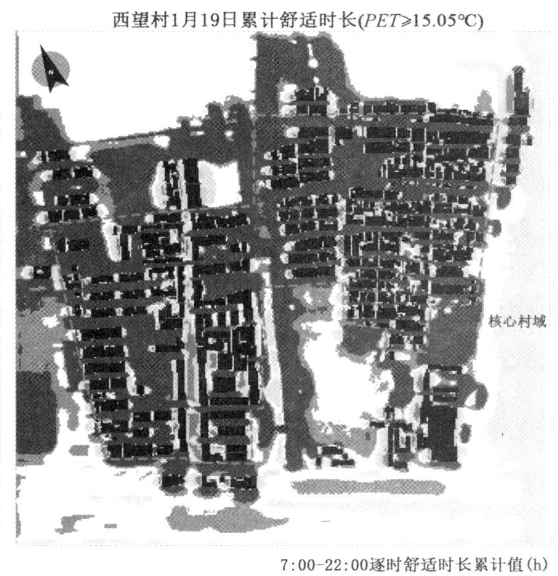

图 3-38　独立评判尺度应用下，西望村冬季典型气象日的累计舒适时长（图片来源：作者自绘）

使用 2020 年 12 月 20 日在西望村各测点的微气候测量数据对各典型气象日模拟的综合舒适度评价结果（舒适时长累计值）进行验证。验证选用 7：00—17：00 的数据，选用独立评判尺度。

根据 3.3.5.3 节中的研究，2020 年 12 月 20 日可被划分为西望村冬季气候类型 3“晴朗微冷干燥天气”，该类型典型气象日为 2022 年 1 月 11 日。根据图 3-34 可知，冬季一日中舒适度较好时段出现在 10：00—14：00，时段 7：00—9：00、17：00—22：00 舒适度较差，难以达到冬季判定尺度的“舒适”标准。因此，可认为西望村冬季 9：00—17：00 与 7：00—22：00 测量数据的综合舒适度判定结果大致相同。

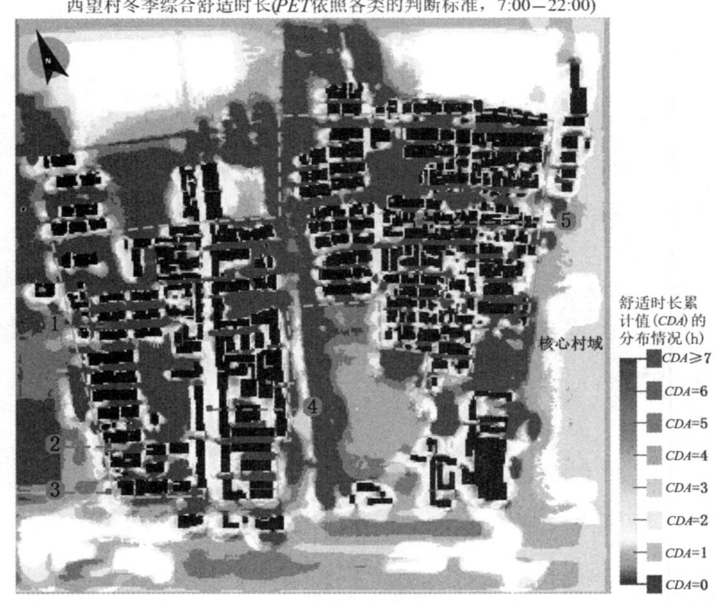

图 3-39　独立评判尺度应用下，西望村冬季综合的舒适度评价结果（图片来源：作者自绘）

独立性评判结果的验证：

对于 2020 年 12 月 20 日 9：00—17：00 的测量数据，按 2.3 节的数据处理方法，使用式（2-2）、式（2-3）进行 T_{mrt} 计算；*PET* 使用软件 Rayman 计算，其中人体模型信息同表 3-29。该日的舒适度评价使用冬季类型 3 典型气象日的判断标准，即“*PET* > 11.55 ℃”为舒适。2020 年 12 月 20 日计算各测点的综合舒适时长情况如表 3-33 所示。（测量时段中 X7 号点有 2 h 黑球温度数据有缺失，故有 2 h 无法计算 *PET* 的舒适度评价结果，因此 X7 测点不进行综合舒适度情况的比较。）

由下表可知，2020 年 12 月 20 日的综合舒适时长与西望村冬季气候类型 3 的典型气象日 2022 年 1 月 11 日综合舒适时长最为相似，但 2020 年 12 月 20 日各测点的综合舒适时长高于 2022 年 1 月 11 日 1~3 h，如表 3-32 所示，这主要是由于两个气象日间固有的气候差异所致。

表 3-33　2020 年 12 月 20 日各测点的综合舒适度情况与其他典型气象日综合舒适度情况的比较

评判日期	判断尺度	舒适时长（h）								
		X1	X2	X3	X4	X5	X6	X8	X9	X10
2020-12-20	*PET*>11.55 ℃	3.25	2.07	1.38	4.35	0.03	3.32	3.92	2.60	5.65
冬季综合独立评判结果	综合	0	0	0.25	0.51	0	0	0.76	0.49	1.26
2021-02-08	*PET*>13.55 ℃	0	0	0	0	0	0	0	0	0
2021-01-27	*PET*>12.55 ℃	0	0	0	0	0	0	0	0	2
2022-01-11	*PET*>11.55 ℃	0	0	1	2	0	0	3	2	3

续表

评判日期	判断尺度	舒适时长(h)								
		X1	X2	X3	X4	X5	X6	X8	X9	X10
2022-01-19	*PET*>15.05 ℃	0	0	0	0	0	0	0	0	0

综合 2020 年 12 月 20 日的综合舒适度评价结果与冬季综合独立评判结果、各典型气象日的综合舒适度评价结果来看，发现西望村冬季不同气候类型下确实存在热舒适度分布差异较大的现象，因此可认为对该村镇冬季的舒适度评价不能单依靠某一日的热舒适度测量或模拟结果来反映冬季整体的热环境特点。

③标准化评判方法

标准化评判方法选取“最小—最大规范化”标准化方法，又被称为 min-max 法、离散标准化。离散标准化是对原始数据的一种线性变换处理，调整数值的分布区间并映射在 [0, 1] 之间，不改变数据间的结构关系，同时可消除量纲和数据组间不同的取值范围；缺点在于若数据集中存在极端值，则规范化后的数据会呈现偏态结构，大部分数据间相差不大。离散标准化的转换公式如式(3-20)：

$$x^* = \frac{x - x_{\min}}{x_{\max} - x_{\min}} \tag{3-20}$$

标准化评判方法的处理过程为：以日间 8:00—17:00 为分析时段，对于西望村各典型气象日的模拟结果，将逐时舒适度计算值使用离散标准化的处理方法，随后将各点的各时刻标准化处理值相加，映射在 [0, 100] 的区间范围中并完成可视化。标准化评判方法不会遗漏分析时段内的任何数据，使用该种方法可综合比较不同典型气象日的综合热舒适度分布情况。

各冬季气候类型典型气象日 8: 00—17: 00 的 *PET* 标准化评判方法结果如图 3-40 所示。其中，*PET* 值越高、标准化评价值越大，颜色越红，即越舒适；PET 值越低、标准化评价值越低，颜色越蓝，即越不舒适。

气候类型 1、类型 2、类型 3 的典型气象日标准化评判方法获得结果与独立评判尺度获得的评价结果相似，8: 00—17: 00 综合舒适度较优的区域为建筑围合度较大的区域。气候类型 4 的评价结果则有所不同，标准化评判结果显示，1 月 19 日围合度较大的区域、建筑南侧区域综合舒适度更优；而图 3-38 独立评判结果显示，南北向街道、建筑的东西两侧区域舒适度较好。

标准化评判结果与独立评判结果不一致说明：西望村不同冬季气候类型下，在日间时段中，热舒适区域的分布是可能随时间变化而变化的。以冬季气候类型 4 的典型气象日 1 月 19 日为例，8: 00—17: 00 综合舒适度最优的区域不一定在中午时段舒适度更优。推测原因为：西望村冬季气候类型 4 为“晴朗温暖潮湿天气”，中午时段东侧有遮挡的区域阻挡了盛行风，开阔的南侧不阻碍太阳光，因此存在部分区域在特定时段中更舒适。

基于标准化评判方法的冬季西望村综合舒适度评价计算，是将各气候类型的评判值按各气候类型的频率加权求和（除未选中的类型5），计算结果可视化后即为西望村冬季的综合舒适度相对评价结果，如图3-41所示。

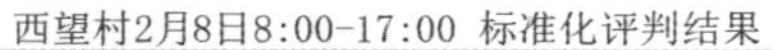

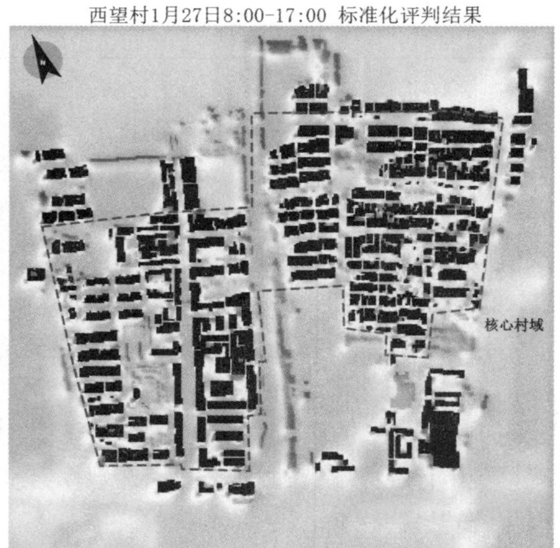

图3-40 标准化评判方法下西望村冬季各气候类型的舒适度评价（图片来源：作者自绘）

如图3-40所示，标准化评判方法获得结果与独立性评判方法获得结果相似性高，建筑的南侧、围合度高的区域综合舒适度更优。与独立性评判方法相比，基于标准化评价获得的冬季综合评价结果信息更为丰富，所包含的舒适度不佳信息是前者所缺乏的；而缺点在于区分度偏弱，无法解释综合舒适值的具体含义，同时不可认为舒适度评价综合值相等的点各时刻舒适状态相同。

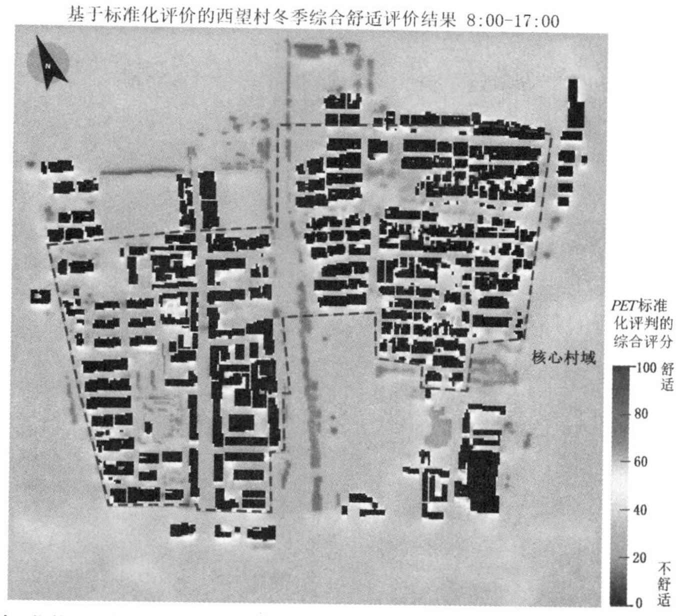

图 3-41　在标准化评判方法下西望村冬季综合舒适度相对评价结果（图片来源：作者自绘）

3.4.3.2　夏季各气候类型的典型气象日热舒适度模拟结果与评价

1）逐时舒适度模拟结果

对于 PET 计算结果，以西望村核心村域作为进一步详细分析的范围，统计居民主要活动时段（7：00—22：00）中，各典型气象日室外热环境逐时 *PET* 分布与频率信息，如图 3-42 所示。

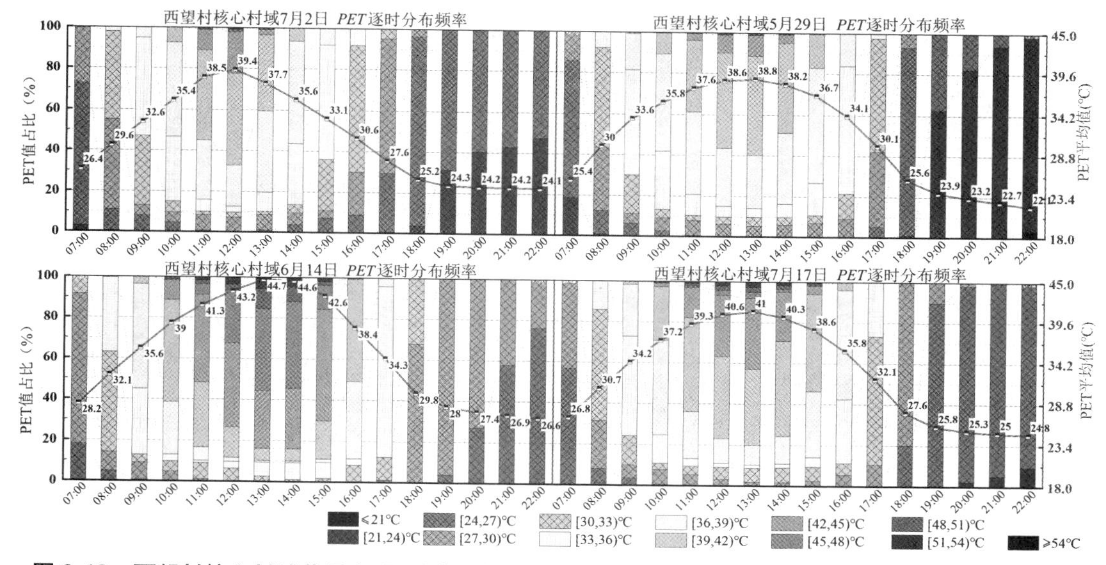

图 3-42　西望村核心村域范围中，夏季典型气象日条件下 *PET* 的分布变化情况（图片来源：作者自绘）

由图 3-42 可知，西望村夏季气候类型 1 的典型气象日 7 月 2 日、夏季类型 3 的典型气象日 5 月 29 日的整体舒适度相对较好，夏季类型 4 的典型气象日 6 月 14 日的整体舒适度相对最差。

综合各类典型气象日的模拟结果，在日间时段(7: 00—18: 00)，对于核心村域范围，舒适度最优时刻都为 7:00，18:00 为次优。根据表 2-10 中 *PET* 人体热感觉评价尺度，7:00 各气象日都有较多区域满足“舒适”的条件；11:00—14:00 时段各气候类型都面临较严峻的热舒适挑战，最严峻时刻为 13: 00，此时都有超过 80% 的区域为“热”及其以上的感受评价；夜间时段(19: 00—22: 00)是全天中最舒适的；另一方面，夜间时段热舒适度的数值分布区间较小，说明此时段各区域的热环境没有较大的差异，在 20: 00—22: 00 时段中，4 种气候类型下都有较多区域能满足舒适的评价条件。

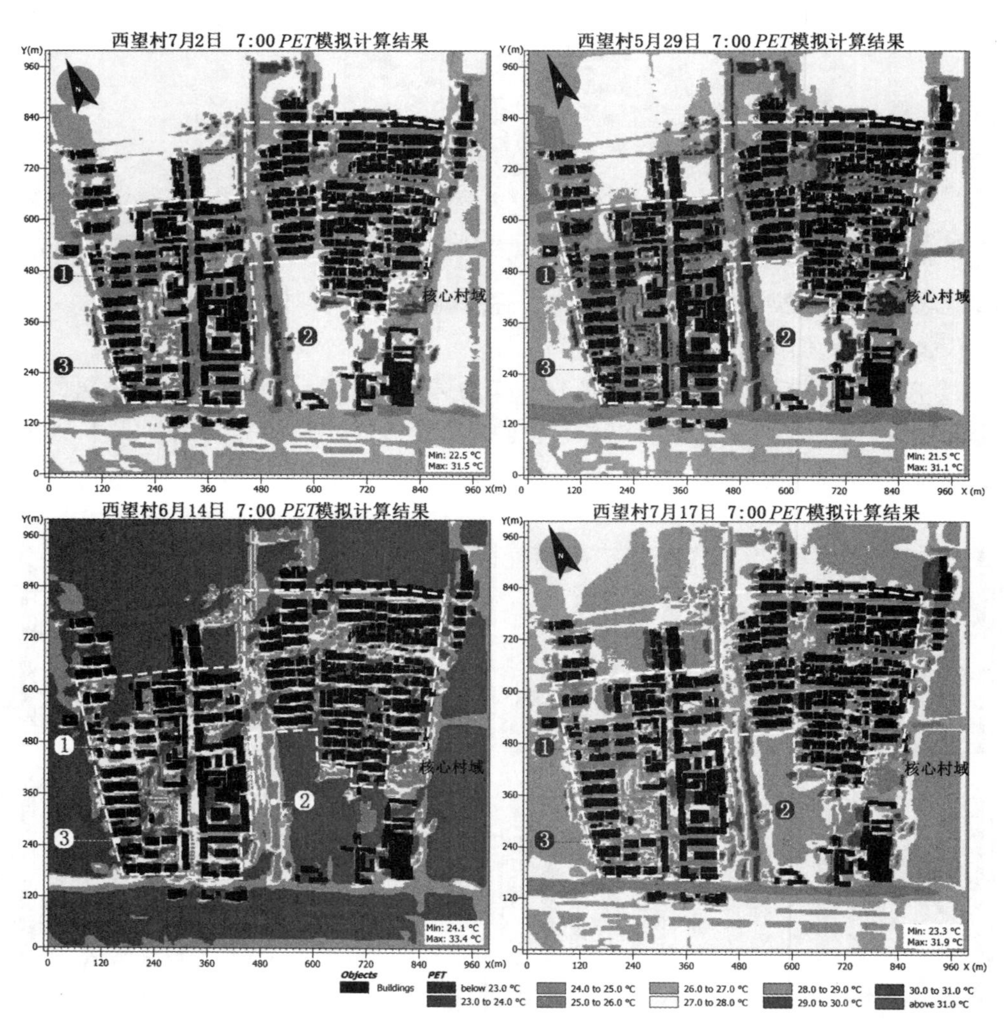

图 3-43 西望村夏季气候类型 1、类型 3、类型 4、类型 5 典型气象日 7:00 的室外热舒适度情况

(图片来源:作者自绘)

因此，夏季的气候适应性设计应主要针对 8:00—17:00 的室外热舒适度特点进行后续优化，夜间时段的热舒适度研究主要针对 19：00 展开具体分析。夏季气候类型 1、3、4、5 的典型气象日室外 1.4 m 高度处日间最舒适的 7:00、日间最不舒适的 13:00 的热舒适度情况分别如图 3-43、图 3-44 所示；夜间时段最不舒适的 19：00 的热舒适度情况如图 3-45 所示。

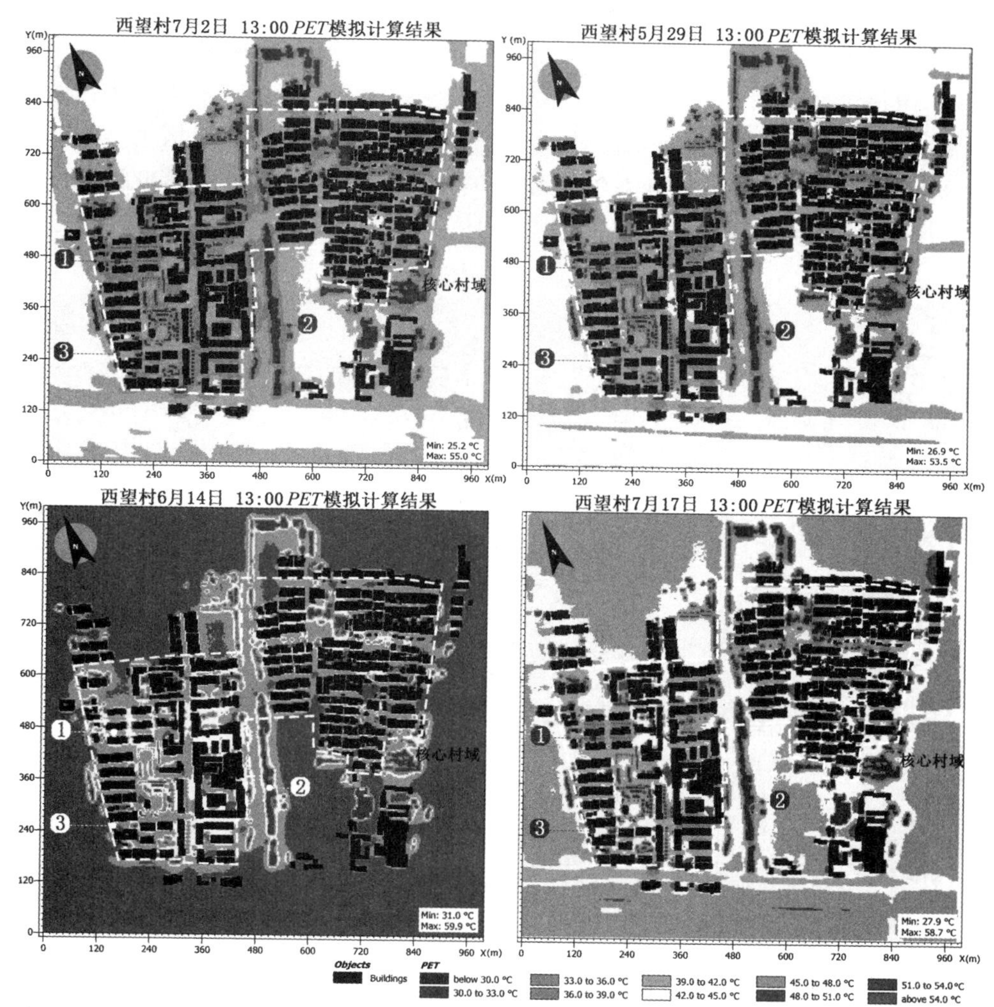

图 3-44　西望村夏季类型 1、类型 3、类型 4、类型 5 典型气象日 13:00 的室外热舒适度情况
（图片来源：作者自绘）

由图 3-44 可知，对于夏季 7：00 的室外热舒适度状况，类型 1 与类型 2 的典型气象日 7 月 2 日、5 月 29 日整体热舒适度较好，核心村域中大部分区域 *PET* 小于 27 ℃，满足表 2-10 中“舒适”的热感觉评价标准；类型 5 的典型气象日 7 月 17 日热舒适度适中，核心村域中有近一半的区域也满足“舒适”的热感觉评价标准；类型 4 的典型气象日 6 月 14 日热舒适度最差，核心村域中较少的区域满足“舒适”的热感觉评价标准，主要分布在有高大植被的区域（如点②）和街道高宽比较小的区域（如点①）。各气候类型下 7:00 的室外热舒适度特点较为相似，热舒适度较优的区域主要分布在东西街道和高大植被丰富的区域，若两个因素同时具备则舒适度更佳。

夏季气候类型 1、类型 3、类型 4、类型 5 的典型气象日室外 1.4 m 高度处 13：00 的热舒适度情况分别如图 3-44 所示。类型 1 与类型 2 的典型气象日 7 月 2 日、5 月 29 日整体热舒适度相对较好；类型 4 的典型气象日 6 月 14 日热舒适度最差。但 4 种气候类型的典型气象日 13:00 都有区域的 *PET*≤ 33 ℃，说明高大行道树绿化是提升室外热舒适度最有效的手段，即使在较热的气候类型 4 与类型 5 下，高大植被下也有“舒适”至“暖”的人体热感受。各气候类型下 13：00 的室外热舒适度特点较为相似，热舒适度相对较好的区域主要分布在东西街道和高大植被丰富的区域，这与 7：00 的室外热舒适度特点是一致的。因此推断日间时段室外热环境特点大致相同。

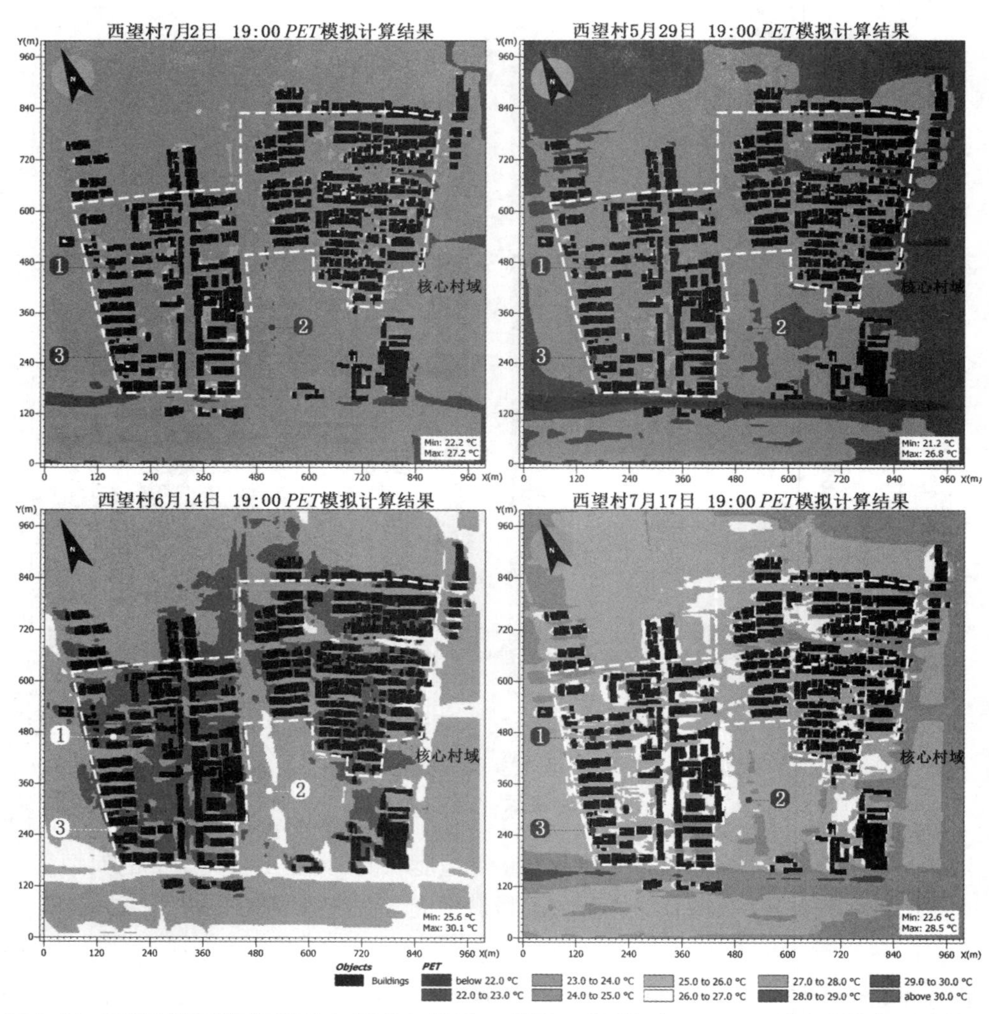

图 3-45 西望村夏季气候类型 1、类型 3、类型 4、类型 5 典型气象日 19:00 的室外热舒适度情况

（图片来源：作者自绘）

夏季气候类型 1、3、4、5 的典型气象日室外 1.4 m 高度处夜间 19：00 的热舒适度情况如图 3-45 所示。根据表 2-10 中热感觉的评价尺度，类型 1 与类型 2 的典型气象日 7 月 2 日、5 月 29 日整体热舒适度较好，全部区域人体热感觉都为“舒适”；类型 4 的典型气象日 6 月 14 日热舒适度最差，核心村域中几乎全部区域都为“暖”。尽管 4 种气候类型 19:00 的 *PET* 值不同，但 4 种气候类型呈现大致相似的热环境特点：与主导风向一致的东西向街道（点①与点③）、开阔区域（点②）在傍晚热舒适度更好，此时相同走向、不同高宽比的街道间无明显热舒适度差异（点①与点③）；高大绿化树木附近的舒适度并未出现明显的较优结果。因此，可认为提升夏季夜间室外舒适度的关键性因素为通风廊道。

2）综合舒适度分析

使用 GH 自编程序，对夏季类型 1 至类型 4 典型气象日条件下西望村核心村域的室外热舒适度进行综合判断评价。分析时段选取日间时段中热舒适度挑战更为严峻、人行活动频率较高的 8：00—17：00 时段；对于 *PET* 的热舒适度评价尺度，使用 2.4 节中式（2-15）的 *PET* 预测评价公式，分别选取了 3 种热舒适度要求：$PET \leqslant 27.30$ ℃（$TSV \leqslant 0.5$），$PET \leqslant 30.33$ ℃（$TSV \leqslant 1$），$PET \leqslant 33.36$ ℃（$TSV \leqslant 1.5$），计算 3 种热舒适度判定要求下的西望村核心村域中的舒适区域比，结果如表 3-34 所示。

表 3-34　西望村夏季气候核心村域的室外热舒适阈占比情况

西望村夏季气候				8:00—17:00 核心村域内满足热舒适度要求的区域面积占比（*sOTCA*）								
类型	频率	热环境研究优先性	典型气象日	*PET*≤27.30 ℃			*PET*≤30.33 ℃			*PET*≤33.36 ℃		
				≥1 h	≥2 h	≥3 h	≥2 h	≥3 h	≥4 h	≥3 h	≥4 h	≥5 h
1	27.46%	▲▲	7 月 2 日	41.66%	12.95%	9.46%	62.90%	36.95%	14.62%	94.60%	55.55%	42.41%
3	11.27%	▲	5 月 29 日	15.19%	7.62%	6.41%	41.04%	12.10%	9.87%	38.09%	22.93%	14.93%
4	26.76%	▲▲	6 月 14 日	6.70%	1.15%	0.06%	9.45%	5.97%	2.78%	12.86%	9.83%	9.46%
5	23.94%	▲▲▲	7 月 17 日	9.60%	4.77%	0.99%	13.19%	11.56%	9.93%	28.09%	12.78%	10.94%

由上表可知，无论何种热舒适度评价尺度与舒适时长评价标准，4 类夏季气候的日间时段中，类型 1 的典型气象日综合舒适度最优，其次为类型 2 的典型气象日 5 月 29 日，类型 5 的典型气象日 7 月 17 日综合舒适度最差。对于西望村夏季核心村域的室外热环境，如若以 $TSV \leqslant 0.5$ 为评价标准，则各类型 $sOTCA_{PET \leqslant 27.30,1h}$ 值较为合适，但 1 h 的满足舒适时长要求太短，各类型 $sOTCA_{PET \leqslant 27.30,2h}$ 值都较小，分别为 12.95%、7.62%、1.15% 和 4.77%，即选取舒适区域的标准过于苛刻；如若以 $TSV \leqslant 1.5$ 为评价标准，则有 $sOTCA_{PET \leqslant 33.36,5h}$ 值较为合适，但舒适时长太长，标准过于宽泛。

因此，为综合各夏季气候类型的结果、整体性地评价西望村夏季的热舒适度，在此分别使用 3 种综合评价方法——折中性评判方法、独立性评判方法、标准化评判方法，以获得较好的西望村夏季综合舒适度评价结果。

①折中性评判方法

西望村夏季折中性评判方法指，以“*TSV*≤1，即 *PET*≤30.33 ℃”为西望村夏季舒适度的评判尺度，以 8：00—17：00 为分析时段，以满足舒适尺度的累计时长值 *CDA*≥2 h 为全日舒适度合格的要求，按此要求对各典型气象日的模拟结果进行全日整体的热舒适度评价，如图 3-46 所示。其中，蓝色区域为不能满足全日综合舒适度评判标准的区域，简称为“全日不舒适区域”，蓝色越深即代表全日舒适度越差；其他颜色的区域为满足全日综合舒适度评判标准的区域，简称“全日舒适区域”，颜色越红即代表全日舒适度越好。

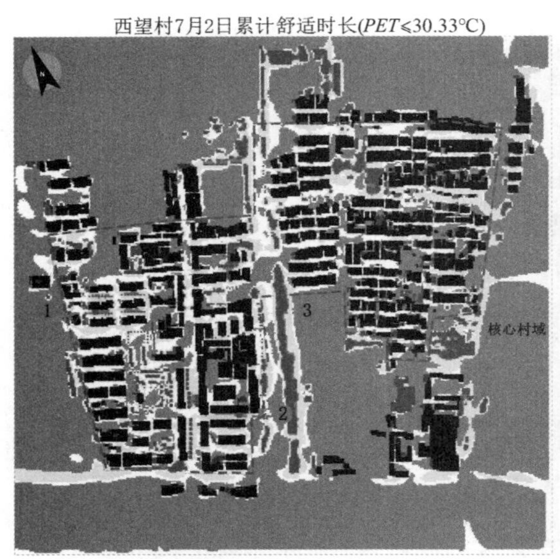

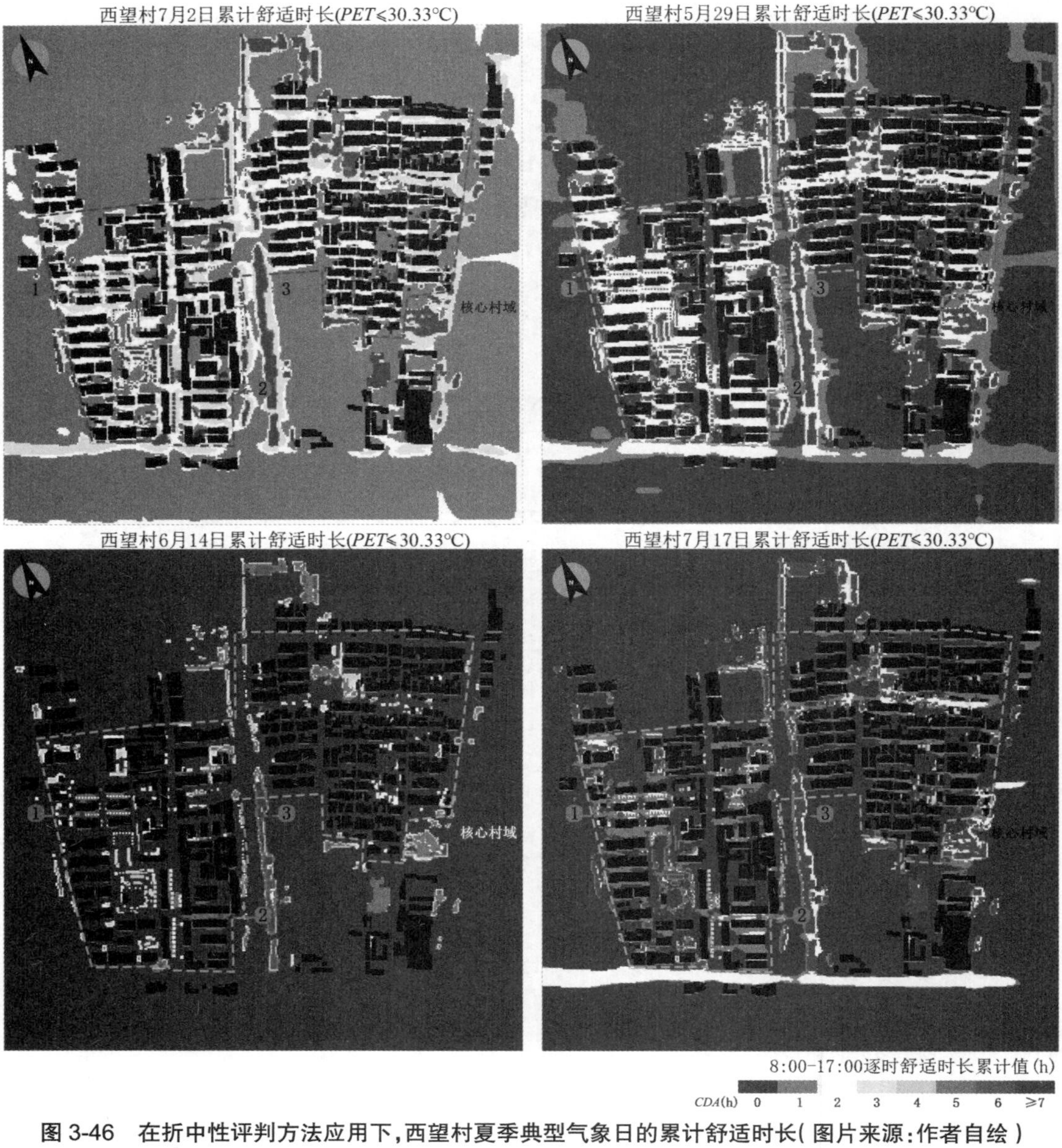

图 3-46　在折中性评判方法应用下，西望村夏季典型气象日的累计舒适时长（图片来源：作者自绘）

如 3-46 所示，对于夏季气候类型 1、类型 3 的典型气象日 7 月 2 日与 5 月 29 日，核心村域中的全日舒适区域占比分别为 62.90% 和 41.04%，大部分东西向街道、高大树木区域都是舒适区域；对于夏季气候类型 4、类型 5 的典型气象日 6 月 14 日与 7 月 17 日，核心村域中的全日舒适区域占比分别仅有 9.45% 和 13.19%，主要都是高大树木区域（如点②），其中点①、③为例的东西向街道高宽比较小的区域舒适度也较好、7 月 17 日也是全日舒适区域。综合结果来看，推测东西向的街道区域塑造了通风廊道，因此舒适度更优，同时较小的街道高宽比有利于遮挡过多的太阳辐射，形成“冷巷”效应，从而提高舒适度；另一方面，整体的模拟结果也反映出在炎热的夏季，种植高大行道树是提高热舒适度的强有效手段。

综合 4 种夏季整体舒适度评价分析结果来看，热舒适区域的分布特点与图 3-43、图 3-44、图 3-45 的 7：00、13：00、19：00 的室外热舒适度状况大部分相符，因此，可初步认为西望村夏季各种气候类型下 7：00—22：00 的热舒适度分布特点相似，相同气候适应性规划设计手段对于西望村夏季都具有较好的适用性。

折中性评判方法下的夏季综合舒适度评价，也以“$PET \leqslant 30.33$ ℃”为 *CDA* 的计算标准，在单位网格范围中，各气候类型 8：00—17：00 的 *CDA* 结果值按各气候类型的频率加权求和（除未选中的类型 2），最终的结果即作为西望村夏季气候下的综合热舒适时长值。西望村夏季综合热舒适时长的分布情况如图 3-47 所示。

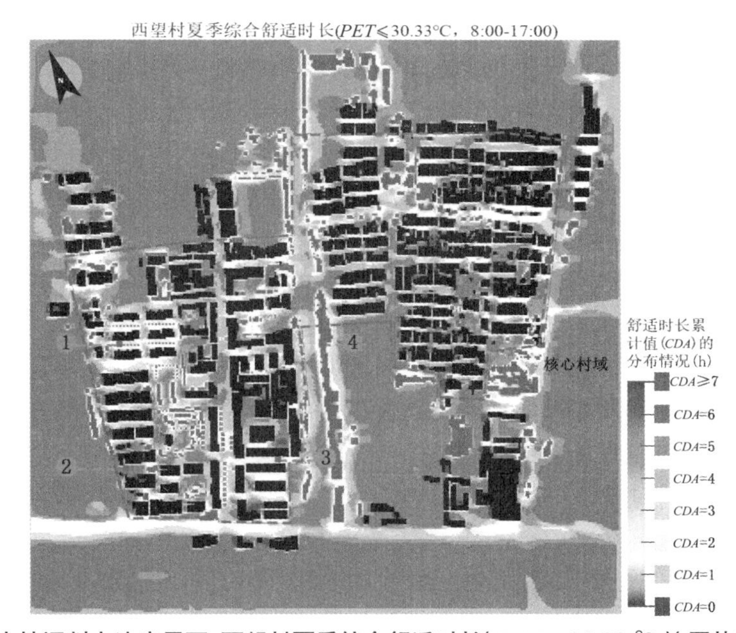

图 3-47　在折中性评判方法应用下，西望村夏季综合舒适时长（*PET* ≤ 30.33 ℃）（图片来源：作者自绘）

折中性评判方法由于使用了加权平均的衡量方法，综合舒适度评价结果本质上是各类型舒适度情况的平均，因此存在显著性差异的气候类型舒适度结果将对最终评价有较强的影响。如图 3-47 所示，折中性评判方法应用下的综合舒适时长分布结果受到较多气候类型 1 的典型气象日（7 月 2 日）舒适度评价结果影响。尽管受到舒适度突出的气象日结果影响，但是根据前面分析，西望村夏季各气候类型下的室外热舒室性特点较为一致，因此折中性评判方法使用下的评判结果对夏季各气候类型仍有较好的适用性。

综合舒适度评价结果来看，全日舒适区域主要分布在南北向街道、高大树木覆盖的区域，其中高大树木覆盖的区域（如点④）*CDA* 远高于东西向街道，东西街道高宽比较小的①、③点处的 *CDA* 大于高宽比较大的②点。整体舒适度评价结果说明，使用高大树木绿化是提高夏季室外舒适度的最佳办法；其次，在村镇布局规划中，可多设计与夏季盛行风方向一致的通风廊道或街道。

②独立性评判方法

该方法指：对西望村夏季各气候类型提出各自的评判尺度，对于相对凉爽的气候类型，评判尺度较为苛刻；对于较炎热的气候类型，评判尺度则略为宽松，对各气候类型选取具有区分性的评判尺度，如表 3-35 所示。

使用独立的舒适度评判方法，在核心村域范围中，各典型气象日舒适时长值 *CDA* 的分布频率如表 3-36 所示。由表知，各气候类型下的全日舒适区域比例有一定差异，其中类型 1 较大、类型 4 较小，这是由于气候类型 1 较为阴凉舒适，气候类型 4 最为炎热，类型间令人体感受到舒适的区域比例值本身即是有差异的；如若过于放宽类型 4、类型 5 典型气象日的舒适度判断标准，则评判结果可能会过于偏离真实的人体热感受，降低了结果的准确性与说服力。

表 3-35 西望村夏季各气候类型的舒适度评判尺度

类型	典型气象日	全日综合舒适度的评判尺度		
		分析时段	舒适度判断标准	全日舒适的累计时长要求
1	7月2日	8:00—17:00	*PET* ≤ 30.33 ℃（*TSV* ≤ 1）	≥2 h
3	5月29日		*PET* ≤ 30.33 ℃（*TSV* ≤ 1）	≥2 h
4	6月14日		*PET* ≤ 33.36 ℃（*TSV* ≤ 1.5）	≥2 h
5	7月17日		*PET* ≤ 31.85 ℃（*TSV* ≤ 1.25）	≥2 h

表 3-36 西望村冬季核心村域中舒适时长区域的比例构成

类型	典型气象日	舒适时长值 *CDA* 的分布比例								全日舒适的区域比例（*CDA*≥2 h）
		CDA=0 h	*CDA*=1 h	*CDA*=2 h	*CDA*=3 h	*CDA*=4 h	*CDA*=5 h	*CDA*=6 h	*CDA*≥7 h	
1	7月2日	3.11%	33.99%	25.95%	22.33%	2.82%	1.93%	0.13%	9.74%	62.90%
3	5月29日	37.14%	21.82%	28.94%	2.23%	0.52%	0.92%	0.66%	7.76%	41.04%
4	6月14日	28.51%	54.34%	4.28%	3.03%	0.37%	0.27%	1.58%	7.61%	17.15%
5	7月17日	31.78%	31.29%	21.36%	5.67%	0.38%	0.58%	0.80%	8.14%	36.93%

各气候类型独立性评判舒适时长结果如图 3-48 所示。

与图 3-46 比，使用独立性评判方法获得的图 3-48 更好地反映出在 6 月 14 日、7 月 17 日气象条件下，热舒适度较好的区域位置与分布特点，综合了各气候类型下的评价结果，能更好地反映出各气候类型的综合舒适度情况。

各气候类型独立舒适判断尺度应用下进行夏季西望村综合舒适度评价计算。在单位网格范围中，各气候类型 8：00—17：00 的 *CDA* 结果值按各气候类型的频率加权求和（除未选中的类型 2），最终的结果即作为西望村夏季气候下的综合热舒适时长值。西望村独立评判方法应用下夏季综合热舒适时长的分布情况如图 3-49 所示。

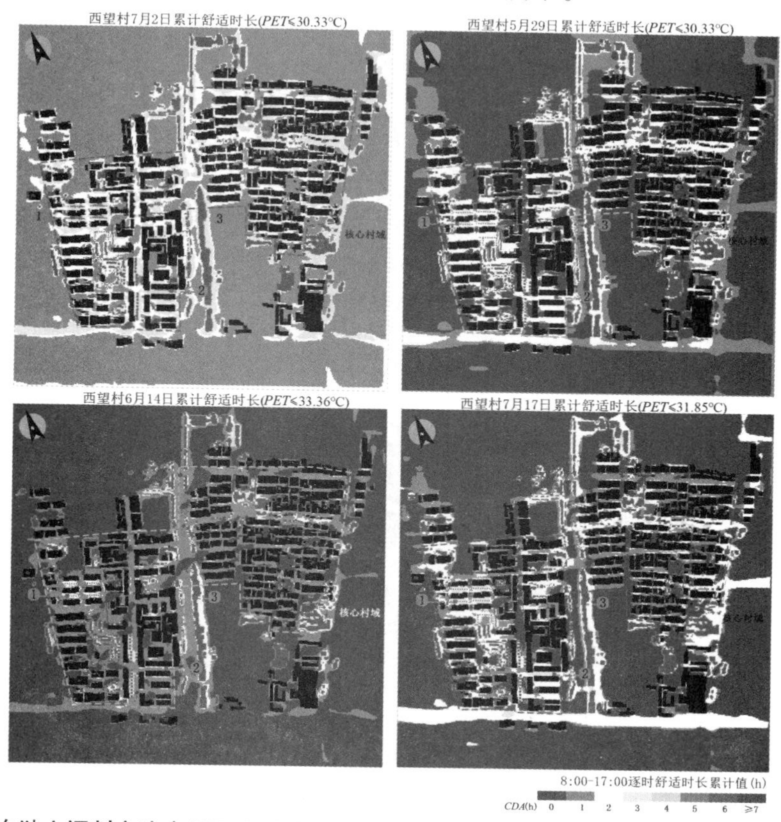

图 3-48　在独立评判方法应用下，西望村夏季典型气象日的累计舒适时长（图片来源：作者自绘）

如图 3-49 所示，在独立性评判方法使用下，夏季各气候类型的舒适度特点均被考虑。与图 3-47 相比，以点①、③为代表的东西向、高宽比较小的街道区域，以点②为代表的偏短东西向街道，以点④为代表的有高大植被覆盖的区域综合舒适时长无显著性差异；相反，图 3-49 中以点⑤、⑥为例，较长东西向街道评判的综合舒适时长多约 0.5~1 h。因此，前文中提及的西望村夏季室外舒适度提升策略有效——最快捷有效的手段是增种高大的行道树，此外还可注重通风廊道或夏季盛行风向街道的规划。

独立性评判结果的验证：

使用 2021 年 9 月 3 日在西望村各测点的微气候测量数据对综合舒适度评价结果进行验证。夏季综合舒适度评价使用 8：00—17：00 的舒适度结果，各气候类型有独立的舒适度评判尺度。2021 年 9 月 3 日测量时段为 7：45—18：00，取 8：00—17：00 的测量数据进行使用。使用 3.2 节中相同的“主成分—聚类”的气候划分研究方法，2021 年 9 月 3 日可被划分为西望村夏季气候类型 5“夏季晴朗炎热大风天气”。

对于 2021 年 9 月 3 日 8：00—17：00 的测量数据，按 2.3 节的数据处理方法，使用式（2-

2)、式(2-3)进行平均辐射温度计算;舒适度指标 *PET* 的计算使用软件 Rayman,其中人体模型信息同表 3-29。舒适度评价标准分别使用 *PET* < 30.33 ℃、*PET* < 31.85 ℃为舒适的判断尺度,2021 年 9 月 3 日计算各测点的综合舒适时长情况如表 3-37 所示。

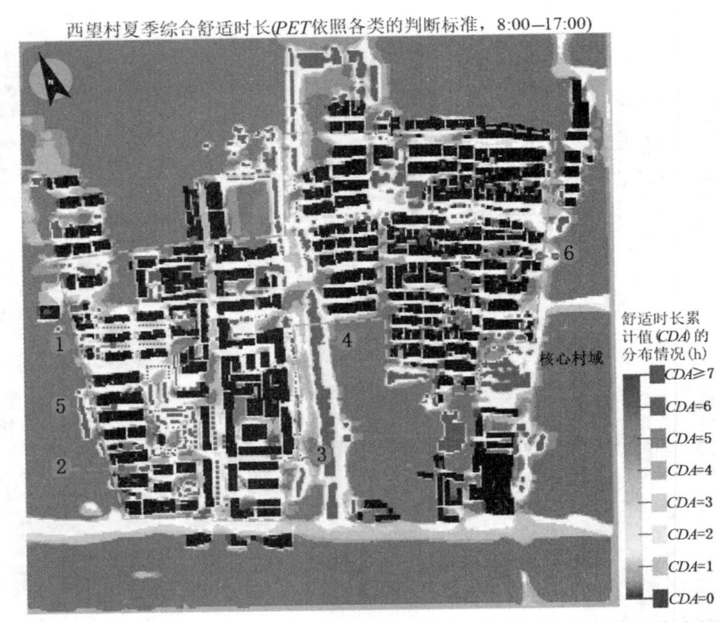

图 3-49 在独立评判方法应用下,西望村夏季综合的舒适度评价结果(图片来源:作者自绘)

表 3-37 2021 年 9 月 3 日各测点的综合舒适度情况与其他典型气象日综合舒适度情况的比较

西望村测点	综合舒适时长(h)						
	9 月 3 日		夏季综合独立评判结果	7 月 2 日	5 月 29 日	6 月 14 日	7 月 17 日
	PET<30.33 ℃	*PET*<31.85 ℃	综合	*PET*<30.33 ℃	*PET*<30.33 ℃	*PET*<33.36 ℃	*PET*<31.85 ℃
X1	1.77	3.17	1.70	2	2	1	2
X2	1.40	2.48	0.43	1	1	0	0
X3	1.80	3.50	0.70	1	1	0	1
X4	1.78	3.57	2.01	3	2	1	2
X5	3.60	5.87	3.62	5	3	3	3
X6	1.47	3.27	2.27	3	2	1	3
X7	2.00	3.23	0.57	1	0	0	1
X8	2.83	4.88	1.43	2	2	1	1
X9	1.82	2.78	1.62	3	1	1	1
X10	1.62	2.57	1.31	2	1	1	1
X11	2.77	4.37	1.00	1	1	1	1
X12	1.23	2.08	1.18	2	0	1	1

续表

西望村测点	综合舒适时长(h)						
	9 月 3 日		夏季综合独立评判结果	7 月 2 日	5 月 29 日	6 月 14 日	7 月 17 日
	PET<30.33 ℃	*PET*<31.85 ℃	综合	*PET*<30.33 ℃	*PET*<30.33 ℃	*PET*<33.36 ℃	*PET*<31.85 ℃
X13	1.18	2.58	2.31	3	2	2	2
X14	1.67	3.77	1.31	2	1	1	1
X16	2.38	4.05	1.74	3	2	1	1
X17	4.17	8.12	2.31	3	2	2	2
X18	1.32	2.97	1.43	2	2	1	1
X19	2.38	5.22	0.92	2	0	1	0
X20	3.07	6.65	2.31	3	2	1	2

由上表可知，9 月 3 日的综合舒适度与西望村夏季各气候类型的典型气象日热舒适度间均有相似性，与类型 5 典型气象日 7 月 17 日的综合舒适时长相关性程度最高，但 9 月 3 日各测点的综合舒适时长高于 7 月 17 日 0~2 h。推测上述差异主要是由于两个气象日间的气候差异造成的。由于 9 月 3 日为晴转多云天气，太阳总辐射累计值偏低，因此有部分时段出现平均辐射温度低、空气温度低的现象，该日的总体舒适度要优于 7 月 17 日，因此数值间产生差异。

综合 9 月 3 日的综合舒适度评价结果与夏季综合独立评判结果、各典型气象日的综合舒适度评价结果来看，可认为西望村夏季不同气候类型的典型气象日间存在热环境分布的相似性，但热舒适度评价值间差异较大，因此可认为单一评价尺度难以正确评判西望村夏季的整体热环境舒适度。

③标准化评判方法

标准化评判方法的原理及计算过程已于 3.4.3.1 节中说明。

各夏季气候类型典型气象日 8：00—17：00 的 *PET* 标准化评判方法结果如图 3-50 所示。其中，*PET* 值越高、标准化评价值越大，颜色越红，即越不舒适；*PET* 值越低、标准化评价值越低，颜色越蓝，即越舒适。

夏季气候类型 1、类型 3、类型 4、类型 5 的典型气象日标准化评判方法获得的结果与图 3-50 独立评判尺度获得的评价结果相似；另一方面，在西望村内，夏季各气候类型的综合舒适度优劣空间分布特点极为相似。

将各夏季气候类型的综合评判值按气候类型的频率加权求和(除未选中的类型 2)，计算结果可视化后即为西望村夏季的综合舒适度相对评价结果，如图 3-51 所示。

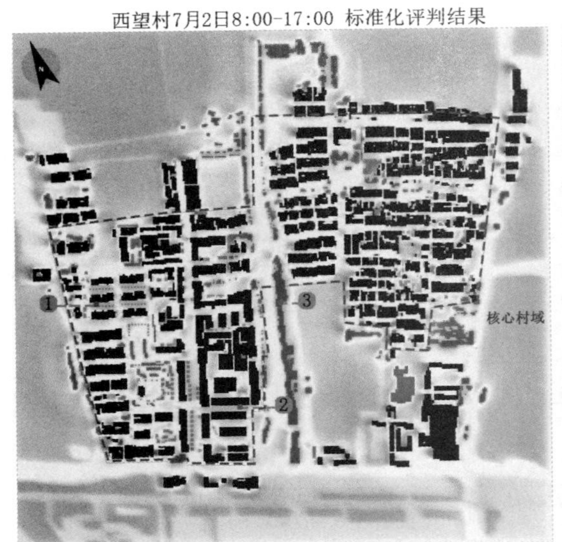

西望村7月17日8:00-17:00 标准化评判结果

1

2

3

核心村域

8:00-17:00归一化PET的综合评分情况

舒适 0 20 40 60 80 100 不舒适

图 3-50 在标准化评判方法下，西望村夏季各气候类型的舒适度评价（图片来源：作者自绘）

如图所示，标准化评判方法获得结果与图 3-49 独立性评判方法获得结果相似性高，舒适度综合较优的区域为高大行道树种植区域、东西向街道且高宽比较大的区域。与独立性评判方法比，基于标准化评价获得的综合评价结果信息更为丰富，所包含的舒适度不佳信息是前者所缺乏的；而缺点在于区分度偏弱，无法解释综合舒适度值的具体含义。

图 3-51 在标准化评判方法下,西望村夏季综合舒适度相对评价结果(图片来源:作者自绘)

3.4.3.3 冬、夏季的综合热舒适度评价

1)3 种评判方法的总结

折中性评判方法的综合舒适度评价方法最为简单,结果明晰易懂;另一方面该尺度易于推广应用,不同村镇间可使用相同的评判尺度,评价结果可直接进行横向比较。缺点在于该方法评判方法单一,难以兼顾各种气候类型的舒适度情况,结果不够综合,结果易偏向于少部分气候类型。

独立性评判方法的综合舒适度评价方法最为复杂,需根据研究对象各季节气候类型的舒适度特点展开具体的分析与探索,制定的评价尺度难以直接推广,如若两个村镇使用的是两套独立性评判尺度,则结果无法直接比较。但该种方法的优势在于,该评判方法可以更好地综合各季节气候类型自身的热舒适度,信息丢失更少,可以更精准地反映研究对象的综合热舒适度特点;对于大气候类似区域的室外热环境评价,可使用同一套独立性评判尺度,所得结果可直接进行比较。

标准化评判方法计算过程较为复杂,需对模拟结果的逐时数据展开离散标准化处理后叠加获得。该种方法的优点在于不会遗漏研究时段内的数据,不会改变数据间分布关系,其可视化结果最为直观地反映了研究时段内各区域的综合舒适度。该种评判方法的缺点也在于其结果为综合结果,不能说明综合舒适度较优的区域一定存在各时刻都舒适的特征,对于综合舒适评度价值相同的点不能说明二者各时刻的舒适度相同;标准化评判方法获得的结果无法用于不同村镇间的比较。

综上所述, 3 种评判方法各有优缺点。建议:需对某一个村镇进行可视化的舒适度优劣相对评判时,选用标准化评判方法;对于某一个村镇或是相同地区的多个村镇间,需获得更为全面的综合舒适时长值评价结果时,建议使用独立性评判方法;对于不同地区的多个村镇,需直接获得综合舒适时长值结果并进行对比时,建议选用折中性评判方法。推荐根据不同的评价目的进行评判方法的选取。

2)折中性、独立性评判方法的冬、夏季综合评价结果对比

由于标准化评判方法获得评价值不含量纲,因此无法将其结果与其他两种方法的评判结果获得数据进行对比;这里选取折中性、独立性评判方法获得的冬、夏季综合评价结果,探讨结果数值分布的特点。

折中性评判方法(简称折中性),冬季以 *PET*≥14 ℃、夏季 *PET*≤30.33 ℃为 *CDA* 的计算标准;独立性评判方法(简称独立性),冬季各气候类型按表 3-31、夏季各气候类型按表 3-35 来分别计算 *CDA*。统计范围为冬季 7:00—22:00,夏季 8:00—17:00;两种评判方法冬、夏季各气候类型的 *CDA* 值按各气候类型的频率加权求和(除未选中的类型外),最终结果即作为西望村冬、夏季的综合热舒适时长值。冬、夏季满足舒适尺度的时长累计值 *CDA*≥2 h 为全日舒适度合格,简称为"全日舒适区域",否则为"全日不舒适区域"。前部分内容中已使用上述两种评判方法,对冬、夏季西望村核心村域的室外热舒适度进行综合评定。使用两种评判方法获得的 *CDA* 值构成比例如图 3-52 所示。

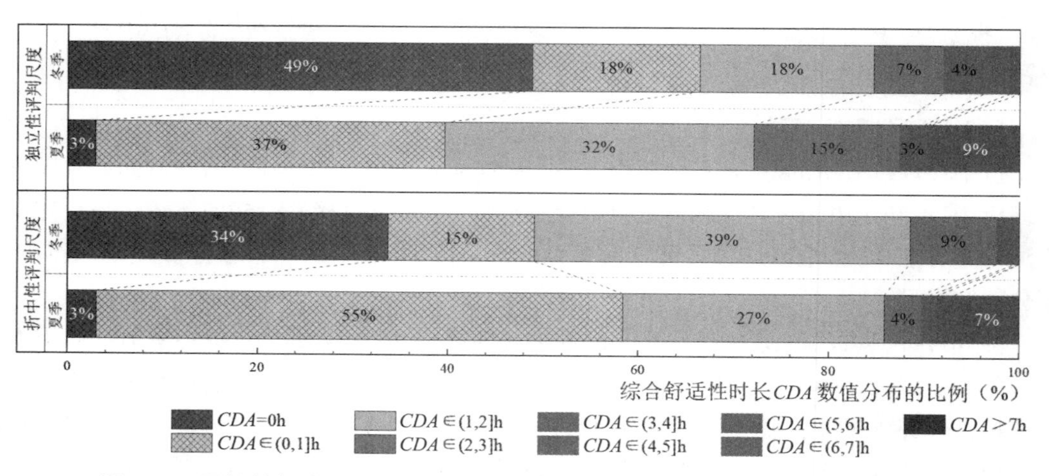

图 3-52 西望村冬季、夏季综合舒适时长值的比例构成情况(图片来源:作者自绘)

如图 3-52 所示,折中性冬季综合 *CDA* 最大值为 5.50 h,夏季综合 *CDA* 最大值为 9.0 h;独立性冬季综合 *CDA* 最大值为 6.0 h,夏季综合 *CDA* 最大值为 10.0 h。从构成比例上来看,关于冬季全日舒适区域比例,独立性比折中性低约 18%,其中独立性 *CDA* ∈(1, 2] 的值比折中性低约 14%,但对于 *CDA*≥2 h 的数值结果,独立性的构成比例更为合理;关于夏季全日舒适区域比例,独立性比折中性高约 18%,对于 *CDA*≥2 h 的数值结果,独立性比折中性高 13%,独立性的构成比例更为合理,折中性的结果过于集中在某几段区间,区分性较低。

本研究中,核心目的是通过分析西望村舒适度较优的区域分布规律,总结归纳适宜西望村舒适度提升的策略,明确亟须改进提升的区域。折中性与独立性方法获得的结果是反映满足更为严苛舒适条件的舒适时长分布情况,这与村民趋向于"在较为舒适的时刻前往最为舒适的空间进行活动"的行为活动规律相似,因此,这两种评判方法所得结果可用于村镇

规划的功能布局、村镇活动空间的舒适度提升等。另一方面，独立性评判方法所得结果能更好地反映出不同季节气候类型下的室外综合舒适度特性，该结果更为适用，具备一定推广应用的意义，因此后续将对此尺度评判下的结果展开具体分析与应用。

3)冬、夏季室外综合热舒适度分析

选用独立性评判尺度的冬、夏季综合舒适度评价结果，综合分析时段选取日间 8:00—17:00 时段共计 10 个逐时数据进行分析。冬、夏季都以 $CDA \geqslant 2$ h 为判断全日舒适的最低标准；结合图 3-39、图 3-49，绘制西望村室外舒适区域的整体分布图，如图 3-53 所示。

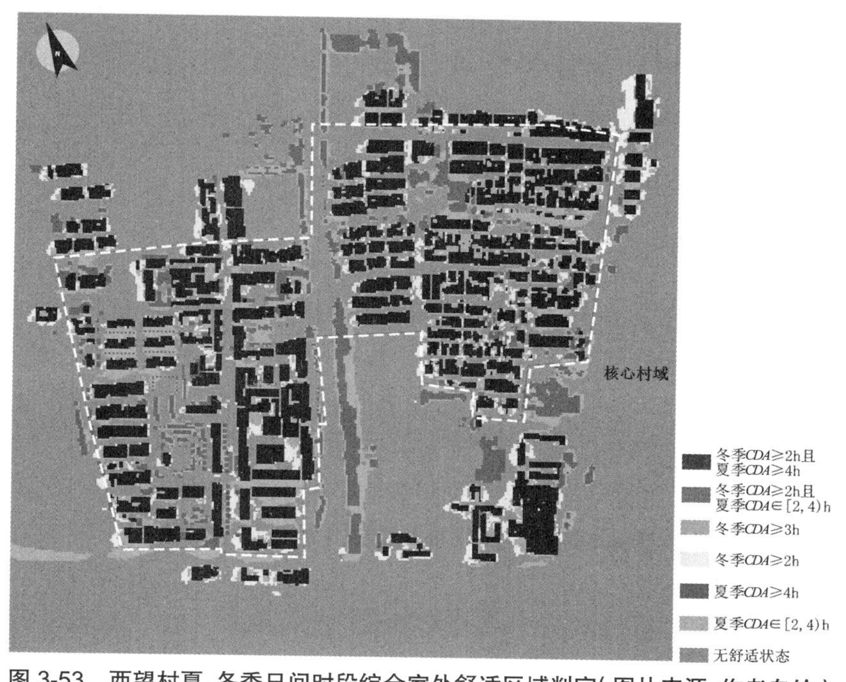

图 3-53　西望村夏、冬季日间时段综合室外舒适区域判定(图片来源:作者自绘)

由图 3-53 可知，夏季与冬季舒适区域范围不一致。对于核心村域来说，有 27.93% 的区域满足夏季全日舒适的最低要求，主要分布在东西向且高宽比较小的街道，有 10.02% 的区域夏季 $CDA \geqslant 4$ h，主要为有高大树木覆盖的区域；共有 15.42% 的区域满足冬季全日舒适的最低要求，主要分布在南北向街道、建筑围合度较高的区域，其中有 52.59% 的区域冬季 $CDA \geqslant 3$ h，主要是围合度较高的区域；而冬季与夏季同时满足舒适度最低要求的区域仅有 0.32%，出现在南北向连续街道的高大行道树覆盖区域。

就西望村室外热舒适度的整体情况而言，西望村冬季热舒适度较优的区域与夏季间存在较大矛盾，该村镇较难实现通过一种规划布局就同时满足全部区域夏、冬季的舒适。因此，建议该村镇在后续规划中，可综合使用布局设计手法，将围合式建筑与布局通风廊道的手法同时使用，以实现冬、夏季都有较多的区域舒适度良好。

3.5 本章小结

对于室外热环境与舒适度的研究，离不开对于典型性气象日的分析。受研究条件的限制，我们往往需要使用具有典型性与概括性的某几日气象日数据来对室外环境进行模拟，以反映全年室外风热环境的主要矛盾。对于城市热环境研究，《建筑用标准气象数据手册》《中国建筑热环境分析专用气象数据集》应用较多，这两本公开发行的书籍明确记录了我国大部分城市的典型气象年数据以及典型气象日数据。但对于村镇室外热环境的研究，由于城市与村镇的气候存在较大差异，临近城市的典型气象年与典型气象日数据不适用；另一方面，典型气象年数据大多从连续 30 年的监测数据中计算得来，对于监测时间较短、检测气象参数较少的小型气象站数据，已有的一些典型气象选取方法存在一定的不适用性。

因此，本章提出了两类典型气象日的选取办法，以西望村为例，使用该村中气象站监测的气象数据进行了气候研究与典型气象日的选取，并将选取结果应用至热环境模拟，分析不同典型气象日条件下室外热舒适度状况的特点与差异性。

第一种是基于参数权重的典型气象日选取法。该方法主要参考了 CSWD 的计算方法，又可根据方法中的指标不同，分为数据标准化处理法和平均绝对误差比处理法。该种选取法的核心在于，基于室外舒适度研究的考虑，选择了 8 种气象参数并给予不同的权重，随后利用统计指标处理以描述各气象日变量在整体数据集中的位置来确定最适宜描述研究时段平均状态的典型气象日。结果发现，在本研究中平均绝对误差比的处理方法要更准确一些，这是由于本研究中使用的数据样本量少，数据本身存在偏态分布性与强影响点，此时标准化处理法会丢失部分数据信息；而平均绝对误差比的核心在于描述各点距离算术平均值的程度，数据量较少时表现性良好，但若面对长期观测的数据集，此时算术平均值未必代表数据集的平均状态，平均绝对误差比的处理方法表现性可能较差。因此，对于未来的典型气象日选取，建议从数据集的特点出发，选取较为合适的计算方法；如若气象监测数据连续期较长，如有十几年、几十年等，还是建议首选使用 Sandia 法、CTYW 法和 CSWD 方法。使用基于参数权重的典型气象日选取法，确定西望村冬季最冷月的典型气象日是 1 月 3 日，夏季最热时期的典型气象日是 8 月 19 日，并使用这两日的气象数据展开了 ENVI-met 热环境模拟，通过真实测量对模拟结果完成了准确性检验，认为模型结果可反映夏季热环境的特点，随后使用舒适度指标 *PET* 对室外热舒适度展开研究。

第二种是“主成分—聚类”的典型气象日选取法，是一种将主成分分析与 K- 均值聚类分析结合的气候类型研究与各类型典型气象日选取的方法。该种方法核心在于，基于最大化概括描述气候特征的目的，选择 8 种气候参数（与基于参数权重的选取法不同），通过协方差矩阵分析数据集中各变量间的相关关系，获得选取主成分的评价值，使用评价值进行聚类获得较好的气候类型分类，各类型最中心的点即为该类型的典型气象日。对于西望村的冬季与夏季，都各分为 5 种气候类型，根据每种类型的频率与气象日的特点，给予每种类型气候模拟研究性的优先次序。选用的气候类型有：冬季类型 1“多云温暖湿润天气”、类型 2“阴凉潮湿天气”、类型 3“晴朗微冷干燥天气”、类型 4“晴朗温暖潮湿天气”的典型气象日；

夏季类型 1“多云较暖潮湿天气”、类型 3“晴朗温和舒爽天气”、类型 4“晴朗酷热天气”、类型 5“晴朗炎热大风天气”。使用上述气象日数据展开了 ENVI-met 热环境模拟，随后使用 PET 及 PET 预测评价尺度对室外热舒适度展开研究。

综合比较两种典型气象日的选取方法，第一种是对于季节的简化，使用最冷、最热时期的“平均日”来反映一个地区两种较为极端条件的热环境，这种方法较为简便、计算周期较短、易于推广，缺点是忽视了部分的季节数据，因此无法反映整体季节的气候特点；第二种是对季节较为全面的分类描述，可有针对性地找出影响人体热舒适度最大的几种气候类型然后分类研究，这种方法较为完整而全面，缺点是计算周期长，较难直接展开推广与应用。

至于室外综合热舒适度的评价，本研究使用了 3 种评价方法：折中性评判方法、独立性评判方法、标准化评判方法。从结果来看，前两种方法获得的评价结果一致性更高，其评价结果反映了在更高舒适度要求下的室外综合舒适性时长的分布特点，这与居民“在一日中更为舒适时刻前往最为舒适区域活动”的行为倾向一致。因此，前两种评价方法的结果可用于指导村镇规划设计中的活动空间布局设计、活动空间的舒适度提升设计等。而最后一种评价方法的结果反映了研究范围内的综合舒适度优劣，优点在于不会遗漏任何数据；缺点在于其结果值为无量纲数据，不具备真实含义，“综合舒适优”不代表在研究时段内都有舒适度最优，因此该方法在西望村的评价结果也与前两种方法的评价结果相矛盾，认为该种方法更适用于小部分时段的综合性评价。

室外综合热舒适度的评价结果表明，西望村冬季南北向街道舒适度较好、建筑围合度高的区域舒适度更佳，其中街道连续性更好的区域舒适度也更好；相反，东西向街道、开阔空地的舒适度较差。西望村夏季呈现相反的特点，满足全日综合舒适度的区域主要为东西向街道、有高大的绿化树木的区域，其中街道高宽比更小的东西向街道热舒适度更好，高大树木下的舒适度最为优秀，南北向街道与围合度较高的区域热舒适度差。

总体而言，可认为影响西望村冬、夏季室外舒适度最关键的气象因素是风的方向，规划的布局与构筑物的设计需重点考虑冬季阻挡有害的盛行风，夏季引导利用有益的盛行风。因此，对于西望村气候适应性的提升设计，可认为种植高大的行道树是提升夏季室外舒适度最便捷有效的方法，而在建筑群的规划布局与改建阶段，设计通风廊道与静风区都较为重要。可在有针对性地规划东西盛行风方向的街道同时，布局一定比例的围合式院落与南北向街道，使得冬季与夏季均有一定量比例的舒适区域作为居民活动、交流的社交场所；注重一些高大常绿树木与灌木的结合使用，使得植物可在夏季遮挡太阳辐射、提高热舒适度的同时，于冬季发挥一定程度的阻风作用。

第四章 基于主成分提取—聚类的村镇气候类型研究

4.1 研究对象与分析时段的选取

1)研究对象的选取

本节在研究中选取了6个长江中下游地区的典型村镇为研究对象,分别是:湖北省黄冈市七里坪镇的张家湾村、安徽省马鞍山市护河镇的詹村与万山村、江苏省宜兴市丁蜀镇的西望村与周铁镇的周铁村,以及江西省井冈山市的大仓村,6个村镇的区位分布如图2-1所示。这6个村镇都位于夏热冬冷地区的长江中下游区域,初步推测6个村镇的气候会有较高的相似性,但同时也具有各自的特点与差异。

2)分析时段的选取

从2020年各气象站安设日至2022年3月冬季结束为止,选取各村镇气象站所记录的测量数据为研究的气候数据库;考虑到气象变化的连续性与研究意义,以气象日7:00至次日6:30所记录的48条数据作为一个气象日的气象状况;由于所选村镇都位于夏热冬冷地区,春季和秋季较为温和舒适,故选取冬季与夏季作为气候类型研究的时段。

《气候季节划分》标准(QX/T 152—2012)规定了气候季节的划分方法,应以日平均气温或滑动平均气温为指标,夏季应≥22 ℃,冬季应<10 ℃,中间区间即为春季与秋季。该标准也规定了常年气候与当年气候的季节界定方法(以下简称“行标法”)——使用30年气温序列,计算同日平均气温的常年值,得到常年气温序列后计算5天滑动平均值,当常年滑动平均气温序列连续5天≥10 ℃的第一天即为春季起始日,当常年滑动平均气温序列连续5天≥22 ℃的第一天即为夏季起始日,同理可得秋、冬季起始日;当年气候季节起始日可基于当年气温序列,以5天滑动平均气温法与相同的尺度做初次判断,随后需与常年起始日做比较,如若初次判断的起始日比常年起始日早15天以上,需进行二次判断。由于行标法的当年季节起始日需与常年季节起始日比较后而定,不适用于缺乏常年气候数据的情况,故也可采用《气候季节划分》标准中“平均气温指标”划分季节的方法,只要连续5日的平均气温符合各季节的划定标准,该连续5日的第一日即为各季节的起始日。

使用“行标法”与“平均气温指标”划分出6个村镇在气象站记录时间内的夏季与冬季时段如表4-1所示,由于缺少村镇常年气温序列,使用“行标法”划分季节时仅做初次判断。

表 4-1　6 个村镇冬季与夏季时段的判定情况

判定方法	村镇名称	冬季		夏季	
		季节时段	有效气象日数	季节时段	有效气象日数
平均气温指标法	张家湾村	2020-11-30—2021-02-18、2021-11-30—2022-02-26	167	2021-05-28—10-04	130
	詹村	2020-11-22—2021-02-18、2021-11-30—2022-02-25	177	2021-05-27—10-14	141
	万山村	2020-11-22—2021-02-18、2021-11-30—2022-02-25	177	2021-05-27—10-14	138
	西望村	2020-12-22—2021-02-18、2021-11-30—2022-02-25	147	2021-05-27—10-14	141
	周铁村	2020-12-23—2021-02-18、2021-11-30—2022-02-25	146	2021-05-27—10-14	141
	大仓村	2021-01-16—2021-01-28、2021-11-22—2022-02-25	105	2021-05-06—10-10	158
行标法	张家湾村	2020-11-30—2021-02-12、2021-11-23—2022-02-28	170	2021-05-09—10-06	151
	詹村	2020-11-24—2021-02-12、2021-12-03—2022-02-28	168	2021-05-09—10-10	155
	万山村	2020-11-24—2021-02-12、2021-12-02—2022-02-27	169	2021-05-09—10-10	152
	西望村	2020-12-22—2021-02-20、2021-12-02—2022-02-28	150	2021-05-09—10-14	159
	周铁村	2020-12-23—2021-02-19、2021-12-14—2022-02-27	134	2021-05-08—10-14	160
	大仓村	2021-01-16—2021-01-31、2021-11-25—2022-02-27	106	2021-05-09—10-10	155

比较平均气温指标法与行标法的各村镇季节划分结果，可发现平均气温指标法划定的各村镇季节起止日较为一致，而行标法划分的各村镇季节起止日有一定差异；另一方面，平均气温指标法划定的各村镇冬季起止日都比行标法早，夏季起止日都比行标法晚。推测出现上述差异的原因是 6 个村镇都位于长江中下游地区，除大仓村外的 5 个村镇都位于北纬 38° 附近，各村镇受大气候影响较为相似，因此各村镇季节起止日应较为一致，也利于后续气候间的比较研究。行标法由于是对气象日前 4 日的平均气温进行平均处理，受前 4 日数据的影响，必然会出现冬季起止日的滞后性、夏季起止日的超前性，容易被异常天气干扰而结果不稳定；同时缺少村镇常年季节起始日进行二次比较，西望村与周铁村临近的宜兴市 2021 年入夏日为 5 月 24 日，这与行标法计算的结果差异较大，故本研究中行标法对于该 6 个村镇的季节判定不够适用。综上所述，本研究中各村镇的冬、夏季节时段将使用平均气温指标法的判定结果。

使用平均气温指标法判定的 6 个村镇冬、夏季时段的基础气候情况可在附录 F 中查看，最终参与气候类型研究的冬季气象数据库共计 919 个气象日数据，夏季气象数据库共计 849 个气象日数据。

4.2 长江中下游地区村镇冬、夏季气候类型划分研究

4.2.1 基于“主成分—聚类”的气候类型划分方法介绍

1）气象变量的选取

本节研究中所选择的气象变量与 3.2.3 节中西望村“主成分—聚类”的气候类型划分研究中使用的气象变量一致，这些气象变量分别是：日间平均空气温度 $\overline{T}_{ad}$，℃；夜间平均空气温度 $\overline{T}_{an}$，℃；空气温度日较差 ΔT_a，℃；日间平均相对湿度 $\overline{RH}_d$，%；夜间平均相对湿度 $\overline{RH}_n$，%；日间平均风速 $\overline{V}_{ad}$，m/s（2 m 高度处）；夜间平均风速 $\overline{V}_{an}$，m/s（2 m 高度处）；日太阳总辐射记录数值和 G_{sum}，W/m^2。其中，“日间”指日间时段，夏季指 7:00—18:00 所记录的数据，冬季指 7:00—17:00 所记录的数据；“夜间”指夜间时段，夏季指 19:00—次日 6:30 所记录的数据，冬季指 18: 00—次日 6: 30 所记录的数据；风速统一指离地面 2 m 高度处的风速，安设在屋顶的气象站使用式（2-5）进行转化计算。

2）各气候类型的划分方法

本节研究中，长江中下游地区 6 个村镇冬、夏季气候的分析与各气候类型的典型气象日选取方法，与 3.2.3 节记录的计算方法一致。

第一步，计算各气象日所选取的气象变量值，运用变量相关系数表、KMO 和 Bartlett 球形检验进行主成分分析适用性的判断。

第二步，选取相关系数矩阵求解气象变量的主成分，选取主成分个数。

第三步，撰写主成分表达式，将各气象日的气象变量数据代入主成分表达式，获得各气象日的主成分得分。

第四步，对各气象日的主成分得分进行 K- 均值聚类分析，并通过单因素方差分析、类型含义、空间散点图来验证聚类结果的合理性。

第五步，确定各气候类型中各村镇的典型气象日。

第六步，分析各村镇气候类型构成的异同性，明确各调研日的气候类型。

3）各村镇间冬、夏季时段气象日气象变量的数值分布性比较

6 个村镇冬季时段气象日的各气象变量（$\overline{T}_{ad}$，$\overline{T}_{an}$，ΔT_a，G_{sum}，$\overline{RH}_d$，$\overline{RH}_n$，$\overline{V}_{ad}$，$\overline{V}_{an}$）的数值分布差异如图 4-1 所示。

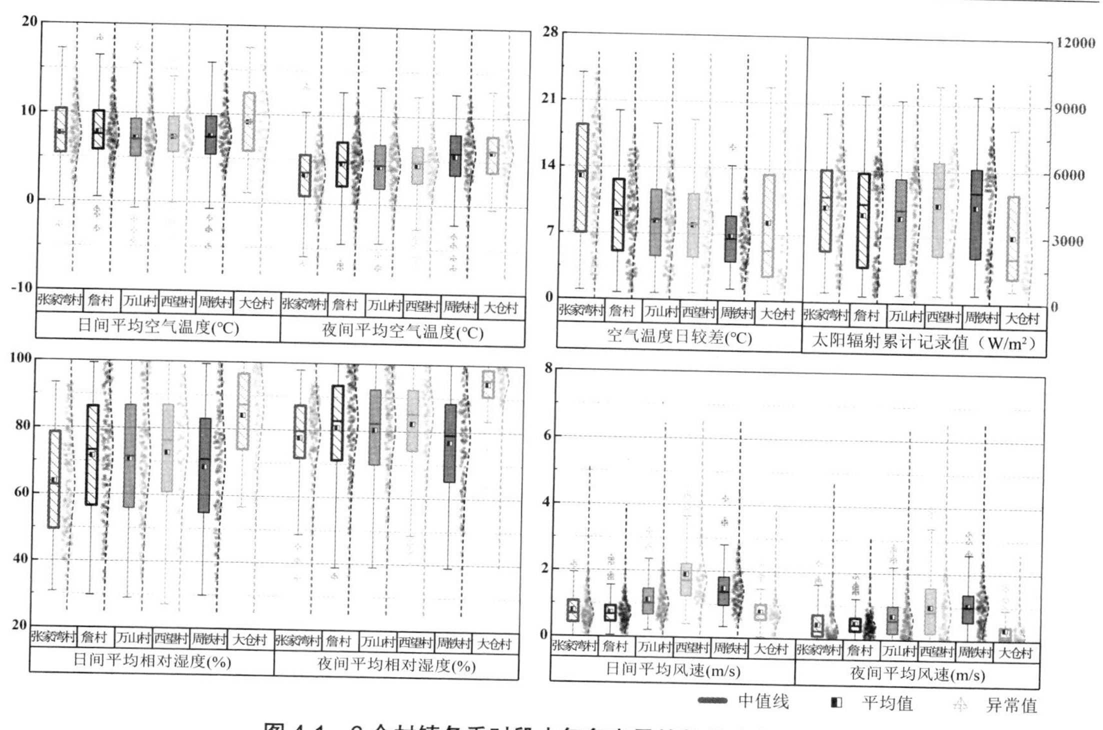

图 4-1　6 个村镇冬季时段中气象变量的数值分布比较

对于 $\overline{T}_{ad}$，除大仓村的 $\overline{T}_{ad}$ 整体偏高一些，其余各村镇的数值主体分布范围大致相同；对于 $\overline{T}_{an}$，张家湾村的 $\overline{T}_{an}$ 平均值与中值比整体偏低约 1.7 ℃，大仓村的 $\overline{T}_{an}$ 平均值与中值比整体偏高约 1.8 ℃；对于空气温度日较差 ΔT_a，张家湾村 ΔT_a 的分布范围与上、下四分位值都是最大，周铁村 ΔT_a 的分布范围与范围值都是最小，大仓村的 ΔT_a 为非正态分布结构，分布范围两极化。对于 G_{sum}，除大仓村的 G_{sum} 整体偏低，其余各村镇的数值主体分布范围大致相同。对于 $\overline{RH}_d$ 和 $\overline{RH}_n$，大仓村都整体偏高。对于 $\overline{V}_{ad}$ 和 $\overline{V}_{an}$，西望村和周铁村整体偏高一些。

6 个村镇夏季时段气象日的各气象变量（$\overline{T}_{ad}$，$\overline{T}_{an}$，ΔT_a，G_{sum}，$\overline{RH}_d$，$\overline{RH}_n$，$\overline{V}_{ad}$，$\overline{V}_{an}$）的数值分布差异如图 4-2 所示。对于 $\overline{T}_{ad}$，各村镇的数值主体分布范围大致相同，万山村、西望村和周铁村的中值与平均值偏低；对于 $\overline{T}_{an}$，周铁村的平均值与中值最高，约为 26.4 ℃，大仓村的数值主体分布范围最低，平均值越为 23 ℃；对于空气温度日较差 ΔT_a，张家湾村和大仓村的 ΔT_a 分布范围与上、下四分位值都是最大，西望村和周铁村的 ΔT_a 分布范围与范围值最小。对于 G_{sum}，各村镇的数值分布范围大致相同。对于 $\overline{RH}_d$ 和 $\overline{RH}_n$，大仓村都整体偏高。对于 $\overline{V}_{ad}$ 和 $\overline{V}_{an}$，西望村和周铁村整体偏高。

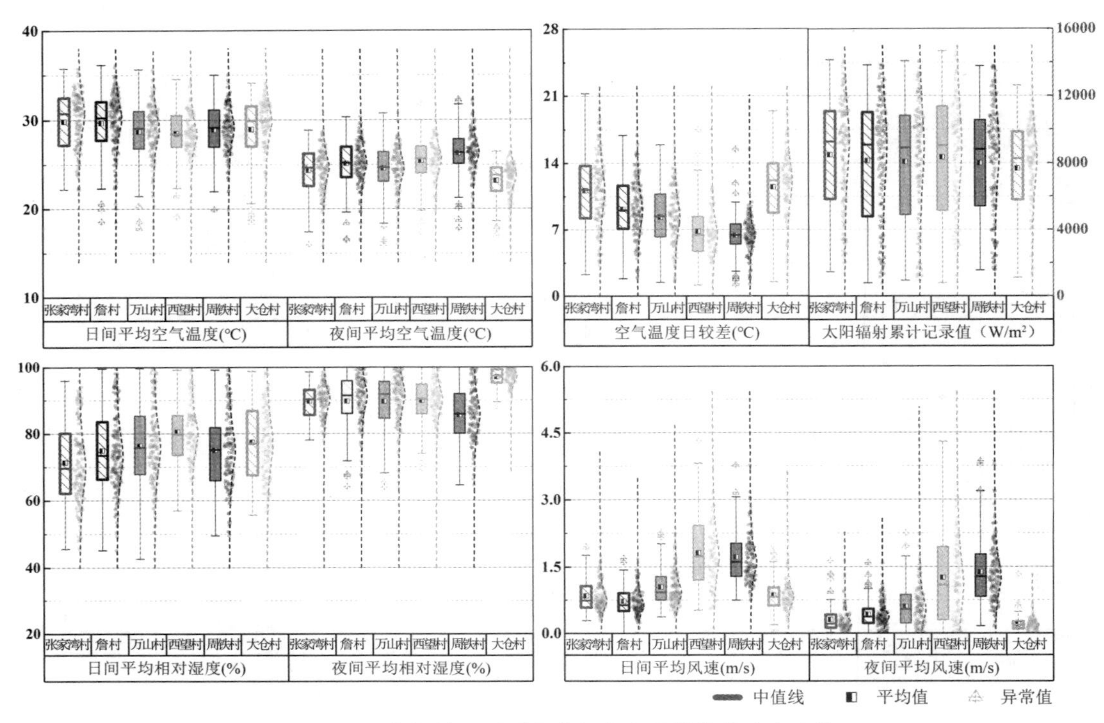

图 4-2 6 个村镇夏季时段中气象变量的数值分布比较

4.2.2 长江中下游地区村镇冬季气候类型划分

1）计算气象变量，判断主成分，分析适用性

计算冬季每个气象日的气象变量数值，对原始数据进行标准化处理后（SPSS 软件自动执行 Z-score 法标准化）获得各原始气象变量的标化变量，随后使用相关系数矩阵、KMO 检验和 Bartlett 球形检验进行主成分适用性判断。6 个村镇冬季气象日气象变量的相关系数矩阵如表 4-2 所示。

表 4-2 6 个村镇冬季气象日气象变量的相关系数矩阵

	$\overline{T}_{ad}$	$\overline{T}_{an}$	G_{sum}	ΔT_a	$\overline{RH}_d$	$\overline{RH}_n$	$\overline{V}_{ad}$	$\overline{V}_{an}$
$\overline{T}_{ad}$	1	0.744	0.272	0.457	-0.016	0.146	-0.184	-0.093
$\overline{T}_{an}$	0.744	1	-0.107	-0.119	0.36	0.316	-0.111	0.123
G_{sum}	0.272	-0.107	1	0.72	-0.756	-0.557	0.139	-0.126
ΔT_a	0.457	-0.119	0.72	1	-0.645	-0.401	-0.194	-0.292
$\overline{RH}_d$	-0.016	0.36	-0.756	-0.645	1	0.839	-0.139	0.121
$\overline{RH}_n$	0.146	0.316	-0.557	-0.401	0.839	1	-0.264	-0.108
$\overline{V}_{ad}$	-0.184	-0.111	0.139	-0.194	-0.139	-0.264	1	0.606
$\overline{V}_{an}$	-0.093	0.123	-0.126	-0.292	0.121	-0.108	0.606	1

由表中可知，大部分变量间的相关系数大于 0.3，变量间存在一定相关性；Bartlett 球形检验结果为 5 742.2，显著性为 0.000，应拒绝变量间不存在相关性的假设，各变量间存在相关性；KMO 值为 0.525，说明主成分分析可以使用。因此，6 个村镇冬季的气象变量可以进行主成分提取分析。

2）选取主成分 P_1、P_2 和 P_3

表 4-3 是冬季气象变量的主成分结果。8 个气象变量经过主成分分析后获得 8 个主成分，其中前 3 个成分的特征根大于 1，同时前 3 个主成分的累积贡献率为 84.768%。因此提取前 3 个主成分，分别是 P_1、P_2 和 P_3，代替原来的 8 个气象变量进行后续分析。

表 4-3　6 个村镇冬季气象变量的主成分提取结果

	特征根值	方差解释率（%）	累积（%）
1	3.115	38.941	38.941
2	2.107	26.338	65.278
3	1.559	19.489	84.768
4	0.476	5.952	90.719
5	0.377	4.716	95.435
6	0.223	2.785	98.22
7	0.093	1.167	99.387
8	0.049	0.613	100

3）对主成分 P_1、P_2 和 P_3 进行效果判断与表达式撰写，获取主成分值

表 4-4 为公因子方差，表示所选取的 3 个主成分 P_1、P_2 和 P_3 一共从每个原始变量中提取的信息量。由表可知，除 $\overline{RH}_n$ 信息提取率略低外，其余变量信息提取率都在 80% 以上，也说明选取的 3 个主成分已可反映大部分原始变量的信息。

表 4-4　公因子方差

	$\overline{T}_{ad}$	$\overline{T}_{an}$	G_{sum}	ΔT_a	$\overline{RH}_d$	$\overline{RH}_n$	$\overline{V}_{ad}$	$\overline{V}_{an}$
初始	1	1	1	1	1	1	1	1
提取	0.953	0.883	0.815	0.826	0.914	0.776	0.800	0.815

表 4-5 为 SPSS 输出的冬季气象变量的因子载荷矩阵。该表给出了标准化原始变量用求得的主成分线性表示的近似表达式，以 $\overline{RH}_d$ 为例，以 $Z\overline{RH}_d$ 表示其标准化后的变量，则有 $Z\overline{RH}_d \approx 0.950P_1 + 0.110P_2 + 0.006P_3$。

表 4-5 6 个村镇冬季气象变量的因子载荷矩阵

原始变量	主成分 1	主成分 2	主成分 3
$\overline{T}_{ad}$	-0.112	0.841	0.482
$\overline{T}_{an}$	0.347	0.643	0.592
G_{sum}	-0.871	0.162	0.172
ΔT_a	-0.796	0.438	-0.037
$\overline{RH}_d$	0.95	0.111	0.006
$\overline{RH}_n$	0.805	0.337	-0.115
$\overline{V}_{ad}$	-0.107	-0.628	0.628
$\overline{V}_{an}$	0.169	-0.498	0.734

主成分表达式根据表 4-3 与表 4-5 计算获得。用表 4-5 因子载荷矩阵表中的第 i 列向量除以表 4-3 中第 i 个特征根的平方根 $\sqrt{\lambda_i}$，即可得到主成分分析的第 i 个主成分的系数。6 个村镇冬季气象变量的主成分系数矩阵如表 4-6 所示。

表 4-6 6 个村镇冬季气象变量的主成分系数矩阵

标化变量	主成分 1	主成分 2	主成分 3
$Z\overline{T}_{ad}$	-0.063 5	0.579 4	0.386 0
$Z\overline{T}_{an}$	0.196 6	0.443 0	0.474 1
ZG_{sum}	-0.493 5	0.111 6	0.137 8
$Z\Delta T_a$	-0.451 0	0.301 7	-0.029 6
$Z\overline{RH}_d$	0.538 3	0.076 5	0.004 8
$Z\overline{RH}_n$	0.456 1	0.232 2	-0.092 1
$Z\overline{V}_{ad}$	-0.060 6	-0.432 6	0.503 0
$Z\overline{V}_{an}$	0.095 8	-0.343 1	0.587 9

根据主成分系数矩阵，可写出各个主成分用标准化后的原始气象变量表达的表达式（4-1）：

$$
\begin{aligned}
P_1 &= -0.0635Z\overline{T}_{ad} + 0.1966Z\overline{T}_{an} - 0.4935ZG_{sum} - 0.4510Z\Delta T_a + \\
&\quad 0.5383Z\overline{RH}_d + 0.4561Z\overline{RH}_n - 0.0606Z\overline{V}_{ad} + 0.0958Z\overline{V}_{an} \\
P_2 &= 0.5794Z\overline{T}_{ad} + 0.4430Z\overline{T}_{an} + 0.1116ZG_{sum} + 0.3017Z\Delta T_a + \\
&\quad 0.0765Z\overline{RH}_d + 0.2322Z\overline{RH}_n - 0.4326Z\overline{V}_{ad} - 0.3431Z\overline{V}_{an} \\
P_3 &= 0.3860Z\overline{T}_{ad} + 0.4741Z\overline{T}_{an} + 0.1378ZG_{sum} - 0.0296Z\Delta T_a + \\
&\quad 0.0048Z\overline{RH}_d - 0.0921Z\overline{RH}_n + 0.5030Z\overline{V}_{ad} + 0.5879Z\overline{V}_{an}
\end{aligned}
\tag{4-1}
$$

第一主成分中，ZG_{sum}、$Z\Delta T_a$、$Z\overline{RH}_d$、$Z\overline{RH}_n$ 的系数绝对值较大，并且 $Z\overline{RH}_d$、$Z\overline{RH}_n$ 与 ZG_{sum}、$Z\Delta T_a$ 的符号相反，因此推断第一主成分应当是表征太阳辐射作用，例如当累计太阳

辐射较低时，气象日出现全日相对湿度较高、空气温度日较差小的天气特点。

第二主成分中，$Z\overline{T}_{ad}$、$Z\overline{T}_{an}$、$Z\overline{V}_{ad}$、$Z\overline{V}_{an}$的系数绝对值较大，并且$Z\overline{T}_{ad}$、$Z\overline{T}_{an}$与$Z\overline{V}_{ad}$、$Z\overline{V}_{an}$的符号相反，因此推断第三主成分应当是描述空气温度与风速值呈相反的情况，如当空气温度较大时，风速较小的天气。

第三主成分中，$Z\overline{V}_{ad}$、$Z\overline{V}_{an}$、$Z\overline{T}_{an}$、$Z\overline{T}_{ad}$的系数值较大且符号一致，因此推断第三主成分与第二主成分相反，是描述空气温度与风速值一致的情况，如空气温度与风速同时较大的天气。

将各气象日的标化后气象变量数据带入主成分表达式，获得各气象日的 3 个主成分值。

4）聚类分析

使用每个气象日的 3 个主成分值进行 K- 均值聚类分析 / 层次分析，设置聚类数为 4~7 类，根据专业解释度判断聚类后各类型的样本数量是否分布合理，分析每种类型的气候类型含义，最终选取分成 5 类的分类结果。6 个村镇冬季气象日最终聚类的中心及个案数量，如表 4-7 所示。

表 4-7　6 个村镇冬季气象日最终聚类的中心及个案数量

聚类变量	类型 1	类型 2	类型 3	类型 4	类型 5
P_1	0.27	-0.66	1.87	-2.21	-1.8
P_2	-1.06	1.58	-0.09	-3.77	-0.38
P_3	1.9	0.35	-0.55	-0.39	-0.68
个案数量	131	230	309	30	219

使用单因素方差分析对聚类的结果进行考察检验。

（1）使用分组描述对聚类后的结果进行原始气候变量的组内平均值、标准差描述，如表 4-8 所示，观察组间各平均气象变量的差异。初步观测到各气象参数的平均值组间具有差异，各组内气象参数数值的标准差大小合理，各组间样本分布数量合理，可初步认为这种聚类结果是有效的。

（2）对聚类结果进行单因素方差分析检验，过程记录在附录 H 中表 H-1，检验结果认为分成的 5 类中均有变量存在与其他类型间的显著差异性，因此认为分成 5 类是有统计学效度的。

（3）绘制 6 个村镇冬季气象日主成分值在聚类结果下的空间分布散点图，如图 4-3 所示。观察各气象日的聚类结果空间分布图，可看出类间散点分布合理，主要的空间结构关系已被找出；第一主成分、第二主成分较大，聚类也主要发生在P_1与P_2平面上。

表 4-8 6 个村镇冬季 5 种天气类型的分组平均值与标准差

	类型	$\overline{T}_{ad}$(℃)	$\overline{T}_{an}$(℃)	G_{sum}(W/m²)	ΔT_a(℃)	$\overline{RH}_d$(%)	$\overline{RH}_n$(%)	$\overline{V}_{ad}$(m/s)	$\overline{V}_{an}$(m/s)
平均值	1	8.1	6.1	4 230	6.8	72.8	79.3	2.4	1.9
	2	11.8	7.1	5 293	13.4	67.4	82.5	0.9	0.4
	3	6.3	5.0	1 662	4.3	89.0	93.0	0.9	0.6
	4	-0.5	-3.1	5 286	7.2	43.6	52.0	2.6	1.1
	5	6.3	1.6	5 787	12.5	52.6	68.7	1.1	0.4
标准差	1	2.5	2.9	2 230	3.0	13.1	11.0	0.9	0.8
	2	2.3	2.7	1 419	4.1	11.2	10.2	0.4	0.5
	3	2.4	2.7	981	2.6	8.1	5.9	0.5	0.5
	4	2.7	2.6	1 598	2.4	12.2	9.2	1.0	0.9
	5	2.8	2.7	1 486	4.1	11.2	11.1	0.6	0.4

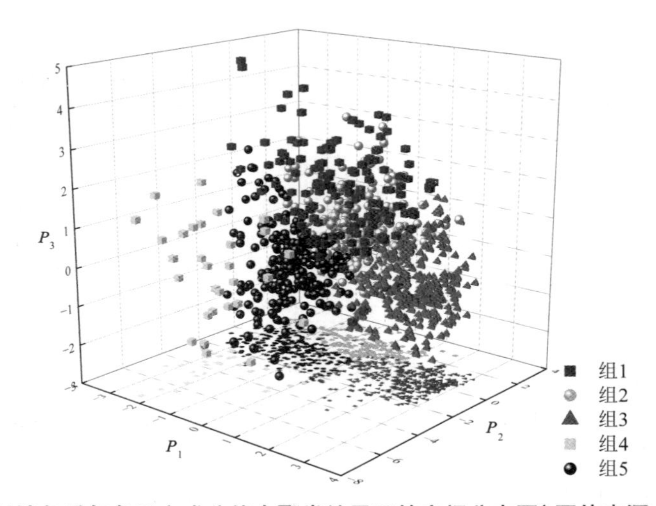

图 4-3 6 个村镇冬季气象日主成分值在聚类结果下的空间分布图(图片来源:作者自绘)

因此,认为将 6 个村镇冬季气象日划分为表 4-7 所示的 5 种天气类型是合理的。

5)明确各气象类型的特点。

综合表 4-7 各聚类中心点的主成分值含义、表 4-8 与附录 H 中表 H-1 各类型组间气象变量平均值的显著性特点,可对聚类的 6 个村镇冬季 5 种气象类型的特征做如下描述。

类型 1——太阳总辐射较强;$\overline{T}_{ad}$、$\overline{T}_{an}$是类间偏高水平,ΔT_a较小;$\overline{RH}_d$、$\overline{RH}_n$类间偏高;风速较大。该类型可定义为冬季“多云温暖湿润天气”,出现的频率为 14.25%。这种类型的天气基本出现于其他几种天气类型交替之时,是一种过渡天气,发生频率也较低,是室外热环境模拟的可选气候类型。

类型 2——太阳总辐射强;$\overline{T}_{ad}$、$\overline{T}_{an}$是组间最高水平,ΔT_a大;$\overline{RH}_d$、$\overline{RH}_n$偏高;风速适

中。该类型可被定义为“冬季晴朗温暖湿润天气”，出现频率为 25.03%。这种类型太阳光充足，气候舒适，非常适合人体活动，可作为该地区气候适应性设计所需重点考虑的气候之一。

类型 3——太阳辐射低；ΔT_a 差小，$\overline{T}_{ad}$、$\overline{T}_{an}$ 适中；$\overline{RH}_d$、$\overline{RH}_n$ 都为类间最高；风速较小。该类型可定义为冬季阴凉潮湿天气，出现的频率为 33.62%。尽管这种类型出现频率较高，但多云导致太阳总辐射较低，较大的湿度、缺少直射的太阳光致使室外热舒适度较差，也因此较难利用太阳辐射提升室外环境的适宜性，因此不建议作为该地区气候适应性设计时气候的首选类型。

类型 4——太阳总辐射强；$\overline{T}_{ad}$、$\overline{T}_{an}$ 都是类间最低；$\overline{RH}_d$、$\overline{RH}_n$ 是类间最低；全日平均风速大。该类型可被定义为“寒潮天气”。尽管日照较好，但较低的气温值、气温日较差以及偏高的风速都反映出这种天气非常不利于室外热舒适度。但该类型出现时间短，总计仅 30 个气象日，出现频率为 3.26%，因此可不作为该村镇气候适应性提升时的气候考量范围。

类型 5——太阳总辐射强；ΔT_a 大，$\overline{T}_{ad}$ 适中但 $\overline{T}_{an}$ 较低；$\overline{RH}_d$ 偏低，$\overline{RH}_n$ 较高；风速适中。该类型可被定义为“冬季晴朗微冷干燥天气”，出现的频率为 23.83%。这种类型气候的太阳辐射资源较为珍贵且丰富，日间时段气候舒适，较适合人体活动，可作为该地区气候适应性设计所需重点考虑的气候之一。

4.2.3　长江中下游地区村镇夏季气候类型划分

1）计算气象变量，判断主成分，分析适用性

计算夏季每个气象日的气象变量数值，对原始数据进行标准化处理后获得各原始气象变量的标化变量。6 个村镇夏季气象日气象变量的相关系数矩阵如表 4-9 所示。

表 4-9　6 个村镇夏季气象日气象变量的相关系数矩阵

	$\overline{T}_{ad}$	$\overline{T}_{an}$	G_{sum}	ΔT_a	$\overline{RH}_d$	$\overline{RH}_n$	$\overline{V}_{ad}$	$\overline{V}_{an}$
$\overline{T}_{ad}$	1	0.657	0.726	0.544	-0.651	-0.332	0.04	-0.041
$\overline{T}_{an}$	0.657	1	0.344	-0.222	-0.135	-0.324	0.263	0.279
G_{sum}	0.726	0.344	1	0.543	-0.832	-0.577	0.195	0.047
ΔT_a	0.544	-0.222	0.543	1	-0.67	-0.079	-0.263	-0.376
$\overline{RH}_d$	-0.651	-0.135	-0.832	-0.67	1	0.673	-0.084	0.029
$\overline{RH}_n$	-0.332	-0.324	-0.577	-0.079	0.673	1	-0.359	-0.374
$\overline{V}_{ad}$	0.04	0.263	0.195	-0.263	-0.084	-0.359	1	0.742
$\overline{V}_{an}$	-0.041	0.279	0.047	-0.376	0.029	-0.374	0.742	1

使用相关系数矩阵、KMO 检验和 Bartlett 球形检验进行主成分适用性判断。由上表可知，大部分变量间的相关系数大于 0.3，变量间存在一定相关性；Bartlett 球形检验结果为 6 475.6，显著性为 0.000，应拒绝变量间不存在相关性的假设，各变量间存在相关性；KMO 值为 0.583，说明主成分分析可以使用。因此，6 个村镇夏季的气象变量可以进行主成分提取

分析。

2)确定选取主成分 Q_1、Q_2 和 Q_3

表 4-10 是 6 个村镇夏季气象变量的主成分计算结果。8 个气象变量经过主成分分析后获得 8 个主成分,其中前 3 个成分的特征根大于 1,同时前 3 个主成分的累积贡献率为 85.823%。因此提取前 3 个主成分,分别是 Q_1、Q_2 和 Q_3,代替原来的 8 个气象变量进行后续分析。

表 4-10 6 个村镇夏季气象变量的主成分结果

成分	特征根	方差解释率(%)	累积贡献率(%)
1	3.496	43.694	43.694
2	2.283	28.544	72.238
3	1.087	13.585	85.823
4	0.588	7.352	93.176
5	0.268	3.352	96.527
6	0.176	2.203	98.73
7	0.076	0.952	99.682
8	0.025	0.318	100

3)对主成分 Q_1、Q_2 和 Q_3 进行效果判断与表达式撰写,获取主成分值

表 4-11 为公因子方差,表示所选取的 3 个主成分 Q_1、Q_2 和 Q_3 一共从每个原始变量中提取的信息量。由表可知,除 $\overline{RH}_{\text{n}}$、$\overline{V}_{\text{ad}}$ 的信息提取率略低外,其余变量信息提取率都约在 80% 以上,也说明选取的 3 个主成分已可反映大部分原始变量的信息。

表 4-11 公因子方差

	$\overline{T}_{\text{ad}}$	$\overline{T}_{\text{an}}$	G_{sum}	ΔT_{a}	$\overline{RH}_{\text{d}}$	$\overline{RH}_{\text{n}}$	$\overline{V}_{\text{ad}}$	$\overline{V}_{\text{an}}$
初始	1	1	1	1	1	1	1	1
提取	0.936	0.985	0.857	0.841	0.940	0.707	0.775	0.827

表 4-12 为 SPSS 输出的 6 个村镇夏季气象变量的因子载荷矩阵。

表 4-12 6 个村镇夏季气象变量的因子载荷矩阵

原始变量	主成分 1	主成分 2	主成分 3
$\overline{T}_{\text{ad}}$	0.846	-0.142	0.447
$\overline{T}_{\text{an}}$	0.482	0.443	0.745
G_{sum}	0.919	-0.088	-0.062
ΔT_{a}	0.557	-0.691	-0.23
$\overline{RH}_{\text{d}}$	-0.900	0.226	0.281

续表

原始变量	主成分 1	主成分 2	主成分 3
$\overline{RH}_{n}$	-0.706	-0.353	0.290
$\overline{V}_{ad}$	0.252	0.803	-0.258
$\overline{V}_{an}$	0.143	0.873	-0.212

该表给出了标准化原始变量用求得的主成分线性表示的近似表达式，以 $\overline{T}_{ad}$ 为例，以 Z $\overline{T}_{ad}$ 表示其标准化后的变量，则有 $Z\overline{T}_{ad} \approx 0.846\,Q_1 - 0.142\,Q_2 + 0.447\,Q_3$。各主成分表达式根据表 4-10 与表 4-12 计算获得。6 个村镇夏季气象变量的主成分系数矩阵如表 4-13 所示：

表 4-13 6 个村镇夏季气象变量的主成分系数矩阵

标化变量	主成分 1	主成分 2	主成分 3
$Z\,\overline{T}_{ad}$	0.452 5	-0.094 0	0.428 7
$Z\,\overline{T}_{an}$	0.257 8	0.293 2	0.714 6
$Z\,G_{sum}$	0.491 5	-0.058 2	-0.059 5
$Z\,\Delta T_{a}$	0.297 9	-0.457 3	-0.220 6
$Z\overline{RH}_{d}$	-0.481 3	0.149 6	0.269 5
$Z\overline{RH}_{n}$	-0.377 6	-0.233 6	0.278 2
$Z\,\overline{V}_{ad}$	0.134 8	0.531 5	-0.247 5
$Z\,\overline{V}_{an}$	0.076 5	0.577 8	-0.203 3

根据主成分系数矩阵，可写出各个主成分用标准化后的原始气象变量表达的表达式（4-2）：

$$
\begin{aligned}
Q_1 &= 0.452\,5Z\overline{T}_{ad} + 0.257\,8Z\overline{T}_{an} + 0.491\,5ZG_{sum} + 0.297\,9Z\Delta T_{a} - \\
&\quad 0.481\,3Z\overline{RH}_{d} - 0.377\,6Z\overline{RH}_{n} + 0.134\,8Z\overline{V}_{ad} + 0.076\,5Z\overline{V}_{an} \\
Q_2 &= -0.094\,0Z\overline{T}_{ad} + 0.293\,2Z\overline{T}_{an} - 0.058\,2ZG_{sum} - 0.457\,3Z\Delta T_{a} + \\
&\quad 0.149\,6Z\overline{RH}_{d} - 0.233\,6Z\overline{RH}_{n} + 0.531\,5Z\overline{V}_{ad} + 0.577\,8Z\overline{V}_{an} \\
Q_3 &= 0.428\,7Z\overline{T}_{ad} + 0.714\,6Z\overline{T}_{an} - 0.059\,5ZG_{sum} - 0.220\,6Z\Delta T_{a} + \\
&\quad 0.269\,5Z\overline{RH}_{d} + 0.278\,2Z\overline{RH}_{n} - 0.247\,5Z\overline{V}_{ad} - 0.203\,3Z\overline{V}_{an}
\end{aligned}
\tag{4-2}
$$

第一主成分中，$Z\,\overline{T}_{ad}$、$Z\,G_{sum}$、$Z\overline{RH}_{d}$、$Z\overline{RH}_{d}$ 的系数绝对值较大，其中 $Z\,\overline{T}_{ad}$、$Z\,G_{sum}$ 与 $Z\overline{RH}_{d}$、$Z\overline{RH}_{d}$ 的符号相反，因此推断第一主成分应当是表征太阳辐射对气候的影响，例如，当夏季太阳辐射较大时，会出现日间、夜间相对湿度较低，日间空气温度与温度日较差较大的特点。

第二主成分中，$Z\,\Delta T_{a}$、$Z\,\overline{V}_{an}$、$Z\,\overline{V}_{ad}$ 的系数绝对值较大，而且 $Z\,\Delta T_{a}$ 与其他两个变量符号相反，因此推断第二主成分是主要描述风速与其他变量的协同变化关系。

第三主成分中，$Z\overline{T}_{ad}$、$Z\overline{T}_{an}$的系数绝对值较大，因此推断该主成分应当是补充描述无太阳辐射影响下的空气温度信息，此时，$\overline{RH}$和$\overline{T}_a$是正相关的变化关系。

将各气象日的标化后气象变量数据带入主成分表达式，获得各气象日的 3 个主成分值。

4）聚类分析

使用每个气象日的 3 个主成分值进行 K- 均值聚类分析，设置聚类数为 5~7 类，根据专业解释度确定聚类后各类型的样本数量是否分布合理、分析每种类型的气候类型含义，最终选取分成 6 类的分类结果。6 个村镇夏季气象日最终聚类的中心及个案数量，如表 4-14 所示。

表 4-14　6 个村镇夏季气象日最终聚类的中心及个案数量

聚类变量	类型 1	类型 2	类型 3	类型 4	类型 5	类型 6
Q_1	-1.49	1.46	-0.69	1.27	-3.12	1.44
Q_2	1.81	2.13	-0.7	-1.62	-0.15	-0.37
Q_3	-0.01	-0.37	0.35	-0.99	-0.15	0.83
个案数量	74	145	190	139	127	174

使用单因素方差分析对聚类的结果进行考察检验。

（1）使用分组描述对聚类后的结果进行原始气候变量的组内平均值、标准差描述，如表 4-15 所示，观察组间各平均气象变量的差异。初步观测到各气象参数的平均值组间具有差异，各组内气象参数数值的标准差大小合理，各组间样本分布数量合理，可初步认为这种聚类结果是有效的。

表 4-15　6 个村镇夏季 6 种天气类型的分组平均值与标准差

	类型	$\overline{T}_{ad}$（℃）	$\overline{T}_{an}$（℃）	G_{sum}（W/m²）	ΔT_a（℃）	$\overline{RH}_d$（%）	$\overline{RH}_n$（%）	$\overline{V}_{ad}$（m/s）	$\overline{V}_{an}$（m/s）
平均值	1	26.7	25.2	4 536	4.6	87.0	92.4	1.8	1.4
	2	29.8	26.8	10 522	6.9	70.3	81.5	2.0	1.7
	3	28.8	24.5	7 182	9.2	80.3	94.7	0.8	0.3
	4	30.4	22.5	10 507	14.5	62.5	88.9	0.9	0.3
	5	24.2	22.3	2 803	5.2	92.9	97.2	0.7	0.4
	6	32.4	27.1	10 617	10.3	69.8	88.4	1.0	0.4
标准差	1	1.8	1.9	2 079	2.0	6.9	4.9	0.7	0.9
	2	1.9	2.1	2 159	1.8	8.5	6.7	0.6	0.7
	3	1.6	1.7	1 816	2.2	5.5	3.9	0.4	0.3
	4	2.1	1.7	1 636	2.4	7.1	6.8	0.4	0.3
	5	2.4	2.5	1 151	2.4	4.3	3.6	0.4	0.4
	6	1.5	1.3	1 751	2.1	6.0	5.2	0.4	0.3

（2）对聚类的结果使用单因素方差分析进行检验，过程记录在附录 H 中表 H-1，检验结果认为将分成的 6 类中均有变量存在与其他类型间的显著差异性，因此可认为分成 6 类有统计学效度。

（3）绘制夏季气象日主成分值在聚类结果下的空间分布散点图，如图 4-4 所示。观察各气象日的聚类结果空间分布图，可看出类间散点分布合理，主要的空间结构关系已被找出。

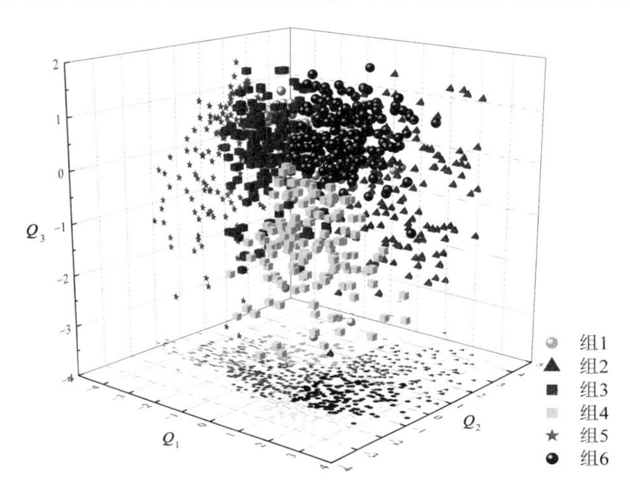

图 4-4　6 个村镇夏季气象日主成分值在聚类结果下的空间分布图（图片来源：作者自绘）

因此，认为将 6 个村镇夏季气象日划分为表 4-14 所示的 6 种天气类型是合理的。

5）明确各气象类型的特点

综合表 4-14 各聚类中心点的主成分值含义、表 4-15 与附录 H 中表 H-1 各类型组间气象变量平均值的显著性特点，可对聚类的夏季 6 种气象类型的特征做如下描述。

类型 1——太阳辐射偏小；$\Delta\overline{T}_{ad}$ 较小，$\overline{T}_{ad}$、$\overline{T}_{an}$ 都偏小；$\overline{RH}_d$ 与 $\overline{RH}_n$ 偏大；风速较大。该类型天气可被定义为夏季“多云凉爽潮湿大风天气”，出现的频率是 8.72%。尽管湿度较大，但较大的风速仍可带走人体热量，偏低的气温不对人体构成额外的热负荷，是夏季中较为舒爽的气候类型之一；另一方面，该类天气中有 71.62% 的气象日有降雨，有 12.16% 的气象日在活动时段出现持续性强降雨，不利于居民的户外活动，因此，该类型天气可不作为气候适应性规划的考虑类型。

类型 2——太阳辐射强；$\Delta\overline{T}_{ad}$ 较小，$\overline{T}_{ad}$、$\overline{T}_{an}$ 都偏高；湿度适中；风速较大。该类型天气可被定义为夏季“晴朗较暖大风天气”，出现的频率是 17.08%。尽管该类型温度偏高，但湿度不太大，风速较大，通过合理规划通风廊道和遮阳，较大的风速可有效帮助居民降低热负荷。因此该类型天气应是气候适应性规划的首选考虑气候类型。

类型 3——太阳辐射偏大；ΔT_a 适中，$\overline{T}_{ad}$、$\overline{T}_{an}$ 适中；$\overline{RH}_d$ 与 $\overline{RH}_n$ 偏大；风速较小。该类型天气可被定义为夏季“多云温和潮湿天气”，出现的频率为 22.38%。尽管气温不高，但偏高的湿度仍可能对人们造成闷热的感觉；较小的风速限制了通风廊道的降温作用。该类天气可作为气候适应性规划的考虑类型之一。

类型 4——太阳辐射强；ΔT_a 是类间最大，$\overline{T}_{ad}$ 较高，$\overline{T}_{an}$ 是类间最低；$\overline{RH}_d$ 是类间最低；风速较小。该类型天气可被定义为夏季“晴朗温和舒爽天气”，出现的频率是 16.37%。该类型天气都主要出现在 2021 年的夏初与夏末，早晚温差较大，日照充足，尽管中午温度较高但早晚温和舒爽，适宜户外活动，不对人们造成热舒适挑战，因此可考虑有效利用该类型天气的日照资源，但无需作为气候适应性规划的首选气候考虑类型。

类型 5——太阳辐射很低；ΔT_a 较小，$\overline{T}_{ad}$、$\overline{T}_{an}$ 都是类间最低；$\overline{RH}_d$ 与 $\overline{RH}_n$ 是类间最大；风速较小。该类型天气可被定义为夏季“多云微凉潮湿天气”，出现的频率是 14.96%。该类型天气主要受强对流空气影响导致，较多出现于夏初与夏末，96.85% 的气象日出现有降雨，降雨日中有 83.74% 都为小雨。该类型天气是夏季中较为极端凉爽的天气，不对人们造成热舒适挑战；另一方面，降雨可能会影响户外活动，因此，该类天气可不作为气候适应性规划的考虑类型。

类型 6——太阳辐射强；$\Delta\overline{T}_{ad}$ 适中，$\overline{T}_{ad}$、$\overline{T}_{an}$ 都是类间最高；$\overline{RH}_d$ 偏低；风速适中。该类型天气可被定义为夏季“晴朗酷热天气”，出现的频率是 20.49%。该类天气是夏季中最为炎热天气，主要出现于盛夏时期，高温和略湿润的空气带给居民较大的热负荷，需在规划设计中考虑阻挡太阳直射辐射。因此，类型 4 是需气候适应性规划的考虑气候类型之一。

4.3 村镇冬、夏季气候类型划分下的对比研究

1)6 个村镇冬季气候的类型划分讨论

6 个村镇在冬季 5 种气候类型划分下的组成结构如表 4-16 所示。

表 4-16 6 个村镇冬季 5 种气候类型的气象日数量

	类型 1	类型 2	类型 3	类型 4	类型 5	总计
张家湾村	3	53	45	3	63	167
詹村	2	53	70	2	50	177
万山村	22	38	61	6	50	177
西望村	43	22	41	8	33	147
周铁村	60	21	32	11	22	146
大仓村	1	43	60	0	1	105
总计	131	230	309	30	219	919

由表可知，6 个村镇冬季类型 4 中“寒潮天气”的气象日数量都最少，反映出类型 4 中天气对各村镇而言都是较为极端稀少的气象日，可不作为气候适应性设计的讨论范围。除类型 4 外，张家湾村、詹村在冬季类型 1“冬季多云温暖湿润天气”的气象日很少；而大仓村几乎不存在类型 1、类型 5 的气象日，该村冬季气候类型主要为类型 2“冬季晴朗温暖湿润天气”和类型 3“冬季阴凉潮湿天气”；万山村、西望村和周铁村都拥有较高比例的 4 种类型气

象日，其中西望村4种气候类型气象日数量分布最为适中。

另一方面，通过对比表3-9与表4-8中各冬季天气类型气候参数特点、表3-8与表4-16各天气类型的气象日数量可知，6个村镇的类型1与西望村类型2大致相同，气象日数比为43:50，较为接近；6个村镇的类型2与西望村类型1大致相同，气象日数比为22:15，较为接近；6个村镇类型3与西望村类型4大致相同，气象日数比41:44，较为接近；6个村镇类型4与西望村类型5大致相同，气象日数比为8:7，较为接近；6个村镇类型5与西望村类型3大致相同，气象日数比为33: 31，较为接近。西望村的气候分类与6个村镇的气候分类一致度高。

选取长江中下游地区冬季5种气候类型划分下的西望村各类型天气的典型气象日，结果如表4-17所示。距某类型聚类中心点最近的西望村气象日即为西望村该类型天气的典型气象日。

表4-17　西望村在长江中下游地区村镇冬季5种气象类型划分下的典型气象日

类型	典型日	$\overline{T}_{ad}$（℃）	$\overline{T}_{an}$（℃）	G_{sum}（W/m²）	ΔT_a（℃）	$\overline{RH}_d$（%）	$\overline{RH}_n$（%）	$\overline{V}_{ad}$（m/s）	$\overline{V}_{an}$（m/s）
1	2021-02-08	7.6	5.3	3 880	4.53	69.4	68.8	2.0	2.6
2	2021-12-04	10.9	5.9	6 570	12.1	65.3	87.0	1.3	0.2
3	2022-01-08	6.8	5.7	2 353	2.9	84.1	89.7	1.3	0
4	2020-12-31	-0.9	-4.3	6 988	9.8	44.3	67.0	3.1	0.3
5	2022-02-21	5.4	1.5	8 068	8.9	51.2	74.3	1.3	0

比较上表与表3-10的西望村相似类型典型气象日间的差异，如表4-18所示。由表可知，对于两种气候类型划分下的相似类型的典型气象日，除夜间时段的平均风速有较大差异，其余气候变量间均无显著性差异。因此，可认为西望村的气候类型与6个村镇的气候类型在组成结构上最为相似，特点上也高度相似。

表4-18　西望村两种冬季气候类型划分下的典型气象日差异绝对值比较

6个村镇的气候类型划分		西望村的气候类型划分		$\Delta\overline{T}_{ad}$（℃）	$\Delta\overline{T}_{an}$（℃）	ΔG_{sum}（W/m²）	ΔT_a（℃）	$\Delta\overline{RH}_d$（%）	$\Delta\overline{RH}_n$（%）	$\Delta\overline{V}_{ad}$（m/s）	$\Delta\overline{V}_{an}$（m/s）
类型	典型日	类	典型日								
1	2021-02-08	1	2021-02-08	0	0	0	0	0	0	0	0
2	2021-12-04	4	2022-01-19	1.5	0.1	797	0.64	16.1	5.6	0.2	0.8
3	2022-01-08	2	2021-01-27	0.4	0.7	157	2.5	2.5	3.4	0.5	1.0
4	2020-12-31	5	2021-12-26	0.9	2.5	968	4.76	1.2	20.6	0.4	1.5
5	2022-02-21	3	2021-01-11	0.7	0.7	1 376	0.42	4.2	0.9	0.5	0.2

综上所述，大仓村的冬季气候在6个村镇中较为独特和单一；张家湾村和詹村其次；万

山村、西望村和周铁村的气候最为全面。另一方面，6 个村镇中，西望村各气候类型的气象日数量最为适中，该村的气候与长江中下游地区气候的整体特点较为一致，该村气候在长江中下游地区村镇中有代表性。由于 6 个村镇冬季气候类型 4 最为极端，气象日数量极少，故该类天气可不作为气候适应性规划的考虑类型，因此 3.2.3.4 节中西望村冬季气候类型 1、类型 2、类型 3、类型 4 的室外热环境模拟评价研究，可有代表性地反映出长江中下游地区村镇冬季的室外舒适度状况。

2)6 个村镇夏季气候的类型划分讨论

6 个村镇在夏季 6 种气候类型划分下的组成结构如表 4-19 所示。

表 4-19　6 个村镇在夏季 6 种气候类型划分下的气象日组成

	类型 1	类型 2	类型 3	类型 4	类型 5	类型 6	总计
张家湾村	1	1	31	40	19	38	130
詹村	3	3	33	25	25	52	141
万山村	8	17	32	19	26	36	138
西望村	28	51	23	6	15	18	141
周铁村	34	73	8	1	12	13	141
大仓村	0	0	63	48	30	17	158
总计	74	145	190	139	127	174	849

由表可知，张家湾村、詹村、大仓村夏季类型 1“多云凉爽潮湿大风天气”、类型 2“晴朗较暖大风天气”的气象日数都极少；万山村类型 1 的气象日数偏少；西望村类型 4“晴朗温和舒爽天气”的气象日数偏少；周铁村类型 3“多云温和潮湿天气”、类型 4 的气象日数偏少。粗略比较来看，夏季各村镇间存在一定的差异；从构成与气象日比例来看，万山村和西望村都有 6 种气候类型，数量分布较为适中。

另一方面，对比表 3-17 与表 4-15 中各夏季天气类型的气候参数特点，6 个村镇的类型 1 与西望村类型 1 大致相同；6 个村镇的类型 2 与西望村类型 5 大致相同；6 个村镇的类型 3、4 与西望村类型 3 相似；6 个村镇的类型 5 与西望村类型 2 大致相同，气象日数比为 15∶15；6 个村镇的类型 6 与西望村类型 4 大致相同。西望村的气候分类与 6 个村镇的气候分类一致度较高。

选取长江中下游地区夏季 6 种气候类型划分下的西望村各类型天气的典型气象日，结果如表 4-20 所示。距某类型聚类中心点最近的西望村气象日即为西望村该类型天气的典型气象日。

表 4-20　西望村在长江中下游地区村镇夏季 6 种气象类型划分下的典型气象日

类型	典型日	$\overline{T}_{ad}$ (℃)	$\overline{T}_{an}$ (℃)	G_{sum} (W/m²)	ΔT_a (℃)	$\overline{RH}_d$ (%)	$\overline{RH}_n$ (%)	$\overline{V}_{ad}$ (m/s)	$\overline{V}_{an}$ (m/s)
1	09 月 12 日	27.2	24.9	5 934	6.33	85.4	95.4	2.0	1.3

续表

类型	典型日	$\overline{T}_{ad}$（℃）	$\overline{T}_{an}$（℃）	G_{sum}（W/m²）	ΔT_a（℃）	$\overline{RH}_d$（%）	$\overline{RH}_n$（%）	$\overline{V}_{ad}$（m/s）	$\overline{V}_{an}$（m/s）
2	06 月 11 日	30.5	26.8	11 771	6.6	68.2	81.3	1.7	2.2
3	08 月 21 日	29.3	24.7	6 522	9.9	84.4	96.8	1.2	0.03
4	09 月 21 日	30.7	21.4	11 564	15.0	57.1	88.1	1.0	0.00
5	08 月 13 日	26.0	22.6	2 097	6.5	95.5	99.7	1.0	1.3
6	08 月 08 日	31.3	26.7	12 639	8.3	67.0	86.8	0.6	0.2

比较上表与表 3-18 的西望村相似类型典型气象日间的差异，如表 4-21 所示。

表 4-21 西望村两种夏季气候类型划分下的典型气象日差异绝对值比较

6 个村镇的气候类型划分		西望村的气候类型划分		$\Delta\overline{T}_{ad}$（℃）	$\Delta\overline{T}_{an}$（℃）	ΔG_{sum}（W/m²）	ΔT_a（℃）	$\Delta\overline{RH}_d$（%）	$\Delta\overline{RH}_n$（%）	$\Delta\overline{V}_{ad}$（m/s）	$\Delta\overline{V}_{an}$（m/s）
类型	典型日	类型	典型日								
1	09 月 12 日	1	7 月 2 日	0.8	1.2	2 140	0.47	3.1	1.7	0.3	0.2
2	06 月 11 日	5	7 月 17 日	0.3	0	1 861	1	12.2	1.3	1.2	0.2
3	08 月 21 日	3	5 月 29 日	0.1	1.8	6 981	0.3	18.1	8.4	0.9	0.03
4	09 月 21 日			1.3	1.5	1 939	4.8	9.2	0.3	1.1	0
5	08 月 13 日	2	6 月 2 日	2.4	0.3	1 083	1.6	1.4	1.6	0.7	0
6	08 月 08 日	4	6 月 14 日	1.2	0.1	2 729	2.1	7.2	4.0	0.9	1.2

由表可知，夏季 6 个村镇类型 3、4 与西望村类型 3 在太阳总辐射上的差异较大，西望村类型 3 典型气象日大致是夏季 6 个村镇类型 3、4 典型气象日的平均状态；其余的类型间无显著性差异，因此，可认为西望村的气候类型与 6 个村镇的气候类型在组成结构与特点上较为相似。

由于 6 个村镇夏季气候类型 5 “多云微凉潮湿天气” 最为舒适，不会对人们造成热舒适挑战，该类天气可不作为气候适应性规划的考虑类型，因此 3.3 节、3.4 节中西望村夏季气候 1、类型 3、类型 4、类型 5 的室外热环境模拟评价研究，可反映出部分长江中下游地区村镇的室外舒适度状况。

4.4 本章小结

本章以长江中下游地区的张家湾村、詹村、万山村、西望村、周铁村和大仓村为研究对象，使用《气候季节划分》标准选取了各研究村镇的冬、夏季分析时段，采用第三章提出的 “主成分—聚类” 的气候类型划分方法，研究长江中下游地区村镇的主要气候特点。

长江中下游地区村镇冬季的气候可分为 5 类：多云温暖湿润天气、晴朗温暖湿润天气、阴凉潮湿天气、寒潮天气、晴朗微冷干燥天气，其中寒潮天气出现的频率很低，可不作为村镇气候适应性研究的气候考量范围。长江中下游地区村镇夏季的气候可分为6类:多云凉爽潮湿大风天气、晴朗较暖大风天气、多云温和潮湿天气、晴朗温和舒爽天气、多云微凉潮湿天气、晴朗酷热天气,其中第1类多云凉爽潮湿大风天气、第5类多云微凉潮湿天气由于气候条件较为适宜,不对人们造成热舒适挑战,因此这两种类型天气可不作为气候适应性规划的考虑类型。

对6个村镇冬、夏季气候类型的组成结构进行对比讨论,结果发现,对于冬季,万山村、西望村和周铁村气候类型构成全面,气象日比例分布比较合理;对于夏季,万山村和西望村的气候类型组成全面,比例分布较为合理。其中,西望村冬、夏季各气候类型的气象日数量比例分布最为适中,第三章中西望村冬、夏季气候类型与6个典型村镇的气候类型相似,在气象特点上有高度的一致性。因此,认为西望村的气候类型在长江中下游地区6个典型村镇中最有代表性。

第五章　西望村空间形态因子对室外热舒适度影响的机理研究

第三章对于西望村冬、夏季典型气象日的室外综合热舒适度展开了模拟分析，分析结果发现，在不同的建筑环境下，舒适度的差异是显著的，的确存在一些空间形态因子，如植被、街道走向等对微气候有显著性影响。因此，本章的研究目的在于挖掘村镇空间形态与综合室外热舒适度的定量关系，指导后续的气候适应性村镇规划设计。

首先，本章总结了村镇空间形态的因子种类，并建立计算机自动提取的程序；其次，以西望村为例，提取各个空间形态因子，探寻各个空间形态因子间的相关关系，选取共线性小、信息量高的形态因子来描述村镇；最后，使用西望村综合舒适度模拟分析结果，探究不同研究范围下单一形态因子对室外舒适度的影响变化关系，探寻多个空间形态因子对室外舒适度的耦合关系。

5.1　村镇空间形态因子的选取与计算

室外微气候并非仅受建筑物的影响，而是受建筑物与环境的综合影响[108]。对于村镇室外空间形态因子，依据因子描述对象的不同可大致分为 3 种类型：建筑形态因子、街道形态因子和环境形态因子。建筑形态因子，即主要为描述建筑形态特点的因子，例如建筑容积率、建筑密度、建筑高度、建筑体形系数等。街道形态因子，即主要为描述研究点所在街道或小社区空间特点的因子，该空间是由多个建筑组成的，例如街道高宽比、建筑围合度、街道走向等。环境形态因子，即主要为描述环境要素特点的因子，例如硬地率、水体率、距离水体的最短距离、绿地率等。至于其他影响室外热环境的要素，如生活、生产产热（空调产热、交通产热），由于西望村较为偏僻，车流量很小，居民对采暖制冷的需求较小，因而对西望村的室外热环境影响较小，在本研究中不展开具体讨论。

所选取的各形态因子其含义与计算公式如下。

5.1.1　建筑形态因子

本研究中选取并展开讨论的建筑形态因子有：建筑密度、建筑容积率、建筑平均高度、最高建筑平均高度、建筑表面积比、平均建筑体形系数、建筑迎风面积比。

1）建筑密度

建筑密度又称为建筑覆盖率（Building Cover Ratio，BCR）、建筑平面面积比（Building Plan Area Fraction），如图 5-1 所示，是测算范围内全部建筑的占地面积与范围面积的比值。

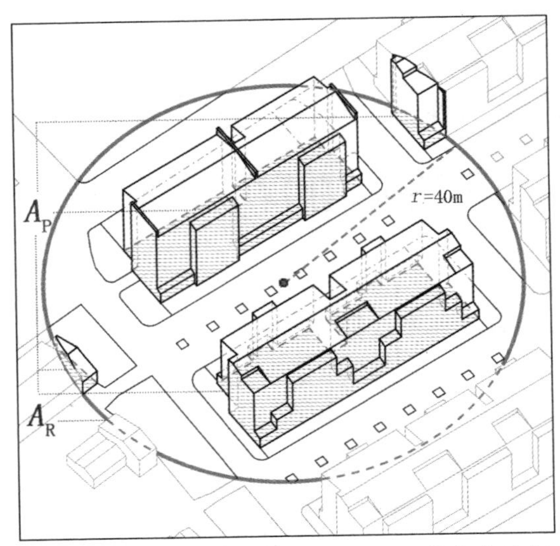

图 5-1 建筑密度示意图(图片来源:作者自绘)

建筑密度是规划设计的一个重要指标,多用于衡量某个区域的开发强度。日本学者 Yoshie 在对日本城市的研究中发现,BCR 和风速间是负相关的 [109]。一般来说,范围内的 BCR 越大,建筑间的间距会变小,从而增大街道的高宽比,对风的阻碍加大,影响范围内近地面获得的太阳辐射量与风的运动轨迹。BCR 可用式(5-1)计算获得:

$$BCR = \frac{A_P}{A_R} \tag{5-1}$$

式中,A_P 是建筑物的占地面积,A_R 是测算范围的平面面积。

2)建筑容积率

建筑容积率(Floor Area Ratio, FAR),如图 5-2 所示,是测算范围内建筑的总建筑面积与范围面积的比值。FAR 也是规划设计中的一个重要指标,多用于控制某个区域的建设强度,该指标可反映范围内的人口密度。一般来说,FAR 越大的地方,人口数量与人的生活轨迹越多。FAR 可用式(5-2)计算获得:

$$FAR = \frac{A_T}{A_R} \tag{5-2}$$

式中,A_T 是建筑物的全部建筑面积,A_R 是测算范围的平面面积。

3)建筑平均高度

建筑平均高度(Average Building Height, ABH),指测算范围内全部建筑的体积和与范围内全部建筑的底面积和的比值。建筑高度影响一个区域的冠层状态,冠层高度影响湍流的产生;建筑平均高度可被用作地面粗糙度的一阶近似值,以用于描述一个区域的下垫面的阻风效力 [109]。ABH 可用式(5-3)计算获得,单位为 m:

$$ABH = \frac{V_T}{A_p} \tag{5-3}$$

式中,V_T 是全部建筑物的体积,如图 5-3 所示;A_P 是全部建筑的底面积和,如图 5-1。

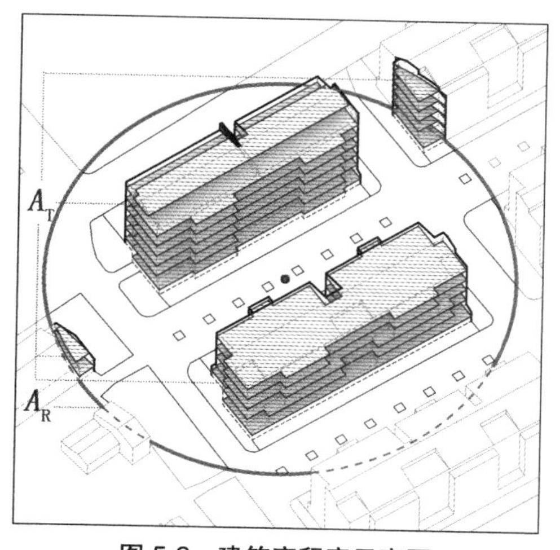

图 5-2 建筑容积率示意图
（图片来源：作者自绘）

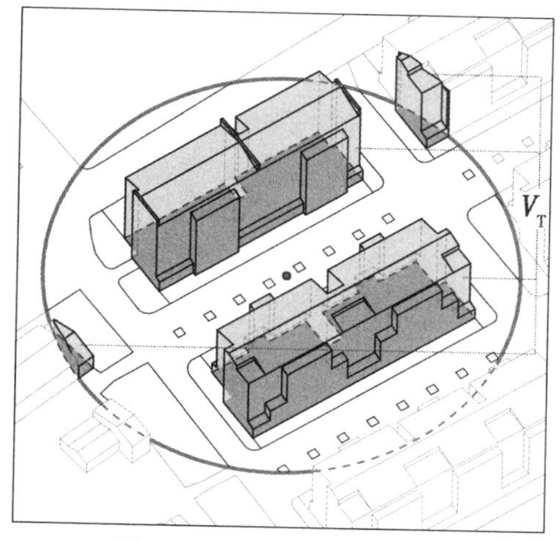

图 5-3 建筑平均高度示意图
（图片来源：作者自绘）

4)最高建筑平均高度

最高建筑平均高度(Average Height of the Highest Building，AHHB)指范围内最高建筑物的平均高度，如图 5-4 所示。在区域规划中，一个区域的建筑物最高高度常被加以限制；另一方面，一个区域中与周围建筑有显著性高度差异的建筑物，往往会对这个区域的风环境造成显著性影响。在村镇中，由于大部分建筑是坡屋顶，因此使用平均高度来更准确地描述单体建筑高度。AHHB 可用式(5-4)计算获得，单位为 m：

$$AHHB = \frac{V_{B_{max}}}{A_{B_{max}}} \tag{5-4}$$

式中，$V_{B_{max}}$ 是范围内最高建筑的体积，$A_{B_{max}}$ 是范围内最高建筑的底面积。

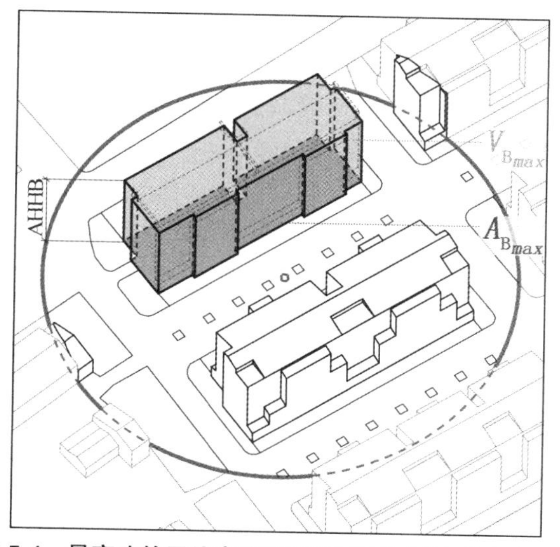

图 5-4 最高建筑平均高度示意图（图片来源：作者自绘）

5）建筑表面积比

建筑表面积比（Building Surface Area Ratio，BSAR），如图 5-5 所示，指测算范围内建筑的总外表面（能与空气接触的外表面）面积与范围面积的比值。

在日间，建筑物的墙体与屋顶表面环境发生吸热与漫反射，在夜间释放热量，从而影响区域的热环境。BSAR 可用式（5-5）计算获得：

$$BSAR = \frac{A_S}{A_R} \tag{5-5}$$

式中，A_S 是建筑物的总外表面面积，A_R 是测算范围的平面面积。

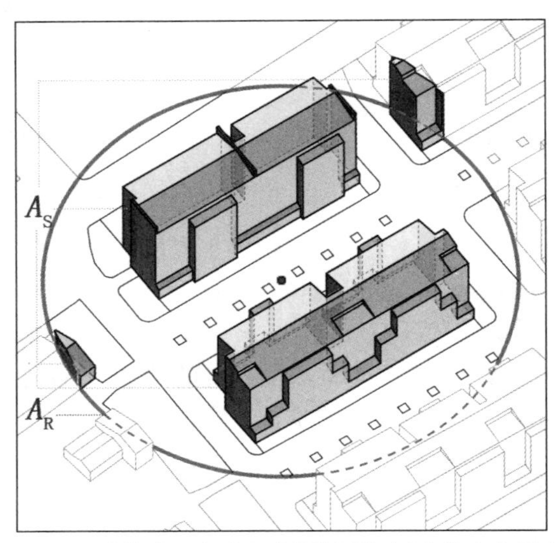

图 5-5　建筑表面积比示意图（图片来源：作者自绘）

6）平均建筑体形系数

平均建筑体形系数（Average Shape Coefficient of Building，ASCB），指测算范围内建筑的总外表面面积与范围内全部建筑的体积和的比值，如图 5-6 所示。

建筑体形系数描述的是单位体积建筑所分摊到的外表面积，常被用于建筑物的形态与能耗影响研究中。一般来说，对于相同体积的建筑物，建筑体形系数越小，制冷或采暖负荷越低。ASCB 可用式（5-6）计算获得：

$$ASCB = \frac{A_S}{V_T} \tag{5-6}$$

式中，A_S 是建筑物的总外表面面积，V_T 是全部建筑物的体积。

7）建筑迎风面积比

建筑迎风面积比（Frontal Area Density，FAD），如图 5-7 所示，指测算范围内的建筑物在季节性盛行风向的投影面积与测算范围的平面面积比值。该指标可将建筑的外表面形体、建筑物的方向同风向联系起来，可与其他形态因子一起描述范围内的建筑群体对风的阻碍或引导作用。FAD 可用式（5-7）计算获得：

$$FAD(\theta)=\frac{A(\theta)_{\text{proj}(\Delta z)}}{A_{\text{R}\,\Delta z}} \tag{5-7}$$

式中，$A(\theta)_{\text{proj}(\Delta z)}$ 是在一定高度增量下，全部建筑表面投影在垂直于盛行风向平面上的面积和，θ 表示盛行风的风向；$A_{\text{R}\,\Delta z}$ 指一定高度增量下的测算范围平面面积。对于真实测量点的FAD，计算时使用测算获得的风频玫瑰图数据，计算所有风向的 FAD 后按风频加权求和；对于使用 ENVI-met 模拟的 FAD，使用一个盛行风方向即可。由于村镇中的建筑高度绝大部分都是 10 m 以下，该高度范围中的建筑物对近地表面的影响较大，因此在本研究中不做高度增量的划分讨论。

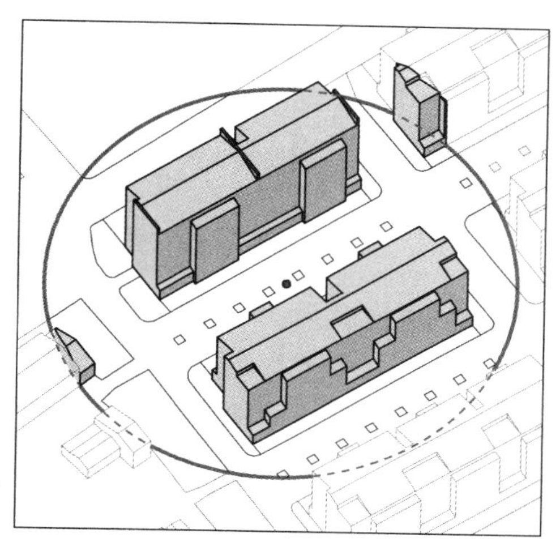

图 5-6　平均建筑体形系数示意图
（图片来源：作者自绘）

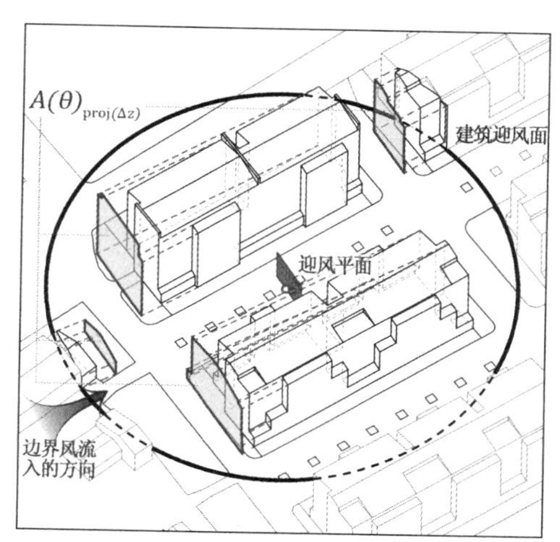

图 5-7　建筑迎风面积比示意图
（图片来源：作者自绘）

5.1.2　街道形态因子

本研究中选取并展开讨论的街道形态因子有：建筑围合度、建筑分散度、平均高宽比、街道走向、街道与盛行风方向的一致程度。

1）建筑围合度

建筑围合度（Building Enclosure Ratio，BER），如图 5-8 所示，指测算范围内的最外侧建筑物在范围上的边长总和与测算范围周长的比值 [110]。

围合度在一定程度上可以反映所选区域的开放程度，可用于描述居民进出该范围的自由程度等。BER 可用式（5-8）计算获得：

$$BER=\frac{L_{\text{BintR}}}{L_{\text{R}}} \tag{5-8}$$

式中，L_{BintR} 指建筑与测算范围边界相交线段长度总和，L_{R} 只测算范围边界的周长。

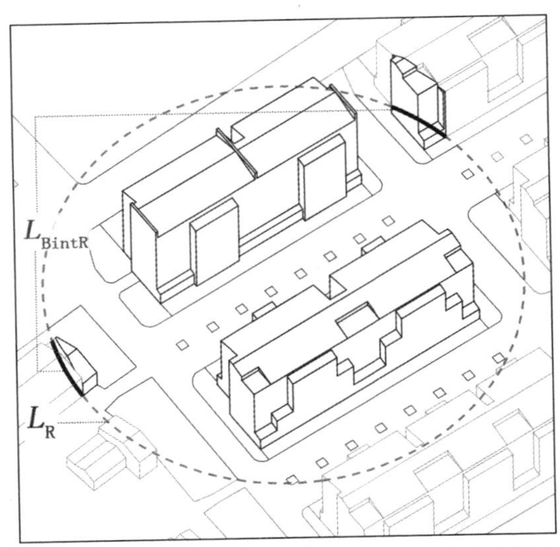

图 5-8 建筑围合度示意图（图片来源：作者自绘）

2）建筑分散度

建筑分散度（Building Dispersion Ratio，BDR），如图 5-9 所示，是测算范围内全部建筑底面周长总和与全部建筑底面面积 4 倍开根值的比率。该指标与平均建筑体形系数有相似之处，可用于形容测算范围内建筑物在环境范围中的散布程度。BDR 可用式（5-9）计算获得：

$$BDR = \frac{L_B}{4\sqrt{A_p}} \tag{5-9}$$

式中，L_B 指测算范围内的建筑底面周长总和，A_p 是全部建筑的底面积和。

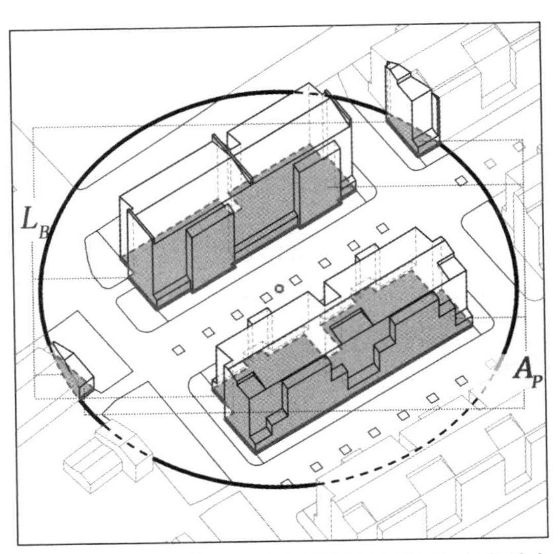

图 5-9 建筑分散度示意图（图片来源：作者自绘）

3)平均高宽比

平均高宽比(Average Height to Width Ratio, AHWR),如图5-10所示,指测算范围内建筑物在垂直于水平面上的表面积投影总和与未被建筑物覆盖的测算区域面积的比值。

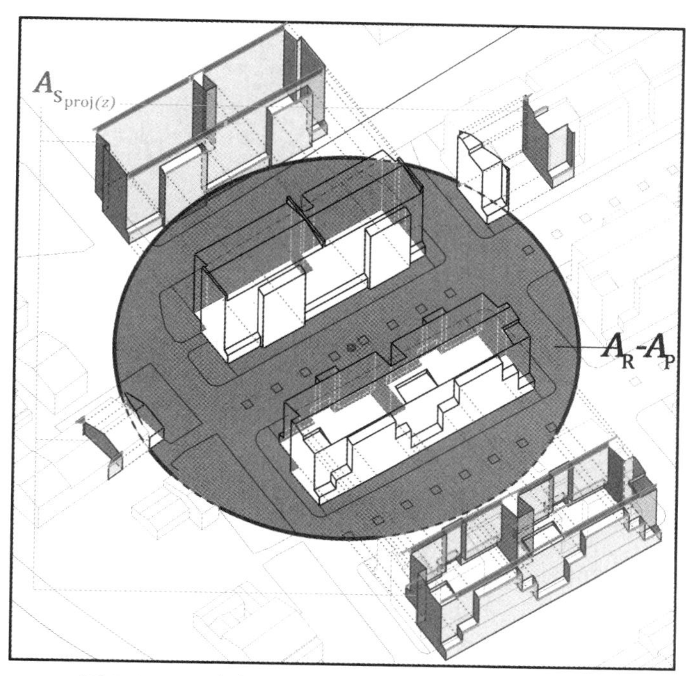

图5-10　平均高宽比示意图(图片来源:作者自绘)

该指标由街道高宽比发展而来。高宽比指某点所在街道两侧建筑物高度和与两倍街道宽度的比值,当街道高宽比较大时,往往容易形成较强的峡谷风现象,从而影响区域的热环境。AHWR可用式(5-10)计算获得:

$$AHWR = \frac{A_{\mathrm{Sproj}(z)}}{A_{\mathrm{R}} - A_{\mathrm{p}}} \tag{5-10}$$

式中,$A_{\mathrm{Sproj}(z)}$是测算范围内全部建筑物的外表面在立面上的投影面积和,A_{R}是测算范围的平面面积,A_{p}是全部建筑的底面积和。

4)街道与盛行风方向的一致程度

街道与盛行风方向的一致程度(Consistency of Streets with Prevailing Wind Direction, CSPWD),如图5-11所示,是街道走向与盛行风方向之间夹角的余弦绝对值,取值范围为[0,1]。

当$CSPWD=0$时,说明测点所在的街道垂直于盛行风方向,此时街道对风的阻碍作用最强;当$CSPWD=1$时,说明测点所在的街道平行于盛行风方向,此时街道最有利于风的运动。$CSPWD$可用式(5-11)计算获得:

$$CSPWD = \left|cos\left(\alpha - \theta\right)\right| \tag{5-11}$$

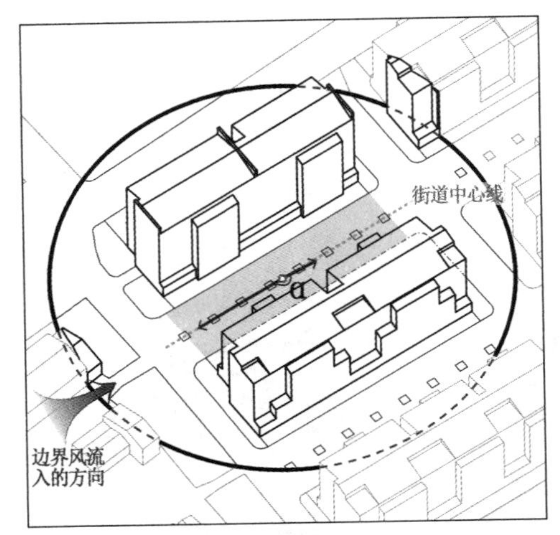

图 5-11 街道与盛行风方向的一致程度示意图(图片来源:作者自绘)

式中,α是街道方向,定义为街道中心线的中点指向中线下端点的方向,取值范围是 [90°,270°);θ是风向角,取值范围是 [0°,360°)。

5.1.3 环境形态因子

本研究中选取并展开讨论的环境形态因子有:硬地率、绿色容积率、距水体的最短距离。

1)硬地率

硬地率(Hard Pavement Ratio, HPR),如图 5-12 所示,指测算范围内全部不透水路面的面积与范围面积的比值。与土壤地表和绿化地表相比,不透水路面的反射率强,比热容小,在日间时段更易升温。HPR 可用式(5-12)计算获得:

$$HPR = \frac{A_H}{A_R} \tag{5-12}$$

式中,A_H是不透水路面的面积,A_R是测算范围的平面面积。

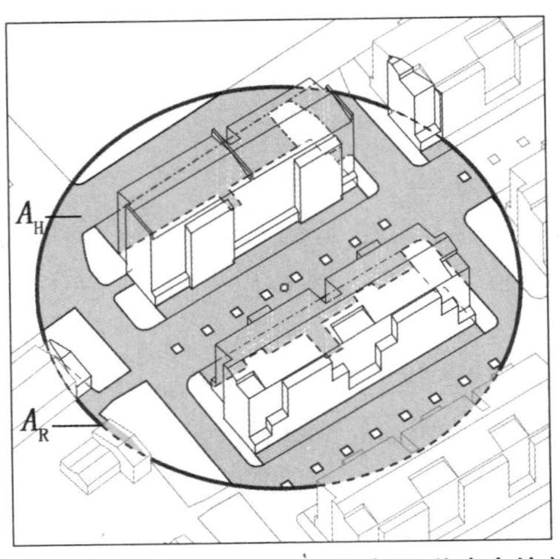

图 5-12 硬地率示意图(图片来源:作者自绘)

2）绿色容积率

绿色容积率（Green Plot Ratio，GPR）是指测算范围内全部植物的叶面积值，是由叶面积密度（Leaf Area Index，LAI）发展而来的指标。LAI 用于描述某种植物单位面积中的叶面积，LAI 越大，即单位范围中的叶子越多，植物越茂盛。由于植物提供遮阴与蒸发冷却的能力与叶片总面积呈正相关，因此，GPR 可被认为是描述范围内植物冷却效应的重要指标；另一方面，传统描述植被的指标如绿地率（Green Cover Ratio，GCR）难以描述植物的茂盛程度，因此对于植被种类丰富的村镇，GPR 更为适用。GPR 可用式（5-13）计算获得，单位为 m^3/m^2。

$$GPR = \frac{\sum_i LAI_i \times A_i}{A_R} \tag{5-13}$$

式中，LAI_i 是第 i 种植物单位面积的叶面积密度；A_i 是第 i 种植物的覆盖面积，如图 5-13 所示，斜线区域为同种草地的投影面积，填色区域为同种类树木的投影面积。

由于冬、夏季的植物 LAI 不同，因此，GPR 又分为冬季绿色容积率 GPR_w 和夏季绿色容积率 GPR_S。

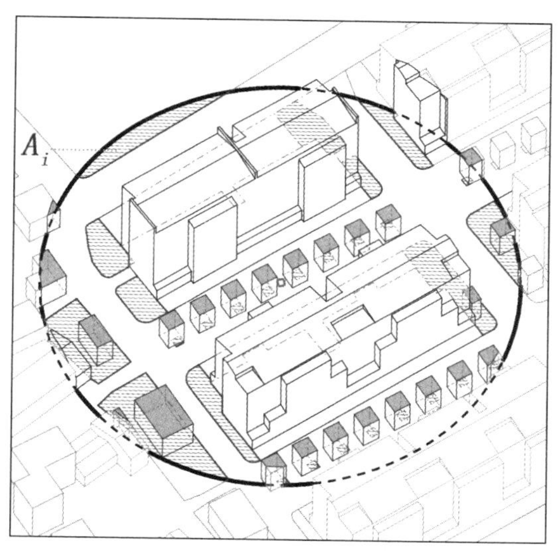

图 5-13　绿色容积率示意图（图片来源：作者自绘）

3）距水体的最短距离

距离水体的最短距离（Proximity to Water，PW），如图 5-14 所示，即描述水体空间影响度的指标，单位为 m。一般来说，水体具有一定降温、增湿的作用，该指标可用于水体对测点的热效应研究。对于村镇而言，此处研究的水体一般指河流、湖泊、池塘等中至大型水体。

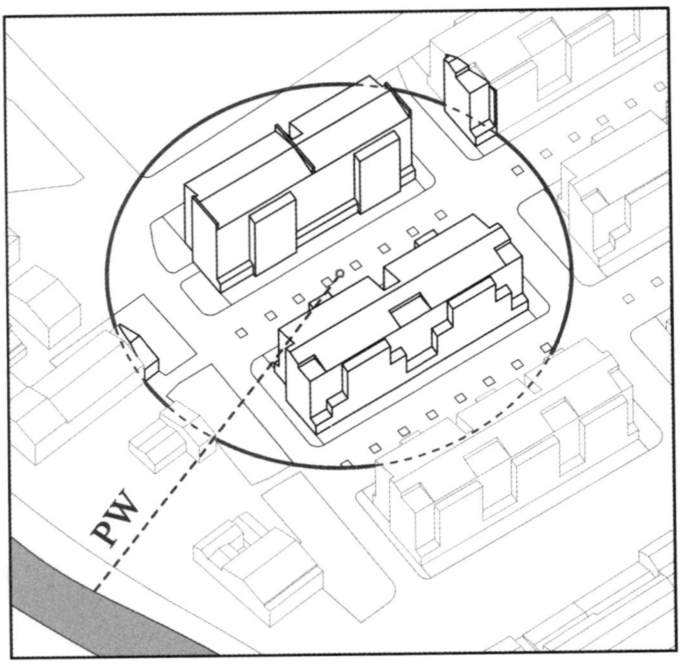

图 5-14　距离水体的最短距离示意图（图片来源：作者自绘）

5.2　单一空间形态因子对室外热舒适度的影响

5.2.1　单一形态因子与舒适时长的相关关系

在西望村的核心村域范围中，随机选取了 300 个研究点，研究范围是以研究点为圆心、半径 r 的范围圆，至少以半径 2 m 为度量差，半径取值范围为 $r = 2$ m 至 $r = 50$ m，使用附录 G 中的形态因子自动提取方法，依次提取并输出 300 个研究点各种范围下的 14 种形态因子。

选取 3.4.3 节中的基于独立性评判方法获得的西望村冬、夏季综合舒适时长计算结果，作为度量西望村室外热舒适度的指标，输出 300 个研究点的综合舒适度情况。

选取相关系数指标皮尔逊（Pearson）相关系数 R 来衡量各种形态因子对冬、夏季室外综合舒适度情况的影响，使用统计学软件 SPSS 进行计算。不同测算范围下，形态因子对舒适度的影响关系变化如表 5-1 所示。

表 5-1　不同测算范围下形态因子对室外舒适度的影响变化

序号—形态因子对冬、夏季室外舒适度的影响	较大影响半径 r（系数值）	编号—形态因子对冬、夏季室外舒适度的影响	较大影响半径 r（系数值）
1- 建筑密度 BCR 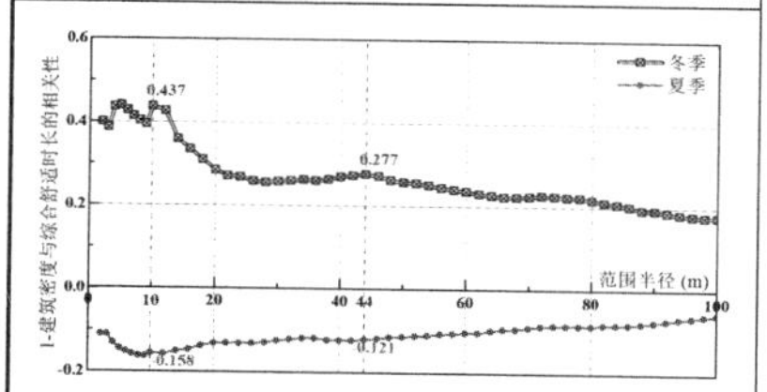 1-建筑密度与综合舒适时长的相关性 冬季　夏季 0.437　0.277　-0.158　-0.121 范围半径 (m) 10　20　40　44　60　80　100	冬季： r=10（0.437**） r=44（0.277**） 夏季： r=9（0.158**） r=40（0.123*）	2- 建筑容积率 FAR 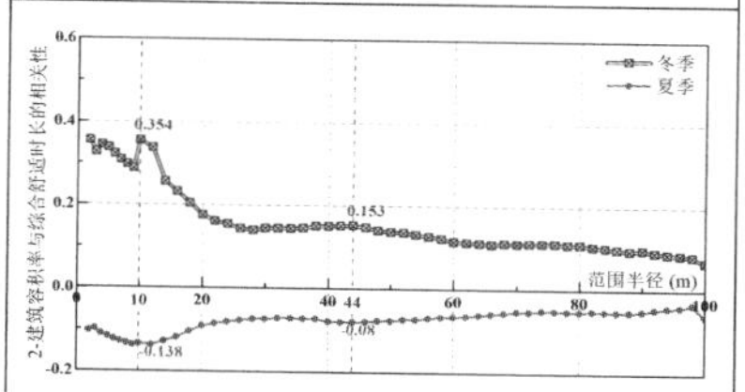 2-建筑容积率与综合舒适时长的相关性 冬季　夏季 0.354　0.153　-0.138　-0.08 范围半径 (m) 10　20　40　44　60　80　100	冬季： r=10（0.354**） r=44（0.153**） 夏季： r=9（0.137*） r=44（-0.080）
3—建筑平均高度 ABH 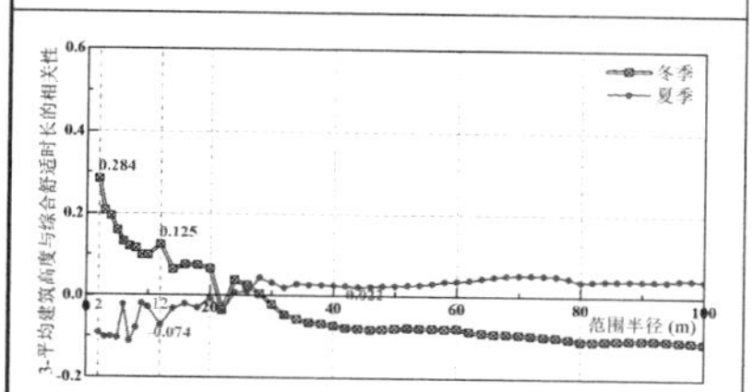 3-平均建筑高度与综合舒适时长的相关性 冬季　夏季 0.284　0.125　-0.074 范围半径 (m) 2　12　20　40　60　80　100	冬季： r=2（0.284**） r=12（0.125*） 夏季： r=2（-0.092） r=12（-0.074）	4—最高建筑的平均高度 AHHB 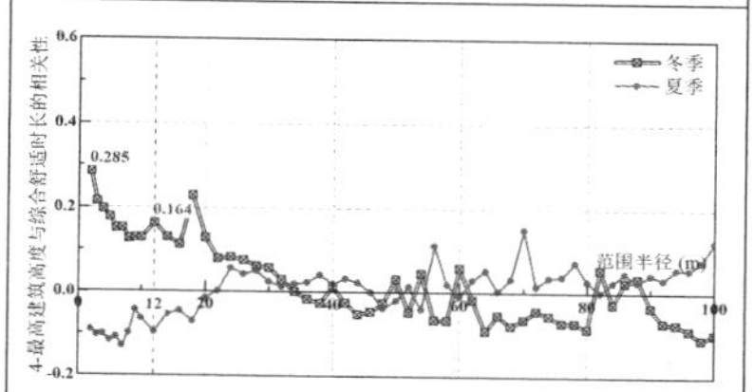 4-最高建筑高度与综合舒适时长的相关性 冬季　夏季 0.285　0.164 范围半径 (m) 12　20　40　80　100	冬季： r=2（0.285**） r=12（0.164**） 夏季： r=2（-0.092） r=12（-0.096）
5—建筑表面积比 BSAR 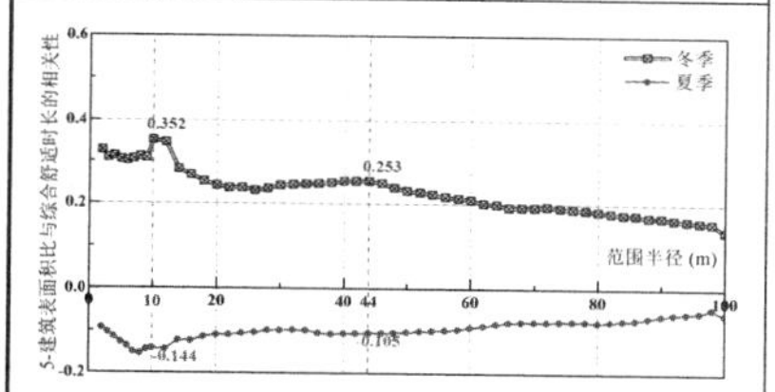 5-建筑表面积比与综合舒适时长的相关性 冬季　夏季 0.352　0.253　-0.144　-0.105 范围半径 (m) 10　20　40　44　60　80　100	冬季： r=10（0.352**） r=44（0.253**） 夏季： r=8（0.154**） r=40（-0.106）	6—平均建筑体形系数 ASCB 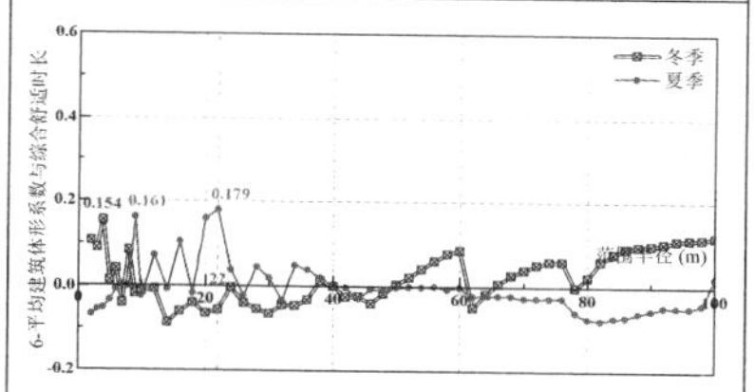 6-平均建筑体形系数与综合舒适时长 冬季　夏季 0.154　0.161　0.179 范围半径 (m) 20　40　60　80　100	冬季： r=4（0.152**） 夏季： r=9（0.161**） r=22（0.179**）
7—建筑迎风比 FAD 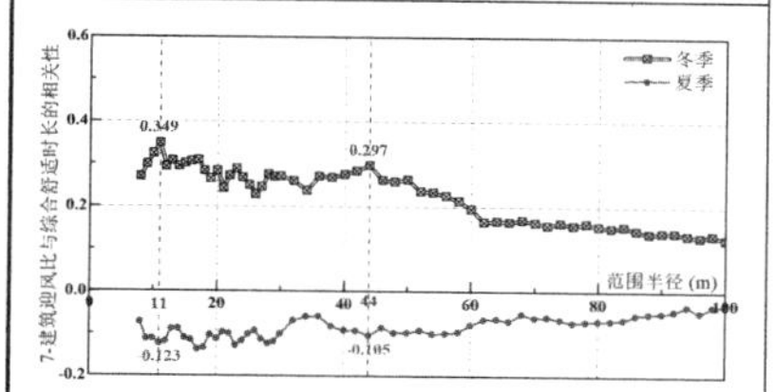 7-建筑迎风比与综合舒适时长的相关性 冬季　夏季 0.349　0.297　-0.123　-0.105 范围半径 (m) 11　20　40　44　60　80　100	冬季： r=11（0.349**） r=44（0.297**） 夏季： r=11（-0.123*） r=44（-0.105）	8—建筑围合度 BER 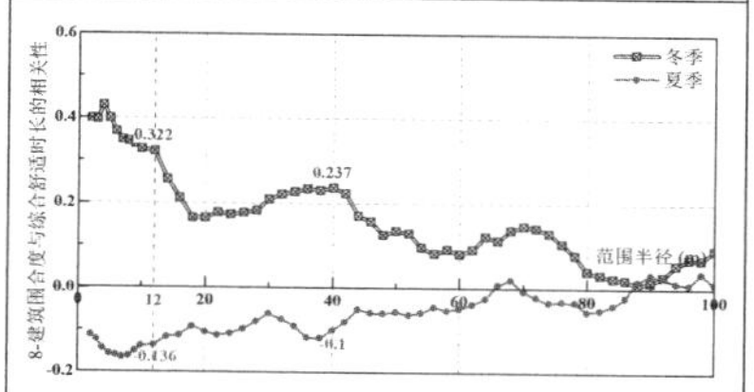 8-建筑围合度与综合舒适时长的相关性 冬季　夏季 0.322　0.237　-0.136　-0.1 范围半径 (m) 12　20　40　60　80　100	冬季： r=4（0.429**） r=12（0.322**） r=40（0.237**） 夏季： r=12（-0.136*） r=40（-0.100）
9—建筑分散度 BDR 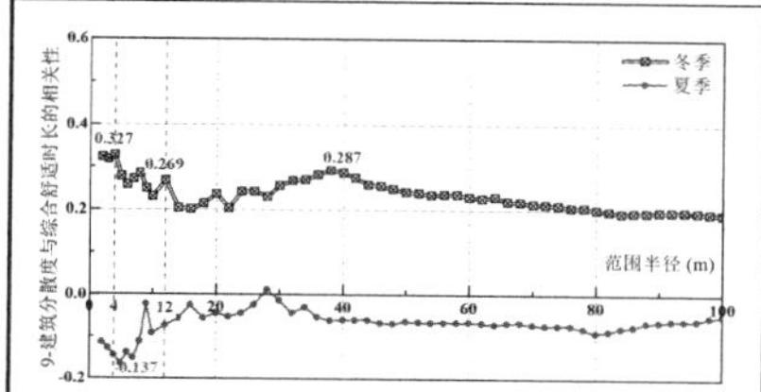 9-建筑分散度与综合舒适时长的相关性 冬季　夏季 0.327　0.269　0.287　-0.137 范围半径 (m) 4　12　20　40　60　80　100	冬季： r=4（0.327**） r=12（0.269**） r=40（0.287**） 夏季： r=5（-0.165**）	10—平均高宽比 AHWR 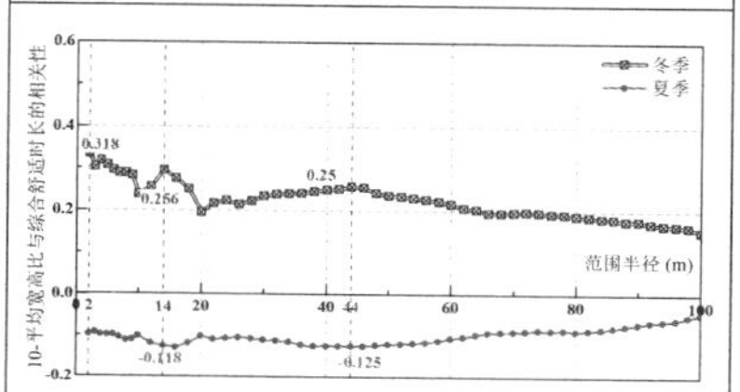 10-平均高宽比与综合舒适时长的相关性 冬季　夏季 0.318　0.256　0.25　-0.118　-0.125 范围半径 (m) 2　14　20　40　44　60　80　100	冬季： r=2（0.335**） r=14（0.296**） r=40（0.258**） 夏季： r=12（-0.118*） r=44（-0.125*）

续表

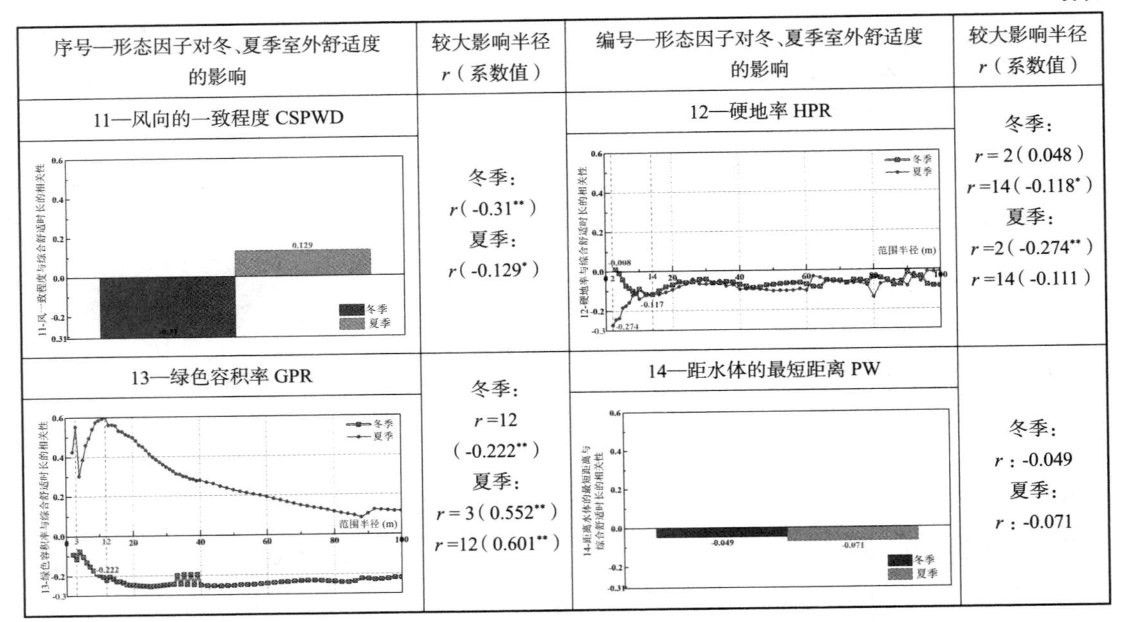

序号—形态因子对冬、夏季室外舒适度的影响	较大影响半径 *r*（系数值）	编号—形态因子对冬、夏季室外舒适度的影响	较大影响半径 *r*（系数值）
11—风向的一致程度 CSPWD	冬季： *r*（-0.31**） 夏季： *r*（-0.129*）	12—硬地率 HPR	冬季： *r* = 2（0.048） *r* =14（-0.118*） 夏季： *r* =2（-0.274**） *r* =14（-0.111）
13—绿色容积率 GPR	冬季： *r* =12 （-0.222**） 夏季： *r* = 3（0.552**） *r* =12（0.601**）	14—距水体的最短距离 PW	冬季： *r*：-0.049 夏季： *r*：-0.071

注：** 在 0.01 级别（双尾），相关性显著；* 在 0.05 级别（双尾），相关性显著。

由上表可知，对于冬季舒适度情况的相关性，半径 2 ~12 m 范围内大部分形态因子的 *R* 值较大，其中大部分建筑形态因子在 10 m~12 m 处出现极大值，随后，整体形态因子的 *R* 值随着半径 *r* 的增大而逐渐减小，部分建筑形态因子在约 *r* = 44 m 处有另一个相关性峰值的出现。与冬季综合舒适时长相关性较高，而且有统计学意义的形态因子有：建筑密度、建筑容积率、建筑表面积比、建筑围合度、建筑分散度、平均高宽比，它们较大影响范围半径大致为 *r*=4 m、10~12 m、40 ~46 m；建筑平均高度、最高建筑平均高度，较大影响范围 *r*=2 m、12 m；建筑迎风比，较大影响范围 *r* =11 m、40~44 m；硬地率，较大影响范围 *r* = 14 m；街道与盛行风方向的一致程度（该因子不涉及影响范围）；绿色容积率，较大影响范围 *r* = 12 m。平均建筑体形系数的 R 无明显的变化规律，距离水体的最短距离 *R* 不显著。

对于夏季舒适度情况的相关性，半径 6~14 m 范围内大部分形态因子的 *R* 值绝对值较大，其中大部分建筑形态因子在约 *r* =9 m 处出现绝对值的极大值，随后，整体形态因子的 *R* 值随着半径 r 的增大而逐渐趋向 *x* 轴，部分建筑形态因子在约 *r* = 44 m 处有另一个较小的峰值出现。与夏季综合舒适时长相关性较高，而且有统计学意义的形态因子有：建筑密度、建筑容积率、建筑表面积比、建筑迎风比、建筑围合度，较大影响范围半径 *r* = 8~12 m；建筑分散度，较大影响范围半径 *r* = 5 m；平均高宽比，较大影响范围半径 *r* = 12~16 m、*r* = 40~44 m；街道与盛行风方向的一致程度（该因子不涉及影响范围）；硬地率，较大影响范围半径 *r* = 2 m；绿色容积率，较大影响范围 *r* = 3 m、10~12 m。建筑平均高度、最高建筑的平均高度、距水体的最短距离 *R* 值较小不显著，平均建筑体形系数 *R* 无明显的变化规律。

综上所述，对于西望村冬季空间形态与综合舒适度的关系，较为重要的研究范围是 10~12 m、40~44 m；对于西望村夏季空间形态与综合舒适度的关系，较为重要的研究范围是

2~4 m、9~14 m。

5.2.2　空间形态因子间的相关性分析

选取 $r = 10$ m、$r = 44$ m 范围下算得的 300 个测点的空间形态因子，使用皮尔逊相关系数 R 进行形态因子间的自相关分析，分析结果分别如图 5-15、图 5-16 所示。

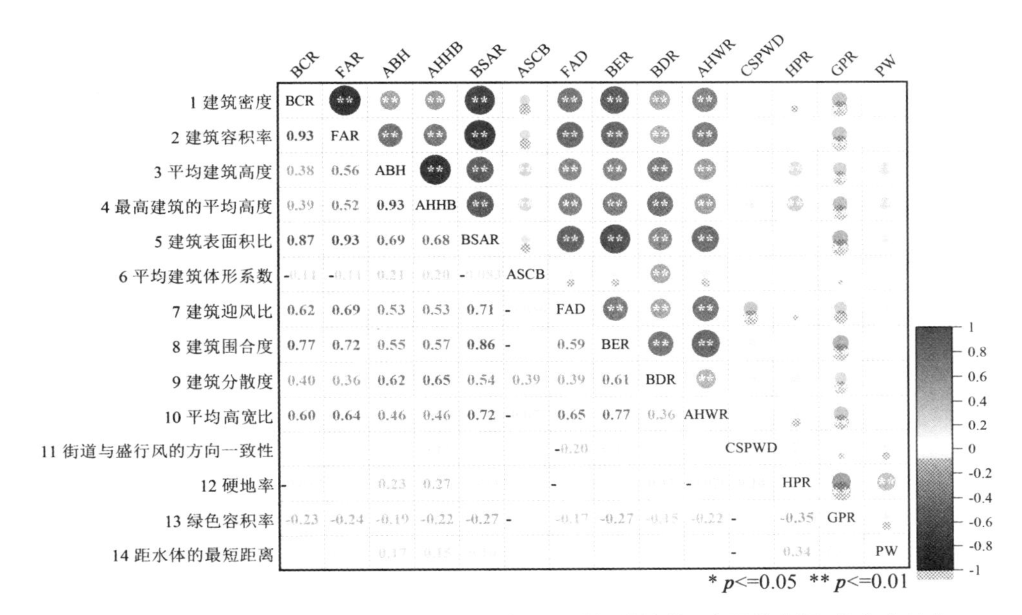

图 5-15　半径 10 m 范围下形态因子间的皮尔逊相关性热图（图片来源：作者自绘）

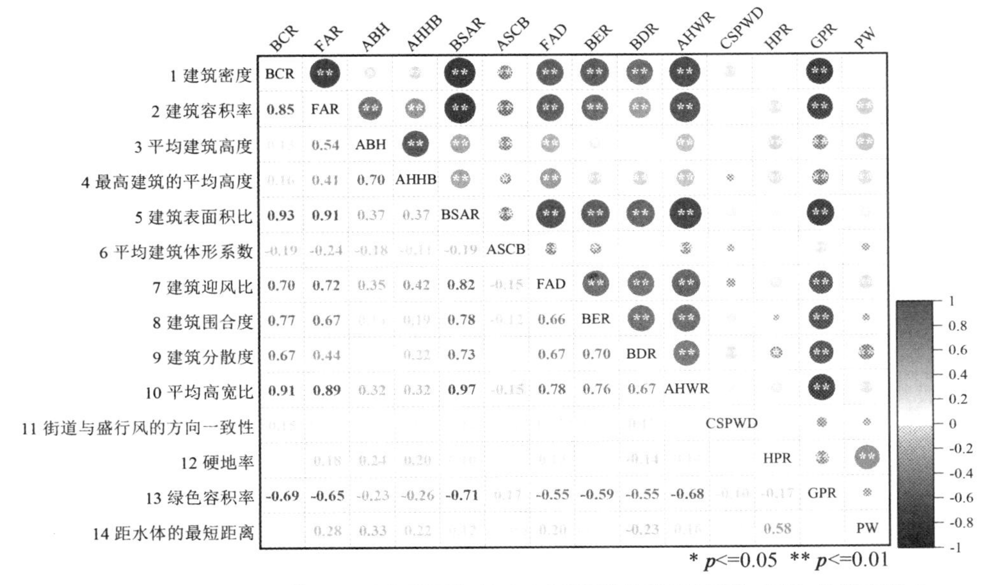

图 5-16　半径 44 m 范围下形态因子间的皮尔逊相关性热图（图片来源：作者自绘）

比较图 5-15、图 5-16 可知，两种半径下的形态因子间的相关性趋势大致相同，大部分建筑、街道形态因子间有很高的相关性。其中，形态因子 1、2、5（建筑密度、建筑容积率、建筑表面积比）间的相关性大于 0.85，有很强的共线性；形态因子 7、8、9、10（建筑迎风比、建筑围合度、建筑分散度、平均高宽比）与形态因子 1、2、5 间的相关性较强；形态因子 6、10、11、12、14（平均建筑体形系数、平均高宽比街道与盛行风的方向一致性、硬地率、距水体的最短距离）与其他形态因子间的相关性都较弱；绿色容积率与大部分建筑、街道形态因子间是负相关关系，对于 $r=44$ m 时，负相关关系较强。

强共线性的形态因子 1、2、5 与冬、夏季综合舒适时长的相关性值大小也类似，说明这几种形态因子影响舒适度的机理大致相同，因此，可选取一个与综合舒适度相关性最大的因子——建筑密度 1 概括其他形态因子。同理，有较强共线性的形态因子 7、8、9、10 中，它们与冬、夏季综合舒适时长的相关性值变化图走势大致相似，因此可选取与综合舒适度相关性最大、形态因子间共线性相对最弱的因子——建筑迎风比 7 和建筑分散度 9 来概括。与其他形态因子相关性较弱，与冬、夏季综合舒适时长的相关性也较弱、相关性变化不规律的形态因子建筑平均高度 3、最高建筑高度 4，不被选取用于后续研究。

至于与其他形态因子相关性弱、无显著性相关关系的形态因子平均建筑体形系数 6、街道与盛行风的方向 11 一致性、硬地率 12、距水体的最短距离 14，以及呈负相关关系的形态因子绿色容积率 13，可按与冬、夏季综合舒适时长的相关性大小选取 11、12、13用于后续研究。

5.3 村镇空间形态因子与室外热舒适度的耦合关系

由上一节分析可知，建筑密度（BCR）、建筑迎风比（FAD）、建筑分散度（BDR）、街道与盛行风的方向一致性（CSPWD）、硬地率（HPR）、绿色容积率（GPR）这 6 个形态因子间的共线性较弱，而且与冬、夏季综合舒适时长均有显著的相关性，因此使用这 6 个形态因子与综合舒适时长进行拟合。

使用各形态因子与冬季综合舒适时长（Winter Comprehensive Comfort，WCC）、夏季综合舒适时长（Summer Comprehensive Comfort，SCC）相关性最大时的半径范围值进行拟合。对于 WCC 的拟合，选用BCR_{r10}、FAD_{r11}、BDR_{r12}、$CSPWD$、HPR_{r14}、$wGPR_{r12}$数据；对于 SCC 的拟合，使用BCR_{r9}、FAD_{r17}、BDR_{r5}、$CSPWD$、HPR_{r2}、$sGPR_{r12}$数据，其中以BCR_{r10}为例，$r10$ 表示 10 m 半径范围的 BCR 值。使用最小二乘法进行多元线性回归，得到计算式，如式（5-14）和式（5-15）：

$$WCC = 1.234 + 2.030BCR_{r10} - 0.357FAD_{r11} - 0.196BDR_{r12} - 0.939CSPWD - 0.409HPR_{r14} - 0.323wGPR_{r12} \tag{5-14}$$

$$SCC = 0.868 + 0.428BCR_{r9} + 0.530FAD_{r17} - 0.262BDR_{r5} + 0.782CSPWD - 0.327HPR_{r2} + 0.798sGPR_{r12} \tag{5-15}$$

由于选取的形态因子除 $CSPWD$ 之外，其余的形态因子存在较大的样本取值范围不同，所以上述公式中的形态因子系数项难以反映各因子的影响权重。因此对其余 5 种形态因子的原数据需进行标准化变换处理。以 *FAD* 为例，标准化变换后的变量记为 *zFAD*。数据标准化处理后进行多元线性回归，得到方程式（5-16）和式（5-17）：

$$WCC = 1.473 + 0.498zBCR_{r10} - 0.079zFAD_{r11} + 0.162BDR_{r12} - 0.939CSPWD \\ -0.111HPR_{r14} - 0.192wGPR_{r12} \tag{5-16}$$

$$SCC = 1.907 + 0.083zBCR_{r9} + 0.078zFAD_{r17} - 0.191zBDR_{r5} + 0.342CSPWD \\ -0.134HPR_{r2} + 1.340zsGPR_{r12} \tag{5-17}$$

式（5-14）和式（5-16）的判定系数 R^2 为 0.343，说明模型在统计学意义上能够解释 34.3% 冬季室外舒适时长的变化，解释能力较弱；式（5-15）和式（5-17）的判定系数 R^2 为 0.428，说明模型在统计学意义上能够解释 42.8% 夏季室外舒适时长的变化，解释能力一般。但通过因子标准化后建立的多元回归模型，我们仍可阅读 6 种形态因子对 *WCC*、*SCC* 的影响程度。

在式（5-16）中，10 m 半径范围的建筑密度对 *WCC* 有较强的正向影响性，12 m 半径范围的建筑分散度对 *WCC* 正向影响性弱；街道与盛行风的方向一致性 *CSPWD* 对 *WCC* 有极强的负向影响性，其余形态因子影响性较弱。由 3.4.3 节研究可知，冬季建筑围合度大的区域且位于垂直于盛行风方向的街道区域综合舒适时长较大，此时 *BCR* 也较大，*CSPWD* 趋向于 0，经验判断与公式系数含义相符，因此在专业解释层面，式（5-14）和式（5-16）是有意义的。

在式（5-17）中，12 m 半径范围的夏季绿色容积率 s*GPR* 对 *SCC* 有极强的正向影响性，街道与盛行风的方向一致性 *CSPWD* 对 *SCC* 有较强的正影响性，建筑密度、建筑迎风比对 *SCC* 的正影响性极弱；5 m 半径范围的建筑分散度、2 m 半径范围的硬地率对 *SCC* 有偏弱的负向影响性，建筑密度、建筑迎风比对 *SCC* 有弱的负影响性。由 3.3.3 节研究可知，夏季综合舒适时长偏大的区域都为 *GPR* 大的区域，*HPR* 趋向于 0；其次为与盛行风方向一致、建筑围合度小的街道，此时 *CSPWD* 趋向于 1，*BCR* 趋向于 0。经验判断结果与公式系数含义相符，因此在专业解释层面，式（5-15）和式（5-17）是有意义的。

多元回归方差拟合性一般，主要可能是以下几点原因。①拟合回归的自变量 *WCC*、*SCC* 虽为多种气候类型的综合评价结果，但在舒适时长的判断体系下，主要还是 8：00—9：00、15：00—17：00 的少部分区域舒适度结果能够满足评判要求，因此 *WCC*、*SCC* 的取值范围偏小，核心村域中有大部分区域不满足 2 h 的舒适时长要求；大部分区域点 *WCC*、*SCC* 值所包含的信息太少，区分层次低，因此形态因子难以与它们的结果建立映射关系；另一方面，*WCC*、*SCC* 结果是强偏态结构数据，线性回归模型此时适用性较差，模型本身适用性较差。②300 个测量点为随机提取，但从散布图来看，部分测点的分布不太合理，有些较为典型的区域没有测量点，形态因子本身的样本质量不高。③推测目前的形态因子对村镇空间形态的解释力度不足，以与盛行风向一致的小建筑间巷道为例，此时 8~12 m 半径范围的 *BCR*、*FAD* 即可较好地描述当前巷道的空间特点；然而对于与盛行风向一致的宽大建筑间街道，存在需用 20~40 m 半径范围的 *BCR*、*FAD* 才能较好地描述当前街道的空间特点，因此本研究中选取一种形态因子影响半径的做法必然会带来许多误差。④形态因子是以 Rhino 平台的真实三维模型提取而成，而综合舒适时长是由网格化 ENVI-met 模型模拟结果计算获得，

ENVI-met 的网格化模型在转译过程中会带来必然的系统误差。

5.4 本章小结

本章从建筑、街道、环境等 3 层级出发，总结了 14 种常用的村镇空间形态因子，并基于 Ghino+Grasshopper 平台，建立了这 14 种空间形态因子的参数化自动提取方法，并以西望村为例，展开该程序的应用。

对西望村的核心村域使用形态因子的自动提取方法，随机选取 300 个室外空间的样本点，提取以各点为圆心、2~100 m 测算半径范围所对应下、各样本点 14 种形态因子的值；使用第三章中独立性评判方法下“主成分—聚类”的典型气象日综合舒适时长评价结果，提取 300 个室外空间样本点的冬、夏季综合舒适时长值。探究不同研究范围下，村镇多种空间形态因子与冬、夏季综合舒适度的内在联系，研究结果发现，大部分形态因子与综合舒适时长的最大相关性出现在 10~14 m 的范围，此后随着研究半径的增大，相关性总体呈减弱的趋势，仅在 40~46 m 处出现第二个峰值。

探究空间形态因子的研究范围半径为 10 m、44 m 时，300 个样本点的形态因子之间的自相关关系。研究结果发现，大部分建筑、街道形态因子间存在强相关性；结合本章前半部分的研究结果，强相关的形态因子与综合舒适时长的相关性变化趋势图也相似，说明这些形态因子间存在强共线性，即它们对室外舒适度的影响机制大致相同，因此，最终选取了 6 个因子间共线性弱、对综合舒适度影响强的形态因子——建筑密度、建筑迎风比、建筑分散度、街道与盛行风方向的一致性、硬地率、绿色容积率，使用多元回归方法，建立了村镇空间形态因子与综合舒适时长的量化模型。

分析空间形态因子与综合舒适时长的量化模型，得知对村镇冬季室外综合舒适度影响最大的形态因子为街道与盛行风的方向一致性；其次为建筑密度。对夏季室外综合舒适度影响最大的形态因子为绿色容积率；其次为街道与盛行风的方向一致性。

第六章　基于室外舒适度提升的村镇空间优化

6.1　村镇室外空间舒适度提升的策略

前文以西望村为例，对室外热舒适度进行了模拟与特点分析。从结果来看，冬、夏季舒适度较好的区域空间形态呈现相反的特点，难以同时实现二者双优。因此对于村镇的规划设计，可根据用地属性与功能的不同，冬、夏季可规划不同的舒适区域以供居民活动；同时，尽量避免出现居民停留、聚集度较高的场所在冬、夏季出现极端不舒适的情况。

本章从村镇规划、建筑设计、景观布置等3个层面提出具体的舒适度优化措施，总结为表6-1。

表6-1　村镇热舒适度提升的策略

村镇规划层面		建筑设计层面		景观布置层面
Ⅰ 总体规划	Ⅱ 道路交通	Ⅲ 建筑形态	Ⅳ 材质构造	Ⅴ 植被铺装
Ⅰ-1 村镇主体街道走向应顺应夏季主导风向，建议使用夏季主导风向范围内的冬季风频较弱的方向	Ⅱ-1 规划以小组团为单位的集中停车区域，停车区域鼓励遮阳设计	Ⅲ-1 村镇内减少大体量建筑，选用碎化的组团模式代替，以帮助通风散热	Ⅳ-1 建筑南侧、西侧区域适用垂直绿化	Ⅴ-1 沿村镇河道的区域宜栽种行道树，塑造滨水公共活动空间
Ⅰ-2 避免单一的行列式村镇布局，可利用非居住建筑的功能与围合需求塑造一定比例围合度较高的公共空间	Ⅱ-2 鼓励电动车、自行车、步行等慢速交通模式，在村镇路网层级与尺度上推行人车分流，减少大规模混行现象	Ⅲ-2 对于连续大尺度的立面或构筑物，建议通过底层设计通道或中间开口的方式促进通风	Ⅳ-2 选用颜色较浅、反射率高的建筑材质	Ⅴ-2 灌木的降温与遮阳作用较弱，夏季多种植高大的行道树是最为有效的提升方法，村镇宅前屋后宜栽种高大果树
Ⅰ-3 避免在夏季盛行风方向的围合度与连续性过高	Ⅱ-3 利用车行路网和集中停车区域塑造村镇的主通风廊道，市民活动广场宜布局于廊道上	Ⅲ-3 建筑推荐东西长、南北短的功能布局方式	Ⅳ-3 避免过大尺度的开窗设计，洞口的位置布局趋向促进通风、减小西晒	Ⅴ-3 大尺度的南北向街道区域是种植遮阴树木最为急迫的区域
Ⅰ-4 容积率相等的用地避免出现大面积单一高宽比的街道		Ⅲ-4 建筑围合度较高的公共空间并非封闭的院落，推荐通风庭院的设计手法	Ⅳ-4 建筑推荐“骑楼式”的遮阳设计，对于民居建筑，二层、三层的南侧可设计为有檐阳台	Ⅴ-4 鼓励藤架等遮阳绿化构造物，减少连续大面积的硬化铺装

6.1.1 村镇规划的设计策略

1）整体规划方向应为夏季盛行风方向

由于夏热冬冷地区夏季持续时期长，夏季面临的热舒适挑战更大。因此，在总体规划层面，村镇主体应顺应夏季盛行风方向。长江中下游地区夏季盛行西南风，以西望村为例，盛行风的主体方向为 ESE 至 SE，夏季风较为一致；而在西望村冬季，由前面的研究可知，各气候类型下的盛行风方向不一致，5 种冬季气候类型中类型 1、类型 2、类型 3 的发生频率较大且气候偏冷，此时盛行风方向为西北风、北风和东北风，风向较为多变。因此，村镇的主体走向除顺应夏季风主导风向的同时，尽量垂直于冬季较冷气候类型的最小风频方向，以实现最大化的冬季防风、夏季通风。

2）避免单一的行列式布局规划

尽管行列式的布局方法通风效率高，民居的采光性好，但若村镇全部采用单一的行列式布局，则在冬季时期面对复杂多变的风况，村域中难以形成舒适的区域，冬季的综合舒适度会较差，不利于居民开展户外活动。因此，建议结合村镇其他类型建筑的布局需求，塑造一定比例的围合度较高的公共活动区域。如需封闭围合的教育建筑、行政办公建筑，需面对核心街道、无日照需求的公共建筑（商场、陶瓷展览馆等），需连接车行主干道的村镇产业园等，它们的建筑体量与占地范围远大于村镇民居，立面和院墙较为连续。通过合理布局，可实现民居用地中塑造围合度较高的院落空间，在冬季阻挡温度低、风速较大的西北至东北风，提高冬季的舒适度。

另一方面，此时需注意角流区叠加效应和阴角静风区，对于角部交接形成的围合式空间，应尽量采用院墙与民居建筑实现围合，并利用建筑长边形成连续界面，加速在空间界面上的气流疏导作用。

3）避免出现大面积单一高宽比的街道

在村镇社区规划中，用地的容积率与建筑密度指标要求往往是一个整体性的要求，不再提出更细致的形态控制要求。因此，有大量新村镇出现过于整齐划一的现象，街道尺度单一，民居建筑“复制粘贴”，不仅村镇本身无亮眼的特质，村镇内的小气候也较为单一。

在西望村中，各种体量的建筑丰富、建筑布局形式多样，塑造的空间特点也较为丰富，如狭长的 1~2 m 民居间巷道、3 m 尺度齐整连续的胡同、4~5 m 开阔可行车的民居间人车混行街道、7~12 m 的村镇主干道等，街道高宽比也从 3：1~1：1 等变化丰富。西望村丰富的空间带来复杂多样的舒适度分布特点，出于适应气候的目的，人们的活动交往轨迹也出现了周期性变化的特点。在冬季倾向于在住宅间的围合院落区域晒太阳、摆集市；在冬季倾向于在宅间的通风廊道、活动广场上散步。因此，应尽量避免单一的空间形式，让村镇空间丰富有趣的同时，实现在不同气候类型下都有舒适度较好的公共区域。

4）注重人车分流与停车设计

目前大多数的村镇是居民自盖建筑形成的，集中规划久远且不够全面，未有明确的车行流线设计与集中停车设计，存在人车严重混行、乱停车占用公共活动区域的现象。村民为满足行车与停车、停放农机设备的需求，部分街道过于宽阔、活动空间被侵占，导致这些区域舒适性不佳,不利于居民活动。

建议村镇在规划时应明确车行的干道层级,保留一定区域的人行区域,以实现人车分流、提高安全性。可以民居小组团为单位集中规划车辆的停放区域,将停车区域、车行干道与邻近的民居建筑一起塑造村镇的通风廊道,加速车辆产热的疏导。

6.1.2 建筑设计的优化策略

东西向功能布局下的建筑形态可最大化引入阳光,同时加快建筑内部的通风效率;建筑的开窗大小与位置同样影响到建筑内部的散热与换气,如若开窗尺寸过大,则在夏季会将太多的太阳辐射引入室内,在冬季巨大的窗户又会造成建筑保温性降低,同时室内也会产生眩光现象。目前西望村中存在居民开窗尺寸过大的问题,建议建筑采用“骑楼式”的设计策略,对于最为常见的二层民居,二层南侧可突出一层 1.5 m~1.8 m 以阻挡太阳辐射,同时二层南侧设计为有檐的外阳台,二层南侧的窗户设置在檐口下,可有效减少夏季射入室内的辐射热;至于建筑的西侧,可尽量减小窗户大小,同时结合当地的易生藤蔓类植物,实现立面绿化的降温目的。

村镇的色彩规划设计不但影响整体风貌,更对建筑的吸热有重要影响。长江中下游地区夏季持续期长,日均太阳总辐射高,选择具有针对性的反射率材质与浅色风貌有利于减少热量的吸收。我国南方地区的白墙黛瓦、欧洲地中海地区白色建筑的地域特点,均体现了在长期历史环境下人们适应气候的结果。

6.1.3 景观的布置策略

对于围合度较高的院落空间,尽管可阻挡冬季风,提高冬季的舒适度,但夏季,紧凑的形态不利于通风散热。因此对于封闭度较高的区域,建议种植高大的落叶树木,在炎热的夏季可通过蒸腾与遮阴作用散热与阻挡太阳辐射。

行道树应结合街道的朝向与高宽比综合布置。根据前文的研究结果,树篱和低矮植被的降温作用远不及高大的乔木,因此树木的优先级更高。以西望村为例,大型南北向街道种植行道树的优先度最高,其次为小型南北向街道与较大的围合式活动空间;这些区域通过合理规模的植被可实现夏、冬季舒适度双优。大型南北向街道冬季舒适度良好,然而夏季无法阻挡太阳辐射,加上柏油路等低反射率铺地的使用,往往出现过于炎热的现象,由于大型南北向街道多为商业活动街道,往来的商人与游客对环境的舒适度也就提出了更高的要求。至于村镇的居住空间,可充分调动村民的生产积极性,在宅间街道的规划绿地中适当许可果树、桑树等树种类型的种植,可有效降低种植与维护成本;同时,也避免出现村民将绿化用地改为菜园以至无法实现预期舒适度结果的现象。

6.2 村镇室外空间舒适度快速评价算法

基于 Rhino+grasshopper 平台,提出了一种较为简易的村镇建筑自动布局生成(即村镇强排）的参数化算法模型，并与空间形态因子的提取算法结合，使用空间形态因子与舒适度的量化模型，使生成的村镇规划方案可获得快速的可视化评价。

村镇强排算法的完整结构如图 6-1 所示。村镇强排算法部分，大致可分以下 4 个部分：输入部分、规划生成部分、形态因子提取部分、舒适度评价计算可视化部分。

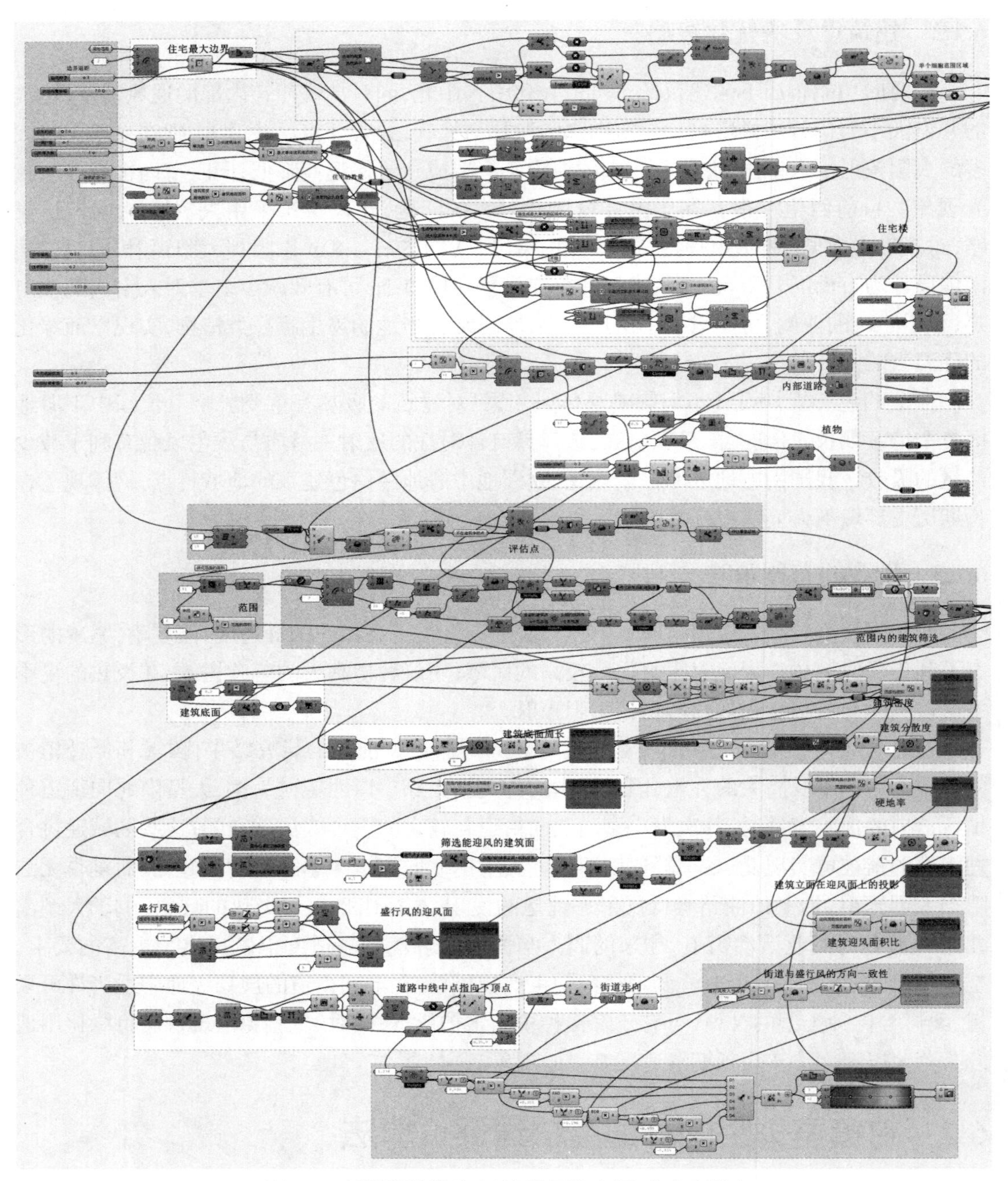

图 6-1 村镇强排算法电池图（图片来源：作者自绘）

输入部分，用户可根据设计参数（紫色部分）控制方案在设计用地范围中生成，设计参数有退界距离、道路宽度、道路转弯半径、住宅开间、住宅进深、单元数量、住宅层高、住宅层数、住宅楼朝向、用地建设密度、最大容积率，这些参数为“拉棒数据”，用户限定各参数的取值范围后，遗传算法可在此范围中逐代选取参数值完成寻优求解。

规划生成部分，核心为“Voronoi”多边形。对输入的场地范围，根据边界退距转弯半径确定规划用地范围；根据上一步用户输入的数据，求得基于当前建筑密度、容积率与限定高度下的最大化单体住宅建筑的最大数量，在场地中用电池“populate geometry”生成该数量值的随机点；判断各随机点距范围边界的距离与最大化住宅建筑宽度值，对于较为靠近用地边界的随机点，反向进行移动，随后使用“Voronoi”多边形生成电池划分用地；对于生成的多边形建设用单元中心，判断过中点的建筑朝向，距多边形边缘的直线距离，限定住宅建筑在单元内的单元数量以限定宽度值，随后在其中心处按输入参数生成住宅建筑。

形态因子提取部分，根据4.4节空间形态因子与西望村室外综合舒适时长的量化关系作为后续舒适度评价依据，形态因子也选用量化关系中的建筑密度、建筑分散度、硬地率、建筑迎风面积比、街道与盛行风方向的一致性这5个形态因子，其中由于前部分强排生成不包含绿地的设计，故这里不选取绿色容积率形态因子。各形态因子的提取方法与4.2节相同。评价点方面，使用电池“divide surface”将用地范围按UV结构线等分，UV方向划分数量可由用户控制；对划分区域提取中心，排除中心在生成建筑中的点，获得位于室外环境的评估点；对筛选后的评估点使用“Voronoi”多边形生成电池划分用地，每个测点的舒适度值即代表该多边形区域的舒适度结果。当用户输入的UV参数越大时，细分结果越准确。

舒适度评价计算可视化部分，将上一步提取获得的5个形态因子结果按式（5-14）、式（5-15）进行系数计算，与常数项累加后获得每个测点的综合舒适时长评估值，使用可视化模块反映舒适度结果。其中以舒适时长值≥3 h为最优（正红色），舒适时长值≤-2 h为最差（深蓝色）。

基于西望村的强排算法应用步骤过程如图6-2所示，其中用地范围为该村规划时预留的宅基地，目前处于荒废状态。

该算法从方案生成至完成可视化，计算机运行过程约为50 s，操作简洁，响应速度快，用户可通过控制输入参数来控制方案生成，也可接入遗传优化算法进行舒适度最优、容积率最高等目标寻优求解。与传统强排算法（行列式矩阵算法）相比，基于“Voronoi”多边形生成算法生成的方案空间较为灵活，形式多样，符合大部分村镇散布的肌理特点；其中空间形态因子提取与舒适度评估部分也可与传统强排算法相连接，评估基于传统强排算法的室外空间舒适度。该算法可帮助设计人员在设计的前期阶段快速获得村镇规划的基础布局，并获得直观的舒适度评价结果，促进气候适应性的规划设计。

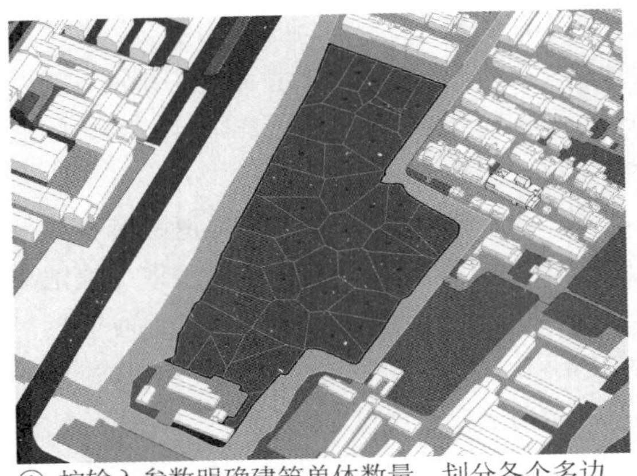

① 按输入参数明确建筑单体数量，划分各个多边形生成单元与单体建筑生成形心。

② 按输入参数生成形心，生成单体建筑。

③ 按道路控制参数划分建筑间道路，沿道路生成随机绿化植被。

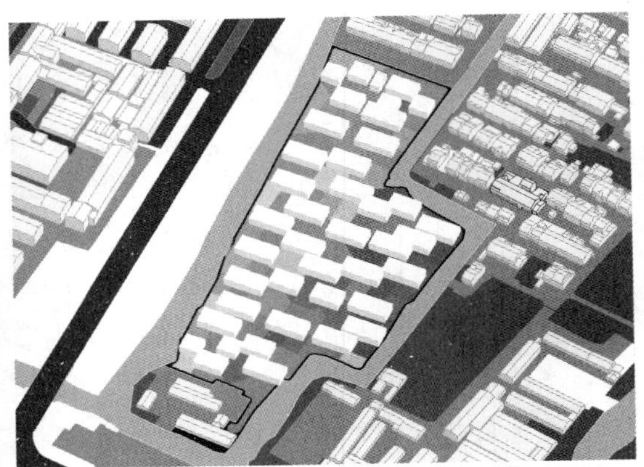

④ 输入评测点的数量或密度要求，快速生成综合舒适评价结果（图为冬季综合舒适结果）。

图 6-2　以西望村为例的村镇强排生成与快速舒适度评价过程图(图片来源:作者自绘)

第七章　总结与展望

7.1　内容总结

1)建立了村镇室外热舒适度的预测评价模型,并讨论舒适度指标的适用性

以长江中下游6个较为典型的村镇为研究对象,以秋、冬、夏季为研究时段,探究室外环境下人体主观热感知与热舒适度指标的相关性。研究采用实地微气候测量与问卷调查相结合的方式,获取村镇社区室外空间的微气候数据与热感评价,建立了生理等效温度(PET)、新标准有效温度(SET*)、通用热气候指标(UTCI)、湿球黑球温度(WBGT)与热感觉的函数关系式,计算获得该地区秋、冬、夏季气候下室外环境的舒适度指标中性温度值、舒适度指标热感觉的判定取值范围、适用于评价长江中下游地区室外热感觉的预测评价模型。运用定性分析与定量分析结合的方法,综合主观分析、相关系数、判定系数和判定准确率的统计结果,发现PET的综合表现性最好, UTCI的综合表现较好。考虑到UTCI存在一定的使用限制,因此在后续的长江中下游地区村镇室外热舒适度的研究中,首推使用指标PET及其预测评价尺度进行判定。

2)提出两类典型气象日的选取办法,建立了3种室外热舒适度的综合评判方法

第一种是基于参数权重的典型气象日选取法,又可根据方法中的指标不同,分为数据标准化处理法和平均绝对误差比处理法。该种选取法的核心在于,基于室外舒适度研究的考虑,对选取的气候参数赋予不同的权重值,随后利用统计指标处理以描述各气象日变量在整体数据集中的位置,以确定最适宜描述研究时段平均状态的典型气象日。第二种是“主成分—聚类”的典型气象日选取法,是一种将主成分分析与K-均值聚类分析结合的气候类型研究与各类型典型气象日选取的方法。该种方法核心在于,基于最大化概括描述气候特征的目的,通过协方差矩阵分析数据集中各气象日气候参数间的相关关系,获得选取主成分的评价值,使用评价值进行聚类获得较好的气候类型分类,各类型最中心的点即为该类型的典型气象日。使用两种方法获得的典型气象日数据,对西望村进行热环境模拟。结果发现,第一种方法的平均绝对误差比处理结果比标准化处理法更为准确,平均绝对误差比的处理方法更适用于小气候样本的典型气象日选取;而两种方法中,第二种“主成分—聚类”的典型气象日选取法分析结果更为全面,各类型气候的典型气象日可综合反映研究对象的季节综合热舒适度特点,缺点则是计算周期长,较难直接将计算结果推广应用至其他村镇。

以西望村为例,对获得的西望村典型气象日进行了热环境模拟,并用实测结果验证了模型的有效性。建立了3种室外热舒适度的综合评判方法,评估并可视化了西望村的热环境特点。该村中冬季南北向街道舒适度较好,建筑围合度高的区域舒适度更佳,其中街道连续性更好的区域舒适度也更好;西望村夏季呈现相反的特点,满足全日综合舒适度的区域主要

为东西向街道、有高大绿化树木的区域，其中街道高宽比更小的东西向街道热舒适度更好，高大树木下的舒适度最为优秀，南北向街道与围合度较高的区域热舒适度差。总体而言，可认为影响西望村冬、夏季室外舒适度最关键的气象因素是风的方向，而对于西望村气候适应性的提升设计，种植树木则是提升夏季室外舒适度最便捷有效的方法。

3）揭示了西望村空间形态因子对室外热舒适度的影响机理，并建立了量化模型

选取了3类14种形态因子——建筑密度（BCR）、建筑容积率（FAR）、建筑平均高度（ABH）、最高建筑的平均高度（AHHB）、建筑表面积比（BSAR）、平均建筑体形系数（ASCB）、建筑迎风比（FAD）、建筑围合度（BER）、建筑分散度（BDR）、平均高宽比（AHWR）、街道与盛行风的方向一致性（CSPWD）、硬地率（HPR）、绿色容积率（GPR）和距离水体的最短距离（PW），并基于Rhino+Grasshopper参数化模型平台建立了它们的自动提取算法，以西望村的核心村域为研究对象，提取2~100 m测算半径范围的形态因子，探究各形态因子对冬、夏季综合舒适时长的影响性。

研究结果发现，对冬季舒适度影响强的形态因子主要为：BCR、FAR、BSAR、FAD、BER、CSPWD、HPR，对夏季舒适度影响强的形态因子主要为：BCR、BSAR、BER、GPR、HPR。对于形态因子影响半径，6~14 m范围大部分形态因子的影响性最大，其次在40~46 m范围出现了另一个影响性较大的峰值。

本研究使用多元回归模型，分析量化了形态因子对冬、夏季综合舒适时长的协同影响机制。结果发现，对于冬季综合舒适度，存在建筑密度较高、与盛行风方向越不一致的区域舒适度越好；对于夏季综合舒适度，建筑密度低、较近范围内绿化容积率越大的区域且与盛行风方向越一致的区域舒适度越好。

4）使用"主成分—聚类"的气候分类法，研究长江中下游地区6个典型村镇的气候特点

研究发现，长江中下游地区村镇冬季气候可分为5类，夏季气候可分为6类。其中冬季有一种"寒潮天气"出现的频率极低，夏季"多云凉爽潮湿大风天气""多云微凉潮湿天气"气候条件较为适宜，不对人们造成热舒适挑战，因此当对长江中下游地区村镇进行气候适应性模拟研究时，这3种气候类型可被排除。

对6个村镇冬、夏季气候类型的组成结构进行对比讨论，结果发现，对于冬季，万山村、西望村和周铁村气候类型构成全面，气象日比例分布比较合理；对于夏季，万山村和西望村的气候类型组成全面，比例分布较为合理。其中，西望村冬、夏季各气候类型的气象日数量比例分布最为适中，第三章中西望村冬夏气候类型与6个典型村镇的气候类型相似，在气象特点上有高度的一致性。因此，认为西望村的气候类型在长江中下游地区6个典型村镇中最有代表性。

7.2 科学意义和创新价值

（1）建立了一套适用于长江中下游地区村镇室外的人体热感觉预测模型、适用于热舒适度评价的指标判断尺度，并给予不同舒适度指标适用性的建议。可指导学者根据季节和

条件限制选取更为合适的指标判断尺度；在研究该地区微气候舒适度时，能更加准确地反映该地区人体的热感觉。

（2）使用两种典型气象日选取方法，开展了西望村冬、夏季典型气象日的热环境模拟评价研究。其中，在典型气象年数据库不适用时，选用基于参数权重的典型气象日选取法；但平均绝对误差比的参数处理方法更适用于小气候样本。建立了包含数据处理与后检验在内的“主成分—聚类”的典型气象日选取法，该种方法可将季节气候划分为多种典型类型，并找出各类型的代表日即典型气象日，使用多个代表日进行热环境模拟与综合评价的方式可考虑更加全面，能较为综合地反映该地区一个季节的整体舒适度情况。

（3）建立了 3 种室外热舒适度的综合评判方法。其中折中性评判方法易于推广，不同地区的村镇评价结果可直接进行横向对比。独立性评判方法的建立较为复杂，但可综合多气候类型下的热舒适度特点，同时也可在小范围区域中推行应用；另一方面，该方法可筛选出部分时段舒适度最优的区域，这些区域与人们对室外空间停留聚集的主观意愿相符，此方法的评价结果可用于村镇气候适应性优化设计、村镇规划功能用地布局等。标准化评判方法可获得所研究对象在研究时段内的综合舒适度的相对分布结果，可用于部分时段的村镇综合热环境优劣评价。

（4）研究中所建立的一种空间形态因子自动提取方法可帮助研究人员对其他村镇或城市室外空间进行研究分析；研究中建立的基于西望村的空间形态因子与综合舒适时长的量化模型，从数学关系上较为明确地揭示了村镇空间形态与舒适度的影响关系，可帮助设计人员在设计工作中理解规划布局对舒适度的影响机制；村镇总体性规划生成与空间舒适度快速评价算法可快速地给予设计者规划方案的舒适度评价结果，其程序易与其他设计程序整合，可视化显示的方式便于理解。

（5）以长江中下游地区 6 个典型村镇为代表，划分了冬、夏季气候类型，并发现西望村冬、夏季气候类型与长江中下游地区的气候类型在构成比例、类型特点上高度相关，因此认为西望村的气候类型在长江中下游地区 6 个典型村镇中最有代表性与研究意义。未来可继续探究长江中下游地区的整体气候类型与各村镇气候类型的一致性与差异性，探究差异构成的原因。

7.3　村镇微气候研究的独特性讨论

受生产活动、空间形态等因素影响，村镇微气候与城市微气候有很大的不同。根据本文研究发现，村镇微气候的独特性主要体现在以下 3 个方面：受外围环境影响较大、人的影响较小、建筑空间形态影响半径小。

1）受外围环境影响较大

在本书第五章中，讨论了长江中下游地区 6 个典型村镇的气候类型划分，结果发现，以冬季对于万山村—詹村组、西望村—周铁村组为例，如表 4-16 所示，两组间空间距离较近，但气候类型构型数量上出现较为显著的差别，比如：冬季气候类型1“多云温暖湿润天气”、类型2“晴朗温暖湿润天气”、类型3“阴凉潮湿天气”，在两个村镇组间有明显数量差异。村镇间气候类型构成差异的直接原因是这些村镇同一气候日的相对湿度、风速气候因子值有较大不同，根本原因是村镇气候受周围环境影响较大。以西望村—周铁村为例，这两个村镇距太湖约3 km，因此气候偏潮湿，较为干爽的冬季类型5天气数量偏少；以万山村为例，万山村位于山谷中，山谷风较为明显，风速比临近詹村普遍偏大，此外太阳辐射受群山阻挡，因而出现日间平均空气温度、日间平均辐射温度比詹村低的现象，也造成两个村子间季节气候类型构成的差异。

2）人的影响小

在调研中发现，由于村镇的经济构成主要为第一产业与第三产业，生产所需的能耗量较小；同时居民的交通方式以步行、非机动车为主，汽车的人均拥有量与人均使用时间远低于城市，因此在大部分村镇中人为排放热较小，对热环境的影响较小。在西望村的热环境模拟中，未添加人为排放热源，模拟与实测结果的验证也表明了模型的准确性。因此，村镇的街道与城市街道的热环境不同，对于城市而言，大尺度的街道代表高密度的车流量与热排放量，在人行尺度范围会造成大量的热聚集，在冬季带来严重的空气污染而在夏季则带来严重的热舒适挑战，因此尽管大尺度街道有助于城市通风，但仍需额外关注人行尺度范围的环境优化；对于村镇而言，大尺度街道交通的功能属性并不明显，更多是作为居民聚集与交往的场所而活跃于生活中，街道可由其形态因子不同在冬、夏季呈现截然不同的热舒适度特点，或帮助或阻碍人体的热舒适度。因此街道可更多基于“人”而非“交通”出发，以不同季节下人舒适的街道布局方式为首要考虑点。

3）建筑空间形态影响半径小

在4.3节的研究发现，在西望村中单一形态因子对室外综合舒适度的影响半径较小，大部分形态因子的最大相关影响半径位于10～16 m范围中，这是与西望村低矮的建筑群布局方式相适应的；另一方面，村镇的边界条件较为单一，为平原或者是山谷，流入状态较为稳定。对于城市而言，由于城市中绝大部分建筑单体的建筑面积远大于村镇建筑，且城市中某一区域的边界条件复杂，因此形态因子对微气候的影响半径也较大，崔鹏[111]对哈尔滨市商业街区空间形态与温度的相关研究发现，各街区形态因子与空气温度相关性在半径为100 m时达到最大，即证实了这一点。

村镇建筑空间形态因子影响微气候的半径小，本质上即村镇建筑群体对微气候的影响范围远小于城市建筑群，即村镇的微气候尺度研究应注重小尺度研究。目前确实存在许多村镇研究是沿用了在城市研究中已成熟的工具与方法，但对于村镇，需注意关注尺度变化带来的区别。本研究中学习参考了城市微气候图谱研究的思路，进行了综合舒适度评价，许多城市微气候图谱的单元网格尺度较大，而西望村综合舒适度评价图的单元尺度为3×3×2（m），较为合适；另一方面，目前许多学者关注城市通风廊道、城市集中绿化对环境的影响机制，对于村镇而言，城市的通风廊道尺度被缩小化为“通风街道”的概念，由第三章研究可知，大型的通风街道降温通风的作用在村镇中并不显著，存在其效果不如多个小型通风街道的现象；而集中式绿化不适于小型村镇，在第三章、第四章中研究发现，高大的绿化植被是夏季降温提升舒适度的最有效手段，因此对于已建成村镇的舒适度提升式研究，从景观植被设施入手是最为经济、迅速的手段。

本研究的评价核心为“舒适区域空间大小”，第六章的优化提升建议本质为探求冬、夏季村镇室外空间的舒适区域面积值较大且总和也大，是西望村室外热环境都能较为舒适的保证。然而这种思路存在一个问题，即未考虑人们对村镇室外不同空间的需求，对所有空间都使用了一种评价方法。村镇室外环境与城市住区环境不同，对于住区，居民希望小区内环境是“均好”的，然而对于村镇，居民对环境存在容许度与倾向性，会自发地找寻更有利于开展各种活动的空间，即本研究中忽视了重要的人行为活动这一因素。建议未来学者可针对20 m 半径范围内的小尺度村镇空间展开更为明确具体的研究，可结合居民的生活交往活动时空规律，探寻相同舒适度、不同环境特性的空间特点对人的吸引程度，从而提出不同的室外空间改进策略。

7.4　不足与展望

1）提出的空间形态因子与室外热舒适时长的量化模型精度不足

室外综合热舒适度受太阳辐射影响大，但是目前尚未找到合适的形态因子可描述冬季时段和夏季时段的日照情况，因此模型的拟合精度不高。未来可使用气象站监测数据，对冬、夏季累计太阳辐射进行模拟，探究“部分天空可视度”形态因子与所得辐射的相关关系，并用于量化模型中，提高拟合的准确度。

另一方面，可将类型学的经验分析与统计学的定量分析结合，讨论村镇中是否有几种村镇空间形态类型，其形态因子对舒适度影响最大的范围半径值存在显著性的差异。如确实存在，则仍以西望村为例，应划分不同类型后再进一步探寻多种形态因子与舒适度的耦合关系。

2）优化提升策略较为粗浅、量化性不足

未来可对村镇街道的通风性展开进一步研究，讨论村镇通风廊道的必要性、村镇最佳街道高宽比、村镇连排民居的建筑长度建议等，用确切的数据给予设计人员参考。

3）优化设计策略未能在实际村镇中应用并后检验

未来研究中可与实际村镇项目结合，探讨各优化策略的具体提升性能。

4）本研究的结果不能完全代表长江中下游地区

本研究仅分析了长江中下游地区的 6 个村镇冬、夏季气候，研究中心的热舒适度信息仅来自西望村模拟结果，西望村仅在研究范围内具有一定的代表性，仍不可认为能够完全反映长江中下游地区的热环境特点。后续可搜集长江中下游地区多个气象站点的监测资料，讨论该地区气候的分布特点与异同性；可增加该地区村镇肌理类型的研究，模拟分析不同肌理村镇的热舒适度异同性。

5)村镇室外空间舒适度快速评价算法的应用前景

该算法除与村镇强排生成算法结合外,还可结合遗传优化搜索技术,结合日照、通风性能等计算机仿真模拟程序或快速评价公式等,综合整理为多元目标的优化设计程序,应用于村镇规划设计之中。

参考文献

[1] 王亚华,苏毅清. 乡村振兴——中国农村发展新战略 [J]. 中央社会主义学院学报，2017（6）：49-55.

[2] 杨传开,朱建江. 乡村振兴战略下的中小城市和小城镇发展困境与路径研究 [J]. 城市发展研究，2018，25（11）：1-7.

[3] 文月. 绿色农房引领农宅节能 [J]. 建筑节能，2014，42（1）:2.

[4] 清华大学建筑节能研究中心. 中国建筑节能年度发展研究报告 [M]. 北京:中国建筑工业出版社，2016.

[5] 中国建筑科学研究院. 民用建筑绿色设计规范：JGJ/T 229—2010[S]. 北京:中国标准出版社,2010.

[6] 韩昀松,孙澄. 基于 GANN-BIM 的寒地建筑形态数字化节能设计 [M]. 北京:中国建筑工业出版社,2018:19-24.

[7] MUNIZ-GAAL L P，PEZZUTO C C，CARVALHO M F，et al. Urban geometry and the microclimate of street canyons in tropical climate[J]. Building and Environment，2020，169:106547.

[8] HUANG M，CUI P，HE X. Study of the cooling effects of urban green space in Harbin in terms of reducing the heat island effect[J]. Sustainability，2018,10：1-17.

[9] WANG Y，LI Y，XUE Y，et al. City-scale morphological influence on diurnal urban air temperature[J]. Building and environment，2020，169:106527.

[10] YAN H，FAN S，GUO C，et al. Assessing the effects of landscape design parameters on intra-urban air temperature variability：the case of Beijing，China[J]. Building & Environment，2014，76:44-53.

[11] MIAO C，YU S，HU Y，et al. Review of methods used to estimate the sky view factor in urban street canyons [J]. Building and environment，2020，168:106497.

[12] 徐小东,王建国,陈鑫. 基于生物气候条件的城市设计生态策略研究——以干热地区城市设计为例 [J]. 建筑学报,2011,03:79-83.

[13] 徐小东,王建国. 基于生物气候条件的城市设计生态策略研究——以湿热地区城市设计为例 [J]. 建筑学报，2007,03:64-67.

[14] 王建国,徐小东. 基于生物气候条件的绿色城市设计生态策略 [J]. 建筑与文化，2006，08:11-19.

[15] 徐小东. 基于生物气候条件的城市设计生态策略研究——以冬冷夏热地区城市设计为例 [J]. 城市建筑,2006,07:22-25.

[16] 刘加平. 城市环境物理 [M]. 北京:中国建筑工业出版社, 2011.

[17] MATALLAH M E, ALKAMA D, AHRIZ A, et al. Assessment of the outdoor thermal comfort in oases settlements[J]. Atmosphere, 2020, 11(2):185.

[18] GUO C, BUCCOLIERI R , GAO Z . Characterizing the morphology of real street models and modelling its effect on thermal environment[J]. Energy and buildings, 2019, 203: 109433.

[19] 肖毅强,林瀚坤,惠星宇. 广府地区传统村落的气候适应性空间系统研究 [J]. 南方建筑, 2018,05:62-69.

[20] GOYAL S, BAROOAH P. A method for model-reduction of non-linear thermal dynamics of multi-zone buildings[J]. Energy and buildings, 2012, 47(Apr.):332–340.

[21] 闫力. 建筑生成理论研究 [D]. 天津:天津大学,2005.

[22] 黄蔚欣,徐卫国. 参数化非线性建筑设计中的多代理系统生成途径 [A]//2010 年全国高等学校建筑院系建筑数字技术教学研讨会 [C]. 上海: 2010(7).

[23] 李飚. 建筑生成设计:基于复杂系统的建筑设计计算机生成方法研究 [M]. 南京:东南大学出版社,2012.

[24] KAEMPF J H, MONTAVON M, BUNYESC J, et al. Optimisation of buildings' solar irradiation availability[J]. Solar energy, 2010, 84(4):596-603.

[25] SAHU M, BHATTACHARJEE B, KAUSHIK S. Thermal design of air-conditioned building for tropical climate using admittance method and genetic algorithm[J]. Energy and buildings, 2012, 53(1):1-6.

[26] TURRIN M, BUELOW P V, KILIAN A, et al. Performative skins for passive climatic comfort: a parametric design process[J]. Automation in construction, 2012, 22(Mar.): 36-50.

[27] YI Y K, KIM H. Agent-based geometry optimization with Genetic Algorithm (GA) for tall apartment's solar right[J]. Solar energy, 2015, 113(Mar.):236-250.

[28] SHI X, YANG W. Performance-driven architectural design and optimization technique from a perspective of architects[J]. Automation in construction, 2013, 32(Jul.):125-135.

[29] 殷晨欢. 干热地区基于热舒适需求的街区空间布局与自动寻优初探 [D]. 南京:东南大学,2018.

[30] ZHU L, WANG B, SUN Y. Multi-objective optimization for energy consumption, daylighting and thermal comfort performance of rural tourism buildings in north China[J]. Building and environment, 2020, 176:106841.

[31] 鲍莉,金海波. 传统砖木建筑功能与性能整体提升的实践初探——宜兴市周铁镇北河沿民宅更新设计 [J]. 南方建筑, 2016,03:16-20.

[32] 全国人类工效学标准化技术委员会. 热环境的人类工效学 物理量测量仪器: GB/T 40233-2021[S]. 北京:国家市场监督管理总局,2021.

[33] 国家气候中心. 气候季节划分:QX/T 152—2012 [S]. 北京:中国气象局,2012.

[34] 冯胜辉,龚道溢,张自银, 等. 近 50 年来中国冬季风寒温度的变化 [J]. 地理学报, 2009, 64(9):1071-1082.

[35] 中华人民共和国住房和城乡建设部. 城市居住区热环境设计标准: JGJ 286—2013 [S]. 北京:中国建筑工业出版社,2014.

[36] BELDING H S, HATCH T F. Index for evaluating heat stress in terms of resulting physiological strain[J]. Heating piping & air conditioning, 1955, 27.

[37] HPPE P R. The physiological equivalent temperature-a universal index for the biometeorological assessment of the thermal environment[J]. International journal of biometeorology, 1999, 43(2):71-75.

[38] JENDRITZKY G, DE D R, HAVENITH G. UTCI—Why another thermal index? [J]. International journal of biometeorology, 2012, 56(3):421-428.

[39] GAGGE A P, FOBELETS A P, BERGLUND L G. A standard predictive index of human response to the thermal environment[J]. Ashrae Trans, 1986, 92:709-731.

[40] LI J, LIU N. The perception, optimization strategies and prospects of outdoor thermal comfort in China: a review[J]. Building and environment, 2020, 170:106614.

[41] LIANG C, NG E. Outdoor thermal comfort and outdoor activities: a review of research in the past decade[J]. Cities, 2012, 29(2):118-125.

[42] CHAN S Y, CHAY C K, LEUNG T M. On the study of thermal comfort and perceptions of environmental features in urban parks: A structural equation modeling approach[J]. Building and environment, 2017, 122:171-183.

[43] 李坤明. 湿热地区城市居住区热环境舒适性评价及其优化设计研究 [D]. 广州:华南理工大学,2017.

[44] FREITAS C D, GRIGORIEVA E A. A comparison and appraisal of a comprehensive range of human thermal climate indices[J]. International journal of biometeorology, 2017, 61(3):487-512.

[45] 朱颖心. 建筑环境学 [M]. 4 版. 北京:中国建筑工业出版社, 2016.

[46] MATZARAKIS A, MAYER H, IZIOMON M G. Applications of a universal thermal index: physiological equivalent temperature[J]. International journal of biometeorology, 1999, 43(2):76-84.

[47] HAVENITH G, FIALA D, et al. The UTCI-clothing model[J]. International journal of biometeorology, 2011, 56:461470.

[48] FANGER P O. Thermal comfort: analysis and applications in environment engineering. Thermal comfort analysis & applications in environmental engineering, 1970. Publisher: New York, McGraw-Hill.

[49] CHENG, VICKY, EDWARD, et al. Outdoor thermal comfort study in a sub-tropical cli-

mate: a longitudinal study based in Hong Kong[J]. International journal of biometeorology: journal of the international society of biometeorology, 2012, 56(1): 43-56.

[50] YAGLOU C P, MINARD D. Control of heat casualties at military training centers[J]. Ama arch ind health, 1957, 16(4):302-316.

[51] MATZARAKIS A, MAYER H. Another kind of environmental stress: thermal stress. 1996.

[52] BRODE P, FIALA D, BLAZEJCZYK K, et al. Deriving the operational procedure for the universal thermal climate index (UTCI)[J]. International journal of biometeorology, 2012, 56(3):481-494.

[53] 张伟. 居住小区绿地布局对微气候影响的模拟研究 [D]. 南京:南京大学,2015.

[54] 全国人类工效学标准化技术委员会. 热环境 根据 WBGT 指数(湿球黑球温度)对作业人员热负荷的评价:GB/T 17244—1998[S]. 北京:国家技术监督局,1998.

[55] 全国人类工效学标准化技术委员会. 热环境人类工效学 代谢率的测定: GB/T 18048—2008[S]. 北京:中华人民共和国国家质量监督检验检疫总局,2008.

[56] 全国标准研究中心. 热环境人类工效学 使用主观判定量表评价热环境的影响: GB/T 18977—2003[S] . 北京:中华人民共和国国家质量监督检验检疫总局,2003.

[57] Air-Conditioning Engineers. 2013 ASHRAE handbook: fundamentals [M]. SI edition. ASHRAE, 2013.

[58] 李坤明,张宇峰,赵立华, 等. 热舒适指标在湿热地区城市室外空间的适用性 [J]. 建筑科学, 2017, 33(2):15-19.

[59] 曹彬. 气候与建筑环境对人体热适应性的影响研究 [D]. 北京:清华大学,2012.

[60] 王澍. 严寒地区冬季大学校园室外热舒适指标适用性评价研究 [D]. 哈尔滨:哈尔滨工业大学,2019.

[61] 杨薇. 夏热冬冷地区住宅夏季热舒适状况以及适应性研究 [D]. 湖南:湖南大学,2007.

[62] MATZARAKIS A, RUTZ F, MAYER H. Modelling radiation fluxes in simple and complex environments: application of the RayMan model[J]. International journal of biometeorology, 2007, 51(4): 323-334.

[63] MATZARAKIS A, RUTZ F, MAYER H. Modelling radiation fluxes in simple and complex environments: basics of the RayMan model[J]. International journal of biometeorology, 2010, 54(2): 131-139.

[64] BARUTI M M, JOHANSSON E, YAHIA M W. Urbanites' outdoor thermal comfort in the informal urban fabric of warm-humid Dar es Salaam, Tanzania[J]. Sustainable cities and society, 2020, 62:102380.

[65] FANG Z, ZHENG Z, FENG X, et al. Investigation of outdoor thermal comfort prediction models in South China: a case study in Guangzhou[J]. Building and Environment, 2020, 188:107424.

[66] JIN H，LIU S，KANG J. Thermal comfort range and influence factor of urban pedestrian streets in severe cold regions[J]. Energy and buildings，2019，198(Sep.):197-206.

[67] CHEN R S，KANG E S，Ji X B，et al. Gender differences in thermal comfort on pedestrian streets in cold and transitional seasons in severe cold regions in China[J]. Building and environment，2019，168(2):106488.

[68] JIN H，LIU S，KANG J. The thermal comfort of urban pedestrian street in the severe cold area of Northeast China[C]// Sustainability in energy and buildings，2017，134：741-748.

[69] YIN Q，CAO Y，SUN C. Research on outdoor thermal comfort of high-density urban center in severe cold area[J]. Building and environment，2021，200:107938.

[70] LAI D，GUO D，HOU Y，et al. Studies of outdoor thermal comfort in northern China[J]. Building & environment，2014，77:110-118.

[71] 雷永生. 严寒地区城市室外热舒适多维度评价研究 [D]. 哈尔滨:哈尔滨工业大学，2019.

[72] JI W，ZHU Y，DU H，et al. Interpretation of standard effective temperature (SET) and explorations on its modification and development[J]. Building and environment，2022，210:108714.

[73] DU H，YANG C. Re-visitation of the thermal environment evaluation index standard effective temperature (SET*) based on the two-node model[J]. Sustainable cities and society，2019，53(2):101899.

[74] Baruti M M，Johansson E，Yahia M W. Urbanites' outdoor thermal comfort in the informal urban fabric of warm-humid Dar es Salaam，Tanzania[J]. Sustainable cities and society，2020，62:102380.

[75] TAKADA S，SAKIYAMA T，MATSUSHITA T. Validity of the two-node model for predicting steady-state skin temperature[J]. Fuel and energy abstracts，2011，46(3)：597-604.

[76] 中华人民共和国建设部. 公共建筑节能设计标准：GB 50189—2005[S]. 北京：中国建筑工业出版社,2005.

[77] 李红莲. 建筑能耗模拟用典型气象年研究 [D]. 西安:西安建筑科技大学,2016.

[78] WILLIAM M，KEN U，User’s manual for TMY2’s[R].United States：National renewable energy laboratory,1995.

[79] 张晴原，HUANG J. 中国建筑用标准气象数据手册 [M]. 北京:中国建筑工业出版社，2012.

[80] 中国气象局气象信息中心气象资料室,清华大学建筑技术科学系. 中国建筑热环境分析专用气象数据集 [M]. 北京:中国建筑工业出版社,2005.

[81] 刘加平,杨柳. 建筑节能设计的基础科学问题研究报告 [R]. 西安:西安建筑科技大学，2007.

[82] YANG L，WAN K，LI D，et al. A new method to develop typical weather years in different climates for building energy use studies[J]. Energy，2011，36（10）：6121-6129.
[83] 刘乐. 数据驱动模式下的建筑能耗需求模拟与预测 [D]. 南京：东南大学，2021.
[84] 杨小山，翁素梅，赵立华. 面向城市热环境的典型气象日确定方法 [J]. 环境科学与技术，2019，42（1）：231-236.
[85] 史军，丁一汇，崔林丽. 华东极端高温气候特征及成因分析 [J]. 大气科学，2009，33（2）：347-358.
[86] 刘哲铭. 基于热环境与节能的严寒地区城市住区空间形态优化研究 [D]. 哈尔滨：哈尔滨工业大学，2020.
[87] JIANGY . Generation of typical meteorological year for different climates of China[J]. Energy，2010，35（5）：1946-1953.
[88] 张文彤，董伟. SPSS 统计分析高级教程 [M]. 北京：高等教育出版社，2018.
[89] 何晓群. 多元统计分析 [M]. 北京：中国人民大学出版社，2008.
[90] LADD J W，DRISCOLL D M. A comparison of objective and subjective means of weather typing：an example from West Texas[J]. Journal of applied meteorology，2010，19（6）：691-704.
[91] 林海明，张文霖. 主成分分析与因子分析的异同和 SPSS 软件——兼与刘玉玫、卢纹岱等同志商榷 [J]. 统计研究，2005，3：65-69.
[92] CK C LAM，LEE H，YANG S R，et al. A review on the significance and perspective of the numerical simulations of outdoor thermal environment[J]. Sustainable cities and society，2021，1-2：102971.
[93] MORAKINYO TE，LAU KK-L，REN C，et al. Performance of Hong Kong's common trees species for outdoor temperature regulation，thermal comfort and energy saving[J]. Build environ，2018，137（June）：157-170.
[94] HAMI A，ABDI B，ZAREHAGHI D，et al. Assessing the thermal comfort effects of green spaces：a systematic review of methods，parameters，and plants' attributes[J]. Sustainable cities and society，2019，49：101634.
[95] TALEGHANI M，KLEEREKOPER L，TENPIERIK M，et al. Outdoor thermal comfort within five different urban forms in the Netherlands[J]. Building & environment，2015，83（Jan.）：65-78.
[96] VOS P，MAIHEU B，VANKERKOM J，JANSSEN S. Improving local air quality in cities：to tree or not to tree？ [J]. Environmental pollution，2013，183：113-122.
[97] KRUGER E L，MINELLA F O，F RASIA. Impact of urban geometry on outdoor thermal comfort and air quality from field measurements in Curitiba，Brazil[J]. Building and environment，2011，46（3）：621-634.
[98] FPROUZANDEH A. Numerical modeling validation for the microclimate thermal condi-

tion of semi-closed courtyard spaces between buildings[J]. Sustainable cities and society, 2018, 36(Supplement C):327-345.

[99] SALATA F, GOLASI I, VOLLARO R, et al. Urban microclimate and outdoor thermal comfort. a proper procedure to fit ENVI-met simulation outputs to experimental data[J]. Sustainable cities and society, 2016,318–343.

[100] 杨泽晖. 小城镇低层高密住区形态微气候研究——以周铁镇为例 [D]. 南京:东南大学,2021.

[101] 杨小山. 室外微气候对建筑空调能耗影响的模拟方法研究 [D]. 广州:华南理工大学,2012.

[102] WILLMOTT, CORT J. Some comments on the evaluation of model performance[J]. Bulletin of the American meteorological society, 1982, 63(11):1309-1369.

[103] ERELL E, WILLIAMSON T. Comments on the correct specification of the analytical CTTC model for predicting the urban canopy layer temperature[J]. Energy & buildings, 2006, 38(8):1015-1021.

[104] LEE H, MAYER H, CHEN L. Contribution of trees and grasslands to the mitigation of human heat stress in a residential district of Freiburg, Southwest Germany[J]. Landscape and planning, 2016, 148:37-50.

[105] WANG Y, BERARDI U, AKBARI H. Comparing the effects of urban heat island mitigation strategies for Toronto, Canada[J]. Energy and buildings,2016, 114: 2-19.

[106] DUARTE D, SHINZATO P, GUSSON C, et al. The impact of vegetation on urban microclimate to counterbalance built density in a subtropical changing climate[J]. Urban climate, 2015, 14:224-239.

[107] 郭艳君,丁一汇. 1958—2005 年中国高空大气比湿变化 [J]. 大气科学, 2014, 38(1): 1-12.

[108] IGNATIUS M, HIEN W N, JUSUF S K. Urban microclimate analysis with consideration of local ambient temperature, external heat gain, urban ventilation, and outdoor thermal comfort in the tropics[J]. Sustainable cities & society, 2015,121-135.

[109] YOSHIE R, TANAKA H, SHIRASAWA T, et al. Experimental study on air ventilation in a built-up area with closely-packed high-rise buildings[J]. Journal of environmental engineering(Transactions of AIJ), 2008, 73(627):661-667.

[110] 柳珊. 基于风环境模拟的城市居住街区空间形态研究 [D]. 广州:华南理工大学,2018.

[111] 崔鹏. 基于微气候舒适性提升的商业街区形态要素优化设计研究 [D]. 哈尔滨:哈尔滨工业大学,2020.

附录A 符号列表

符号	中文	English	单位
V_a	风速	Wind Speed	m/s
D	风向	Wind Direction	°
T_a	空气温度	Air Temperature	℃
T_g	黑球温度	Globe Temperature	℃
R_H	相对湿度	Relative Humidity	%
G	太阳总辐射	Globe Radiation	W/m^2
$\overline{T}_a$	全日平均空气温度	0:00—24:00 Average Air Temperature	℃
T_{mrt}	平均辐射温度	Mean Radiant Temperature	℃
WCT	风冷温度	Wind Chill Temperature	℃
WBGT	湿球黑球温度	Wet-Bulb-Globe Temperature	℃
HSI	热压力指数	Heat Stress Index	℃
PET	生理等效温度	Physiologically Equivalent Temperature	℃
UTCI	通用热气候指标	Universal Thermal Climate Index	℃
SET^*	新标准有效温度	Standard Effective Temperature	℃
PMV	平均预测投票	Predicted Mean Vote	无
T_{nwb}	自然湿球温度	Natural Wet Bulb Temperature	℃
TSV	热感觉投票	Thermal Sensation Vote	无
MTSV	平均热感觉投票值	Mean Thermal Sensation Vote	无
R^2	判定系数	Coefficient of Determination	无
η	预测准确率	Predicting Accuracy	%
JTS	热感觉判定指数	Judgment Index of Thermal Sensation	无
TMD	典型气象日	Typical Meteorological Day	无
CTYW	建筑用标准气象数据手册	Chinese Typical Year Weather	无
CSWD	中国建筑热环境分析专用气象数据库	Chinese Standard Weather Data	无
$T_{a\max}$	全日最高空气温度	0:00—24:00 Maximum Air Temperature	℃
$T_{a\min}$	全日最低空气温度	0:00—24:00 Minimum Air Temperature	℃
$\overline{R}_H$	全日平均相对湿度	0:00—24:00 Average Relative Humidity	%
$R_{H\max}$	全日最高相对湿度	0:00—24:00 Maximum Relative Humidity	%
$R_{H\min}$	全日最低相对湿度	0:00—24:00 Minimum Relative Humidity	%

$\overline{V}_{ad}$	日间平均风速	Daytime Average Wind Speed	m/s
$\overline{V}_{an}$	夜间平均风速	Nighttime Average Wind Speed	m/s
$\overline{G}$	日间平均太阳总辐射	Daytime Average Globe Radiation	W/m^2
MAE	平均绝对误差	Mean Absolute Error	无
PMAE	平均绝对百分比误差	Percent Mean Absolute Error	无
PCA	主成分分析	Principal Component Analysis	无
$\overline{T}_{ad}$	日间平均空气温度	Daytime Average Air Temperature	℃
$\overline{T}_{an}$	夜间平均空气温度	Nighttime Average Air Temperature	℃
ΔT_a	空气温度日较差	Moving Range of 0:00—24:00 Air Temperature	℃
$\overline{RH}_d$	日间平均相对湿度	Daytime Average Relative Humidity	%
$\overline{RH}_n$	夜间平均相对湿度	Nighttime Average Relative Humidity	%
G_{sum}	日太阳总辐射记录值和	Sum of 0:00—24:00 Globe Radiation	W/m^2
LAD	叶面积密度	Leaf Area Density	m^2/m^3
LAI	叶面积指数	Leaf Area Index	m^2/m^2
P	预测值或模拟值	Predictive Value	无
O	观测值	Observation Value	无
MBE	平均偏差	Mean Bias Error	无
RMSE	均方根误差	Root Mean Square Error	无
SSR	可解释误差	Regression Sum of Square	无
SST	总误差	Error Sum of Square	无
d	一致性指数	Willmott's Index of Agreement	无
CDA	舒适时长累计值	Comfort Duration Accumulation	h
sOTCA	热舒适阈占比	Spatial Outdoor Comfort Autonomy	%
h	小时	Hour	无
BCR	建筑密度	Building Cover Ratio	无
FAR	建筑容积率	Floor Area Ratio	无
ABH	建筑平均高度	Average Building Height	m
AHHB	最高建筑平均高度	Average Height of the Highest Building	m
BSAR	建筑表面积比	Building Surface Area Ratio	无
ASCB	平均建筑体形系数	Average Shape Coefficient of Building	无
FAD	建筑迎风面积比	Frontal Area Density	无
BER	建筑围合度	Building Enclosure Ratio	无
BDR	建筑分散度	Building Dispersion Ratio	无
AHWR	平均高宽比	Average Height to Width Ratio	无

CSPWD	街道与盛行风方向的一致程度	Consistency of Streets with Prevailing Wind Direction	无
HPR	硬地率	Hard Pavement Ratio	无
GPR	绿色容积率	Green Plot Ratio	m^2/m^2
GCR	绿地率	Green Cover Ratio	无
PW	距离水体的最短距离	Proximity to Water	m
WCC	冬季综合舒适时长	Winter Comprehensive Comfort	h
SCC	夏季综合舒适时长	Summer Comprehensive Comfort	h

附录 B　调研村镇测试区域与测点环境

1）张家湾村基本情况与测点环境

张家湾村位于北纬 31.46°，东经 114.65°，与历史文化名街红安县七里坪镇长胜街隔河相望。该村于 2018 年由华润投资建设希望小镇，配套建有酒店、幼儿园、党群活动中心、村民活动中心、文体广场、门首塘广场、非遗文化街等设施，拆除部分旧、危民居，村域的核心区域进行重新布局规划。现有民居以 1~3 层为主，建筑密度适中，绿化植被丰富，景色优美。

张家湾村的总平面图如图 B-1 所示。气象站安设在酒店附属设备房屋顶位置，周围开阔无遮挡物，离地面 5 m 高；在核心研究范围中共设 10 个测点，编号为 ZJ1~ZJ10。

图 B-1　张家湾村总平面图（图片来源：课题组提供，作者改绘）

各测点的记录位置及环境特点如表 B-1 所示。

表 B-1　张家湾村各测点位置及环境情况（图片来源：作者自摄、自绘）

测点	测点位置	环境特征	测点	测点位置	环境特征
ZJ1		位于建筑之间，十字小街道中心，周围无绿化	ZJ6		位于广场开阔处，紧邻水体，后有东西向的建筑群体

续表

测点	测点位置	环境特征	测点	测点位置	环境特征
ZJ2		位于南北向街道一侧，周围无绿化	ZJ7		位于东西向街道偏南侧位置，绿地上方
ZJ3		位于东西向街道，高大树木下方	ZJ8		位于东西向较为开阔街道，处于地势较高的区域
ZJ4		位于小型广场中心，周围有低矮建筑环绕，周围有低矮灌木绿化	ZJ9		位于东西向街道偏北一侧，无绿地
ZJ5		临近是开阔河流的空地，周围有草坪与低矮灌木	ZJ10		位于街道交汇的开阔空地，有草坪

为提取村镇空间形态因子，建立张家湾村核心研究范围的 Rhino 三维模型，如图 B-2 所示。

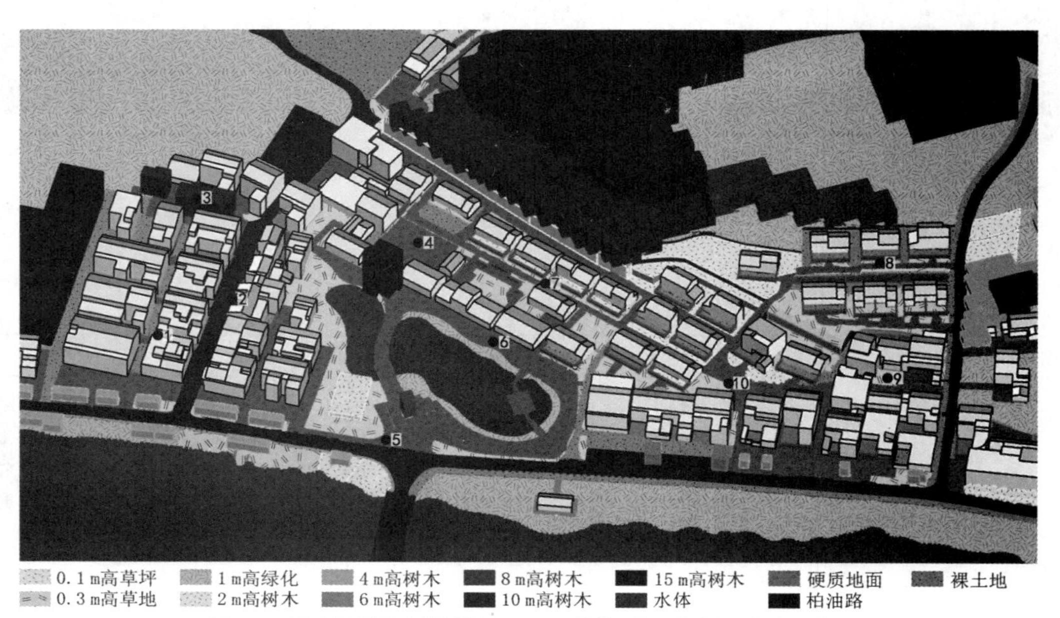

图 B-2 张家湾村核心村域的 Rhino 三维模型(图片来源：作者自绘)

2)詹村基本情况与测点环境

詹村位于北纬 31.47°,东经 118.57°,毗邻李白墓园,是一个乡村旅游模范村。村域南侧临河湖,村落整体沿丘陵地势,大致呈东西行列分布,村域西侧与北侧是高约 80 m 的小山,东侧与南侧是平坦的湖泊与稻田。该村的基础设施与民居建筑在 2018 年完成保护性改建工作,目前以 1~2 层独栋式民居为主,建筑呈现新型江南水乡的建筑特色。

詹村的总平面图如图 B-3 所示。气象站安设在村落南侧临湖处,周围开阔无遮挡物,离地面 2 m 高;在核心研究范围中共设 12 个测点,编号为 Z1~Z12。

图 B-3 詹村总平面图(图片来源:作者自绘)

各测点的记录位置及环境特点如表 B-2 所示。

表 B-2 詹村各测点位置及环境情况(图片来源:作者自摄、自绘)

测点	测点位置	环境特征	测点	测点位置	环境特征
Z1	1	位于东西向街末端北侧,临近湖泊	Z7	7	位于东西向巷道上,西北侧有茂盛的高大植被
Z2	2	位于东西向街道拐弯处的北侧,临近无行道树	Z8	8	位于核心村域中的地势高点,东西向小巷道靠南一侧,临近无行道树

续表

测点	测点位置	环境特征	测点	测点位置	环境特征
Z3		位于东西向街道北侧，该点处街道宽度较大，临近无行道树	Z9		位于核心村域中的地势高点，三路口交汇处，有小型灌木绿化
Z4		位于东西向街道末端的三岔路口，临近无高大行道树	Z10		位于东西向巷道靠北侧，巷道狭窄，两侧都有高大的绿化植被
Z5		位于临近湖泊的平坦开阔处，气象站也安设于此处	Z11		位于一个半围合的院落之中，临近无高大行道树
Z6		位于东西向街道端点，路口交汇处，处于绿化行道树下方	Z12		位于村域边界的停车场边缘位置，靠近低矮绿化灌木

为提取村镇空间形态因子，建立詹村核心研究范围的 Rhino 三维模型，如图 B-4 所示。

图 B-4 詹村核心村域的 Rhino 三维模型（图片来源：作者自绘）

3）万山村基本情况与测点环境

万山村位于北纬 31.47°，东经 118.55°，历史上曾有当涂县令于此处小住，称此处山峰有万种佳趣，故又名万佳山。该村四周环山，民居建筑散布于山谷之中；该村于 2018 年完成建筑改建工作，呈现徽派青砖白瓦的建筑特点，植被丰富。

万山村的总平面图如图 B-5 所示。气象站安设在村落中平坦开阔的山谷中，周围开阔无遮挡物，离地面 2 m 高；在核心研究范围中共设有 10 个测点，编号为 W1~W10。

图 B-5　万山村总平面图（图片来源：作者自绘）

各测点的记录位置及环境特点如表 B-3 所示。

表 B-3　万山村各测点位置及环境情况（图片来源：作者自摄、自绘）

测点	测点位置	环境特征	测点	测点位置	环境特征
W1		位于东西向街道的端处较为开阔区域	W6		位于不太连续、地势较高的东西向街道的北侧
W2		位于东西向狭窄街道的偏北侧，无绿化植物	W7		位于山谷中，地形平坦开阔无遮挡，临近小湖，无高大树木

续表

测点	测点位置	环境特征	测点	测点位置	环境特征
W3		位于东西向街道的偏北侧，临近植被	W8		位于东西向建筑的南侧，处于高大树木的下方
W4		位于小型开阔广场中心处，临近无高大绿化植被	W9		位于南北向小街道上，落叶树木的下方
W5		位于东西向街道的一侧，该区域有较大的高差	W10		位于地势较高的东西向小街道的北侧，无绿化植被

为提取村镇空间形态因子，建立万山村核心研究范围的 Rhino 三维模型，如图 B-6 所示。

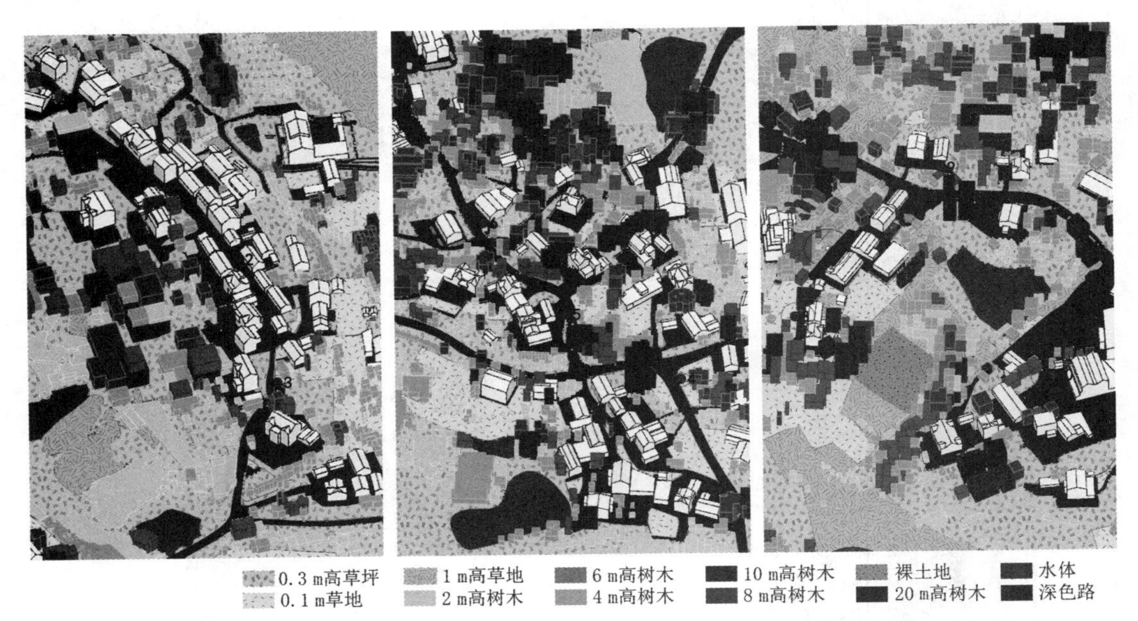

图 B-6 万山村核心村域的 Rhino 三维模型（图片来源：作者自绘）

4）西望村基本情况与测点环境

西望村位于北纬 31.26°，东经 119.87°。该村子是著名的紫砂专业村，有千余年的制陶史，从制到售，紫砂产业链完整。村内有两条重要公路交会，水系丰富。村域中有注册人口

2 000多人,是一个较大的现代化村镇。西望村的总平面图如图3-1所示。气象站安设在村域东北侧的田野中,周围开阔无遮挡物,离地面2 m高;在核心研究范围中共设有19个测点,测点的记录位置及环境特点如表B-4所示。

表B-4 西望村各测点位置及环境情况(图片来源:作者自摄)

测点	测点位置	环境特征	测点	测点位置	环境特征
X1	 1	位于开阔空地处,西侧有较为高大连续的树木	X2	 2	位于广场中心,无树木
X3	 3	位于东西向街道的中心,周围无高大的绿化树木	X4	 4	位于较为开阔的东西向街道的北侧,周围无高大的绿化树木
X5	 5	位于东西向的街道中心,在绿化行道树下方	X6	 6	位于东西向街道的北侧,周围无高大的绿化树木
X7	 7	位于东西向街道和南北向街道的交汇处南侧	X8	 8	位于东西向街道的末端北侧,周围有高大的树木
X9	 9	位于东西向街道的北侧,无高大的绿化树木	X10	 10	位于东西向街道的中心,无高大的绿化树木
X11	 11	位于南北向街道的东侧	X12	 12	位于东西向街道的北侧,无高大的绿化树木

续表

测点	测点位置	环境特征	测点	测点位置	环境特征
X13		位于南北向街道的南侧	X14		位于东西向街道的南侧，无高大的绿化树木
X16		位于南北向街道与东西向街道的交汇处，靠近高大的植被	X17		位于东西向与南北向街道的交汇处，靠近河流，处于高大树木之下
X18		位于东西向街道的中心，无高大的绿化树木	X19		位于南北向街道的西侧
X20		位于绿化丰富的高大植被下方			

为提取村镇空间形态因子，建立西望村核心研究范围的 Rhino 三维模型，如图 B-7 所示。

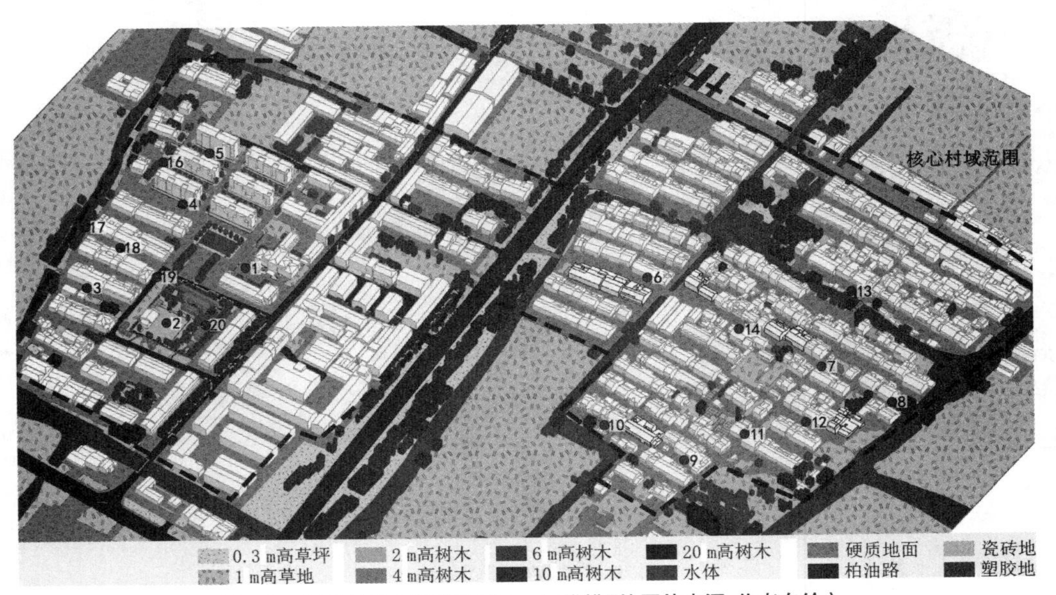

图 B-7　西望村核心村域的 Rhino 三维模型（图片来源：作者自绘）

5）周铁村基本情况与测点环境

周铁村位于北纬 31.44°，东经 120.00°，是一个历史文化名村。周铁村的核心历史街区内有较多清朝民居，主要以 2 层砖木结构为主。村域内建筑密度很高，有东西、南北流向的两条河流在村域中心交汇。周铁村的总平面图如图 B-8 所示。气象站安设在村落中心最高建筑的屋顶上，周围无遮挡物，离地面 14 m 高；在核心研究范围中共设有 20 个测点，编号为 ZT1~ZT20。各测点的记录位置及环境特点如表 B-5 所示。

图 B-8　周铁村总平面图（图片来源：作者自绘）

表 B-5　周铁村各测点位置及环境情况（图片来源：作者自摄）

测点	测点位置	环境特征	测点	测点位置	环境特征
ZT1		位于南北向街道的西侧，无绿化植被	ZT2		位于东西向街道的北侧，无绿化植被

续表

测点	测点位置	环境特征	测点	测点位置	环境特征
ZT3		位于东西向街道的北侧，无绿化植被	ZT4		位于南北向街道与东西向河岸的交汇处
ZT5		位于屋顶的开阔位置，气象站也设立在此处	ZT6		位于南北向街道的西侧，无绿化植被
ZT7		位于南北向街道与东西向河岸的交汇处，无绿化植被	ZT8		位于东西向的小广场南侧，无绿化植被
ZT9		位于南北向的小广场中心，周围有小型灌木绿化	ZT10		位于南北河岸的西侧，在高大常绿树木的下方
ZT11		位于南北向河岸的西侧，无绿化植被	ZT12		在建筑内部的东西向通道中
ZT13		在东西向河岸的北侧，临近高大的柳树	ZT14		位于东西向街道的西侧，无绿化植被
ZT15		位于一个三向巷道的交汇处，无高大植物	ZT16		位于一个建筑围合度较高的院落中心，无绿化植被

续表

测点	测点位置	环境特征	测点	测点位置	环境特征
ZT17		位于南北向的小巷道中，无绿化植被	ZT18		位于一个建筑围合度高的院落中心，无绿化植被
ZT19		在南北向街道与开放广场的交界处，处于高大银杏树下	ZT20		位于开阔广场中央

为提取村镇空间形态因子，建立周铁村核心研究范围的 Rhino 三维模型，如图 B-9 所示。

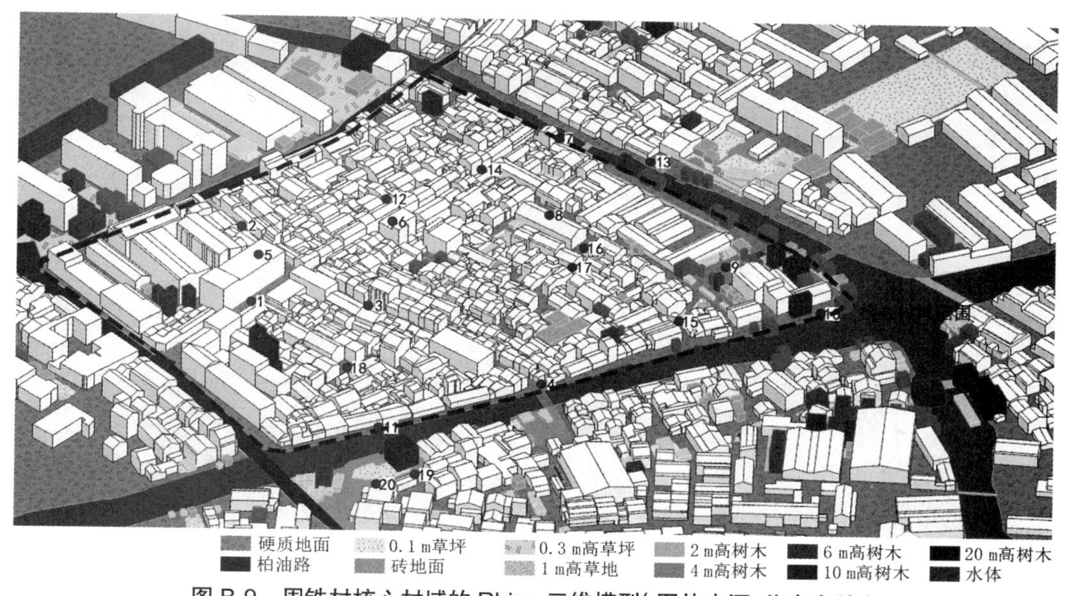

图 B-9　周铁村核心村域的 Rhino 三维模型（图片来源：作者自绘）

6）大仓村基本情况与测点环境

大仓村位于北纬 26.71°，东经 114.01°，该村位于群山的山谷之中，南北侧皆有山峰，有东西向的道路从村域中穿过。该村的植被丰富，以常绿阔叶树木为主。该村受自然条件限制，曾为贫困村，基础设施较为落后。该村于 2019 年完成改建，挖掘自身的红色历史，打造红色乡村旅游，发展特色农副产品与当地手工艺纪念品，村民的收入大大提高，当地 2018 年已全部脱贫，现是为 4 A 级乡村旅游点。

大仓村的总平面图如图 B-10 所示。气象站安设在村落西侧 100 m 的平坦宽阔的山谷中，离地面 2 m 高；在核心研究范围中共设有 13 个测点，编号为 D1~D12、D14，如表 B-6 所示。

图 B-10 大仓村总平面图(图片来源:作者自绘)

表 B-6 大仓村各测点位置及环境情况(图片来源:作者自摄自绘)

测点	测点位置	环境特征	测点	测点位置	环境特征
D1		位于开阔稻田之中,无遮挡物,气象站也设在此处	D2		位于东西向街道北侧,有建筑群半环绕,放在草坪之上,无高大植物遮挡
D3		位于围合的开阔广场中央,无绿化植被	D4		位于东西向马路一侧,北侧有半环绕的建筑,无绿化植被
D5		位于围合的小院落中,上方是高大茂盛的树木	D6		位于东西小巷道交汇处,南侧是开阔荒地

续表

测点	测点位置	环境特征	测点	测点位置	环境特征
D7		位于东西向小巷道中，无绿化	D8		位于西北至东南的路口斜侧，建筑物的南侧开阔处，无绿化
D9		位于南北向街道的西侧，无绿化植物	D10		位于南北向街道的正中，无高大植被，有低矮菜田
D11		位于荷花田中央，无高大植被遮挡	D12		位于东西向街道的高处，上方是较为高大的树木
D14		位于围合的院落中央，处于草坪之上			

为提取村镇空间形态因子，建立大仓村核心研究范围的 Rhino 三维模型如图 B-11 所示。

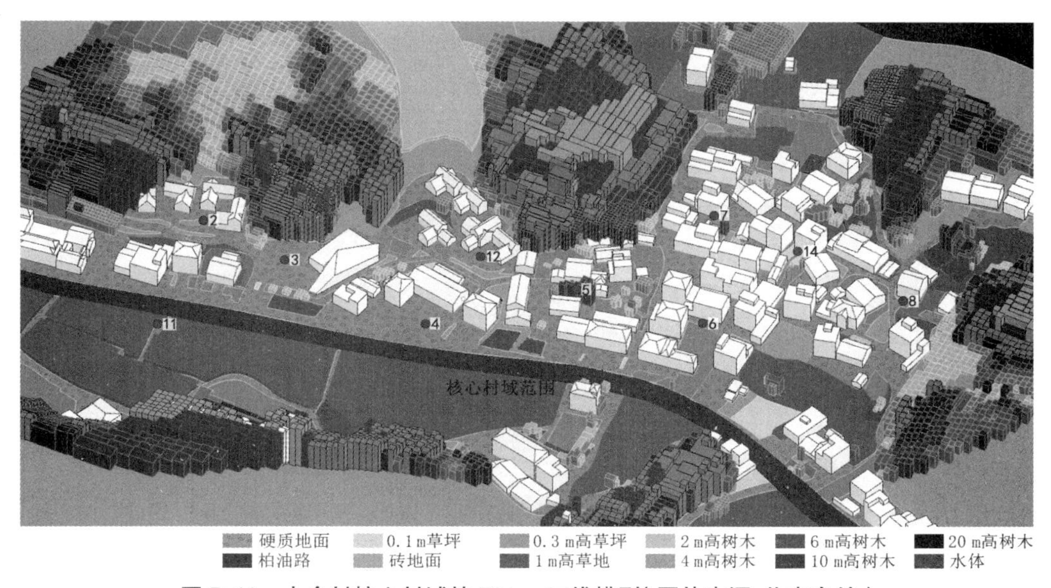

图 B-11　大仓村核心村域的 Rhino 三维模型(图片来源：作者自绘)

附录 C 村镇室外主观热感觉调查问卷

问卷编号：No.______ 测点编号：No.______ 记录时间：______

室外舒适度调查问卷

先生/女士，您好！我是东南大学建筑学院的研究生，正在做一个关于室外舒适度的调查问卷，请您**选择合适的方框并打"√"**，在横线上填写正确的信息。感谢您的配合！

1. 性别：□女 □男 身高：______厘米 体重：______千克

2. 年龄：□≤20 □20~30 □31~40 □41~50 □51~60 □≥61

3. 服装

上装						
□ 短袖T恤 0.08clo	□ 长袖T恤 0.15clo	□ 秋衣 0.2clo	□ 连衣裙(冬春) 0.23clo	□ 毛衣 0.3clo	□ 薄外套 0.36clo	□厚外套 0.44clo
下装						
□ 短裤或短裙 0.clo	□ 秋裤 0.15clo	□ 长裤或长裙（薄）0.15clo	□ 长裤或长裙（厚）0.23clo			
鞋子						
□ 凉鞋 0.02clo	□ 袜子 0.02clo	□ 鞋子（夏季）0.04clo	□ 鞋子（冬春）0.1clo			

4. 在过去的15分钟里您的主要活动为：

□静坐 □站立 □散步 □带小孩 □锻炼

5. 请**圈出**您户外活动的主要时间段

工作日 5:00 6:00 7:00 8:00 9:00 10:00 11:00 12:00 13:00 14:00 15:00 16:00 17:00 18:00 19:00 20:00 21:00 22:00

周末 5:00 6:00 7:00 8:00 9:00 10:00 11:00 12:00 13:00 14:00 15:00 16:00 17:00 18:00 19:00 20:00 21:00 22:00

6. 您在这里住了多久：______年

7. 此时此刻您感觉如何？ 我觉得……

-3 □冷 -2 □凉 -1 □稍凉 0 □不冷不热 1 □稍暖 2 □暖 3 □热

8. 你认为这……？

0 □舒适 1 □稍不舒适 2 □不舒适 3 □很不舒适 4 □极不舒适

9. 此刻你更喜欢……？

-3 □更凉一点 -2 □凉一点 -1 □稍凉一点 0 □无变化 1 □稍暖一点 2 □暖一点 3 □更暖一点

10. 仅考虑你本人的偏好，你宁愿接受而不愿拒绝该微小气候环境？

□是 □不是

11. 该环境在你看来……？

0 □完全可忍耐接受 1 □稍难忍耐接受 2 □比较难以忍耐接受 3 □非常难忍耐接受 4 □无法忍耐接受

附录 D　各舒适度指标热感觉判定指数与实际热感觉投票的交叉表

秋季各舒适度指标热感觉判定指数与实际热感觉投票的交叉表如下，$\eta_{秋PET_x}=46.88\%$，$\eta_{秋PET_{-1,0,1}}=86.35\%$；$\eta_{秋SET^*_x}=44.05\%$，$\eta_{秋SET^*_{-1,0,1}}=86.01\%$；$\eta_{秋UTCI_x}=47.79\%$，$\eta_{秋UTCI_{-1,0,1}}=86.14\%$；$\eta_{秋WBGT_x}=45.17\%$，$\eta_{秋WBGT_{-1,0,1}}=86.60\%$。

表 D-1　秋季 ***PET*** 热感觉判定指数与实际热感觉投票的交叉表

PET		*TSV*					
	累计	-2	-1	0	1	2	3
JTS = -1	71	17	26	21	5	2	0
JTS = 0	206	7	39	110	40	9	1
JTS = 1	60	0	6	22	22	8	2
累计	337	24	71	153	67	19	3

表 D-2　秋季 ***SET**** 热感觉判定指数与实际热感觉投票的交叉表

*SET**		*TSV*					
	累计	-2	-1	0	1	2	3
JTS = -1	44	6	14	21	2	1	0
JTS = 0	243	18	50	116	46	13	0
JTS = 1	49	0	6	16	18	6	3
累计	336	24	70	153	66	20	3

表 D-3　秋季 ***UTCI*** 热感觉判定指数与实际热感觉投票的交叉表

UTCI		*TSV*					
	累计	-2	-1	0	1	2	3
JTS = -1	68	17	26	19	2	4	0
JTS = 0	189	7	38	105	33	5	1
JTS = 1	82	0	8	30	31	11	2
累计	339	24	72	154	66	20	3

表 D-4 秋季 *WBGT* 热感觉判定指数与实际热感觉投票的交叉表

WBGT		*TSV*					
	累计	-2	-1	0	1	2	3
JTS = -1	43	10	10	16	0	6	1
JTS = 0	253	10	55	126	49	11	2
JTS = 1	25	0	4	9	9	3	0
累计	321	20	69	151	58	20	3

冬季各舒适度指标热感觉判定指数与实际热感觉投票的交叉表如下，$\eta_{冬PET_x}=38.19\%$，$\eta_{冬PET\text{-}1,0,1}=60.88\%$；$\eta_{冬SET^*_x}=36.81\%$，$\eta_{冬SET^*\text{-}1,0,1}=55.78\%$；$\eta_{冬UTCI_x}=38.60\%$，$\eta_{冬UTCI\text{-}1,0,1}=62.56\%$；$\eta_{冬WBGT_x}=36.57\%$，$\eta_{冬WBGT\text{-}1,0,1}=57.64\%$。

表 D-5 冬季 *PET* 热感觉判定指数与实际热感觉投票的交叉表

PET		*TSV*						
	累计	-4	-3	-2	-1	0	1	2
JTS = -3	19	5	10	2	0	2	0	0
JTS = -2	107	6	22	40	30	8	1	0
JTS = -1	213	0	34	33	77	50	12	7
JTS = 0	87	0	2	7	20	38	11	9
JTS = 1	6	0	0	0	0	3	2	1
累计	432	11	68	82	127	101	26	17

表 D-6 冬季 *SET** 热感觉判定指数与实际热感觉投票的交叉表

*SET**		*TSV*						
	累计	-4	-3	-2	-1	0	1	2
JTS = -3	11	3	5	1	1	1	0	0
JTS = -2	131	8	27	40	37	16	2	1
JTS = -1	192	1	33	34	71	41	6	6
JTS = 0	98	0	3	7	18	43	17	10
JTS = 1	0	0	0	0	0	0	0	0
累计	432	12	68	82	127	101	25	17

表 D-7 冬季 *UTCI* 热感觉判定指数与实际热感觉投票的交叉表

UTCI		*TSV*						
	累计	-4	-3	-2	-1	0	1	2
JTS = -3	29	10	14	4	0	1	0	0
JTS = -2	79	1	17	33	21	6	1	0

续表

UTCI		*TSV*						
	累计	-4	-3	-2	-1	0	1	2
JTS = -1	218	0	34	36	79	53	11	5
JTS = 0	104	0	3	10	25	40	14	12
JTS = 1	0	0	0	0	0	0	0	0
累计	430	11	68	83	125	100	26	17

表 D-8 冬季 ***WBGT*** 热感觉判定指数与实际热感觉投票的交叉表

WBGT		*TSV*						
	累计	-4	-3	-2	-1	0	1	2
JTS = -3	27	9	15	2	1	0	0	0
JTS = -2	95	3	12	32	35	13	0	0
JTS = -1	215	0	40	44	70	45	12	4
JTS = 0	95	0	1	6	21	41	13	13
JTS = 1	0	0	0	0	0	0	0	0
累计	432	12	68	84	127	99	25	17

夏季各舒适度指标热感觉判定指数与实际热感觉投票的交叉表如下，$\eta_{夏PET_x}=37.58\%$，$\eta_{夏PET_{-1,0,1}}=54.70\%$；$\eta_{夏SET^*_x}=40.20\%$，$\eta_{夏SET^*_{-1,0,1}}=55.07\%$；$\eta_{夏UTCI_x}=33.22\%$，$\eta_{夏UTCI_{-1,0,1}}=48.99\%$；$\eta_{夏WBGT_x}=29.73\%$，$\eta_{夏WBGT_{-1,0,1}}=48.65\%$。

表 D-9 夏季 ***PET*** 热感觉判定指数与实际热感觉投票的交叉表

PET		*TSV*					
	累计	-1	0	1	2	3	4
JTS = -1	5	0	5	0	0	0	0
JTS = 0	18	0	14	4	0	0	0
JTS = 1	88	1	41	28	9	9	0
JTS = 2	84	0	2	16	20	36	10
JTS = 3	73	0	0	6	10	33	24
JTS = 4	30	0	0	0	0	13	17
累计	298	1	62	54	39	91	51

表 D-10 夏季 ***SET**** 热感觉判定指数与实际热感觉投票的交叉表

*SET**		*TSV*					
	累计	-1	0	1	2	3	4
JTS = -1	3	0	3	0	0	0	0

续表

*SET**		*TSV*					
	累计	-1	0	1	2	3	4
JTS = 0	31	0	23	8	0	0	0
JTS = 1	64	1	32	23	6	2	0
JTS = 2	82	0	4	18	18	33	9
JTS = 3	86	0	0	5	13	41	27
JTS = 4	30	0	0	0	1	15	14
累计	296	1	62	54	38	91	50

表 D-11 夏季 *UTCI* 热感觉判定指数与实际热感觉投票的交叉表

UTCI		*TSV*					
	累计	-1	0	1	2	3	4
JTS = -1	4	0	3	1	0	0	0
JTS = 0	25	0	14	11	0	0	0
JTS = 1	58	1	34	16	6	1	0
JTS = 2	97	0	11	21	19	38	8
JTS = 3	92	0	0	5	14	40	33
JTS = 4	22	0	0	0	0	12	10
累计	298	1	62	54	39	91	51

表 D-12 夏季 *WBGT* 热感觉判定指数与实际热感觉投票的交叉表

WBGT		*TSV*					
	累计	-1	0	1	2	3	4
JTS = -1	6	0	2	4	0	0	0
JTS = 0	25	1	11	12	1	0	0
JTS = 1	55	0	37	12	6	0	0
JTS = 2	100	0	11	19	18	44	8
JTS = 3	95	0	0	7	14	39	35
JTS = 4	15	0	0	0	0	7	8
累计	296	1	61	54	39	90	51

附录E　西望村冬、夏季气象日聚类分析的结果检验

聚类分析检验的方法：使用单因素方差分析，比较各组别之间的不同差异。

1）西望村冬季气象日聚类分析的结果检验

对于西望村冬季气象日聚类分析的结果，进行分组后的原始气候变量方差描述处理，如表E-1所示。方差齐性计算方法为：各变量组中，方差最大组的方差值除以方差最小组的方差值。由表可知，当西望村冬季气象日被分成5类后，各类型之间存在轻微的气象变量方差不齐，但仍可选择性地使用单因素方差分析。

表E-1　西望村冬季气象日聚类后的组内方差统计

	类型	$\overline{T}_{ad}$（℃）	$\overline{T}_{an}$（℃）	G_{sum}（W/m²）	ΔT_a（℃）	$\overline{RH}_d$（%）	$\overline{RH}_n$（%）	$\overline{V}_{ad}$（m/s）	$\overline{V}_{an}$（m/s）
方差	1	5.64	5.72	5 343 664	12.77	169.52	142.83	1.22	1.07
	2	4.98	6.68	1 376 609	4.81	42.56	46.07	0.44	0.48
	3	4.62	5.48	2 989 383	7.76	153.18	94.12	0.35	0.37
	4	5.76	7.03	2 392 515	10.47	124.04	55.55	0.46	0.39
	5	8.84	7.24	3 216 896	6.43	173.11	127.33	0.31	0.49
组间方差齐性计算		1.91	1.32	3.88	2.65	4.07	3.10	3.93	2.91

使用SPSS软件对聚类后的原始气象变量数据进行方差齐性检验，结果如表E-2所示。由表可知，$\overline{T}_{ad}$、$\overline{T}_{an}$、G_{sum}的显著性均大于0.05，即证明5个类型中的$\overline{T}_{ad}$、$\overline{T}_{an}$、G_{sum}变量方差可认为是相等的，满足单因素方差分析的条件；ΔT_a、$\overline{RH}_d$、$\overline{RH}_n$、$\overline{V}_{ad}$、$\overline{V}_{an}$的显著性小于0.05，即不能认为这5个类型中的上述变量方差是相等的，将使用Tamhane T2检验的方法进行两两比较。

表E-2　西望村冬季气象日聚类后的方差齐性检验

检验方法		$\overline{T}_{ad}$	$\overline{T}_{an}$	G_{sum}	ΔT_a	$\overline{RH}_d$	$\overline{RH}_n$	$\overline{V}_{ad}$	$\overline{V}_{an}$
基于平均值	莱文统计	0.460	0.596	2.376	2.626	3.114	4.653	2.821	3.258
	显著性	0.765	0.666	0.055	0.037	0.017	0.001	0.027	0.014
基于中位数	莱文统计	0.389	0.463	2.141	2.650	2.775	3.307	1.576	2.718
	显著性	0.816	0.763	0.079	0.036	0.029	0.013	0.184	0.032

对聚类后的$\overline{T}_{ad}$、$\overline{T}_{an}$、G_{sum}变量数据进行单因素方差检验，结果如表E-3所示。由表可

知，$\overline{T}_{ad}$、$\overline{T}_{an}$、G_{sum}单因素方差分析的F比值均远高于5%显著性水平下的0.000，即认为5个组别的$\overline{T}_{ad}$、$\overline{T}_{an}$、G_{sum}的均值至少有一组与其他均值存在显著性差异，将继续使用Bonferroni两两比较法以确定各组间的具体差异。

表E-3 西望村冬季5种气象划分下部分气象变量的单因素方差分析表

变量	误差来源	平方和	自由度	均方	F值	显著性
$\overline{T}_{ad}$	组间	981.000	4	245.250	45.635	0.000
	组内	773.877	142	5.374		
	总计	1 754.877	146			
$\overline{T}_{an}$	组间	1 017.929	4	254.482	39.332	0.000
	组内	931.708	142	6.470		
	总计	1 949.637	146			
G_{sum}	组间	546 405 649.576	4	136 601 412.394	54.806	0.000
	组内	358 911 168.236	142	2 492 438.668		
	总计	905 316 817.812	146			

对$\overline{T}_{ad}$、$\overline{T}_{an}$、G_{sum}进行Bonferroni两两比较确定各类间的具体差异如表E-4所示，在显著性数值上用“*”表示气象变量组间平均值的对比在0.05的置信水平上有显著差异。由表可知，关于$\overline{T}_{ad}$，类型4、类型5与其他组的显著性小于0.05，即类型4、类型5分别与其他4类都存在显著性差异；综合表3-9，可认为类型4的$\overline{T}_{ad}$最高，类型5的$\overline{T}_{ad}$最低。关于$\overline{T}_{an}$，除类型2与类型1、类型4外，其余各类间均存在显著性差异；综合表3-9，可认为类型5的$\overline{T}_{an}$最低，类型3的$\overline{T}_{an}$次之，类型4的$\overline{T}_{an}$最高。关于G_{sum}，类型2与其他4类间都存在显著性差异，类型1也与类型3、类型4、类型5存在显著性差异；综合表3-9，可认为类型2的G_{sum}为最低，类型1的G_{sum}较为适中。

表E-4 西望村冬季不同气象类型间的$\overline{T}_{ad}$、$\overline{T}_{an}$、G_{sum}多重比较结果

两两组间比较（A-B）	$\overline{T}_{ad}$				$\overline{T}_{an}$				G_{sum}			
	均值差（A-B）	下限	上限	P值	均值差（A-B）	下限	上限	P值	均值差（A-B）	下限	上限	P值
1-2	0.2	-1.74	2.15	1.000	-1.6	-3.69	0.58	0.392	2 419.1*	1 094.1	3 744.2	0.000
1-3	1.3	-0.80	3.35	0.824	2.6*	0.29	4.85	0.016	-1 986.0*	-3 401.7	-570.4	0.001
1-4	-3.5	-5.46	-1.53	0.000	-2.8*	-4.98	-0.67	0.003	-1 657.5*	-2 995.8	-319.3	0.006
1-5	7.5*	4.44	10.49	0.000	7.2*	3.90	10.53	0.000	-1 153.2	-3 213.4	907.0	1.000
2-3	1.1	-0.44	2.58	0.453	4.1*	2.47	5.79	0.000	-4 405.2*	-5 434.1	-3 376.3	0.000
2-4	-3.7*	-5.05	-2.35	0.000	-1.3	-2.75	0.21	0.157	-4 076.7*	-4 996.2	-3 157.1	0.000

续表

两两组间比较（A-B）	$\overline{T}_{ad}$				$\overline{T}_{an}$				G_{sum}			
	均值差（A-B）	下限	上限	P 值	均值差（A-B）	下限	上限	P 值	均值差（A-B）	下限	上限	P 值
2-5	7.3	4.59	9.92	0.000	8.8*	5.85	11.70	0.000	-3 572.3*	-5 388.7	-1 756.0	0.000
3-4	-4.8*	-6.31	-3.23	0.000	-5.4*	-7.08	-3.71	0.000	328.5	-717.4	1 374.4	1.000
3-5	6.2*	3.42	8.95	0.000	4.6*	1.61	7.68	0.000	832.8	-1 050.7	2 716.3	1.000
4-5	11.0*	8.28	13.64	0.000	10.0*	7.10	12.99	0.000	504.3	-1 321.7	2 330.4	1.000

对ΔT_a、$\overline{RH}_d$、$\overline{RH}_n$、$\overline{V}_{ad}$、$\overline{V}_{an}$使用 Tamhane T2 检验的多重比较，结果如表 E-5 所示。

表 E-5　西望村冬季不同气象日分类间的ΔT_a、$\overline{RH}_d$、$\overline{RH}_n$、$\overline{V}_{ad}$、$\overline{V}_{an}$多重比较结果

两两组间比较（A-B）	ΔT_a				$\overline{RH}_d$				$\overline{RH}_n$			
	均值差（A-B）	下限	上限	P 值	均值差（A-B）	下限	上限	P 值	均值差（A-B）	下限	上限	P 值
1-2	3.1	-0.03	6.20	0.05	-18.3*	-29.58	-7.02	0.001	-16.4*	-26.83	-6.03	0.001
1-3	-3.3*	-6.58	-0.07	0.04	18.5*	6.23	30.83	0.001	5.5	-5.44	16.47	0.760
1-4	-3.6*	-6.83	-0.37	0.02	-0.9	-12.63	10.75	1.000	-9.8	-20.24	0.68	0.078
1-5	0.02	-4.28	4.33	1.00	25.0*	4.42	45.66	0.014	23.5*	5.68	41.36	0.007
2-3	-6.4*	-8.13	-4.69	0.00	36.8*	29.70	43.95	0.000	21.9*	16.11	27.78	0.000
2-4	-6.7*	-8.33	-5.05	0.00	17.4*	11.92	22.80	0.000	6.6*	2.46	10.84	0.000
2-5	-3.1	-7.03	0.91	0.17	43.3*	22.28	64.38	0.001	39.9*	22.00	57.89	0.001
3-4	-0.3	-2.28	1.72	1.00	-19.5*	-27.50	-11.44	0.000	-15.3*	-21.31	-9.28	0.000
3-5	3.4	-0.55	7.25	0.11	6.5	-13.82	26.83	0.954	18.0*	0.51	35.49	0.043
4-5	3.6	-0.27	7.53	0.07	26.0*	5.39	46.57	0.014*	33.3*	15.44	51.15	0.001

两两组间比较（A-B）	$\overline{V}_{ad}$				$\overline{V}_{an}$			
	均值差（A-B）	下限	上限	P 值	均值差（A-B）	下限	上限	P 值
1-2	1.87*	0.91	2.83	0.000	1.42*	0.52	2.33	0.001
1-3	1.63*	0.66	2.60	0.000	1.92*	1.00	2.83	0.000
1-4	1.71*	0.75	2.68	0.000	1.83*	0.93	2.73	0.000
1-5	-0.07	-1.19	1.04	1.000	0.80	-0.41	2.00	0.398
2-3	-0.24	-0.65	0.17	0.629	0.49*	0.07	0.92	0.013
2-4	-0.16	-0.55	0.24	0.949	0.41*	0.02	0.80	0.032
2-5	-1.94*	-2.80	-1.08	0.000	-0.63	-1.72	0.46	0.448
3-4	0.08	-0.34	0.51	1.000	-0.09	-0.50	0.33	1.000
3-5	-1.70*	-2.56	-0.84	0.000	-1.12*	-2.20	-0.04	0.042

续表

两两组间比较（A-B）	$\overline{V}_{ad}$				$\overline{V}_{an}$			
	均值差（A-B）	下限	上限	P 值	均值差（A-B）	下限	上限	P 值
4-5	-1.78*	-2.64	-0.93	0.000	-1.03	-2.13	0.06	0.066

关于 ΔT_a，类型 2 与其他类型的显著性都小于 0.05，即与其他类型间都存在显著性差异；综合表 3-9，可认为类型 2 的 ΔT_a 最低，类型 3、类型 4 的 ΔT_a 较高。关于 $\overline{RH}_d$，类型 2 与其他类型的显著性都小于 0.05，即与其他类间都存在显著性差异；综合表 3-9 可知，可认为类型 2 的 $\overline{RH}_d$ 最高，类型 3、类型 5 的 $\overline{RH}_d$ 都偏低。关于 $\overline{RH}_n$，类型 5、类型 2 与其他类型的显著性都小于 0.05，即与其他类型间都存在显著性差异；综合表 3-9，可认为类型 5 的 $\overline{RH}_d$ 最低，类型 2 的 $\overline{RH}_d$ 最高。关于 $\overline{V}_{ad}$，综合表 3-9 与多重比较结果，可认为类型 1、类型 5 的平均 $\overline{V}_{ad}$ 最高。关于 $\overline{V}_{an}$，综合表 3-9 与多重比较结果，可认为类型 3、类型 4 的 $\overline{V}_{an}$ 明显偏低。

综上所述，5 类间在不同的气象变量中，都有显著的差异性，因此认为将西望村冬季气象日分成 5 类是有统计学效度的。

2）西望村夏季气象日聚类分析的结果检验

对于西望村夏季气象日聚类分析的结果，进行分组后的原始气候变量方差描述、方差齐性计算，如表 E-6 所示。由表可知，当西望村夏季气象日被分成 5 类后，部分变量如 $\overline{T}_{ad}$、ΔT_a、$\overline{V}_{an}$ 类间方差比较不齐，其余变量类间存在轻微的方差不齐，说明还需进一步进行方差齐性检验后，才可判断选取部分变量使用单因素方差分析。

表 E-6　西望村夏季气象日聚类后的组内方差统计

	类型	$\overline{T}_{ad}$（℃）	$\overline{T}_{an}$（℃）	G_{sum}（W/m²）	ΔT_a（℃）	$\overline{RH}_d$（%）	$\overline{RH}_n$（%）	$\overline{V}_{ad}$（m/s）	$\overline{V}_{an}$（m/s）
方差	1	1.635	1.359	5 586 678	3.257	34.885	15.158	0.458	0.843
	2	8.263	4.861	5 019 406	3.757	63.283	34.083	0.199	0.372
	3	2.323	1.861	4 439 051	6.104	44.265	48.561	0.322	0.155
	4	2.763	3.442	5 336 425	2.885	34.960	24.312	0.310	0.332
	5	1.924	2.373	5 866 103	1.069	31.170	35.010	0.277	0.541
组间方差齐性计算		5.054	3.577	1.321	5.710	2.030	3.204	2.302	5.439

使用 SPSS 软件对聚类后的原始气象变量数据进行方差齐性检验，结果如表 E-7 所示。由表可知，$\overline{T}_{ad}$、$\overline{T}_{an}$、ΔT_a、$\overline{V}_{an}$ 的方差齐性检验显著性均小于 0.05，即需要接受 H_0 假设，应认为这 4 个变量类间的方差是不相等的，后续需使用 Tamhane T2 检验的方法对这些变量进行类间的两两比较；其余变量 G_{sum}、$\overline{RH}_d$、$\overline{RH}_n$、$\overline{V}_{ad}$ 的方差齐性检验显著性均大于 0.05，即拒

绝 H_0 假设，这 4 个变量类间的方差可认为是相等的，满足单因素方差分析的条件。

表 E-7　西望村夏季气象日聚类后的方差齐性检验

检验方法		$\overline{T}_{ad}$	$\overline{T}_{an}$	G_{sum}	ΔT_a	$\overline{RH}_d$	$\overline{RH}_n$	$\overline{V}_{ad}$	$\overline{V}_{an}$
基于平均值	莱文统计	5.135	3.937	0.319	3.635	1.093	1.273	0.804	2.996
	显著性	0.001	0.005	0.865	0.008	0.363	0.284	0.525	0.021
基于中位数	莱文统计	3.167	3.196	0.300	3.308	0.477	0.976	0.709	2.410
	显著性	0.016	0.015	0.878	0.013	0.752	0.423	0.587	0.052

聚类后的 G、$\overline{RH}_d$、$\overline{RH}_n$、$\overline{V}_{ad}$ 变量数据进行单因素方差检验，结果如表 E-8 所示。由表可知，G_{sum}、$\overline{RH}_d$、$\overline{RH}_n$、$\overline{V}_{ad}$ 单因素方差分析的显著性都远小于 0.05，即认为 5 个组别的 G_{sum}、$\overline{RH}_d$、$\overline{RH}_n$、$\overline{V}_{ad}$ 的均值至少有一组与其他均值存在显著性差异，将继续使用 Bonferroni 两两比较法以确定各组间的具体差异。

表 E-8　西望村夏季 5 种气象划分下部分气象变量的单因素方差分析表

变量		平方和	自由度	均方	F 值	显著性
G_{sum}	组间	1 332 978 149	4	333 244 537.3	61.680	0.000
	组内	740 180 316.5	137	5 402 776.033		
	总计	2 073 158 465.5	141			
$\overline{RH}_d$	组间	7 748.212	4	1 937.053	51.056	0.000
	组内	5 197.702	137	37.939		
	总计	12 945.914	141			
$\overline{RH}_n$	组间	2 147.616	4	536.904	19.173	0.000
	组内	3 836.470	137	28.003		
	总计	5 984.086	141			
$\overline{V}_{ad}$	组间	39.662	4	9.915	29.675	0.000
	组内	45.776	137	0.334		
	总计	85.438	141			

对 G_{sum}、$\overline{RH}_d$、$\overline{RH}_n$、$\overline{V}_{ad}$ 进行 Bonferroni 两两比较确定各组间的具体差异如表 E-9 所示。

表 E-9 西望村夏季不同气象日分类间的 G_{sum}、$\overline{RH}_d$、$\overline{RH}_n$、$\overline{V}_{ad}$ 多重比较结果

两两组间比较（A-B）	G_{sum}				$\overline{RH}_d$			
	均值差（A-B）	下限	上限	P 值	均值差（A-B）	下限	上限	P 值
1-2	1 646.5	-368.5	3 661.4	0.212	-2.7	-8.1	2.61	1.000
1-3	-6 958.9*	-8 927.8	-4 990.0	0.000	21.1*	15.9	26.3	0.000
1-4	-5 094.3*	-6 606.0	-3 582.6	0.000	11.2*	7.2	15.2	0.000
1-5	-5 756.1*	-7 312.2	-4 200.0	0.000	11.5*	7.4	15.6	0.000
2-3	-8 605.3*	-10 988.9	-6 221.8	0.000	23.8*	17.5	30.1	0.000
2-4	-6 740.7*	-8 763.0	-4 718.5	0.000	13.9*	8.5	19.2	0.000
2-5	-7 402.5*	-9 458.2	-5 346.8	0.000	14.2*	8.8	19.7	0.000
3-4	1 864.6	-111.9	3 841.1	0.080	-9.9*	-15.1	-4.7	0.000
3-5	1 202.8	-807.8	3 213.4	0.901	-9.5*	-14.9	-4.3	0.000
4-5	-661.8	-2 227.4	903.8	1.000	0.3	-3.8	4.5	1.000
两两组间比较（A-B）	$\overline{RH}_n$				$\overline{V}_{ad}$			
	均值差（A-B）	下限	上限	P 值	均值差（A-B）	下限	上限	P 值
1-2	-2.8	-7.42	1.75	0.800	0.49	-0.01	1.00	0.057
1-3	3.7	-0.79	8.17	0.202	-0.002	-0.49	0.49	1.000
1-4	0.9	-2.52	4.36	1.000	0.14	-0.23	0.52	1.000
1-5	8.8*	5.28	12.37	0.000	-1.07*	-1.46	-0.69	0.000
2-3	6.5*	1.10	11.95	0.008	-0.50	-1.09	0.10	0.185
2-4	3.8	-0.85	8.36	0.215	-0.35	-0.85	0.15	0.499
2-5	11.7*	6.98	16.34	0.000	-1.57*	-2.08	-1.06	0.000
3-4	-2.8	-7.27	1.73	0.810	0.15	-0.35	0.64	1.000
3-5	5.1*	0.56	9.71	0.017	-1.07*	-1.57	-0.57	0.000
4-5	7.9*	4.34	11.47	0.000	-1.22*	-1.61	-0.83	0.000

由表可知，关于 G_{sum}，类型 1、2 对应类型 3、4、5 的显著性都小于 0.05，可认为类型 1、2 与类型 3、4、5 间存在显著性差异；综合表 3-17，可认为类型 1、2 的 G_{sum} 较低，其他 3 类的 G_{sum} 较高。关于 $\overline{RH}_d$，类型 3 与其他类型的显著性小于 0.05，即类型 3 与其他 4 类都存在显著性差异；综合表 3-17，可认为类型 3 的 $\overline{RH}_d$ 为类型间最低水平，类型 4、类型 5 的 $\overline{RH}_d$ 较为适中，类型 1、类型 2 的 $\overline{RH}_d$ 较高。关于 $\overline{RH}_n$，类型 5 与其他类型的显著性小于 0.05，即类型 5 与其他 4 类都存在显著性差异；综合表 3-17，可认为类型 5 的 $\overline{RH}_n$ 为类间最低，其他 4 类间无显著性差异。关于 $\overline{V}_{ad}$，类型 5 与其他类型的显著性差异小于 0.05，即类型 5 与其他 4 类都存在显著性差异；综合表 3-17，可认为类型 5 的 $\overline{V}_{ad}$ 为类间最高水平，其他几类间的差

异不太显著。

对 $\overline{T}_{ad}$、$\overline{T}_{an}$、ΔT_a、$\overline{V}_{an}$ 用 Tamhane T2 检验的多重比较，结果如表 E-10 所示。

表 E-10　西望村冬季不同气象日分类间的 $\overline{T}_{ad}$、$\overline{T}_{an}$、ΔT_a、$\overline{V}_{an}$ 多重比较结果

两两组间比较（A-B）	$\overline{T}_{ad}$				$\overline{T}_{an}$			
	均值差（A-B）	下限	上限	P 值	均值差（A-B）	下限	上限	P 值
1-2	4.2*	1.67	6.65	0.001	4.0*	2.12	5.96	0.000
1-3	-1.1	-2.46	0.21	0.145	4.1*	2.89	5.28	0.000
1-4	-4.1*	-5.06	-3.10	0.000	-1.3*	-2.33	-0.27	0.005
1-5	-2.0*	-2.89	-1.08	0.000	-0.9	-1.80	0.09	0.099
2-3	-5.3*	-7.89	-2.68	0.000	0.05	-2.01	2.10	1.000
2-4	-8.2*	-10.76	-5.72	0.000	-5.3*	-7.34	-3.34	0.000
2-5	-6.1*	-8.65	-3.64	0.000	-4.9*	-6.87	-2.93	0.000
3-4	-3.0*	-4.36	-1.55	0.000	-5.4*	-6.74	-4.04	0.000
3-5	-0.9	-2.23	0.51	0.498	-5.0*	-6.24	-3.65	0.000
4-5	2.1*	1.06	3.13	0.000	0.4	-0.71	1.60	0.957
两两组间比较（A-B）	ΔT_a				$\overline{V}_{an}$			
	均值差（A-B）	下限	上限	P 值	均值差（A-B）	下限	上限	P 值
1-2	0.5	-1.32	2.24	0.997	0.45	-0.19	1.09	0.359
1-3	-5.7*	-7.78	-3.53	0.000	1.04*	0.52	1.56	0.000
1-4	-3.0*	-4.14	-1.84	0.000	0.70*	0.20	1.21	0.001
1-5	-0.3	-1.27	0.70	0.995	-1.05*	-1.61	-0.49	0.000
2-3	-6.1*	-8.53	-3.70	0.000	0.59*	0.02	1.16	0.040
2-4	-3.4*	-5.21	-1.68	0.000	0.26	-0.31	0.82	0.855
2-5	-0.7	-2.44	0.95	0.861	-1.50*	-2.11	-0.89	0.000
3-4	2.7*	0.56	4.78	0.007	-0.34	-0.74	0.07	0.165
3-5	5.4*	3.31	7.43	0.000	-2.09*	-2.56	-1.62	0.000
4-5	2.7*	1.75	3.66	0.000	-1.75*	-2.21	-1.30	0.000

由表可知：关于 $\overline{T}_{ad}$，类型 2、类型 4 与其他 4 类的显著性都小于 0.05，即与其他 4 类都存在显著性差异；综合表 3-17，可认为类型 2 的 $\overline{T}_{ad}$ 为类间最低、类型 4 的 $\overline{T}_{ad}$ 为类间最高。关于 $\overline{T}_{an}$，类型 2、类型 3 与其他 3 类同时存在显著性小于 0.05，即同时与其他 3 类存在显著性差异，类型 2、类型 3 互相无显著性差异；综合表 3-17，可认为类型 2、类型 3 的 $\overline{T}_{an}$ 比其他 3 类偏低。关于 ΔT_a，类型 3、类型 4 都与其他 4 类的显著性小于 0.05，即与其他 4 类都存在显著性差异；综合表 3-17，可认为类型 3 的 ΔT_a 为类间最高，类型 4 的 ΔT_a 次高，其余 3 类的 ΔT_a

同为较低水平，无显著性差异。关于$\overline{V}_{an}$，类型 5 与其他 4 类的显著性小于 0.05，即与其他 4 类都存在显著性差异；综合表 3-17，可认为类型 5 的$\overline{V}_{an}$为类间最高，类型 3、类型 4 的$\overline{V}_{an}$同时为类间较小，类型 1、类型 2 的$\overline{V}_{an}$较为适中。

综上所述，5 类间在不同的气象变量中，都有显著的差异性，因此认为将西望村夏季气象日分成 5 类是有统计学效度的。

附录 F　长江中下游地区 6 个村镇冬、夏季的气候记录情况

1）张家湾村基本气候情况

自张家湾村气象站于 2020 年底安设以来，在 2020—2022 年的冬季时期中，气象站共记录 167 天有效完整的气象日数据；在 2021 年夏季时期中，气象站共记录 130 天有效完整的气象日数据。张家湾村冬、夏季的基本空气温度、相对湿度、降水情况等如图 F-1 所示。

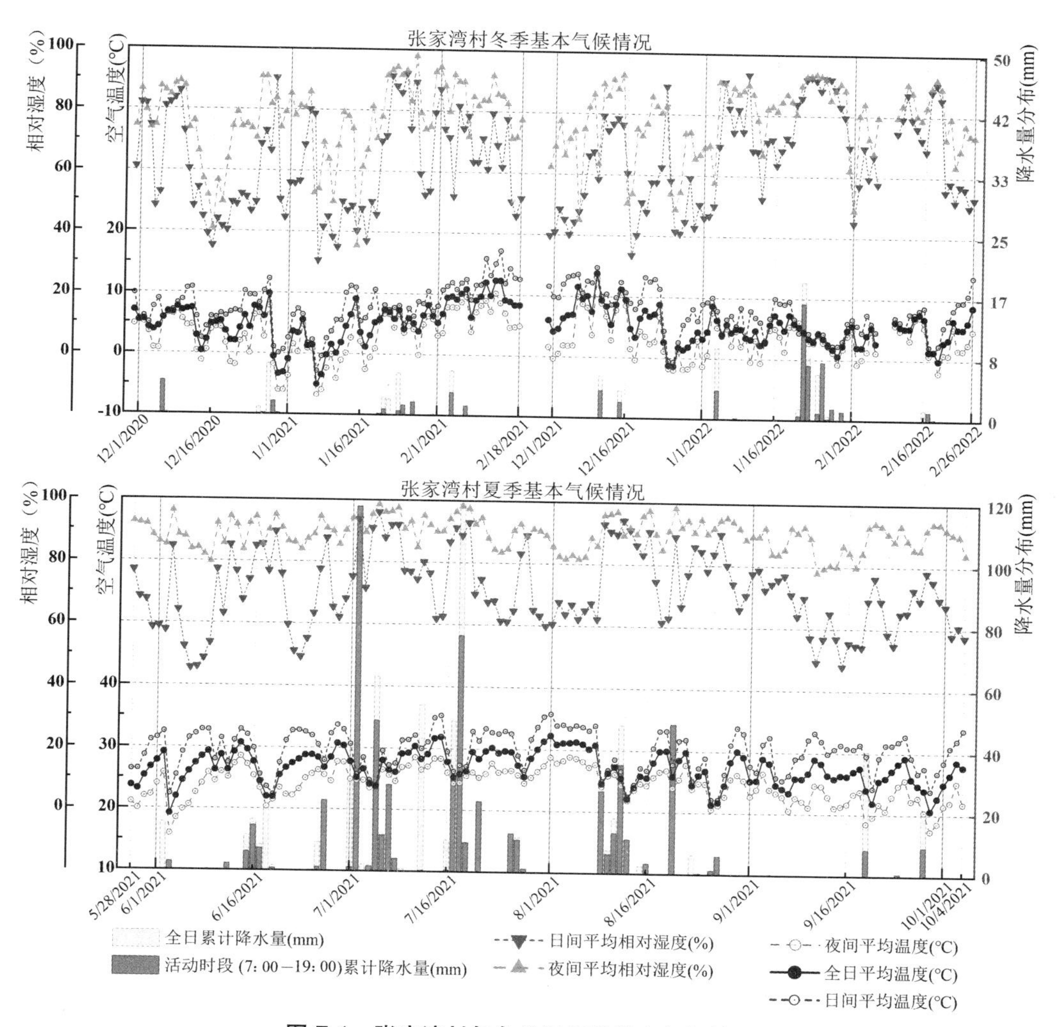

图 F-1　张家湾村气象站记录的基本气候情况

张家湾村冬季较为温和。冬季时段全部气象日的平均全日平均温度$\overline{T}_a$为 5.19 ℃,平均日间平均温度$\overline{T}_{ad}$为 7.7 ℃,平均夜间平均温度$\overline{T}_{an}$为 3.3 ℃;共计有 46 个气象日的$\overline{T}_{ad}$超过 10 ℃, 4 个气象日的$\overline{T}_{ad}$低于 0 ℃。冬季时段全部气象日的平均日间平均相对湿度$\overline{RH}_d$为 63.8%、平均夜间平均相对湿$\overline{RH}_n$为 77.7%,湿度较为适宜。全部冬季气象日中,共有小雨 22 天,中雨 1 天,降水较为分散。张家湾村夏季较为炎热。夏季时段全部气象日的平均$\overline{T}_a$为 27.08 ℃,平均$\overline{T}_{ad}$为 29.8 ℃,平均夜间平均温度$\overline{T}_{an}$为 24.3 ℃;共计 70 个气象日的$\overline{T}_{ad}$超过 30 ℃。夏季时段全部气象日的平均$\overline{RH}_d$为 71.4%、平均夜间平均相对湿度$\overline{RH}_n$为 89.7%;共计 33 个气象日的$\overline{RH}_d$超过 80%,总体占比 23.08%。全部夏季气象日中,共有 47 个气象日出现降雨,小雨 24 天,中雨 14 天,大雨 4 天,暴雨 3 天,大暴雨 2 天,短时性降雨较多。

2)詹村基本气候情况

自詹村气象站于 2020 年 11 月 11 日安设以来,共记录 2020—2022 年两个完整的冬季时期,共计 177 天有效完整的气象日数据;在 2021 年夏季时期中,气象站共记录 141 天有效完整的气象日数据。詹村冬、夏季的基本空气温度、相对湿度、降水情况等如图 F-2 所示。

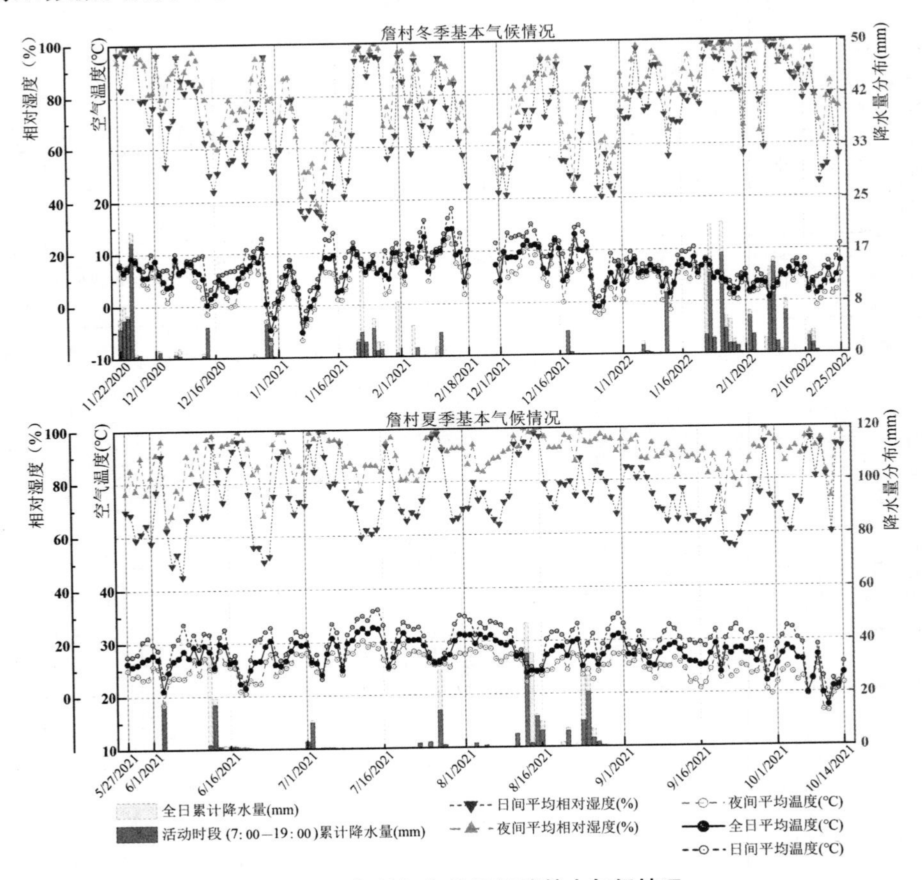

图 F-2 詹村气象站记录的基本气候情况

詹村冬季时段全部气象日的平均$\overline{T}_a$为6.01 ℃,平均$\overline{T}_{ad}$为7.8 ℃,平均$\overline{T}_{an}$为6.1 ℃;共计有46个气象日的$\overline{T}_{ad}$超过10 ℃,3个气象日的$\overline{T}_{ad}$低于0 ℃。全部冬季气象日的平均$\overline{RH}_d$为71.6%,平均$\overline{RH}_n$为80.9%。全部冬季气象日中,共有小雨43天,中雨7天。詹村夏季较为炎热。夏季时段全部气象日的平均$\overline{T}_a$为27.40 ℃,平均$\overline{T}_{ad}$为29.70 ℃,平均夜间平均温度$\overline{T}_{an}$为25.1 ℃;共计有73个气象日的$\overline{T}_{ad}$超过30 ℃。夏季时段全部气象日的平均$\overline{RH}_d$为74.9%,平均夜间平均相对湿度$\overline{RH}_n$为89.7%;共计43个气象日的$\overline{RH}_d$超过80%,总体占比30.50%。全部夏季气象日中,共有47个气象日出现降雨,小雨37天,中雨5天,大雨5天,短时性降雨较多。

3)万山村基本气候情况

自万山村气象站于2020年11月12日安设以来,共记录2020—2022年两个完整的冬季时期,共计177天有效完整的气象日数据;在2021年夏季时期中,气象站共记录138天有效完整的气象日数据。万山村冬、夏季的基本空气温度、相对湿度、降水情况等如图F-3所示。

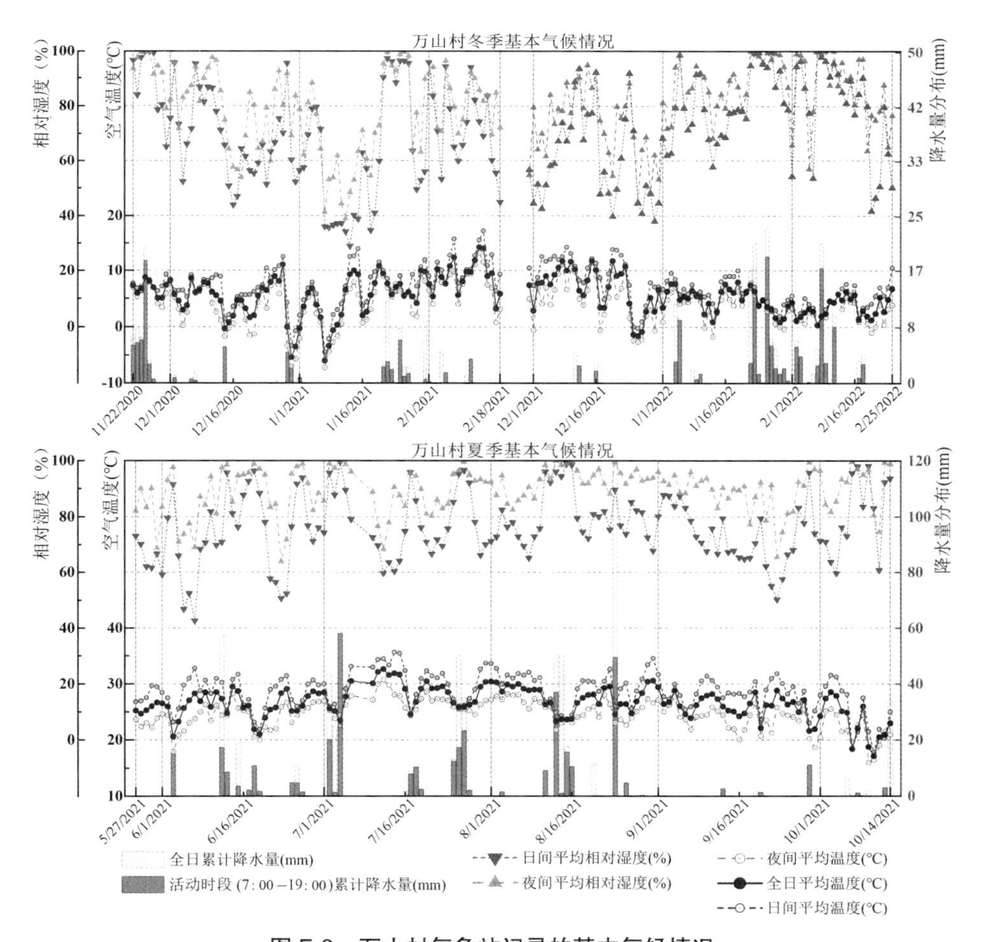

图F-3 万山村气象站记录的基本气候情况

万山村冬季时段全部气象日的平均 $\overline{T}_a$ 为 5.55 ℃，平均 $\overline{T}_{ad}$ 为 7.2 ℃，平均 $\overline{T}_{an}$ 为 4.3 ℃；共计 39 个气象日的 $\overline{T}_{ad}$ 超过 10 ℃，5 个气象日的 $\overline{T}_{ad}$ 低于 0 ℃。全部冬季气象日的平均 $\overline{RH}_d$ 为 70.7%，平均 $\overline{RH}_n$ 为 80.3%。全部冬季气象日中，共有小雨 47 天，中雨 5 天。万山村夏季时段全部气象日的平均 $\overline{T}_a$ 为 26.64 ℃，平均 $\overline{T}_{ad}$ 为 28.70 ℃，平均夜间平均温度 $\overline{T}_{an}$ 为 24.6 ℃；共计 53 个气象日的 $\overline{T}_{ad}$ 超过 30 ℃。夏季时段全部气象日的平均 $\overline{RH}_d$ 为 76.3%，平均夜间平均相对湿度 $\overline{RH}_n$ 为 89.6%；共计 49 个气象日的 $\overline{RH}_d$ 超过 80%，总体占比 35.51%。全部夏季气象日中，共有 43 个气象日出现降雨，小雨 24 天，中雨 10 天，大雨 5 天，暴雨 3 天，大暴雨 1 天，短时性降雨较多。

由于地理位置相距较近，万山村气候与詹村气候较为相似，但万山村的气温同比詹村偏低，降水量比詹村大，这可能是两个村落地形不同而导致的。

4）西望村基本气候情况

自西望村气象站于 2020 年 12 月 21 日安设以来，在 2020—2022 年的冬季时期中，气象站共记录 147 天有效完整的气象日数据；在 2021 年夏季时期中，气象站共记录 141 天有效完整的气象日数据。西望村冬、夏季的基本空气温度、相对湿度、降水情况等如图 F-4 所示。

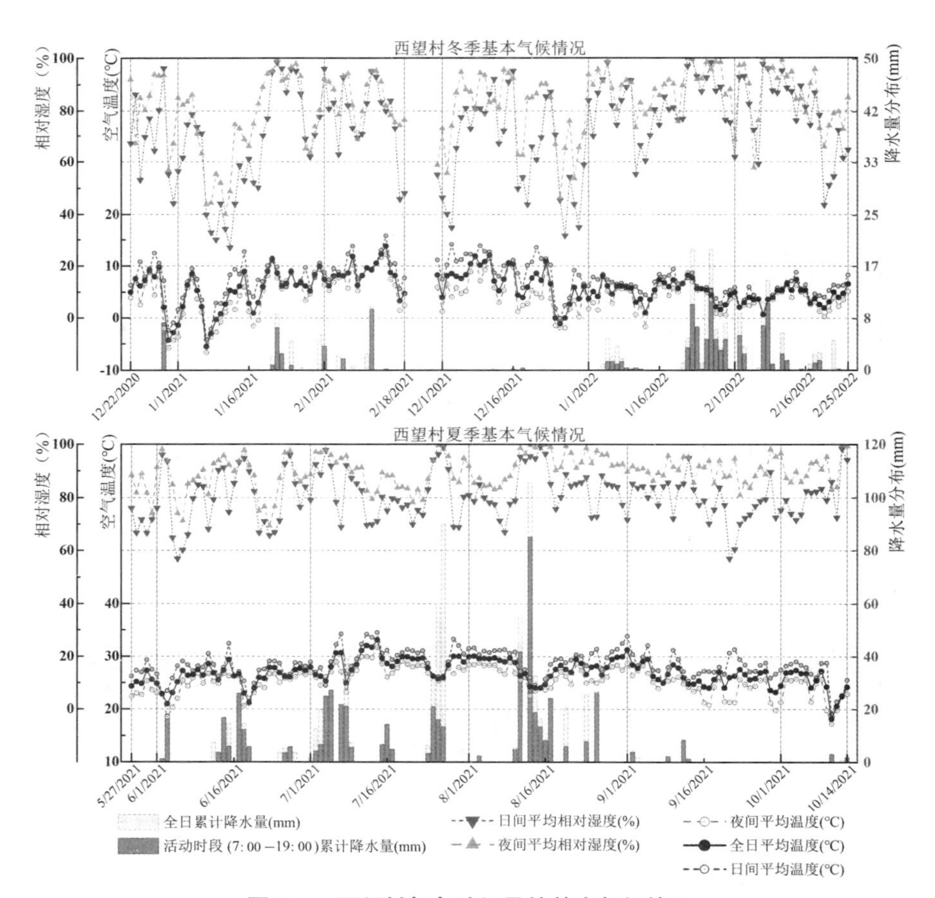

图 F-4 西望村气象站记录的基本气候情况

西望村冬季时段全部气象日的平均 $\overline{T}_a$ 为 5.73 ℃，平均 $\overline{T}_{ad}$ 为 7.4 ℃，平均 $\overline{T}_{an}$ 为 4.5 ℃；共计 34 个气象日的 $\overline{T}_{ad}$ 超过 10 ℃，5 个气象日的 $\overline{T}_{ad}$ 低于 0 ℃。全部冬季气象日的平均 $\overline{RH}_d$ 为 72.7%，平均 $\overline{RH}_n$ 为 82.3%。全部冬季气象日中，共有小雨 46 天，中雨 4 天。西望村夏季时段全部气象日的平均 $\overline{T}_a$ 为 26.97 ℃，平均 $\overline{T}_{ad}$ 为 28.50 ℃，平均夜间平均温度 $\overline{T}_{an}$ 为 25.40 ℃；共计 42 个气象日的 $\overline{T}_{ad}$ 超过 30 ℃。夏季时段全部气象日的平均 $\overline{RH}_d$ 为 80.5%，平均夜间平均相对湿度 $\overline{RH}_n$ 为 89.9%；共计 70 个气象日的 $\overline{RH}_d$ 超过 80%，总体占比 49.65%。全部夏季气象日中，共有 52 个气象日出现降雨，小雨 27 天，中雨 17 天，大雨 4 天，暴雨 3 天，大暴雨 1 天，短时性降雨较多。

5）周铁村基本气候情况

自周铁村气象站于 2020 年 12 月 22 日安设以来，在 2020—2022 年的冬季时期中，气象站共记录 146 天有效完整的气象日数据；在 2021 年夏季时期中，气象站共记录 141 天有效完整的气象日数据。周铁村冬、夏季的基本空气温度、相对湿度、降水情况等如图 F-5。

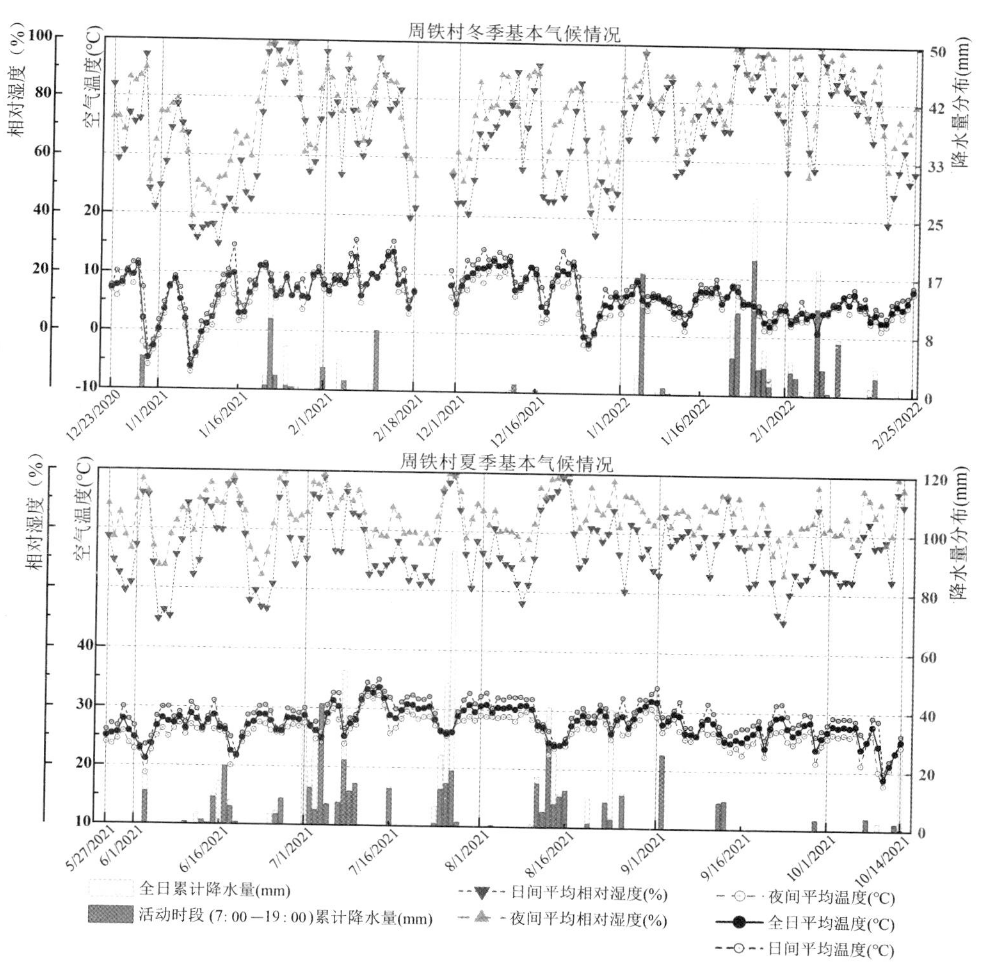

图 F-5 周铁村气象站记录的基本气候情况

周铁村冬季时段全部气象日的平均 $\overline{T}_a$ 为 6.41 ℃，平均 $\overline{T}_{ad}$ 为 7.5 ℃，平均 $\overline{T}_{an}$ 为 5.5 ℃；共计 32 个气象日的 $\overline{T}_{ad}$ 超过 10 ℃，5 个气象日的 $\overline{T}_{ad}$ 低于 0 ℃。全部冬季气象日的平均 $\overline{RH}_d$ 为 68.5%，平均 $\overline{RH}_n$ 为 76.8%。全部冬季气象日中，共有小雨 33 天，中雨 6 天。西望村夏季时段全部气象日的平均 $\overline{T}_a$ 为 27.60 ℃，平均 $\overline{T}_{ad}$ 为 28.90 ℃，平均夜间平均温度 $\overline{T}_{an}$ 为 26.30 ℃；共计 46 个气象日的 $\overline{T}_{ad}$ 超过 30 ℃。夏季时段全部气象日的平均 $\overline{RH}_d$ 为 75.1%，平均夜间平均相对湿度 $\overline{RH}_n$ 为 85.6%；共计 46 个气象日的 $\overline{RH}_d$ 超过 80%，总体占比 32.63%。全部夏季气象日中，共有 48 个气象日出现降雨，小雨 20 天，中雨 19 天，大雨 8 天，暴雨 1 天。

6）大仓村基本气候情况

自大仓村气象站于 2021 年 1 月 14 日安设以来，在 2021—2022 年的冬季时期中，气象站共记录 105 天有效完整的气象日数据；在 2021 年夏季时期中，气象站共记录 158 天完整的气象日数据。大仓村冬、夏季的基本空气温度、相对湿度、降水情况等如图 F-6 所示。

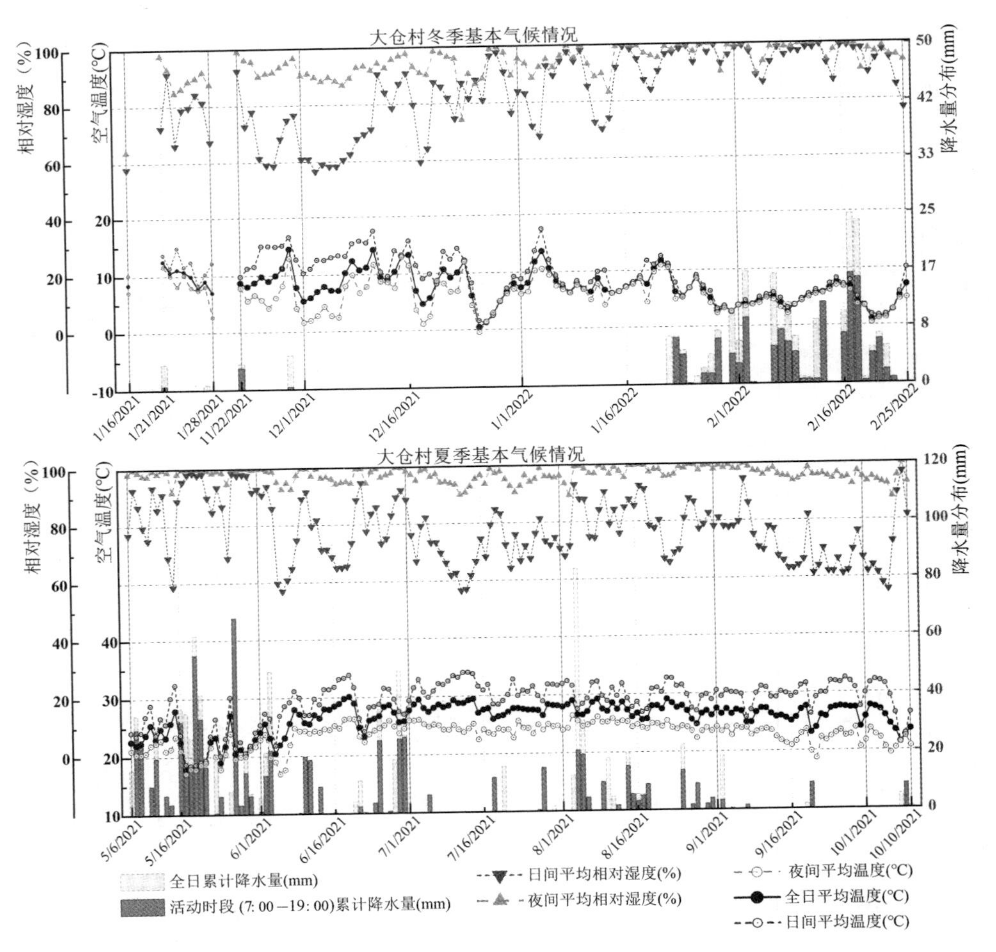

图 F-6　大仓村气象站记录的基本气候情况

大仓村冬季较为温暖潮湿。冬季时段全部气象日的平均 $\overline{T}_a$ 为 7.41 ℃，平均 $\overline{T}_{ad}$ 为 9.1 ℃，平均 $\overline{T}_{an}$ 为 6.1 ℃；共计 46 个气象日的 $\overline{T}_{ad}$ 超过 10 ℃。冬季全部气象日的平均 $\overline{RH}_d$ 为 84.1%，平均 $\overline{RH}_n$ 为 94.3%。全部冬季气象日中，共有小雨 24 天，中雨 7 天，主要降水期出现在 2022 年 1 月下旬至 2 月。大仓村夏季较为炎热潮湿。夏季时段全部气象日的平均 $\overline{T}_a$ 为 26.05 ℃，平均 $\overline{T}_{ad}$ 为 28.9 ℃，平均夜间平均温度 $\overline{T}_{an}$ 为 23.2 ℃；共计 70 个气象日的 $\overline{T}_{ad}$ 超过 30 ℃，占总体的 44.30%。夏季时段全部气象日的平均 $\overline{RH}_d$ 为 77.4%，平均夜间平均相对湿度 $\overline{RH}_n$ 为 96.9%；共计 62 个气象日的 $\overline{RH}_d$ 超过 80%。全部夏季气象日中，共有 74 个气象日出现降雨，小雨 35 天，中雨 23 天，大雨 12 天，暴雨 4 天。

大仓村所处地区冬季昼夜温差较大的现象频发。大仓村距离井冈山市 30 km，绘制井冈山市、大仓村冬季空气温度对比图如 F-7 所示，该图数据选取自井冈山市气象台检测数据，图中绘制的时期包含图 F-6 大仓村气象站冬季记录时期。

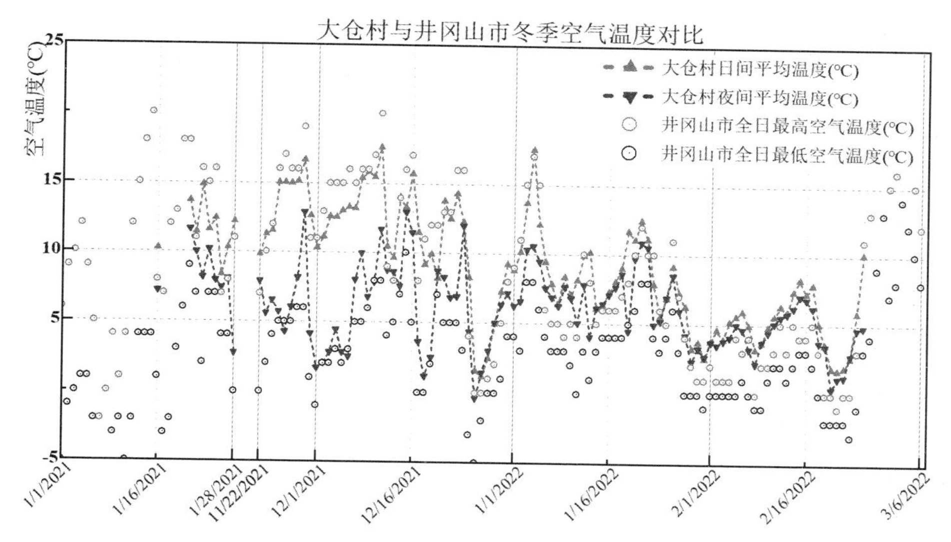

图 F-7 大仓村与井冈山市冬季空气温度对比

如上图所示，2021 年 1 月—2022 年 3 月的冬季中，根据井冈山市气象台监测情况，共有 41 天的最高空气温度在 15 ℃之上，占总体比例的 30.50%。井冈山市气象站监测数据与大仓村气象站监测数据间相关性强，变化趋势相似。井冈山市的空气温度情况说明，该地区冬季易出现昼夜温差较大的情况，日间时段人体感觉类似过渡季节。

大仓村冬季实地测试日为 2021 年 1 月 14 日，根据井冈山市气象台检测情况，该月 13 日—15 日出现冬季回暖现象，14 日最高气温为 18 ℃，这与图 2-3（a）大仓村测试日当日日间时段空气温度较高的现象一致。

附录 G 村镇空间形态因子的自动提取计算方法

选取 Rhino 三维模型平台，使用参数化编程插件 Grasshopper(GH)，撰写形态因子自动计算与输出程序进行提取。目前绝大多数学者对于城市空间形态因子的提取是基于地理信息系统(GIS)平台进行的，GIS 可以记录建筑的基本形体与各种数据信息，建成研究区域的信息系统模型后，可系统、高效地对数据进行分析与可视化，适合大体量范围的研究工作；其缺点是 GIS 本质是一种“2.5D”的模型信息记录方式，在 z 轴高度方向的信息，该平台精度较低，很难准确描述出坡屋顶、建筑灰空间、建筑架空层的形体特征，在一些形态因子计算时，也需要用到简化与转译的工作。对于 Rhino+GH 的平台工作流，优点在于模型信息精准、对于复杂形体建筑甚至异形建筑都有很强的处理计算能力，因此使用该平台计算空间形态因子，因子的准确性更高；该平台的缺点在于，由于准确性较高，因此对系统和计算机的负荷较大，故不适用于大尺度范围的应用，对于城市级别的数据量还是需使用专业的数据库管理软件或 GIS 平台。本研究的研究对象为村镇，尺度范围较小，因此选取 GH 参数化平台，也有利于后续的模型优化设计工作。

GH 是一种可视化的三维模型编程语言，它将 Rhino 软件的建模指令预先编写为“电池组”，类似装配式建筑中的组件，用户通过选取控制参数、连接电池组即可完成建模过程的全指令记录，无需掌握编写代码的全部知识，因此降低了与建筑相关的编程难度；另一方面，通过控制核心参数，即可控制程序完成大量逻辑化的模型演化过程，也可以让计算机循环运算完成机械性的重复操作，本研究中的形态因子计算与输出即使用了模型平台的这一优势，撰写的提取算法除使用 GH 的基础命令外，还使用了 GH 插件 Lunchbox 以读取与输出 Excel 数据、插件 Anemone 以完成循环运算。

1)建筑与街道形态因子的自动提取方法

对于建筑形态因子和街道形态因子，预处理部分是一致的，即都需要划分出范围中的建筑物。它们计算的步骤如下。

第一步：获得研究点与研究范围。研究点可使用实际调研时的测点位置，也可随机选取。以本章在西望村核心村域中选取的 300 个研究点为例，首先按西望村 ENVI-met 模型的格网与中心点划分 Rhino 模型，随后使用 points in curve 电池筛选出位于核心村域中而且非建筑物上的研究点，最后使用随机种子随机选取 300 个散布较为均匀的研究点。研究范围为 10 m 半径的圆至 100 m 半径的圆的范围，用 Anemone 插件进行循环控制。

第二步：筛选出范围内的建筑。算法核心为使用 loft 与 extrude 电池生成边界范围，用 solid difference 命令对建筑物进行切割，最后使用 pull point 与 points in curve 电池筛选出每个研究点范围中的建筑物。

第三步:进行形态因子中间过程计算。由于部分形态因子使用一致的形态因子,因此在这一步中完成所有中间步骤参数的提取与计算。

对筛选出测点范围内的建筑物,使用 volume 电池获得建筑体积 V_{T};通过判断建筑物曲面中心的高度,筛选出建筑底面,使用 area、length 电池可测算建筑底面面积 A_{P}、建筑外表面面积 A_{S}、建筑底面周长 L_{B};建筑面积使用水平面切割建筑获得,由于村镇建筑层高一般为 3 m,以 4.5 m、7.5 m 为例,认为该高度处的建筑切割面面积即为建筑 2、3 层的建筑面积,它们的和记为 A_{T};使用 Brep | Curve 电池测算建筑物与测算范围的相交关系,辅以 Length 电池算得 L_{BintR};使用 Lunchbox 的电池 excelreader 读取风频玫瑰图的风向与频率或手动输入盛行风方向,使用 line+pt 电池生成垂直于风方向的迎风面,随后使用 project 电池做出建筑外表面在迎风面上的投影,辅以 region union 和 area 电池,获得建筑在迎风面上的投影面积 $A(\theta)_{\mathrm{proj}(\Delta z)}$;对于道路中线,首先使用 curve closest point 筛选出离每个测点最近的道路中线,即为该点的街道走向,随后生成街道中线中点指向中线下端点的向量,用 angle 电池测算该向量与盛行风方向的夹角大小。

第四步:使用本次循环运算的 A_{R}、L_{B} 结果,完成各个形态因子的计算,最后使用 Excel-WriteLegacy 电池输出计算结果。

建筑与街道形态因子的完整提取电池组如图 G-1 所示。

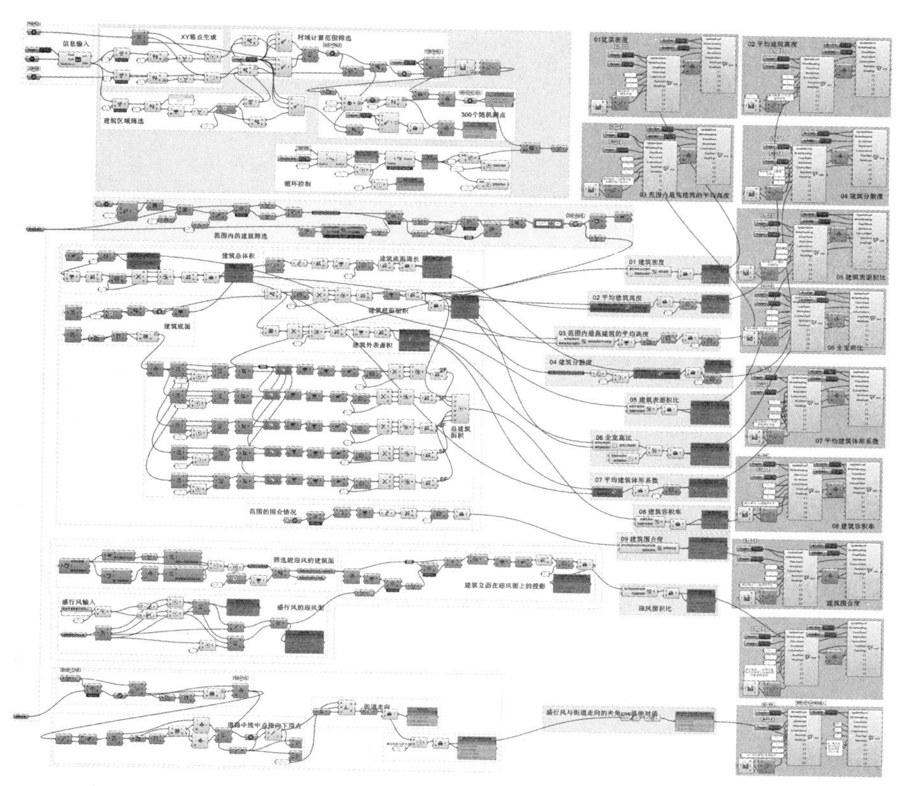

图 G-1　建筑与街道形态因子的自动提取算法(图片来源:作者自绘)

其中，粉色部分电池组为模型信息输入电池；黄色、红色、蓝色部分电池组分别对应第一步、第二步、第三步；紫色部分电池组为第四步的形态参数计算，绿色部分为数据输出。图中的电池报红是由于除法运算器的除数为0（该除数与范围内建筑参数有关，当范围内无建筑时运算器就会报红色警告），在程序后面针对该问题做出了结果数值的补充，不影响最终结果的准确性。

建筑与街道形态因子的提取过程如图 G-2 所示。

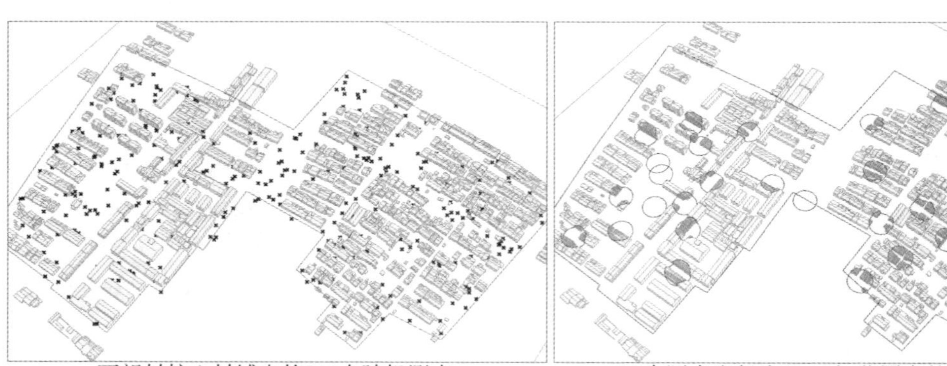

西望村核心村域中的300个随机测点　　30个测点半径为20 m时，范围中的建筑物

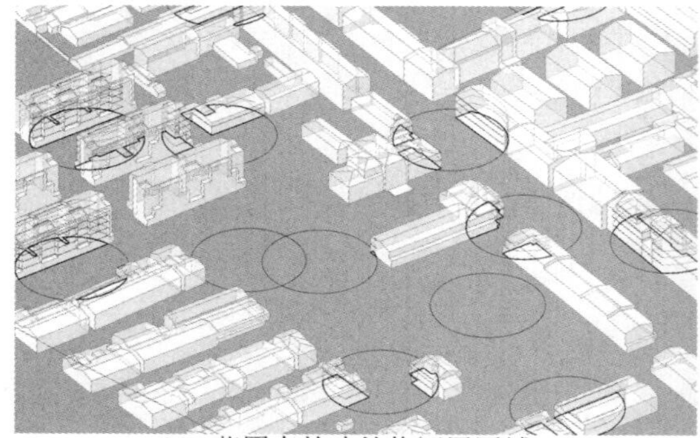

20 m范围中的建筑物逐层区域

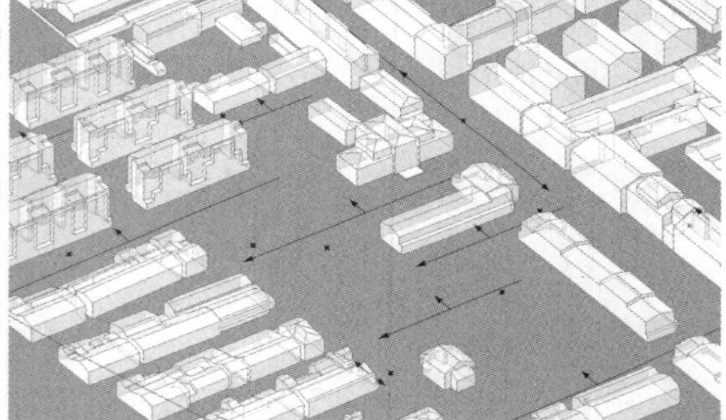

各测点所在道路中线的方向（绿：y轴方向）

图 G-2　建筑与街道形态因子的提取过程示例（图片来源：作者自绘）

2）*环境形态因子的自动提取方法*

环境形态因子的提取方法与建筑街道形态因子较为相似。

第一步：获得研究点与研究范围。

第二步：中间过程计算。对于硬地率（HPR）与绿色容积率（GPR），使用 surface split、point in curves 电池分割并筛选出范围内的硬地区域、绿色植物；对于距离水体的最短距离，使用 pull point 获得各测点距离水体最近的点；使用 Area 电池，测算范围内的硬地面积 A_H、各类植物的面积 A_i；使用 length 电池，测算 PW 的值。

第三步：使用本次循环运算的 A_R 结果，完成各个形态因子的计算并输出数据至 Excel 中。

环境形态因子的完整提取电池组如图 G-3 所示。其中，粉色部分电池组为模型信息输入电池；黄色、紫色部分电池组分别对应第一步、第二步；绿色部分为第三步的数据输出。

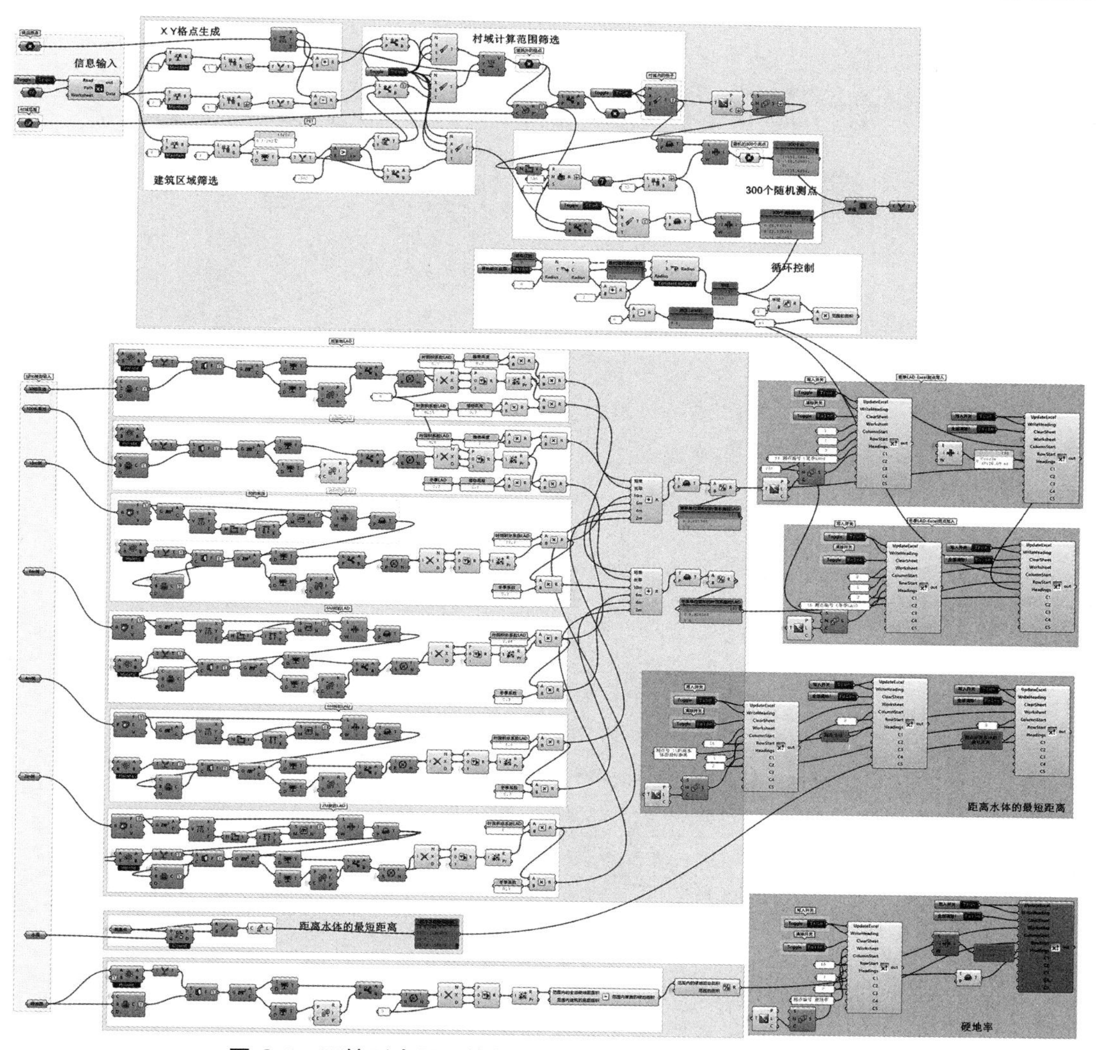

图 G-3　环境形态因子的自动提取算法(图片来源:软件截屏)

环境形态因子的提取过程如图 G-4 所示。

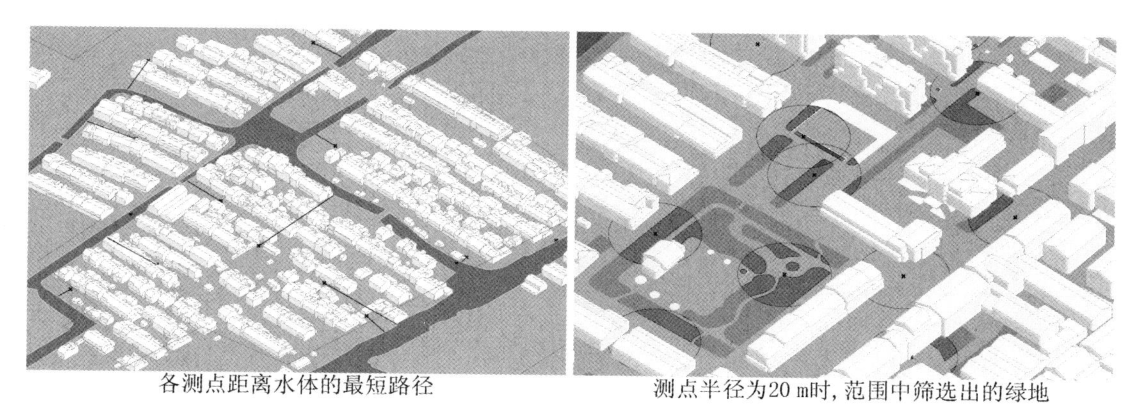

图 G-4　环境形态因子的提取过程示例(图片来源:作者自绘)

附录 H 长江中下游地区 6 个村镇冬、夏季气象日聚类分析的结果检验

聚类分析检验的方法：使用单因素方差分析，比较各组别之间的不同差异。

1)6 个村镇冬季气象日聚类分析的结果检验

对于冬季气象日聚类分析的结果，进行分组后的原始气候变量方差描述处理，如表 H-1 所示。由表可知，冬季气象日被分成 5 类后，部分气象变量方差不齐，需选择性地使用单因素方差分析。

表 H-1 6 个村镇冬季气象日聚类后的组内方差统计

	类型	$\overline{T}_{ad}$(℃)	$\overline{T}_{an}$(℃)	G_{sum}(W/m^2)	ΔT_a(℃)	$\overline{RH}_d$(%)	$\overline{RH}_n$(%)	$\overline{V}_{ad}$(m/s)	$\overline{V}_{an}$(m/s)
方差	1	6.34	8.68	4 972 605	8.79	170.87	121.34	0.75	0.60
	2	5.47	7.13	2 012 576	17.20	124.91	103.73	0.19	0.21
	3	5.89	7.16	963 284	6.73	65.72	35.24	0.29	0.28
	4	7.49	7.01	2 552 906	5.66	148.60	83.83	1.10	0.78
	5	7.57	7.08	2 209 232	16.68	126.25	122.91	0.33	0.15
组间方差齐性计算		1.39	1.39	1.24	5.16	3.04	2.60	3.49	5.87

使用 SPSS 软件对聚类后的原始气象变量数据进行方差齐性检验，结果如表 H-2 所示。由表可知，仅 $\overline{T}_{ad}$、$\overline{T}_{an}$ 的显著性大于 0.05，即这两个变量方差可认为是相等的，满足单因素方差分析的条件；其余变量不能认为这 5 个类型中的方差是相等的，将使用 Tamhane T2 检验的方法进行两两比较。

表 H-2 6 个村镇冬季气象日聚类后的方差齐性检验

检验方法		$\overline{T}_{ad}$	$\overline{T}_{an}$	G_{sum}	ΔT_a	$\overline{RH}_d$	$\overline{RH}_n$	$\overline{V}_{ad}$	$\overline{V}_{an}$
基于平均值	莱文统计	1.071	0.543	36.256	18.475	10.889	23.545	29.092	25.398
	显著性	0.37	0.704	0.000	0.000	0.000	0.000	0.000	0.000
基于中位数	莱文统计	1.061	0.526	34.778	17.658	9.875	21.573	23.203	19.047
	显著性	0.375	0.716	0.000	0.000	0.000	0.000	0.000	0.000

使用 SPSS 软件对聚类后的 $\overline{T}_{ad}$、$\overline{T}_{an}$ 变量数据进行单因素方差检验，结果如表 H-3 所示。由表可知，$\overline{T}_{ad}$、$\overline{T}_{an}$ 单因素方差分析的 F 值均远高于 5% 显著性水平下的 0.000，即认为

5个组别的$\overline{T}_{ad}$、$\overline{T}_{an}$的均值至少有一组与其他均值存在显著性差异，将继续使用Bonferroni两两比较法以确定各组间的具体差异。

表H-3　6个村镇冬季5种气象划分下$\overline{T}_{ad}$与$\overline{T}_{an}$的单因素方差分析表

变量	误差来源	平方和	自由度	均方	F值	显著性
$\overline{T}_{ad}$	组间	6 862.73	4	1 715.683	272.314	0.000
	组内	5 758.556	914	6.3		
	总计	12 621.29	918			
$\overline{T}_{an}$	组间	5 557.501	4	1 389.375	189.211	0.000
	组内	6 711.507	914	7.343		
	总计	12 269.01	918			

对$\overline{T}_{ad}$、$\overline{T}_{an}$进行Bonferroni两两比较确定各类间的具体差异如表H-4所示，在显著性数值上用“*”表示气象变量组间平均值的对比在0.05的置信水平上有显著差异。由表可知，关于$\overline{T}_{ad}$，类型1、类型2、类型4与其他4组的显著性小于0.05，即与其他4类都存在显著性差异；综合表4-8，可认为类型2的$\overline{T}_{ad}$最高，类型1次高，类型2最低。关于$\overline{T}_{an}$，各类间均存在显著性差异；综合表4-8，可认为类型2的$\overline{T}_{an}$最高，类型4最低。

表H-4　6个村镇冬季不同气象类型间的$\overline{T}_{ad}$、$\overline{T}_{an}$多重比较结果

两两组间比较（A-B）	$\overline{T}_{ad}$				$\overline{T}_{an}$			
	均值差（A-B）	下限	上限	P值	均值差（A-B）	下限	上限	P值
1-2	-3.7*	-4.5	-3.0	0.000	-1.0*	-1.8	-0.2	0.007
1-3	1.7*	1.0	2.5	0.000	1.1*	0.3	1.9	0.001
1-4	8.5*	7.1	9.9	0.000	9.2*	7.6	10.7	0.000
1-5	1.7*	1.0	2.5	0.000	4.5*	3.7	5.4	0.000
2-3	5.5*	4.9	6.1	0.000	2.1*	1.5	2.8	0.000
2-4	12.2*	10.9	13.6	0.000	10.2*	8.7	11.7	0.000
2-5	5.5*	4.8	6.1	0.000	5.5*	4.8	6.2	0.000
3-4	6.8*	5.4	8.1	0.000	8.1*	6.6	9.5	0.000
3-5	-0.01	-0.6	0.6	1.000	3.4*	2.7	4.1	0.000
4-5	-6.8*	-8.1	-5.4	0.000	-4.7*	-6.2	-3.2	0.000

对G_{sum}、ΔT_a、$\overline{RH}_d$、$\overline{RH}_n$、$\overline{V}_{ad}$、$\overline{V}_{an}$使用Tamhane T2检验的多重比较，结果如表H-5所示。

表 H-5　6 个村镇冬季不同气象类型的 G_{sum}、ΔT_a、$\overline{RH}_d$、$\overline{RH}_n$、$\overline{V}_{ad}$、$\overline{V}_{an}$ 多重比较结果

两两组间比较（A-B）	G_{sum}				ΔT_a				$\overline{RH}_d$			
	均值差（A-B）	下限	上限	P 值	均值差（A-B）	下限	上限	P 值	均值差（A-B）	下限	上限	P 值
1-2	-1 063.6*	-1 676	-452	0.000	-6.6*	-7.6	-5.5	0.000	5.5*	1.6	9.3	0.001
1-3	2 568.0*	1 992	3 144	0.000	2.5*	1.6	3.3	0.000	-16.2*	-19.7	-12.7	0.000
1-4	-1 056.6*	-2 077	-36	0.038	-0.4	-1.9	1.0	0.993	29.2*	21.9	36.6	0.000
1-5	-1 557.6*	-2 178	-937	0.000	-5.7*	-6.8	-4.6	0.000	20.3*	16.4	24.2	0.000
2-3	3 631.7*	3 325	3 938	0.000	9.1*	8.2	9.9	0.000	-21.6*	-24.1	-19.2	0.000
2-4	7.1	-908	922	1.000	6.1*	4.6	7.6	0.000	23.8*	16.8	30.8	0.000
2-5	-494.0*	-880	-108	0.004	0.9	-0.2	2.0	0.217	14.8*	11.8	17.8	0.000
3-4	-3 624.6*	-4 519	-2 730	0.000	-2.9*	-4.3	-1.6	0.000	45.4*	38.6	52.3	0.000
3-5	-4 125.7*	-4 449	-3 802	0.000	-8.2*	-9.1	-7.3	0.000	36.5*	34.0	39.0	0.000
4-5	-501.1	-1 421	419	0.699	-5.3*	-6.8	-3.8	0.000	-9.0*	-16.0	-2.0	0.005

两两组间比较（A-B）	$\overline{RH}_n$				$\overline{V}_{ad}$				$\overline{V}_{an}$			
	均值差（A-B）	下限	上限	P 值	均值差（A-B）	下限	上限	P 值	均值差（A-B）	下限	上限	P 值
1-2	-3.3	-6.6	0.0	0.053	1.5*	1.29	1.74	0.000	1.4*	1.22	1.64	0.000
1-3	-13.8*	-16.7	-10.9	0.000	1.4*	1.22	1.68	0.000	1.3*	1.04	1.46	0.000
1-4	27.3*	21.6	32.9	0.000	-0.3	-0.87	0.35	0.905	0.8*	0.23	1.27	0.001
1-5	10.6*	7.1	14.0	0.000	1.3*	1.03	1.51	0.000	1.5*	1.25	1.66	0.000
2-3	-10.5*	-12.6	-8.4	0.000	-0.07	-0.18	0.05	0.709	-0.18*	-0.30	-0.06	0.000
2-4	30.6*	25.2	35.9	0.000	-1.8*	-2.36	-1.19	0.000	-0.68*	-1.17	-0.18	0.003
2-5	13.9*	11.0	16.7	0.000	-0.24*	-0.38	-0.11	0.000	0.02	-0.09	0.13	1.000
3-4	41.0*	35.9	46.2	0.000	-1.7*	-2.30	-1.13	0.000	-0.5*	-1.00	-0.01	0.046
3-5	24.3*	22.0	26.7	0.000	-0.18*	-0.31	-0.04	0.004	0.20*	0.09	0.31	0.000
4-5	-16.7*	-22.1	-11.3	0.000	1.5*	0.95	2.12	0.000	0.7*	0.20	1.19	0.002

关于 G_{sum} 和 ΔT_a，都有类型 3 与其他类型的显著性小于 0.05，即与其他类型间都存在显著性差异；综合表 4-8，可认为该类的 G_{sum} 与 ΔT_a 最低。关于 $\overline{RH}_d$ 和 $\overline{RH}_n$，各类间的显著性都小于 0.05，即各类间都存在显著性差异；综合表 4-8，可认为类型 3 的 $\overline{RH}$ 最高，类型 4 最低。关于 $\overline{V}_{ad}$ 和 $\overline{V}_{an}$，综合表 4-8 与多重比较结果，可认为类型 1、类型 4 偏高，类型 2、类型 3 偏低；

综上所述，5 类间于不同的气象变量之中，都有显著的差异性，因此认为将 6 个村镇冬季气象日分成 5 类是有统计学效度的。

2)6个村镇夏季气象日聚类分析的结果检验

对于夏季气象日聚类分析的结果，进行分组后的原始气候变量方差描述处理，如表H-6所示。由表可知，夏季气象日被分成6类后，气象变量可能都存在方差不齐，需进一步进行方差齐性检验。

表H-6　6个村镇夏季气象日聚类后的组内方差统计

	类型	$\overline{T}_{ad}$(℃)	$\overline{T}_{an}$(℃)	G_{sum}(W/m²)	ΔT_a(℃)	$\overline{RH}_d$(%)	$\overline{RH}_n$(%)	$\overline{V}_{ad}$(m/s)	$\overline{V}_{an}$(m/s)
方差	1	3.2	3.6	4 322 751	3.9	47.3	24.0	0.5	0.8
	2	3.8	4.5	4 661 442	3.2	72.6	44.4	0.4	0.5
	3	2.7	2.9	3 297 527	5.1	29.8	14.9	0.1	0.1
	4	4.6	3.0	2 677 715	5.9	50.7	46.5	0.1	0.1
	5	5.8	6.5	1 324 737	5.9	18.5	13.2	0.2	0.2
	6	2.2	1.8	3 064 331	4.4	35.8	26.6	0.2	0.1
组间方差齐性计算		2.7	3.6	3.5	1.9	3.9	3.5	3.8	10.3

对聚类后的原始气象变量数据进行方差齐性检验，结果如表H-7所示。由表可知，各变量的显著性都小于0.05，即不能认为各组间的方差是相等的，不满足单因素方差分析的条件，将使用Tamhane T2检验的方法进行两两差异性比较。

表H-7　6个村镇夏季气象日聚类后的方差齐性检验

检验方法		$\overline{T}_{ad}$	$\overline{T}_{an}$	G_{sum}	ΔT_a	$\overline{RH}_d$	$\overline{RH}_n$	$\overline{V}_{ad}$	$\overline{V}_{an}$
基于平均值	莱文统计	8.741	13.607	9.196	5.449	14.491	19.332	18.486	40.105
	显著性	0.000	0.000	0.000	0.000	0.000	0.000	0.000	0.000
基于中位数	莱文统计	7.676	12.186	8.823	5.147	14.142	16.402	16.684	34.69
	显著性	0.000	0.000	0.000	0.000	0.000	0.000	0.000	0.000

对各变量进行Bonferroni两两比较确定各类间的具体差异，如表H-8所示，在显著性数值上用“*”表示气象变量组间平均值的对比在0.05的置信水平上有显著差异。

由表可知，关于$\overline{T}_{ad}$，类型1、类型3、类型5、类型6与其他5类的显著性均小于0.05，即与其他5类都存在显著性差异；综合表4-15，可认为类型6的$\overline{T}_{ad}$最高，类型5最低，类型3次低。关于$\overline{T}_{an}$，类型3与其他5类的显著性均小于0.05，综合表4-15，可认为类型2、类型6的$\overline{T}_{ad}$偏高，类型4、类型5的$\overline{T}_{ad}$偏低。

关于G_{sum}，类型1、类型3、类型5与其他5类的显著性均小于0.05，综合表4-15，可认为类型2、类型4、类型6的G_{sum}偏高，类型5最低，类型1次低。

关于ΔT_a，类型2、类型3、类型4、类型6与其他5类的显著性均小于0.05，即与其他5类都存在显著性差异；综合表4-15，可认为类型4的ΔT_a最高，类型1、类型5最低。

关于$\overline{RH}_d$，类型1、类型3、类型4、类型5与其他5类的显著性均小于0.05，综合表4-15，可认为类型5 $\overline{RH}_d$最高，类型4 $\overline{RH}_d$最低；关于$\overline{RH}_n$，类型1、类型2、类型3、类型5与其他5类的显著性均小于0.05，综合表4-15，可认为类型5的$\overline{RH}_n$最高，类型2 $\overline{RH}_n$最低。

关于$\overline{V}_{ad}$和$\overline{V}_{an}$，类型1、类型2与类型3至类型6的显著性小于0.05，综合表4-15，可认为类型1、类型2的$\overline{V}_{ad}$、$\overline{V}_{an}$偏高。

表H-8 6个村镇夏季不同气象类型间各气象变量类间多重比较结果

两两组间比较（A-B）	$\overline{T}_{ad}$				$\overline{T}_{an}$				G_{sum}			
	均值差（A-B）	下限	上限	P值	均值差（A-B）	下限	上限	P值	均值差（A-B）	下限	上限	P值
1-2	-3.2*	-3.9	-2.4	0.000	-1.6*	-2.5	-0.8	0.000	-5 986*	-6 882	-5 091	0.000
1-3	-2.1*	-2.8	-1.4	0.000	0.7	0.0	1.5	0.081	-2 647*	-3 469	-1 824	0.000
1-4	-3.7*	-4.5	-2.9	0.000	2.7*	1.9	3.5	0.000	-5 971*	-6 803	-5 139	0.000
1-5	2.5*	1.6	3.4	0.000	2.9*	1.9	3.8	0.000	1 732*	945	2 520	0.000
1-6	-5.7*	-6.4	-5.0	0.000	-1.9*	-2.6	-1.2	0.000	-6 081*	-6 905	-5 257	0.000
2-3	1.1*	0.5	1.7	0.000	2.3*	1.7	3.0	0.000	3 340*	2 683	3 997	0.000
2-4	-0.5	-1.2	0.2	0.412	4.3*	3.6	5.0	0.000	15	-654	685	1.000
2-5	5.7*	4.9	6.4	0.000	4.5*	3.6	5.3	0.000	7 719*	7 108	8 329	0.000
2-6	-2.5*	-3.1	-1.9	0.000	-0.3	-0.9	0.3	0.950	-95	-754	564	1.000
3-4	-1.6*	-2.2	-1.0	0.000	2.0*	1.4	2.5	0.000	-3 324*	-3 889	-2 760	0.000
3-5	4.64*	3.8	5.3	0.000	2.2*	1.4	2.9	0.000	4 379*	3 887	4 871	0.000
3-6	-3.6*	-4.1	-3.1	0.000	-2.6*	-3.1	-2.1	0.000	-3 434*	-3 986	-2 883	0.000
4-5	6.2*	5.3	7.0	0.000	0.2	-0.6	1.0	1.000	7 703*	7 194	8 213	0.000
4-6	-2.0*	-2.6	-1.4	0.000	-4.6*	-5.1	-4.0	0.000	-110	-677	457	1.000
5-6	-8.2*	-8.9	-7.5	0.000	-4.8*	-5.5	-4.0	0.000	-7 814*	-8 308	-7 319	0.000
两两组间比较（A-B）	ΔT_a				$\overline{RH}_d$				$\overline{RH}_n$			
	均值差（A-B）	下限	上限	P值	均值差（A-B）	下限	上限	P值	均值差（A-B）	下限	上限	P值
1-2	-2.3*	-3.1	-1.4	0.000	16.8*	13.6	19.9	0.000	10.9*	8.5	13.2	0.000
1-3	-4.6*	-5.4	-3.8	0.000	6.7*	4.0	9.4	0.000	-2.3*	-4.2	-0.4	0.005
1-4	-10.0*	-10.8	-9.0	0.000	24.5*	21.5	27.5	0.000	3.5*	1.1	5.9	0.000
1-5	-0.5	-1.5	0.4	0.760	-5.8*	-8.5	-3.2	0.000	-4.8*	-6.8	-2.9	0.000
1-6	-5.6*	-6.5	-4.8	0.000	17.2*	14.5	19.9	0.000	4.0*	1.9	6.0	0.000
2-3	-2.4*	-3.0	-1.7	0.000	-10.1*	-12.5	-7.7	0.000	-13.2*	-15.0	-11.4	0.000
2-4	-7.7*	-8.4	-6.9	0.000	7.8*	5.0	10.5	0.000	-7.3*	-9.7	-5.0	0.000
2-5	1.7*	0.9	2.5	0.000	-22.6*	-24.9	-20.2	0.000	-15.7*	-17.6	-13.8	0.000
2-6	-3.4*	-4.0	-2.7	0.000	0.4	-2.0	2.9	1.000	-6.9*	-8.9	-4.9	0.000

续表

两两组间比较（A-B）	$\overline{T}_{ad}$				$\overline{T}_{an}$				G_{sum}			
	均值差（A-B）	下限	上限	P 值	均值差（A-B）	下限	上限	P 值	均值差（A-B）	下限	上限	P 值
3-4	-5.3*	-6.1	-4.5	0.000	17.8*	15.7	20.0	0.000	5.9*	4.0	7.8	0.000
3-5	4.1*	3.3	4.9	0.000	-12.5*	-14.1	-10.9	0.000	-2.5*	-3.7	-1.2	0.000
3-6	-1.0*	-1.7	-0.4	0.000	10.5*	8.7	12.3	0.000	6.3*	4.9	7.7	0.000
4-5	9.4*	8.5	10.3	0.000	-30.3*	-32.5	-28.2	0.000	-8.4*	-10.3	-6.4	0.000
4-6	4.3*	3.5	5.1	0.000	-7.3*	-9.6	-5.1	0.000	0.4	-1.6	2.5	1.000
5-6	-5.1*	-5.9	-4.3	0.000	23.0*	21.3	24.8	0.000	8.8*	7.3	10.3	0.000

两两组间比较（A-B）	$\overline{V}_{ad}$				$\overline{V}_{an}$			
	均值差（A-B）	下限	上限	P 值	均值差（A-B）下限	上限	P 值	
1-2	-0.2	-0.54	0.04	0.165	-0.3	-0.69	0.01	0.068
1-3	0.9*	0.66	1.19	0.000	1.1*	0.78	1.42	0.000
1-4	0.8*	0.56	1.10	0.000	1.1*	0.78	1.42	0.000
1-5	1.0*	0.75	1.30	0.000	1.0*	0.65	1.30	0.000
1-6	0.7*	0.48	1.01	0.000	1.0*	0.63	1.28	0.000
2-3	1.2*	1.01	1.34	0.000	1.4*	1.27	1.62	0.000
2-4	1.1*	0.91	1.25	0.000	1.4*	1.26	1.62	0.000
2-5	1.3*	1.09	1.46	0.000	1.3*	1.12	1.51	0.000
2-6	1.0*	0.82	1.17	0.000	1.3*	1.11	1.47	0.000
3-4	-0.1	-0.22	0.03	0.282	0.001	-0.09	0.09	1.000
3-5	0.1	-0.04	0.24	0.381	-0.13*	-0.25	-0.01	0.022
3-6	-0.2*	-0.30	-0.06	0.000	-0.15*	-0.24	-0.06	0.000
4-5	0.2*	0.05	0.34	0.001	-0.13*	-0.25	-0.01	0.030
4-6	-0.1	-0.21	0.04	0.534	-0.15*	-0.25	-0.05	0.000
5-6	-0.3*	-0.42	-0.14	0.000	-0.019*	-0.14	0.10	1.000

综上所述，6 种类型间在不同的气象变量之中都有显著的差异性，因此认为将 6 个村镇夏季气象日分成 6 类是有统计学效度的。

下篇

基于微气候环境的村镇社区空间形态量化研究

——以苏南地区为例

第八章　下篇绪论

8.1　研究缘起

8.1.1　村镇社区的发展现状

随着社会经济的发展，全球各地越来越多的人从农村迁往城市。根据联合国《2018 年世界城市化展望》(*World Urbanization Prospects* 2018)，全球城市化率从 1950 年的 29.6% 上升到 2015 年的 54.0%，预计到 2050 年将达到 68%[1]。我国也不例外，随着中国城镇化进程的加快，许多城镇的空间规模、建设能力和建筑密度都在迅速增长[2]。这虽然在一定程度上加速了经济发展，提高了居民生活水平，但也造成一定的环境破坏，影响生活舒适度。2022 年 3 月国家发展和改革委员会印发了《2022 年新型城镇化和城乡融合发展重点任务》的通知，其中强调了要提高新型城镇化建设的质量，并且持续优化城镇化空间形态和布局，在推进城市建设中要以宜居为首要目标[3]。在新型城镇化进程中，村镇社区介于城乡之间，它从农村发展而来，向着城镇发展，有着城乡混合的特质表现。根据住建部统计公报显示，目前我国县城户籍总人口约 1.39 亿人，村镇户籍总人口约 9.58 亿人，我国大部分人口依然生活在小城镇及村镇中[4]。村镇社区建设是一个量大面广的任务，是关乎我国 9 亿多村镇人口生活质量的大问题，对于深入推进以人为核心的新型城镇化建设有重要意义。然而村镇社区在城镇化发展的过程中，出现了很多问题，如部分村镇社区盲目拆除古镇、大建厂房和住宅区、拓宽街道、填埋河道等等，并没有对城镇化进程进行谨慎的管控。“推土机”式地夷为平地、再建高楼在我国村镇更新的过程中并不鲜见，原有历史街区丰富的、富有人情味的公共空间被封闭的、尺度巨大的现代小区所代替。虽然快速城镇化能带来城镇建设面积的快速增长，由于执行较为粗放的管控体系，加之一味追求土地开发的经济效益，照搬城市大尺度模式，破坏了村镇原有肌理，造成了村镇社区空间形态趋同及公共空间品质不佳的后果，传统住区里“小桥流水人家”的生活气息消失殆尽，不利于新型城镇化的高质量发展。

8.1.2　村镇社区室外热舒适度的重要性

随着经济的快速发展，人们对于生活质量与舒适度的要求也随之增加。宜居是现有城市及村镇建设的首要目标，在所有影响村镇社区空间品质与宜居性的因素中，室外空间的热环境及受热环境所影响的人体热舒适已成为首要因素[5]。室外微气候的好坏不仅直接影响到一个村镇的宜居性和活力，而且更适宜的微气候也意味着节能；更多的人在室外停留更长的时间意味着室内的空调和其他电器使用的减少。根据 ASHRAE 的定义[6]，热舒适指的是“人体对微气候感到满意的意识状态”。先前对于热舒适度的研究大多集中在室内，直到最近 10 年,随着对室外环境重要性的重新认识及研究手段的进步,越来越多的学者开始对室外热舒适度开展研究。有研究表明人们在室外的活动水平同室外空间的微气候有直接的联系,但对于不同气候区,规律不尽相同[7]。为了建立室外微气候与人体热舒适之间的联系,由此提出了室外舒适度指标,这些指标可用于预测人体室外热舒适感觉及评估室外热环境状况。目前已提出了许多微气候热舒适度指标,比如生理等效温度 PET(Physiological Equivalent Temperature)、体感温度(Apparent Temperature)、通用热气候指标 UTCI(Universal Thermal Climate Index)、湿球黑球温度 WBGT(Wet-Bulb-Globe Temperature)、热指数 HI(Heat Index)、风寒温度(Wind Chill Temperature)等。但由于国内外不同地区之间的气候差异较大,上述指标在各气候区的选择及运用还处在一个较为混乱的状态[8]。通过对微气候评价指标的整理和对比,不仅可以了解指标的产生原理及运用前景,在发展新兴指标时可避免重复性工作;而且可以对指标的适用性和准确性进行验证,有利于指标的本土化发展。

8.2 研究目的与意义

8.2.1 研究目的

研究表明,村镇社区作为人们居住生活的主要聚居地,其空间形态(如建筑密度、容积率、建筑布局等)对室外微气候质量的影响不容忽视,直接影响到居民在室外的活动水平、活动时长及室外空间的利用率。如能通过优化村镇社区空间形态与布局,改善村镇社区室外热环境状况,将会为村镇社区建设带来显著的经济效益,并推动宜居城镇化发展。因此,在村镇社区空间规划过程中,应综合考虑室外微气候,寻求其综合性能最优的村镇社区空间规划设计方案。

故本文研究目的包括:

(1)基于文献综述及实地调研,掌握苏南地区村镇社区空间形态与布局特征,总结空间形态特征规律并建立该地区的典型基准模型,为研究提供数据基础。

(2)运用数值模拟技术和统计学方法分析村镇社区空间形态参数对冬、夏季室外空气温度、平均风速的敏感性,并建立其量化模型。

(3)运用数值模拟技术和统计学方法分析村镇社区空间形态参数对冬、夏季室外热舒适度指标 PET 的敏感性,并建立其量化模型。

(4)运用数值模拟技术和统计学方法分析村镇社区空间形态参数的敏感性,并建立其量化模型。通过建立上述量化模型为村镇社区综合性能提升及空间形态优化设计提供研究基础。

8.2.2 研究意义

依据村镇社区空间形态参数与室外微气候评价指标的量化关系研究,可以进行科学合理的能源规划和建筑布局。对发展和完善现有村镇社区空间综合优化体系具有重要的理论意义；对改善人居环境，实现区域节能，指导村镇规划、能源布局向科学化、精细化发展，贯彻落实新型城镇化发展具有重要的现实意义。

（1）理论意义。村镇社区优化是一个多因素耦合的复杂系统，在基础数据量化方面存在欠缺。本研究通过大量文献资料和现场调研采集基础数据，充实和完善了苏南地区村镇社区空间形态参数、室外微气候参数等方面的数据资源。利用微气候模拟技术，揭示了村镇社区空间形态参数对室外微气候影响的显著性及变化规律，完善了村镇社区微气候研究的理论体系。

（2）现实意义。能够使设计者在方案初期快速掌握区域微气候，对于指导村镇社区空间规划设计，为管理者制定宜居及可持续发展策略具有重要的现实意义。

8.3　国内外相关研究现状

8.3.1　室外微气候评价指标研究

室外微气候水平对室外空间的使用状况有直接影响[9]。多名学者在不同气候区的相关研究中均指出室外微气候水平直接影响到室外活动水平、室外活动时长及室外空间的使用者密度[10]。室外微气候各参数互不相同，但又密切相关，通过任何单一参数均不足以说明微气候的优劣[11]。因此需采用热舒适度指标对微气候进行综合评价[12]。

1962 年 Macpherson[13] 根据热舒适度指标的原理将当时的主流指标分成 3 类：第一类是基于可直接测量的环境变量直接指标；第二类是基于人体主观冷热感受的经验指标；第三类是基于热传导计算的理性指标。此外，2012 年 Blazejczyk 等[14] 将以摄氏度为单位的热舒适度指标分成两类：一类是综合多个气象参数的简单指标，另一类是基于热平衡模型的复杂指标。

8.3.1.1　基于回归分析的热舒适度评价指标

早期室外热舒适度指标的研究基于微气候参数与主观热感觉的回归分析。这类指标仅考虑风速、温度、湿度和太阳辐射等因素，在实际运用方面会受到地理位置和气候类型的限制。

天气寒冷时，风速增大会加剧人的冷感受，1945 年 Siple 及 Passel[15] 通过大量试验提出了以空气温度和风速为主要影响因素的指标——风冷却指数 WCI（Wind Chill Index），该指标定义为在人体正常温度（皮肤表面温度为 33 ℃）时皮肤表面的冷却速率。到 1997 年 ASHRAE 协会[16] 在 WCI 指标的基础上提出了以温度为单位的风冷却温度指标 WCT（Wind Chill Temperature），该指标定义为与实际条件下有同等冷感受的空气温度。之后 2001 年美国气象局据此提出了“新风寒等效温度”[17]，并给出了相应的评价等级。

在炎热气候下，湿度对人体热感受有重要影响。1959 年 Thom 和 Bosen[18] 提出了不舒适指数 DI（Discomfort Index），并建立了空气温湿度与人体主观热感受之间的关系，此指标后来应用于美国夏季室外热舒适度与工作时长预报。1979 年提出的热指数 HI（Heat Index)[19] 和温湿指数 THI(Temperature Humidity Index)[20] 也是基于温湿度的舒适度指标,并广泛运用于湿热气候地区。1979 年 Steadman[21] 建立了体感温度 AT(Apparent Temperature),该指标综合考虑了空气温湿度、风速和太阳辐射强度等环境变量的影响,适用范围较广,上述的 WCI 和 HI 指标可分别看作是体感温度的简化指标。

为研究极端炎热气候情况下人体应激反应, 1955 年 Belding 和 Hatch[22] 提出了与人体皮肤排汗量相关的热应力指数 HSI(Heat Stress Index),该指数定义为在人体体温调节变化范围内,人体皮肤排汗量等于新陈代谢量与对流、辐射换热量的插值。1957 年 Yaglou 和 Minad[23] 提出了湿球黑球温度 WBGT(Wet-Bulb-Globe Temperature),该指标主要考虑了太阳辐射强度对人体热舒适度的影响,至今仍被美国和一些欧洲国家应用于室外工作的热环境评价。并且 1982 年国际标准组织(International Organization for Standardization, ISO)根据此模型制定了作业环境评价标准(ISO 7243)[24]。

8.3.1.2 基于稳态传热模型的热舒适度评价指标

1987 年 Hoppe 和 Mayer[25] 提出了依据人体体温调节过程的慕尼黑人体热量平衡模型 MEMI(Munich Energy Balance Model for Individuals),在此模型基础上提出了生理等效温度 PET(Physiological Equivalent Temperature),定义为在某一室外环境中,当人体处于热平衡时,其体表温度和体内温度趋同于默认室内环境同等热状态时所对应的空气温度,该指标共划分为 9 个等级。该指标综合考虑了热环境、个体和服装热阻等影响因素,被广泛应用于不同气候区的室外热舒适度研究中,但在不同地区应根据不同季节建立具有针对性的 PET 指标与热感觉关系 [26]。Blazejczyk 于 1994 年建立了人体环境热交换模型 MENEX(Man-Environment Heat Exchange),后又在 2005 年提出了生理主观温度 PST(Physiological Subjective Temperature)[27],该指标定义为在恒温环境下 15~20 分钟后服装覆盖下的皮肤表面温度,反映了人体对热环境的生理反应。1995 年 Brown 和 Gillespie 等 [28] 在 Fanger 的人体热平衡方程模型基础上进行了适当修正,提出了舒适度方程模型 COMFA(Comfort Formula), COMFA 方程模型和 MEMI 热平衡模型类似,但区别在于对人体代谢率和出汗率的估算,以及从人体体内到皮肤表面的热通量的计算方法等。

8.3.1.3 基于动态传热模型的热舒适度评价指标

室外环境与室内环境的区别不仅在于室外环境存在太阳辐射,而且更加重要的是室外环境是持续动态变化的,由此导致人体冷热感觉也随之动态变化。故基于稳态传热模型的室外热舒适度评价指标都存在一定的缺陷。

随着计算机技术的发展,新提出的室外热舒适性指标以非稳态模型居多。2002 年欧洲科学与技术合作计划融合了多学科的专业知识建立了通用热气候指标 UTCI[29],该指标基于人体热调节模型和自适应穿衣模型,定义为在标准参照环境下,使人体产生与实际室外环境中相同生理反应的空气温度,是当前考虑因素最全面、最具普适性的室外舒适度指标,共划分为 10 个等级。与其他指标相比,UTCI 具有适用于多种气候类型、能更好地描述热环境动态变化等优势,可用于室外暴露时间较短的人体热舒适度研究,但计算所需的数据大部分不是常规的气象数据,并不适合普遍推广 [30]。

8.3.1.4　指标的准确性研究和修正

Blazejczyk 等[14]认为一些经验指标如 HI、WBGT 与一些复杂指标如 UTCI 的吻合性较差，而基于人体热量平衡模型的指标如 PET 与 UTCI 有很好的吻合度，并且 UTCI 指标能对不同气候区域的微气候进行准确预测和评价，具有很好的区域适应性。Skinner 等[31]通过实测和计算研究了室外标准有效温度 OUT_SET*（Outdoor Standard Effective Temperature）和 WBGT 的关系，并给出了两者的换算公式。

2011 年相关部门根据我国实际情况引入了风寒温度模型并进行了相应修订，据此制定了《人居环境气候舒适度评价》（GB/T 27963—2011）[32]，该风寒温度模型现也被称为风效指数模型。此外国内也依据 WBGT 指标制订了《高温作业分级》（GB/T 4200—2008）[33]。

陈亮等[34]通过实测数据和问卷调查指出 PET 指标可能低估了人体潜热散热对人体热舒适度的影响，而高估了太阳辐射得热对人体热感觉的影响，并且通过回归方法建立了 PET 指标与人体热舒适度投票的关系，从而得出了冬、夏季室外人体热舒适中性温度。郑有飞等[35]运用人体热平衡 MEMI 模型分析了南京市微气候参数对 PET 指标的影响，指出 PET 指标与空气温度和平均辐射温度呈线性正相关，与风速呈对数关系，并且在温度较高时提高空气湿度可使 PET 指标显著增加。张聪聪[36]利用软件模拟分析住区布局的风环境不舒适性及解决方案。

室外微气候评价指标也可用于研究极端天气。邱初之[37]基于 WBGT、DI 等冷热风险指标，从冷热应激、冷热适应、冷热损伤等多方面评价人体舒适度，并探讨了高温环境对人体的影响。林波荣[38]对比了 WBGT 和 SET* 指标在评估相同室外微气候时的差异，提出了应结合使用 WBGT 和 SET* 指标，将其分别作为评价室外微气候的热安全性指标和热舒适度指标，并得出相应的简化公式以便实际工程应用。

8.3.2　村镇社区空间形态与室外微气候评价指标的影响研究

近年来，越来越多的学者针对空间形态与局地微气候开展实测研究，通过热舒适度指标对微气候进行综合评价，并探寻提升微气候质量的措施。在实地测量方面，Johansson 等[39]对摩洛哥两处不同高宽比的街区微气候进行长期观测，并利用 PET 指标进行热舒适度分析，结果表明夏季高宽比较大的街道热舒适度较好，而冬季高宽比较小的街道由于可接收更多的太阳辐射，因此 PET 值较高。Krüger 等[40]对巴西多处城市的步行街和广场微气候进行现场实测，结合热感觉问卷，提出了热感觉预测模型，并论证了天空可视度 SVF（Sky View Factor）与白天行人热舒适度的关系。

在数值模拟方面，国外学者利用数值模拟方法定量研究了空间形态与室外微气候的关系。Carfan 等[41]运用 ENVI-met 对圣保罗市一处高建筑密度区和一处城市公园区的微气候进行模拟研究，结果指出高密度区域风速明显偏低，两处研究区域 PMV 指数（Predicted Mean Vote）值接近。Perini 等[42]利用 ENVI-met 模拟研究了建筑密度、建筑高度及植被对热舒适度指标 PMV 的影响，结果表明建筑密度增大会导致温度升高，地面和屋顶绿化可降低夏季室外空气温度并提升热舒适度。Taleghani 等[43]运用 ENVI-met 软件研究了荷兰某城市不同建筑布局形式对夏季 PET 指标的影响,研究结果表明南北走向街道热舒适度水平高于东西走向街道。

基于实测研究方面,刘哲铭等[44]通过在不同季节对哈尔滨市某住区微气候进行现场实测,探究了 3 种典型室外布局方式(行列式、围合式、散点式)及不同空间形态对微气候的影响,并建立了空间形态参数与空气温度、平均风速比、PET 指标的量化模型。席天宇等[45]采用现场实测与问卷调查的方法对校园室外热舒适度进行研究,结果表明教学楼周边的 SET*比广场周边低 0.9 ℃。刘琳[46]对深圳市华侨城冬、夏季室外热环境进行移动测试,并分析空间形态参数对局地热岛强度的影响,结果表明建筑密度与局地热岛强度呈线性正相关,建筑平均高度与局地热岛强度呈线性负相关。Cheng 等[47]对香港某地居民在不同环境下的热感觉进行了问卷调查分析,结果表明空气温度、湿度、风速和太阳辐射强度是影响居民热感觉的主要因素,并得出了香港地区冬、夏季室外 PET 热中性温度分别为 25 ℃和 21 ℃。

此外,国内学者也相继采用数值模拟方法对空间形态参数与室外热舒适度评价指标的关系开展研究。陈卓伦[48]利用 ENVI-met 软件对行列式和围合式布局的建筑组团微气候进行了模拟分析,研究了绿地率、乔木覆盖率、水体覆盖率等景观设计指标与微气候参数及 HI、SET 评价指标之间的量化关系,并指出绿地率与微气候指标回归方程的判定系数最高。王一等[49]利用 ENVI-met 软件模拟计算了上海市两个住区的室外微气候参数及 PMV 值,研究了建筑布局形式与室外微气候评价指标的量化关系。李悦[50]运用 ENVI-met 软件模拟研究了上海某街区空间形态对热舒适度的影响,量化分析了建筑密度、容积率、建筑平均高度等空间形态参数对 PET 的影响规律。殷晨欢[51]利用 Grasshopper 软件模拟分析了某街区容积率、建筑密度等形态参数及建筑布局、开放空间布局等与 UTCI 指标的关系,并得出了基于空间形态的 UTCI 指标量化模型。

8.3.3 相关研究局限性

根据上述研究现状可知,国内外许多学者对建筑空间形态参数对室外微气候的影响开展了研究,但在研究区域、研究方法、研究尺度及研究目的等方面均不尽相同,现对有相关研究中的局限性加以说明,具体如下。

(1)由于各研究区域的气候条件、历史文化及经济条件等方面有所不同,导致研究结果带有一定的地域局限性。此外,在相同气候区下,由于建筑类型的不同造成的结果也不尽相同。目前,针对苏南地区村镇社区住宅建筑的研究仍然较为欠缺。

(2)在建筑空间形态对室外微气候的影响研究中,研究尺度多集中在街区或城市,较少针对村镇社区尺度开展研究。而且微气候评价指标方面大部分研究只分析了单一气候要素的影响,少有涉及一些综合性评价指标如 PET、UTCI 等的研究。此外,研究内容中缺少对空间形态参数与微气候评价指标的量化关系研究,导致当前研究成果对实际规划建设的指导作用有限。

(3)缺乏室外极端情况(极热、极冷)的相关研究,目前国内外研究大多聚焦于室外热舒适度范围内,缺乏空间形态参数对极端气候的影响研究。

8.4 研究内容与方法

8.4.1 研究内容

村镇社区气候适应性的研究主要考虑改善微气候、室外热舒适度。根据相关文献研究、实地调研及专家讨论，以村镇宜居单元微气候环境评价体系中舒适性和节能性为研究目标，以苏南地区村镇社区为研究对象，利用数值模拟技术和统计分析方法，针对村镇社区空间形态参数与微气候评价指标的量化关系开展深入研究。研究内容可分为以下两部分。

1）基础数据采集与分析

通过收集气象数据资料、现场实测和统计分析等方法总结苏南地区村镇社区气候特征；通过卫星影像、无人机拍摄、文献综述和现场测绘等方法总结分析苏南地区村镇社区空间形态及布局特征，建立村镇社区三维实测复原模型，并得出典型村镇社区基准模型；研究各类微气候评价指标的发展历程及应用范围，对各类指标进行对比，选择适用于本研究的评价指标；通过微气候实测数据与模拟结果的对比，对微气候模拟软件 ENVI-met 进行准确性验证。依据上述基本内容对苏南地区村镇社区空间形态对室外微气候评价指标的量化关系开展研究。

2）村镇社区空间形态与室外微气候评价指标的量化模型研究

运用 ENVI-met 软件对基准模型冬、夏季典型计算日室外微气候进行模拟。首先通过统计分析方法，确定冬、夏季村镇社区空间形态参数对空气温度、平均风速比和热舒适度指标（PET）的敏感性；其次揭示冬、夏季不同建筑平面组合形式间微气候指标的差异性；最后建立冬、夏季村镇社区空间形态参数与空气温度、平均风速比和 PET 的量化模型，为村镇社区规划设计综合性能优化提供基础。

8.4.2 研究方法

1）基础数据调查

通过对气象资料调查和对村镇社区微气候进行现场实测，掌握村镇社区微气候现状及空间差异；通过文献综述和现场测绘，归纳总结苏南地区村镇社区空间形态参数类型及建筑布局特征，并建立苏南地区村镇社区典型基准模型；通过文献综述对微气候评价指标进行对比，选择空气温度、平均风速比、PET 作为苏南地区村镇社区微气候评价指标。

2）数值模拟研究

本研究利用 ENVI-met 软件对村镇社区基准模型冬、夏季典型日微气候进行模拟计算，为研究村镇社区空间形态参数与微气候评价指标的量化模型提供数据基础。

3）统计分析法

本文所采用的统计分析方法包括敏感性分析、相关性分析、主成分分析法、回归分析等。通过敏感性分析，确定村镇社区空间形态参数对微气候评价指标影响的显著性及显著程度；通过相关性分析，确定村镇社区空间形态参数与微气候评价指标之间的线性趋势及相关程度；通过主成分分析法确定冬、夏季典型计算日并用于 ENVI-met 微气候模拟；通过逐步多元回归分析，建立村镇社区空间形态参数与室外微气候评价指标的量化模型。

8.5 研究框架

首先，通过现场调研实测和文献综述的方法，采集苏南地区村镇社区微气候及空间形态参数数据，总结得到苏南地区村镇社区微气候变化规律及空间形态布局特征，并建立典型村镇社区基准模型。其次，利用 ENVI-met 软件对基准模型冬、夏季典型计算日进行微气候模拟，得到微气候评价指标数据。最后，根据上述大量数据利用数理统计分析的方法建立村镇社区空间形态参数与微气候评价指标的量化模型，具体研究框架如图 8-1 所示。

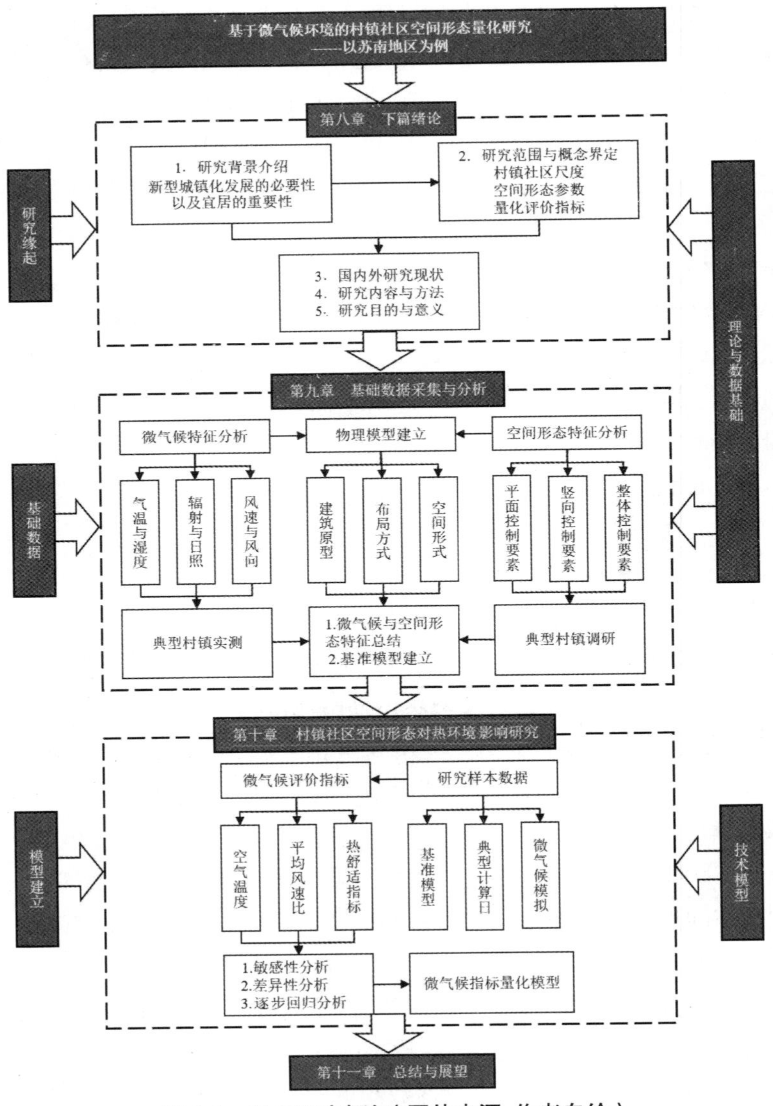

图 8-1 论文研究框架（图片来源：作者自绘）

第九章　基础数据采集与分析

随着全球气候变化日益受到重视，在全面推进乡村振兴战略的背景下，村镇社区室外热环境问题引起了广泛关注。我国苏南地区冬、夏季气候差异大，室外热环境对村镇社区居民的生活品质造成直接影响。因此，掌握苏南地区气候特征、村镇社区空间形态布局特征及室外热环境现状，是发现问题并对此进行深入研究的基础。本文首先采用资料调查的方法对苏南地区气候特征进行统计分析；其次通过文献综述、卫星地图和现场实测相结合的方法对苏南地区村镇社区空间形态及建筑布局特征进行总结，为后文村镇社区典型模型的建立及模拟计算提供基础数据；最后通过对宜兴市周铁镇周铁村室外微气候进行现场实测，分析冬季村镇室外热环境特征及不同空间的热环境差异。综合文献综述及调研结果为后文村镇社区空间形态参数对室外微气候评价指标研究提供基础数据支持。

9.1　苏南地区气候特征

气候条件是影响室外热环境的重要因素。本节主要针对苏南地区气候特征进行分析。苏南地区包括南京、苏州、无锡、常州、镇江，位于东经 118º96′ ~121º38′，北纬 30º76′ ~32º37′，属于中纬度地区，为亚热带季风性气候。该地区位于气候敏感带，四季分明，水网密布，春夏更替时南向暖气流北上遇冷空气形成连续阴雨天气，也被称作“梅雨季”。

《建筑气候区划标准》（GB 50178—93）以累年 1 月平均气温、7 月平均气温以及 7 月平均相对湿度为主要指标；以年降水量、年日平均气温 ≤ 5 ℃和 ≥ 25 ℃的日数为辅助指标，将全国划分为 7 个气候分区 [52]。其中，苏南地区属于Ⅲ区，气候特征主要为：夏季闷热，冬季湿冷，气温日较差小，区域内年平均气温 15 ~17 ℃，呈纬向分布，7 月平均气温一般为 25~30 ℃，1 月平均气温为 0~10 ℃；年平均相对湿度较高，为 70%~80%，相对湿度年变化幅度较小；年降水量大，年降水量为 1 000~1 800 mm，且 60% 的降水集中于 5—9 月。

本节所采用的气象数据资料来源于国家气象科学数据中心，选取中国地面气候标准值月值数据集（1981—2010）进行分析 [53]。以江苏南京市气象台站（区站号：58238，经度：118° 8′，纬度：32°，海拔高度 7.1 m）在 1981—2010 年的观测数据为依据，对苏南地区近 30 年的气候特征及气候变化进行具体分析，选取气候要素主要包括空气温度、相对湿度、太阳辐射、日照时长、风速与风向。

9.1.1　气温与湿度

空气温度和相对湿度对室外热舒适度具有重要影响，而且在空间分布上存在较大差异 [52]。

如图 9-1 所示，苏南地区全年月平均气温变化为 3.2 ~28.3 ℃，年平均气温 16.1 ℃，春季由于太阳辐射作用增强，3—5 月间月均升温幅度达 5 ℃；6 月进入梅雨季，温度趋于稳定，出梅后的 7、8 月进入盛夏，受副热带高压影响最热月 7 月的平均气温为 28.5 ℃（平均最高气温 33.2 ℃）；9 月的气温仍较高，10—11 月均降幅在 6 ℃以上；冬季平均气温 4.6 ℃（平均最低气温 1.4 ℃），最冷月 1 月的平均气温 3.2 ℃（平均最低气温 0.1 ℃），气温平均年较差为 25.1 ℃左右。全年平均湿度普遍较高，月均相对湿度均在 70% 以上，5 月后月均相对湿度开始上升；8、9 月份达到最高值，为 82%；10 月份相对湿度开始下降。夏季平均相对湿度普遍在 80% 以上

如逐时干球温度、相对湿度分析图（图 9-2）所示，苏南地区气温平均日较差为 7.5 ℃，过渡季节的日较差相对较大，春季最大为 8.2 ℃，秋季次之为 7.7 ℃，冬季为 7.0 ℃，而夏季（7、8 月）最小，为 6.8 ℃，日均最高气温为 37.2 ℃，最低气温为 -5.6 ℃。苏南地区冬季和夏季普遍较长，春、秋季时长只占冬季的一半，高温高湿的夏季和湿冷的冬季严重干扰室外环境舒适程度，加上社会习惯，导致苏南地区建筑对能源的需求和消耗普遍高[54]。

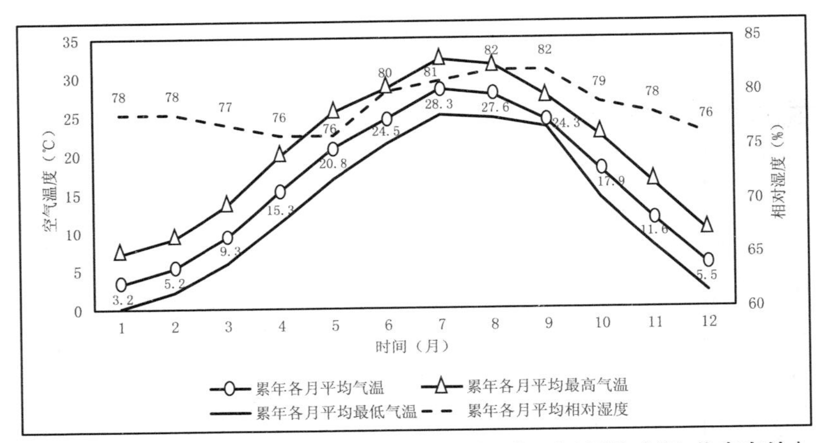

图 9-1　南京市累年月平均空气温度与平均相对湿度（图片来源：作者自绘）

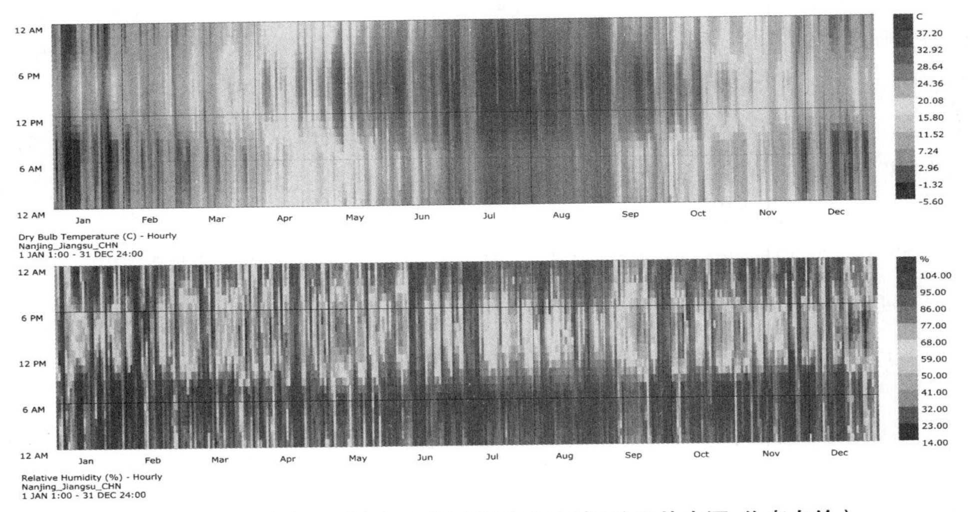

图 9-2　南京全年逐时气温与相对湿度分布情况（图片来源：作者自绘）

9.1.2 太阳辐射与日照时长

太阳辐射是十分重要的气候要素,其作为地球光热能和大气运动的主要能量来源,对空气温度、相对湿度等气象参数均有重要影响。

苏南地区逐时太阳总辐射量如图 9-3 所示,苏南地区由春到夏伴随太阳角度的增加,总辐射值持续攀升,至 7 月时,逐时总量达到峰值(953 kWh/m²),之后又呈下降状态至 12 月份。年太阳总辐射量可达 1 208kWh/m²。由图 9-4 可看出,苏南地区总太阳辐射量和直射辐射量主要集中西南方向,这也造成苏南地区"西晒"较为严重。

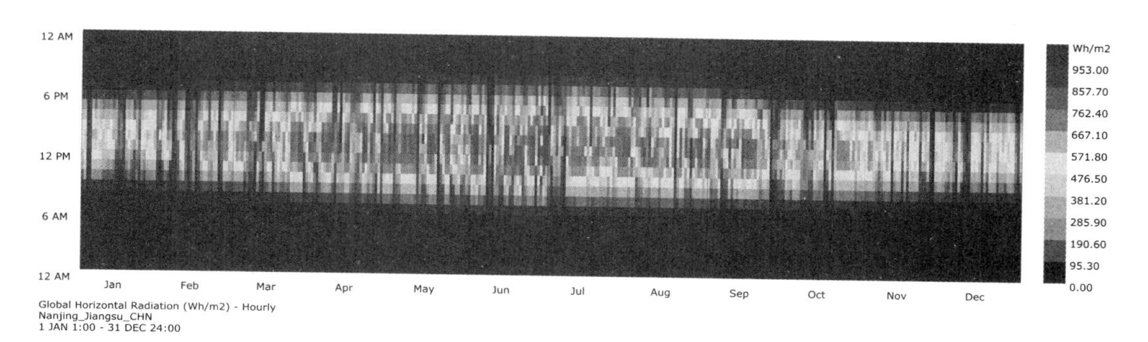

图 9-3 南京市逐时总辐射强度(图片来源:作者自绘)

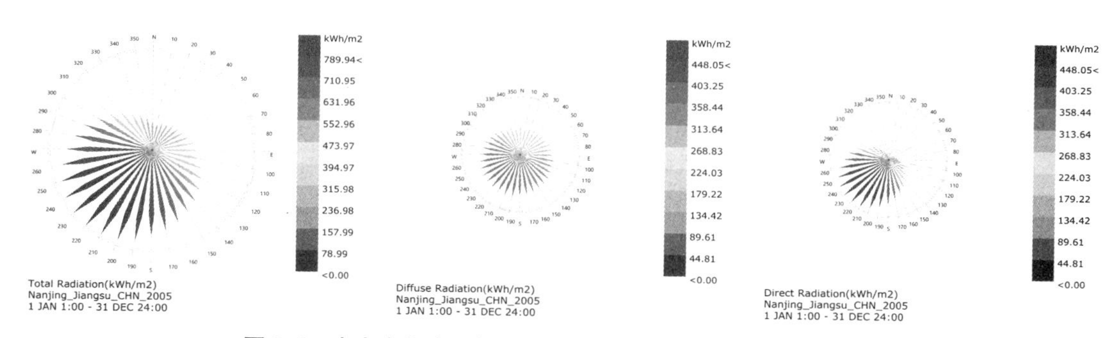

图 9-4 南京市年太阳辐射量分布情况(图片来源:作者自绘)

累年各月平均日照时数分布如图 9-5 所示。在日照时数季节分布中,春季(3—5 月)为 532.1 hr,夏季(6—8 月)为 392.9 hr,秋季(9—11 月)为 466hr,冬季(12—翌年 2 月)为 312.3 hr。在逐月日照时数中,1 月份最少(仅为 44.6 hr),之后递增至 4 月最多(210.9 hr),后受"梅雨"季节影响日照时数急剧下降,6、7 月仅为 95.2 hr,8 月后日照时数变化平缓,总体呈下降趋势,月均日照时长在 142 hr 左右,日均日照时长 3.96 hr 左右,年日照时长在 1 700 hr 左右。

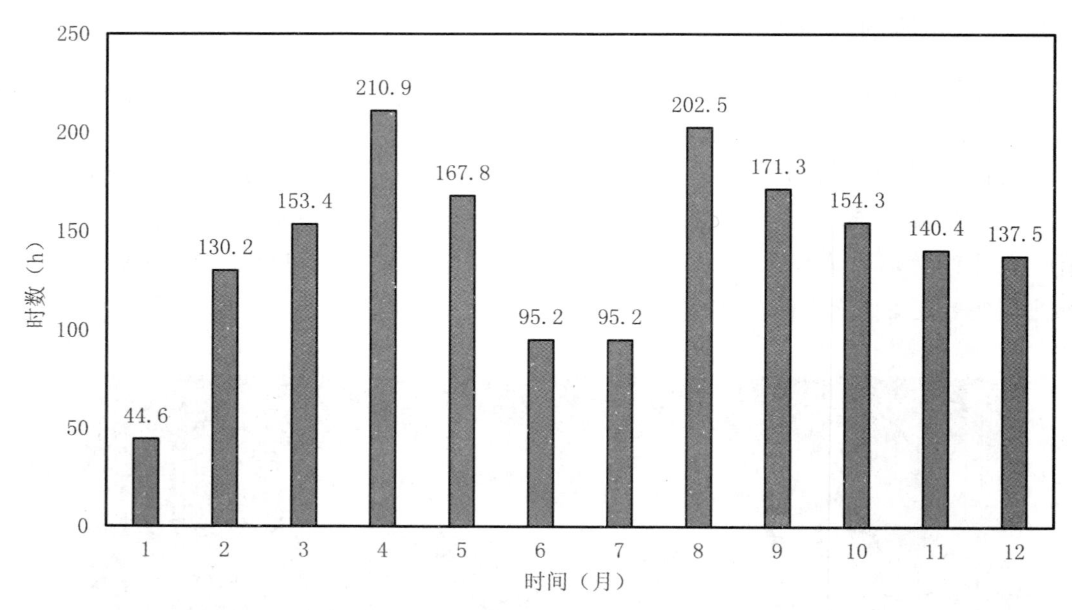

图 9-5 南京市累年各月平均总日照时数(图片来源:作者自绘)

9.1.3 风速风向

风是由于太阳辐射得热引起的空气流动现象,直接影响人体皮肤表面与周围环境的对流换热及汗液蒸发,进而影响人体热舒适度。

苏南地区地形主要由平原与水网构成,地势平坦,对风环境的影响较小。季风是苏南地区气候影响最大的因素,在季风的主导作用下,苏南地区风向随季节交替变化,具有典型季风气候区的特征。在一年的风速风向中(图 9-6、表 9-1),冬季主导风向以西北风和东北风为主,风速变化剧烈,平均风速在 1.1~2.8 m/s;春季盛行东南风,风速稳定,平均风速在 2.4 ~2.5 m/s;夏季主导风为东南风和西南风,平均风速在 2.0 ~2.4 m/s;秋季的盛行风向接近冬季,以东北风为主,平均风速在 1.7~2.6 m/s。

苏南地区全年各月最大风速均在 7.0 m/s 以上,最大风速出现在 8 月,其值为 11.0 m/s。该地区内大风天数春季日数最多,夏季次之,冬、秋季最少。由图 9-7 可知,全年的主导风向以东北风和东南风为主,并且当风速较大时,空气温度和相对湿度也较高。

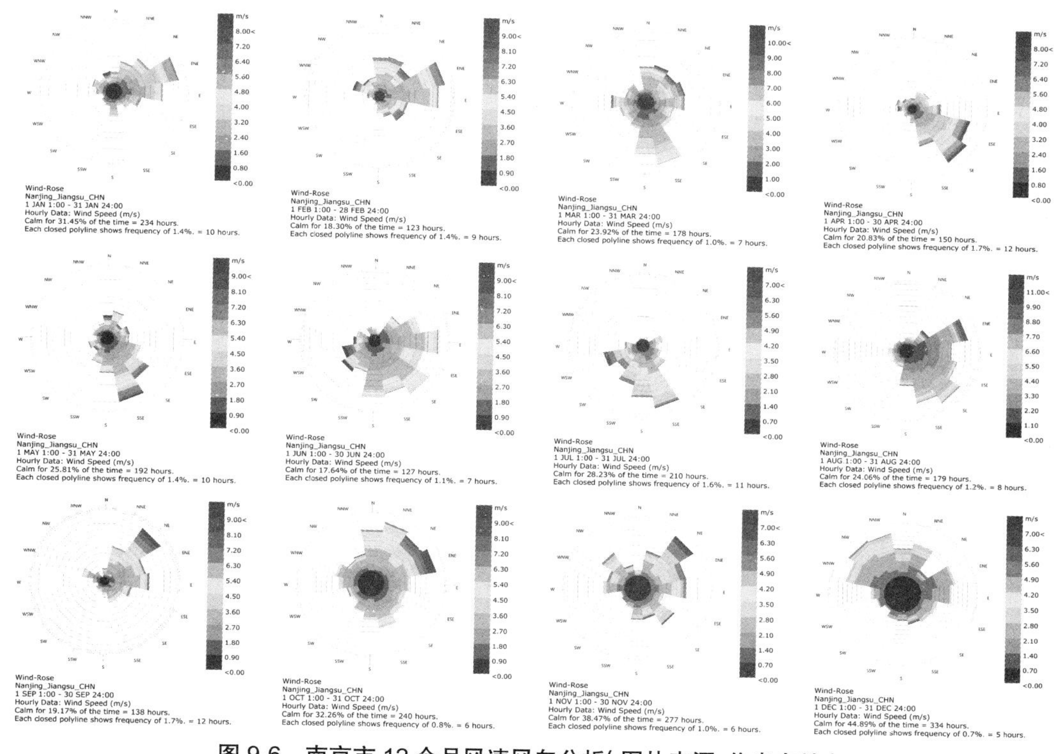

图 9-6 南京市 12 个月风速风向分析(图片来源:作者自绘)

表 9-1 南京市累年各月风速与风向

气象参数	月份											
	1	2	3	4	5	6	7	8	9	10	11	12
平均风速(m/s)	1.9	2.8	2.5	2.4	2.4	2.4	2.0	2.2	2.6	2.1	1.7	1.1
最大风速(m/s)	8.0	9.0	10.0	8.0	9.0	9.0	7.0	11.0	9.0	9.0	7.0	7.0
主导风向	ENE,NNW	NE,ENE,WNW	NNE,NE,ENE	ESE,SE	N,SE,SSE	SW,WSW,W	SSE,SW,WSW	NE,ENE	NE	NE,ENE	NE,ENE	SSE,NW,NNW

注:风向以 16 方位表示。N、E、S、W 分别表示北风、东风、南风和西风。

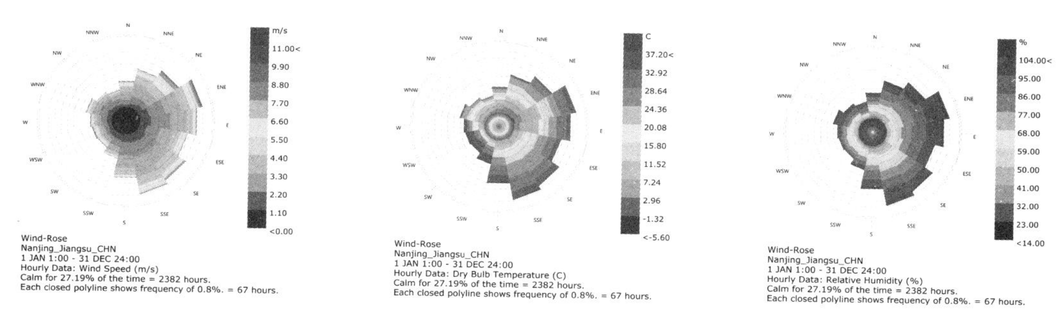

图 9-7 南京市年风速、风向分布情况(图片来源:作者自绘)

9.1.4 周铁村气候特征

周铁村隶属宜兴市，位于太湖东侧，常住人口 5.7 万。该地区属于夏热冬冷气候分区，四季分明，常年平均气温 15.6 ℃，其中平均气温在夏季约 26.8 ℃，冬季约 4.1 ℃，受太湖水气影响，周铁村平均年降水量 1 210.4 毫米，年平均日照 1 932.5 小时 [55]。周铁镇中心有一古村“周铁村”位于北纬 31.44°，东经 120°。

本研究团队于 2020 年 12 月在周铁村调研期间安装了一台小型气象站用于监测周铁村室外微气候，该监测点如附录 B 中 ZT5 点所示，可代表该村镇中心边界环境的特点。现利用小型气象站 2021 年 1 月 1 日至 2021 年 12 月 31 日期间记录的逐时气象数据分析周铁村气候特征。全年逐时空气温湿度如图 9-8 所示，由图可知周铁村全年平均气温 18.5 ℃，年平均相对湿度 76%，受太湖流域气候影响，5—10 月间都处于一个高温高湿的状态，而且全年大部分时间相对湿度都高于 70%。

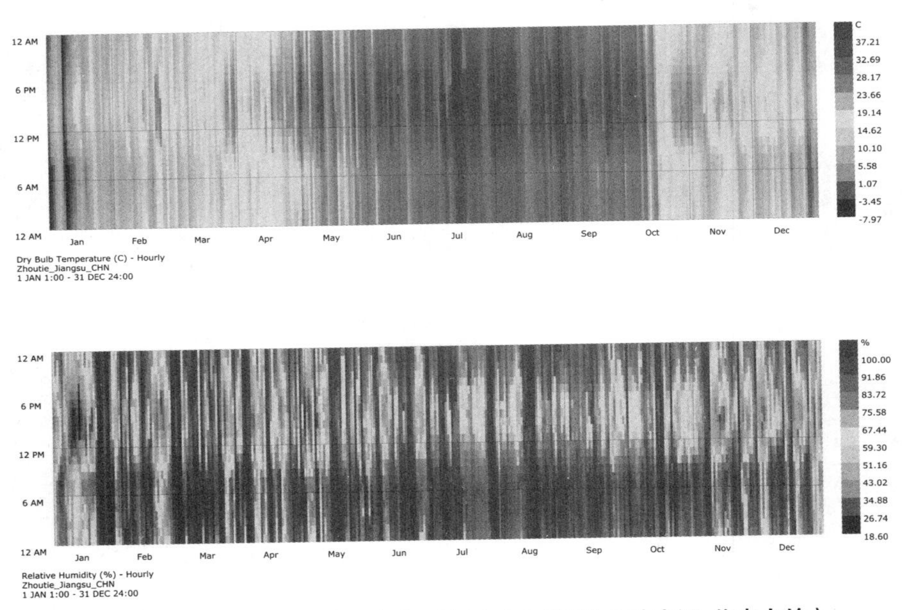

图 9-8 周铁村全年逐时气温与相对湿度分布情况（图片来源：作者自绘）

周铁村全年逐时太阳总辐射量如图 9-9 所示，逐时总辐射量最大值出现在 7 月（1 098 kWh/m²），年太阳总辐射量可达 1 212 kWh/m²。周铁村全年太阳辐射总量变化情况符合上文描述的苏南地区太阳辐射分布特征。

周铁村全年风速风向分布情况如图 9-10 所示，受太湖流域影响，全年以东南风为主导风向，全年平均风速 1.9 m/s，全年逐时平均最大风速 7.0 m/s。

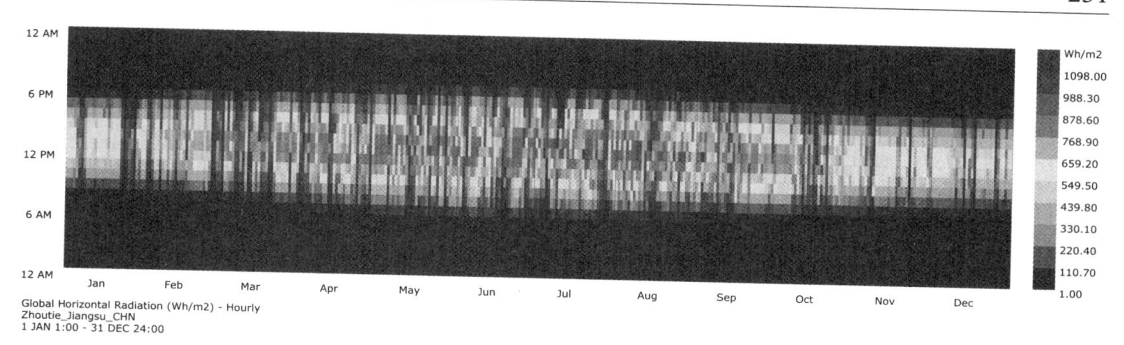

图 9-9　周铁村全年逐时太阳总辐射量（图片来源：作者自绘）

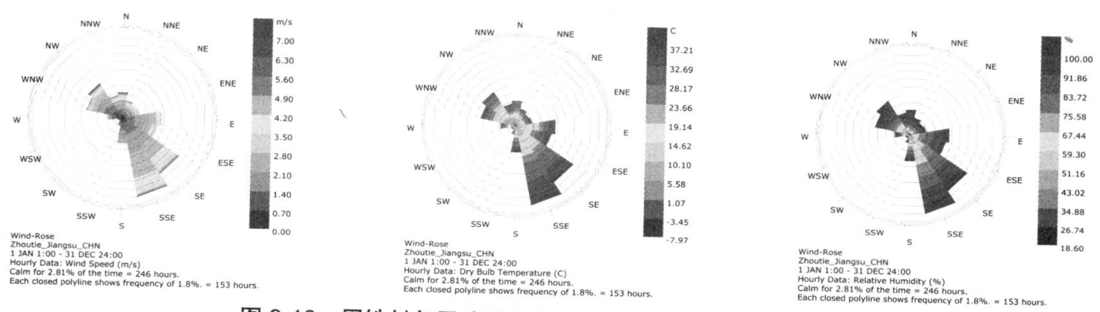

图 9-10　周铁村年风速风向分布情况（图片来源：作者自绘）

9.2　村镇社区空间形态分析

村镇社区空间形态与室外微气候之间存在密不可分的关系。聚焦于规划与建筑领域中对“空间形态”的理解，总结而言可以理解为物质存在的一种客观形式，并且具有长度、宽度和高度等特征，是相对固定的和静态的[56]。本节将通过建筑空间形态平面控制要素、竖向控制要素和整体控制要素从三维空间角度对村镇社区空间形态进行量化分析。如图 9-11 所示，村镇社区空间形态平面控制要素包括基底形状、建筑平面组合形式、建筑群体朝向、建筑密度和平面围合度，竖向控制要素包括建筑高度 / 层数、最大建筑高度、建筑平均高度和建筑高度离散度，整体控制要素包括容积率。

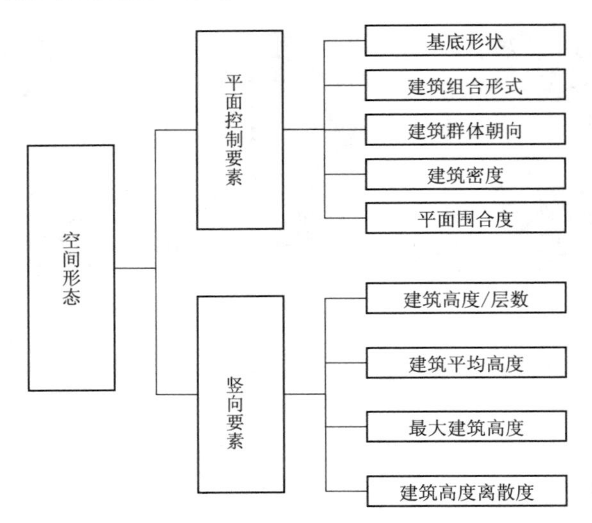

图 9-11 建筑空间形态各控制要素(图片来源:作者自绘)

9.2.1 研究样本选取

为深入了解苏南地区村镇社区空间形态现状,需对空间形态控制要素的分布特征及阈值范围进行调查分析。本研究主要采取文献阅读、卫星影像和实地调研的方式,但由于实地调研村镇数量较少,因此主要通过文献综述对苏南地区村镇社区空间形态进行总结分析。

苏南地区四季寒暑变化明显,为解决夏季高温高湿、冬季寒冷潮湿的问题,合院型居住建筑成为该地区最为稳定成熟的建筑体系,其通过天井减少太阳辐射,排除热量,体现出"热池"特征。这种围绕一个中心空间的合院式布局方式在全国呈现出形态多元的演化规律:即从北到南的合院居民建筑体形和空间越来越紧凑,形成的合院也越来越小[57]。连通室内外的封闭空间(天井)存在一定的局限性,因此为了满足室内采光、通风、遮阳、避雨等多样化需求,催生出了檐廊、檐前凹廊(骑廊)、挑层等形式的过渡性灰空间,从而完善了传统居民建筑的空间层次,使得其兼具适应气候与满足生产、生活的双重作用。

气候适应性方面,苏南地区的居住建筑综合了风速风向、太阳辐射、建筑布局、空间形态等要素,采用自然通风模式的气流组织。在建造方式上,通过开启要素的设计,设置纵向腔体(天井等)与横向腔体(冷巷等),其共同作用构成居民建筑内的立体拔风系统,进行诱导通风,从而达到较好的通风效果。该系统的通风策略是利用建筑自遮挡和墙体蓄热共同发挥作用[58](如图 9-12)。

通过文献综述,传统居民建筑的空间形态布局特征表现为:利用天井和廊子作为联系,天井高度通常为 1~2 层,进深在 4~7 m,道路高宽比大多为 1~1.5,室内外相连,组成一个能纵横通风的完整通风系统。建筑布局密集,建筑平面形式多为矩形,住宅多为两层或三层,而且净空高、进深大,一般层高为 3~4 m,有利于形成垂直方向的温度分层。建筑周围的冷巷宽度通常在 0.8~1.5 m(仅容 1~2 人通过),当气流截面变小时,气流速度增加,压力变小,使得该区域产生负压,具有捕风效果,同时冷巷高宽比通常大于 2,遮阳充分,造成南北气温差异有利于热压拔风。

因此为了系统分析苏南地区村镇社区不同空间形态对室外热环境的影响，本文选择苏南地区合院民居类作为典型代表，以此建立代表苏南地区的村镇社区空间形态与室外微气候指标的量化模型。

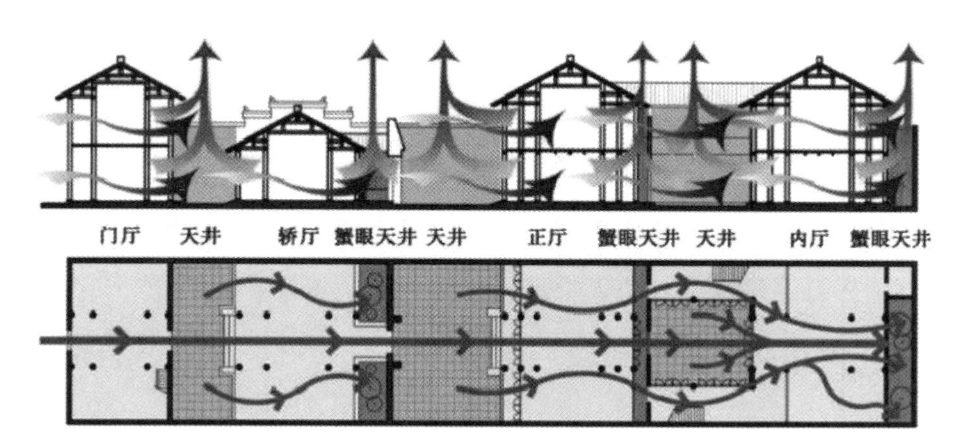

图 9-12 苏州东村敬修堂平面、剖面导风示意图
（图片来源：基于“开启”体系的太湖流域乡土民居气候适应机制与环境调控性能研究[58]）

9.2.2 建筑平面控制要素

9.2.2.1 建筑基底形状

建筑基地形状受到自然地理条件、历史原因、人为划分等因素的影响，在平面形态上呈现出不同的形状。相关学者按照平面几何定义，将建筑基底形状分为长方形、正方形、三角形、L 形、梯形和多边形[59]。本研究借鉴此分类方法，将建筑基底形状分为矩形、梯形、L 形和多边形。由于实际建筑边界形状常会出现部分增加或缺损的情况，因此当其面积小于规则形状面积的 10% 时，均可视为同一类型的规则形状。此外，建筑基底形状各边的平行和垂直夹角允许存在 10° 的误差。本研究对宜兴市周铁村 1 261 个建筑的基底形状进行了统计分析，分析结果如图 9-13 所示。

不同基底形状的建筑数量由多到少依次为：矩形、L 形、多边形和梯形。其中，矩形建筑数量最多，所占比例为 86.28%；L 形建筑数量次之，占比为 7.06%；多边形和梯形建筑数量较少，分别为 53 个和 31 个，共占总量的 6.66%。综上所述，矩形建筑形状在苏南地区村镇社区中最为普遍。

对 1 088 个矩形建筑的长度、宽度和长宽比情况进行统计分析，分析结果如图 9-14、图 9-15 所示。由图可知矩形建筑的长度、宽度和长宽比分布较不均匀，其中，建筑长度的变化范围主要为 5~10 m，其建筑数量占总数的 54.32%；建筑长度在 10~15 m 和小于 5 m 范围内变化的建筑数量次之，分别占比为 20.77% 和 14.15%；长度大于 15 m 的建筑较少，占比为 5.42%。

建筑宽度主要在小于 5 m 的范围内变化，其建筑数量占总数的 50.92%；宽度在 5~10 m 范围内的建筑数量次之，占比为 44.94%；宽度大于 10 m 的建筑较少，占比不足 5%。

矩形建筑长宽比的变化范围主要集中在小于 1.5，其建筑数量占总数 44.85%；长宽比在 1.51~2.00 范围内变化的建筑数量次之，占比为 25.92%。

可见对于苏南地区村镇社区建筑的基底形状大多以矩形为主，因此在后文进行基准模型建立时，以常见矩形作为村镇社区的建筑基底形状，既提高建模运算的效率，又具有一定的普遍性。

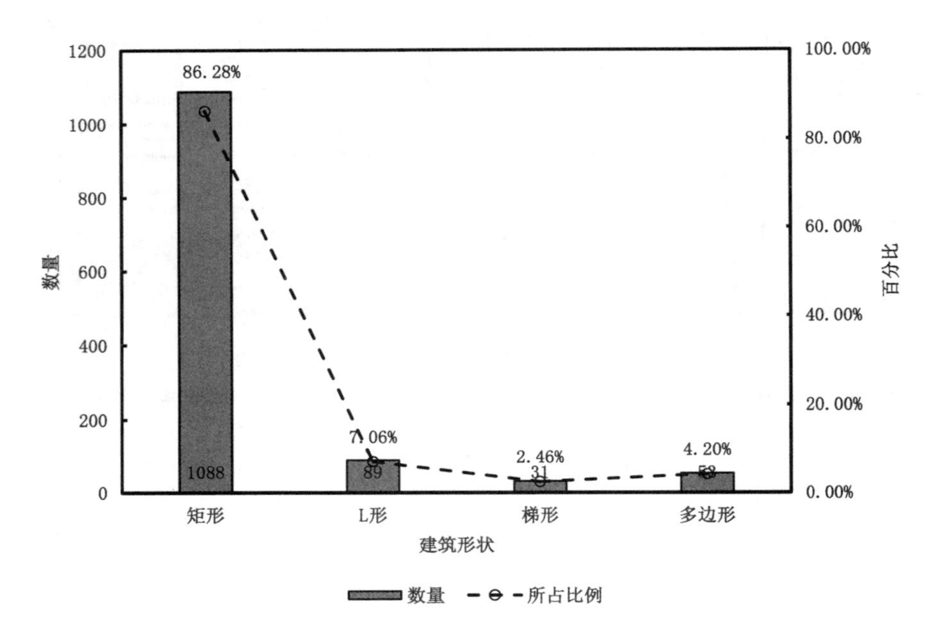

图 9-13　不同基底形状的建筑数量和比例（图片来源：作者自绘）

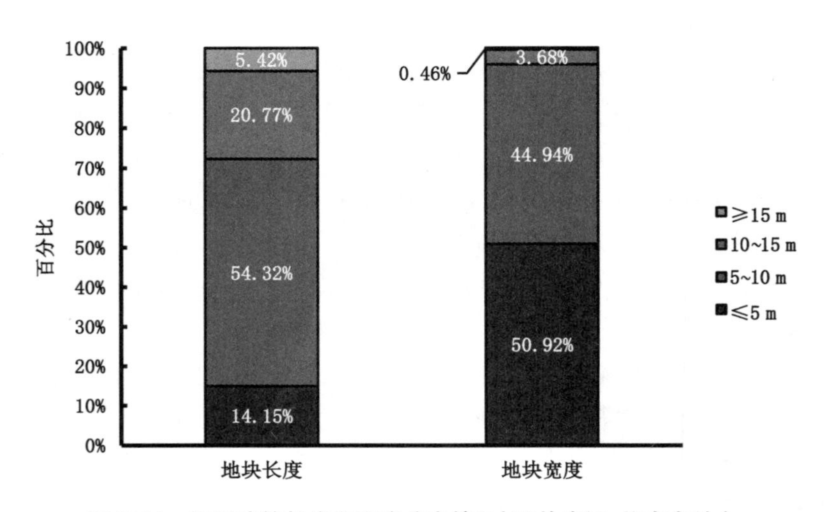

图 9-14　矩形建筑长度和宽度分布情况（图片来源：作者自绘）

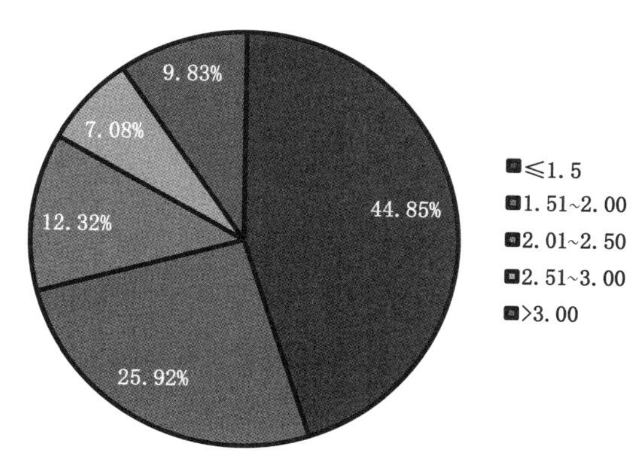

图 9-15 矩形建筑长宽比分布情况（图片来源：作者自绘）

9.2.2.2 建筑平面组合形式

为减少夏季太阳辐射得热的影响，苏南地区的建筑布局较为紧凑，并且这种布局方式有利于减少建筑冬季热损失。因此苏南地区居民建筑常采取长街窄巷的总体布局方式，较小的巷道间距和联排式的布局方式有利于减少建筑外墙的暴露面积，增加巷道内的阴影，并且减小住宅的间距有利于提高区域内建筑密度和土地利用率[60]。王恩琪[61]根据高清卫星影像和乡野调查成果对镇江市村落物质空间形态进行分类梳理，将镇江市域村落建筑的布局方式划分为4种类型，其建筑平面组合形式主要为簇团式、鱼骨式、行列式和混合式，如表9-2所示。

表 9-2 典型村落的建筑组团形式[61]

类型	A1 缓岗湖荡型	A2 陡岗湖荡型	B 山地丘陵型	C 江南平原型	D 沿江圩区型
典型肌理					
建筑群组	簇团式，密度较高，部分有行列式特征	簇团式，密度较低	鱼骨式、散点式，密度较低	行列式，遇非正交道路或河道有偏转	东西向：单、双行列式；南北向：鱼骨式

住区建筑平面组合的基本形式有行列式、周边式、点群式和混合式[62]，如表9-3所示。其中，行列式布局方式有利于建筑采光和通风，是一种使用较为普遍的建筑布局方式。围合式，也称周边式，其表现为建筑沿院落或街坊布置，形成较为封闭的内院空间，可节约用地，增大建筑密度，但部分建筑朝向较差。点群式是指建筑相对独立的布置方式，便于利用地形。混合式是指行列式、周边式、点群式等3种建筑布局的组合形式，能够灵活利用地块条件合理布置建筑。

表 9-3　住区建筑平面布局基本形式 [62]

行列式	围合式	点群式	混合式

对于传统村镇如周铁村的建筑平面组合形式多样，但大多还是以行列式和围合式为主，因此在后文进行基准模型建立时，以常见的行列式和围合式作为村镇社区的建筑平面组合形式。

9.2.2.3　建筑群体朝向

建筑朝向由村镇社区规划决定，与道路、地块使用方式等因素密切相关。在村镇社区规划设计中，建筑朝向对于保证建筑节能和居住空间的热舒适度非常重要。但在实际的村镇社区建设中，由于节约用地、经济利益等原因，使得部分地块建筑朝向不合理，甚至不满足建筑间距要求。Groleau[63] 等人在对街区形态指标与太阳能效关系的研究中，采用不同方位角立面面积比例和主要立面朝向来对街区形态的方向特征进行描述，其中，将主要立面朝向定义为街区内建筑群体立面面积比例最大的方向。

虽然本文调研的村镇建筑基底形状以矩形为主，但仍有较多建筑基底形状为不规则的多边形，所以很难以某条建筑边界作为定义建筑朝向的标准。而本文旨在研究建筑群体主要朝向对室外微气候指标的影响，因此综合前人研究结果，并结合实际村镇规划情况，最终借鉴 Groleau 等人对建筑群体朝向的表述方法，将建筑群体方向定义为村镇社区内建筑群体立面面积比最大的朝向，其范围为 -90° ~90°，其中 0° 表示南向的建筑立面面积比例最大，45° 表示南偏东 45° 朝向的建筑立面面积比例最大，-45° 表示南偏西 45° 朝向的建筑立面面积比例最大，如图 9-16 所示。

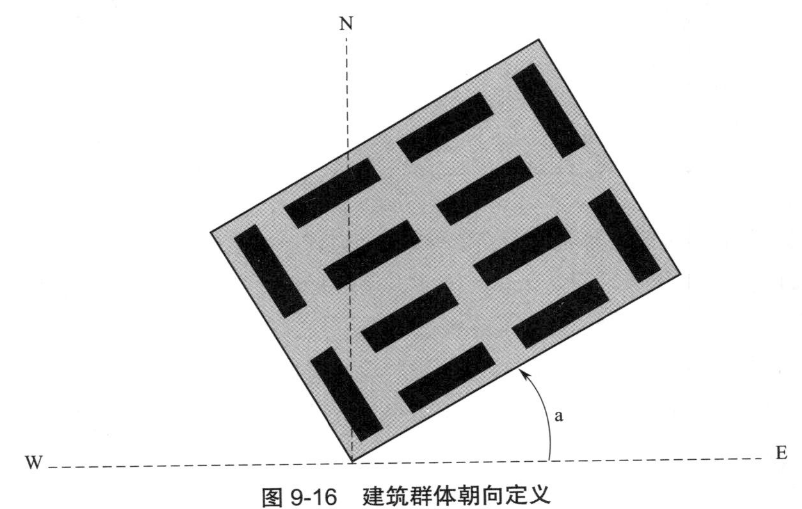

图 9-16　建筑群体朝向定义

（图片来源 [63]）

《夏热冬冷地区居住建筑节能设计标准》（JGJ 134—2010）将朝向南北或接近朝向南北确定为夏热冬冷地区居住建筑最佳朝向[64]。《绿色建筑设计标准（江苏省地方标准）》（DB 32/3962—2020）综合考虑住宅的朝向、日照时间、太阳辐射强度等因素，确定南京市最佳朝向范围为南～南偏东15°、适宜朝向为南偏东25°～南偏西10°[65]。考虑到模拟时长和推荐朝向，本研究在后文以南北向和东西向为主要朝向建立基准模型。

9.2.2.4　建筑密度

建筑密度是指在用地范围内总建筑基底面积与用地面积的比率[32]，建筑密度不仅影响建筑覆盖程度和绿化面积，还对日照、自然通风以及建筑节能等起到重要作用[66]。建筑密度是最常用来表达一个地区建筑总量与基地关系的空间形态参数，在一定程度上可以表达城镇建设中某个地块的特征，也可用此参数来考量村镇社区。吕骥超[67]对南京市19个村落的建筑密度进行统计，其数值在以0.35为平均数的0.23~0.44之间。

建筑密度与建筑占地面积、用地面积有关，本研究在后文基准模型设置时，控制建筑用地红线面积不变，只需通过改变建筑占地面积来控制建筑密度。

9.2.2.5　平面围合度

在村镇社区建筑平面布局方式中，围合式是采用较多的布局方式。围合布局形成的关键在于平面，因此平面围合度成为场地开放程度的一个重要表征参数，可以直观反映建筑边界对整个村镇社区内部空间的围合程度，以及村镇社区内部空间视线与行人的可达性程度。周俭[68]依据平面围合度数值大小将围合布局分为强围合、部分围合和弱围合，而且根据围合空间的比例分为全围合、界限围合和最小围合，但并未给出相应的阈值和计算方法。张涛[69]和钱舒皓[70]在对城镇空间形态的研究中，将平面围合度定义为某地块红线内所有外围建筑沿路边长之和与地块边线周长的比值。该定义与计算方法适用于相对简单的建筑布局，对于建筑平面组合比较复杂的情况并没有清晰说明。

本研究根据上述研究成果，结合街道界面形态研究中“界面密度”参数的含义[71]，将平面围合度定义为地块范围里外侧所有后退建筑控制线距离小于三分之一建筑高度的建筑总投影面宽与建筑控制线周长的比值，如式（9-1）所示：

$$C_p = \frac{\sum_{i=1}^{n} W_i}{L} \tag{9-1}$$

式中，C_p——平面围合度；

W_i——第i段建筑物沿建筑控制线的投影面宽（m）；

L——建筑控制线周长（m）；

n——后退建筑控制线距离小于高度三分之一的外侧建筑数目。

9.2.3　建筑竖向控制要素

9.2.3.1　建筑高度

《民用建筑设计通则》（GB 50352—2005）将住宅建筑按地上层数分为：低层住宅（1~3层）、多层住宅（4~6层）、中高层住宅（7~9层）和高层住宅（10层及以上）[32]。

为了解苏南地区村镇社区建筑高度分布情况，本研究对调研的 1 261 栋住宅建筑高度进行统计分析，分析结果如图 9-17 所示。其中，多层住宅数量较少，共 7 栋，占比不足 1%；周铁镇几乎全部以低层住宅为主，其中以 2 层住宅最为常见，其数量占比达到 51.94%。

建筑高度通常与建筑层数相对应，因此本研究在后文基准模型设置时，控制建筑层高不变，通过改变建筑层数来控制建筑高度。

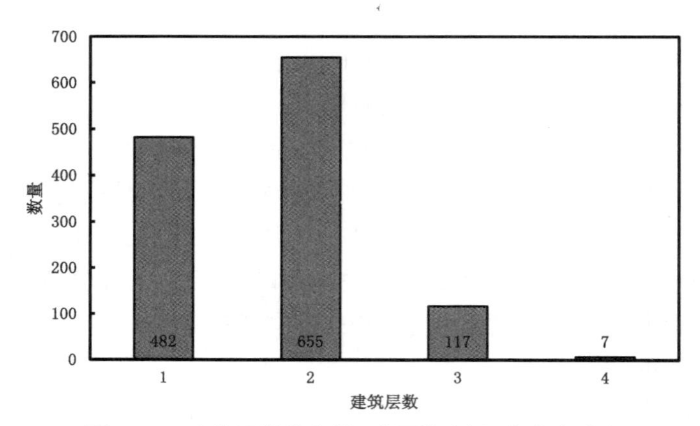

图 9-17　建筑层数分布情况（图片来源：作者自绘）

9.2.3.2　建筑平均高度

建筑平均高度是指在场地内建筑的总体积与建筑基底的总面积的比值（单位为 m）[72]。该参数是村镇社区建筑基底面积的加权平均高度，充分考虑了建筑基底面积的差异对均值的影响，可以反映村镇社区竖向空间的建筑强度和不同建筑基底面积影响下建筑物的垂直空间差异。

9.2.3.3　最大建筑高度

最大建筑高度指的是场地内建筑高度的最大值，该指标反映了村镇空间在竖向上的极大值特征以及该区域可达到的最大土地利用率，即目前地质和建造条件下建筑物可建造的最大高度，可用于衡量村镇社区内部空间的利用潜力。此外，最大建筑高度应在不危害公共空间安全、健康和景观的基础上，满足国家和当地规划主管部门对建筑高度控制的相关规定[32]。

9.2.3.4　建筑高度离散度

建筑高度离散度指的是场地内建筑高度的标准差（单位为 m），其值为各建筑的建筑高度与建筑平均高度的差的平方的算数平均数的平方根。该空间形态参数在建筑平均高度的基础上，能更加准确地反映村镇社区内不同建筑间的建筑高度差异情况。建筑高度离散度越大，表明各建筑之间高度差异性越显著，空间层次越丰富；建筑高度离散度越小，表明各建筑之间高度差异程度越小，村镇社区竖向空间较为整齐。建筑高度离散度的计算公式如式（9-2）所示。

$$H_{\mathrm{std}}=\sqrt{\frac{1}{n}\sum_{i=1}^{n}\left(H_i-H_{\mathrm{avg}}\right)^2} \tag{9-2}$$

式中，H_{std}——建筑高度离散度（m）；

H_i——第 i 栋建筑的高度（m）；

H_{avg}——建筑群平均高度（m）；

n——建筑数目。

9.2.4 建筑整体控制要素

9.2.4.1 容积率

容积率指的是用地范围内的建筑物总建筑面积与该区域用地面积的比值[32]。容积率是地块空间开发强度的重要经济指标，能够有效反映土地利用程度。容积率与建筑高度、建筑密度紧密相关，但其不能用来直接描述地块水平或竖向维度的空间特征，而是用来反映用地范围内的建筑总容量。显然，提高容积率可以提高土地的利用效率和经济收益，但容积率过大，即建筑量和人口量过多，会对居民的生活质量和室外热环境造成一定影响。目前对于村镇研究少有对容积率的统计，这或许与村镇传统肌理有关。

9.3 村镇热环境实测分析

现场实测是描述和评价室外热环境特征的必要途径，也是数值模拟准确性验证的重要依据。为掌握苏南地区村镇社区室外热环境现状，以及不同空间形态参数对热环境影响的差异性，本研究团队在 2020 年 12 月对江苏省宜兴市周铁村室外热环境进行现场实测。

9.3.1 现场实测内容及方法

9.3.1.1 测点设置说明

现场实测地点选择在宜兴市周铁镇周铁村，该地居民建筑多以低层砖木结构和坡屋顶形式为主，粉墙黛瓦褐色木门窗，通过多种形式的建筑布局组合以及穿插在空间中的水体使其形成了别具特色的水乡聚落[73]。调研工作分为现场测试和问卷调查两个部分，本研究团队在古镇中心区主要街道、临河道路以及民居院落周边选取了 10 个代表性测点作为现场实测的空间节点，实测点如图 9-18 所示。测试持续两天（12 月 21 日—22 日，9:00—17:00）。

周铁村东侧和北侧临河，地块被南、北两条小巷分割成 4 个小地块，南、北巷两侧界面连续。选取的测点均布置在历史街区的公共空间，其中 1 号测点位于安装在居民楼屋顶上的小型气象站（如图 9-19），它主要用来监测整个周铁村的微气候，为数值模拟软件提供气象边界条件以及验证各测点数据是否存在明显的异常或波动[74]。2、6、7 号测点设置在南北向弄堂；3、4、5、8 号测点设置在东西向弄堂，9 号测点设置在地块北侧的小广场上，10 号测点布置在临河处。通过 2、6、7 以及 3、4、5 这两组测点可以对比分析南北向街道与东西向街道的差异。测点 10 可以分析河道对微气候的影响。测点 8、9 可以分析围合布局对微气候的影响。

图 9-18 周铁村热环境实测测点分布情况
（图片来源：作者自摄）

9.3.1.2 测试内容及测试仪器

室外热舒适度作为综合衡量热环境水平的重要标准，对其起到主要影响作用的热环境参数为空气温度、风速、相对湿度和平均辐射温度[75]。本次研究主要利用2~10号测点所收集的行人高度（1.5 m）处的微气候数据（如图9-20），在此基础上借助鱼眼镜头拍摄了各测点的天空可视度（SVF）（如表9-4所示），配合进行数据分析。另外本团队还进行了舒适度问卷调查，记录测试时间段内居民最真实的热感受。

图 9-19 小型气象站
（图片来源：作者自摄）

图 9-20 NK-5400 测点
（图片来源：作者自摄）

表 9-4 各测点天空可视度(图片来源:作者自绘)

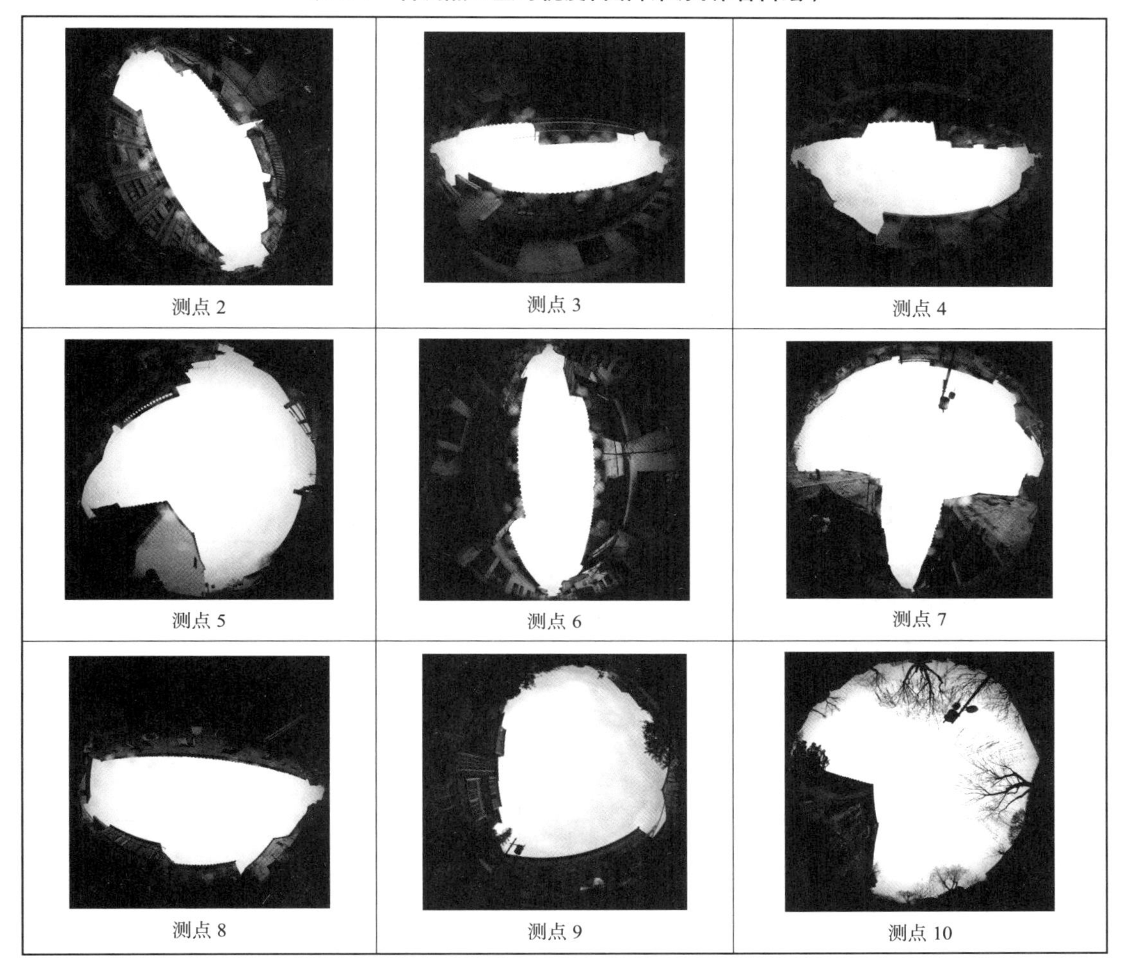

本次周铁村微气候测试仪器包括手持式热应力记录仪(NK-5400)、接触式温度表、太阳辐射强度计和小型气象站,所有测试仪器的精度和测量范围均符合 ISO7726[76] 的相关规定,各仪器详细的参数见表 9-5。测试前已对各仪器进行了科学校准,并确认误差在允许范围内。NK-5400 放置在三脚架上,距离地面约 1.5 m 高度,记录间隔设置为 20 秒,但为使测点数据结果更具普遍性,后续处理数据采用每半小时前后 5 分钟的平均值。FLUKE 接触式温度表用于测量土壤温度,每 5 分钟记录 1 次,用以确定后期数值模拟软件中对土壤温度的设置要求。HOBO 气象站则用于气象参数记录,每 30 分钟记录 1 次,用于对比各测点数据及作为数值模拟的气象边界条件。Kipp & Zonen CMP6 日射强度计用于测量各个测点的太阳辐射强度,每 1 分钟记录 1 次,用于校正模拟软件气象边界条件中的太阳辐射强度。

表 9-5 测试仪器及相关参数

仪器名称	仪器图片	间隔	传感器	仪器准确度	分辨率	测量范围
Kestrel NK-5400 手持式热应力记录器		20 秒	风速 V_a	≥3% 的读数	0.1 m/s	0.4～40.0 m/s
			空气温度 T_a	0.5 ℃	0.1 ℃	-29.0～70.0 ℃
			黑球温度 T_g	1.4 ℃	0.1 ℃	-29.0～60.0 ℃
			相对湿度 R_H	2% R_H	0.1%	10%~90%，25 ℃环境下
			大气压	1.5 hPa|mbar	0.1 hPa|mbar	700～1 100 hPa|mbar
			风向 D	5°	1°	0°~360°，方向为外部吹向中心地区的方向
FLUKE-54 接触式温度表		5 分钟	温度	100 ℃以下	0.1 ℃	±[0.2%+0.3 ℃]
FLUKE 手持式红外热像仪 PTi120		1 小时	温度	目标为 0 ℃或以上时：±2 ℃或±2%（取大值）	0.06 ℃	-10～50 ℃
Kipp & Zonen CMP6 日射强度计		1 分钟	太阳总辐射 G	<4 W/m²	5~20 μV/W/m²	最大 2 000 W/m²
Onset HOBO RX3003 固定式气象站		30 分钟	空气温度 T_a	±0.25 ℃	0.02 ℃	-40～75 ℃
			相对湿度 R_H	0.01% R_H	0.01%	0%～100%
			风速 V_a	±1.1 m/s（±2 mph）或读数的±4%	0.5 m/s	0~76 m/s
			风向 D	±7°	1°	0-355°
			太阳总辐射 G	±10 W/m² 或±5% 范围内（取大值）	1.25 W/m²	0～1 280 W/m²
			雨量	±4.0%±1 降雨计数 @0.2~50.0 mm/h	0.2 mm	0～10.2 cm 或 0~4 in/h

9.3.2　热环境测试结果分析

9.3.2.1　空气温度和黑球温度

黑球温度也称实感温度，标志着人体受辐射热和对流热综合作用时的实际感觉温度，因此所测的黑球温度值一般比空气温度值要高。图 9-21、图 9-22 为冬季 12 月 22 日测试期间各测点空气温度和黑球温度逐时变化情况。部分测点由于所处位置的特殊性（处在里弄的交汇处、街巷高宽比过于狭小或是多个风向的交汇处），导致其测得的空气温度和黑球温度有起伏波动的现象，但总体依然符合整个镇域微气候的上、下限范围。测试当天，各测点间气温差值在 9：30—12：00 间偏差较大，存在 3.8~5 ℃左右温差，12：30 以后各测点温差趋于稳定，温差为 0.9~2.1 ℃左右，究其原因可能与各测点接受太阳辐射时间先后有关，例如测点 2、5、7 位于空旷或沿河位置，在上午能更早接受太阳直射，空气温度迅速上升，而午后各测点均能接受太阳直射，各个测点空气温差趋于稳定，这一点从各测点的黑球温度也能反映出来。

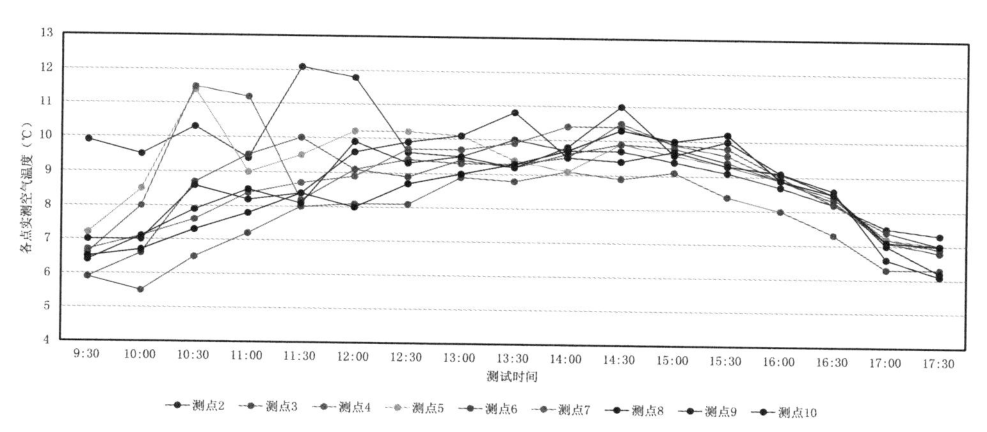

图 9-21　各测点空气温度逐时变化情况（图片来源：作者自绘）

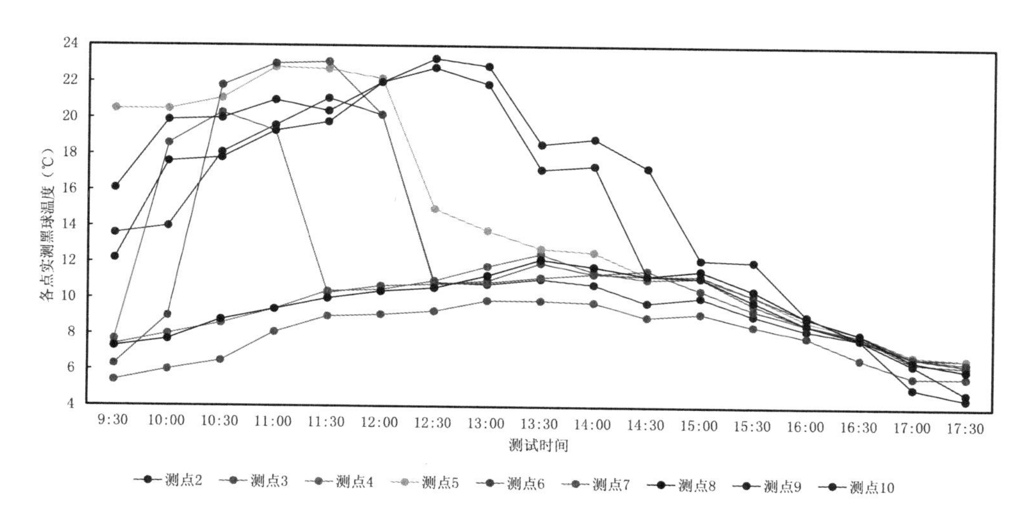

图 9-22　各测点黑球温度逐时变化情况（图片来源：作者自绘）

同一测点在一天当中存在 3.6 ~4.9 ℃左右的气温变化幅度，例如第 3、4、8 号测点因其位于东西向街巷当中，全天都几乎没有阳光照射，故空气温度与黑球温度都较低，一天中的波动范围均小于 4.0 ℃。第 7、9、10 号测点因其地处开阔区域，全天太阳照射时间最长，温度变化幅度较大。而处于南北走向里弄中的 2 号测点因为上午能够被阳光直射所以气温上升迅速，而中午过后因为建筑遮挡处于阴影之内温度迅速回落，一天中温度变化幅度较大，说明建筑对太阳辐射的遮挡作用在街巷空间更为显著，但对广场影响较小，导致温差增大。

9.3.2.2 相对湿度

图 9-23 为测试当天各测点相对湿度逐时变化情况。分析可知，古镇区域内各个测点之间的相对湿度相差不大，而且与空气温度呈现明显的负相关性（即温度越高时相对湿度越低）。空气温度最低的 3 号测点相对湿度也较高。上午时段，2 号测点位于太阳直射之下，空气温度上升，相对湿度也相应较低。尽管有水域穿越古镇内部，但是水域附近的 5、7、10 号测点其数据显示该区域内相对湿度并没有出现明显的大幅度波动情况，或许体量较小的水域对相对湿度带来额外的加成和影响较为有限。

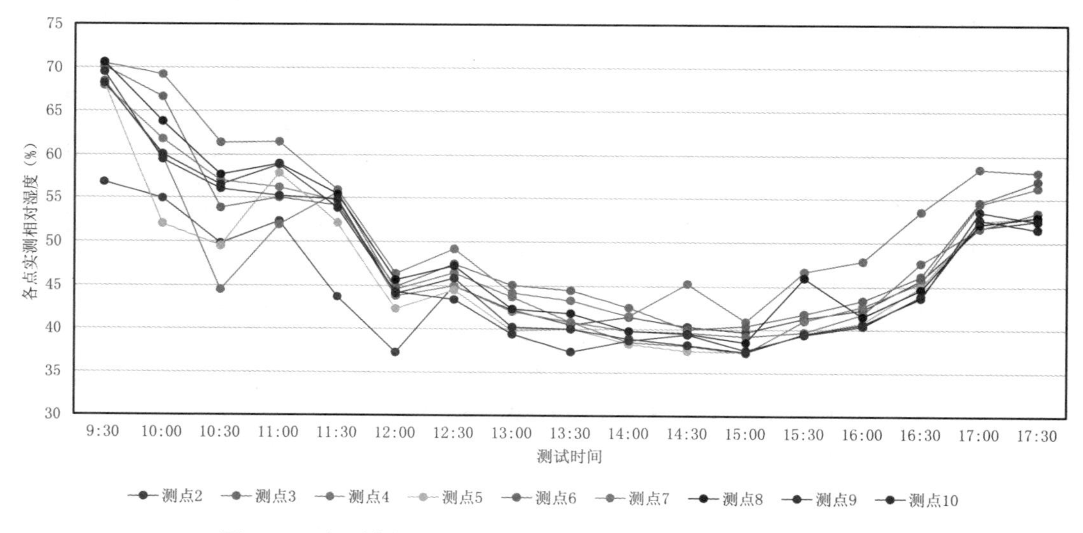

图 9-23 各测点相对湿度逐时变化情况（图片来源：作者自绘）

与空气温度类似，一天当中，各测点间相对湿度差值在 9：30—12：00 间偏差较大，存在 9.1%~17.2% 的差值，12：30 以后各测点相对湿度偏差趋于稳定，偏差为 3.6%~7.8%。2 号测点因其位于阴影处，全天几乎没有太阳直射，故一天当中相对湿度较为稳定，变化幅度只有 19.8%。其余测点受太阳照射时间长短不一，在一天当中存在 29.6%~32.1% 的相对湿度变化。

9.3.2.3 风速风向

图 9-24 为测试期间各测点风速逐时变化情况。场地内所有测点的风速波动幅度和频率都比较大，总体趋势是巷道内的测点风速普遍小于靠近河岸的测点。其中 9 号测点由于位于空旷地带，全天平均风速最大（1.25 m/s）。同处于街巷之内的测点，南北纵向的测点

（2、6、7 号）风速普遍高于东西走向的测点（3、4、5 号）。这与整个周铁村的冬季风向有密不可分的联系。如图 9-25 所示，根据 HOBO 气象站的数据显示，周铁村测试当日的主导风向以南偏东为主。

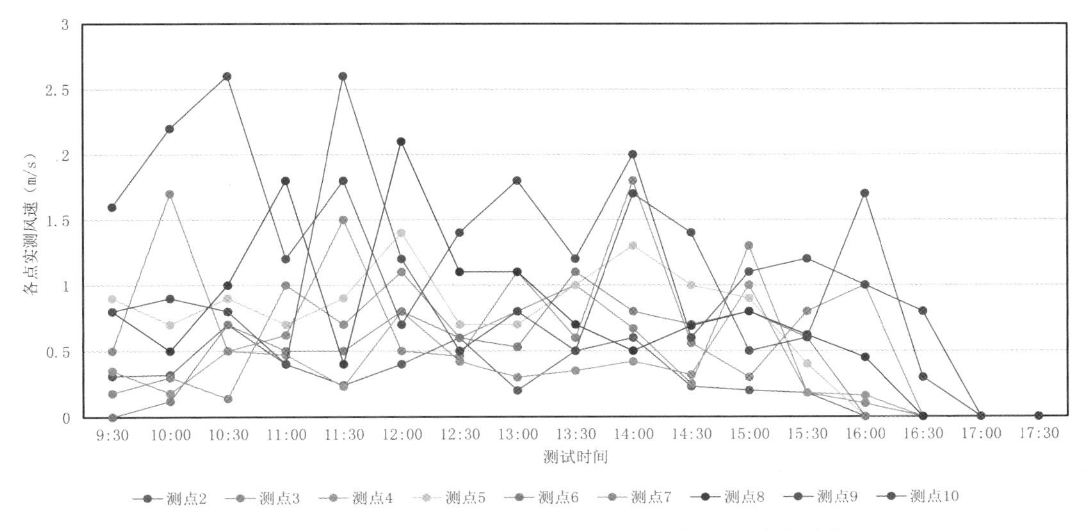

图 9-24　各测点风速逐时变化情况（图片来源：作者自绘）

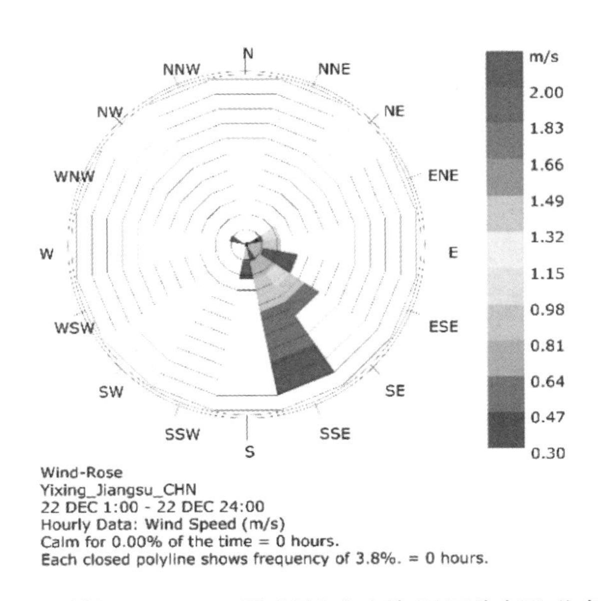

图 9-25　周铁村 12 月 22 日风速风向分布情况（图片来源：作者自绘）

将各个测点的风速频率进行对比，发现测点 1、2、3、6 的风速大部分时间都在 0.2 m/s 以下，同时出现 1.2 m/s 以上风速的情况也很少，8、9、10 号测点都监测到 2 m/s 以上的风速。由于测点 4、9、10 处于河岸开阔处，平均风速分别为 0.8 m/s、1.2 m/s、0.8 m/s，风速相对于其他测点都较高。其中测点 9 的风速有 40% 的时间都处在 1.2 m/s 以上。处于南北向弄堂中

的测点 6、7 的风速要略大于处于东西向弄堂的测点 2、3，这与周铁村当天的风向有关，

9.4 本章小结

本章通过文献综述以及对宜兴市周铁村实地调研测量的方式，对苏南地区气候特征、村镇社区空间形态及布局特征、室外热环境现状开展调查分析。通过统计描述分析了气候要素特征及累年变化规律、村镇社区空间形态参数控制要素范围及分布特征、冬季村镇社区热环境现状及不同空间类型热环境差异，为后面的研究奠定基础。

（1）通过气候数据资料调查，分析了苏南地区气候特征以及南京市近 30 年（1980—2010 年）累年的空气温度、相对湿度、太阳辐射、风速与风向等气候要素的变化规律特征。

（2）通过文献阅读、卫星影像和现场实测相结合的方式对村镇社区空间形态控制要素进行分析，对村镇社区平面控制要素、竖向立面控制要素的分布特征及阈值范围进行统计分析，得出了村镇社区建筑基底形状以矩形为主；建筑平面组合形式以行列式和围合式为主；建筑朝向变化多样，适宜朝向为南偏东 25° 至南偏西 10°；建筑平均层数阈值为 1~4 层，几乎全部以低层住宅为主，其中以 2 层住宅最为常见，其数量占比达到 51.94%。

（3）通过对宜兴市周铁村室外热环境进行现场实测，得出了冬季不同室外空间类型及其不同空间形态对空气温度、相对湿度、风速及黑球温度的影响。空气温度和黑球温度都呈现出了某种统一的趋向性，建筑对太阳辐射的遮挡作用在街巷空间更为显著，但对广场影响较小，导致街巷温差增大。各区域相对湿度相差不大，与空气温度呈现明显的负相关性（即温度越高时相对湿度越低），而且水域并不能为相对湿度带来额外的加成和影响。风速波动幅度和频率变化较大，总体趋势是巷道内的测点风速普遍小于靠近河岸的测点，而且受主导风影响较大。

第十章　村镇社区空间形态对热环境影响研究

根据9.3节室外热环境实测分析可知，村镇社区空间形态对室外热环境有直接影响。因此，本章建立48个村镇社区基准模型作为研究对象，基于冬、夏季典型计算日室外微气候模拟结果，针对村镇社区空间形态参数对室外微气候评价指标的影响开展研究。首先，验证了ENVI-met软件对苏南地区村镇室外热环境模拟的可靠性，确定了冬、夏季典型计算日，并基于相关文献资料对ENVI-met软件模拟参数进行设置；其次，以单一指标平均风速比、空气温度和热舒适度综合指标PET分别作为室外微气候评价指标，通过敏感性分析确定村镇社区空间形态参数对微气候评价指标影响的显著性及显著程度，通过多重比较分析得出不同建筑平面组合形式间微气候评价指标的差异性，最后利用逐步回归建立村镇社区空间形态参数与微气候评价指标的量化模型，为将来村镇社区室外热环境的快速评价和规划改造提供基础。

10.1　研究对象选取与描述

通过9.2节对苏南地区村镇社区空间形态的特征描述，空间形态虽呈现出多样性，但又有一致性。在研究中，若能对每个村镇社区进行现场实测和微气候模拟，则能获取最具针对性的研究成果，但这种研究需要耗费大量资源，而个案研究结论又缺乏普适性。因此，本研究通过总结苏南地区村镇社区空间形态与布局特征，建立能代表该地区村镇社区空间形态特征的典型基准模型，并利用基准模型进行室外微气候模拟研究。在基准模型建立过程中本研究控制建筑用地面积不变，只提取常见的建筑原型及布局方式，在此基础上根据不同建筑朝向、道路宽度、建筑高度扩充基准模型数量，以此增加空间形态参数样本容量。

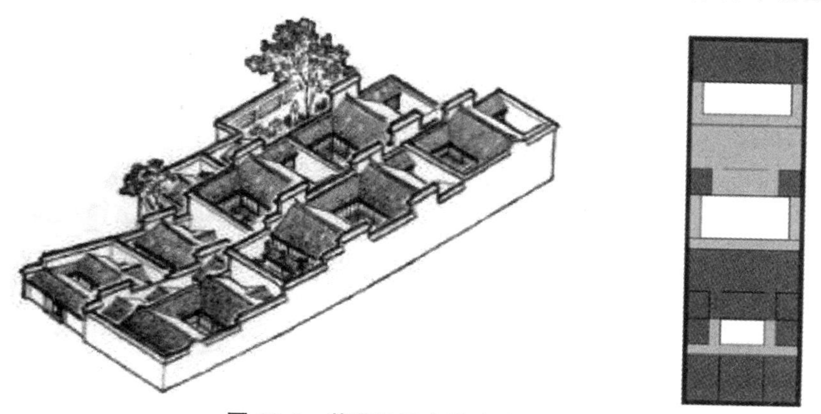

图10-1　苏南地区合院式建筑原型

（图片来源：夏热冬冷、夏热冬暖气候环境中的建筑热力学模型研究[57]）

村镇居住建筑类型在不同地域呈现出不同的建筑风格，同样的合院式民居，在各地又有不同的形态表征。苏南地区合院式建筑原型如图 10-1 所示，其天井院较小，形态横长，井小楼高，厅堂开敞，出檐深远[57]。

相关研究将建筑原型根据其空间、尺度不同划分为联排（A）、封闭合院（B）及架空合院（C1、C2）等 3 个大的类型[77][78]。根据前文 9.2 节分析，苏南地区村镇社区布局方式以行列式和围合式为主。上述模型基本涵盖了苏南地区村镇空间形态特征，同时以 NS、EW 两种建筑朝向，3 m、6 m 两种道路宽度及 9 m、12 m 两种建筑高度建立 48 个由多个多层建筑群组成的基准模型，其建筑平面类型如图 10-2 所示。所有基准模型占地面积均为 7 056 m²。对 48 个基准模型逐一进行冬、夏季典型日微气候模拟，共有 96 种工况，从而得到村镇社区空间形态与微气候的相互关系，其生成模式如图 10-3 所示，

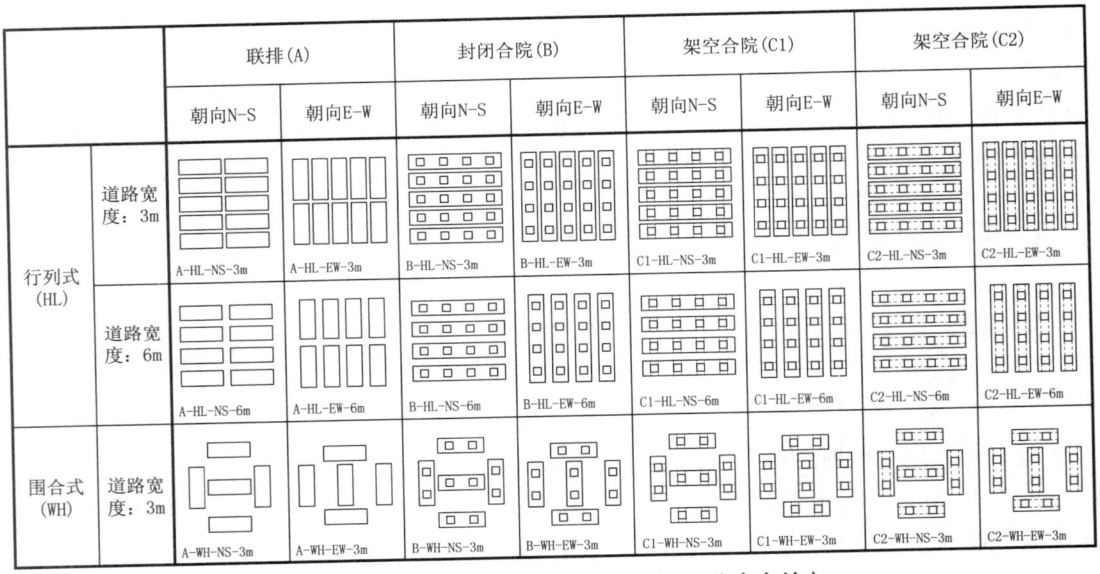

		联排(A)		封闭合院(B)		架空合院(C1)		架空合院(C2)	
		朝向N-S	朝向E-W	朝向N-S	朝向E-W	朝向N-S	朝向E-W	朝向N-S	朝向E-W
行列式(HL)	道路宽度：3m	A-HL-NS-3m	A-HL-EW-3m	B-HL-NS-3m	B-HL-EW-3m	C1-HL-NS-3m	C1-HL-EW-3m	C2-HL-NS-3m	C2-HL-EW-3m
	道路宽度：6m	A-HL-NS-6m	A-HL-EW-6m	B-HL-NS-6m	B-HL-EW-6m	C1-HL-NS-6m	C1-HL-EW-6m	C2-HL-NS-6m	C2-HL-EW-6m
围合式(WH)	道路宽度：3m	A-WH-NS-3m	A-WH-EW-3m	B-WH-NS-3m	B-WH-EW-3m	C1-WH-NS-3m	C1-WH-EW-3m	C2-WH-NS-3m	C2-WH-EW-3m

图 10-2　基准模型平面类型（图片来源：作者自绘）

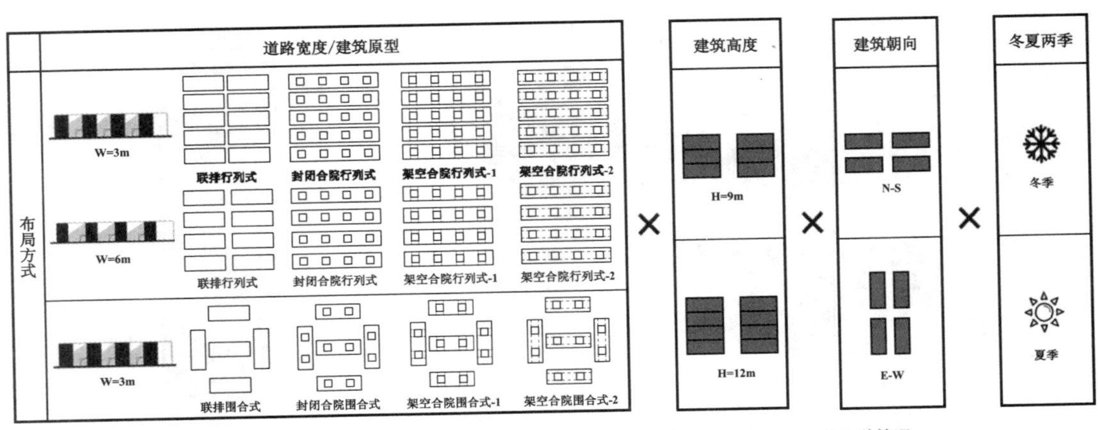

图 10-3　基准模型生成模式（图片来源：作者自绘）

本章基准模型以 4 种建筑原型(联排(A)、封闭合院(B)、架空合院(C1)和架空合院(C2)),两种布局方式(行列式(HL)及围合式(WH)),两种道路宽度(H = 3 m、H = 6 m),两种建筑层高(3 层及 4 层),两种朝向(南北向(N-S)及东西向(E-W))以及冬、夏两季,共 48 种模型,96 种模拟工况进行微气候模拟。各基准模型的案例编号和空间形态参数见附录。案例编号 A-3 F-HL-EW-3 m 表示以联排为建筑原型,建筑层高为 3 层,按照东西朝向道路宽度为 3 m 的行列式布局方式生成的基准模型。典型基准模型透视图见图 10-4。

透视图	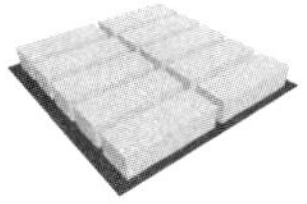	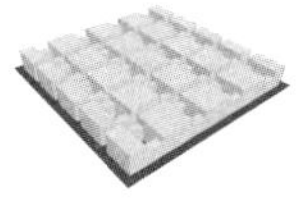	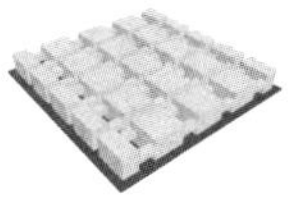	
模型 ID	A-3 F-HL-NS-3 m	B-3 F-HL-NS-3 m	C1-3 F-HL-NS-3 m	C2-3 F-HL-NS-3 m
透视图			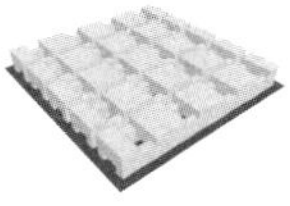	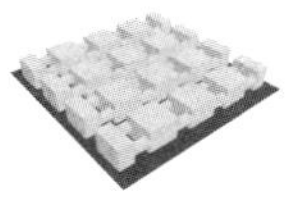
模型 ID	A-3 F-HL-NS-6 m	B-3 F-HL-NS-6 m	C1-3 F-HL-NS-6 m	C2-3 F-HL-NS-6 m
透视图	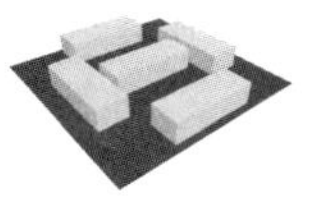	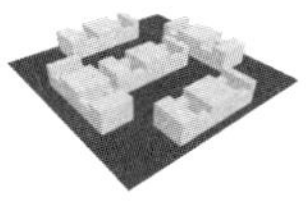	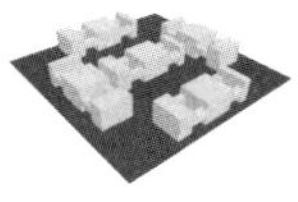	
模型 ID	A-3 F-WH-NS-3 m	B-3 F-WH-NS-3 m	C1-3 F-WH-NS-3 m	C2-3 F-WH-NS-3 m

图 10-4　各基准模型透视图(图片来源:作者自绘)

10.2　村镇社区热环境模拟计算方法

科学合理的室外微气候评价方法是实现准确定量预测微气候评价指标的重要基础。目前,室外微气候评价方法主要分为观测评价法和模拟评价法,其中观测评价法主要包括现场实测法和遥感观测法,模拟评价法主要包括数值模拟法和集总参数模拟法[79]。不同的微气候评价方法各有优势,应针对不同尺度的研究对象及具体研究内容选择适合的评价方法。由于本研究基于典型气象条件,对大量基准模型的室外微气候参数进行全面预测,因此需选择运算高效、结果准确的数值模拟法对村镇社区空间形态与微气候评价指标的量化关系开展研究。

10.2.1　软件选择与介绍

实地测量常常同时受到多个空间形态参数的相互影响,使得控制变量变得复杂。随着计算机科学的发展,数值模拟法以其明显的优势已逐渐成为室外微气候研究的主要手段。近些年来,针对建筑室外热环境分析已研发出多款模拟软件,这些模拟软件可以让科研人员通过控制变量、对比实验等方法,在更多层面上分析室外微气候。同时使用者应根据模拟对象、研究内容及软件适用范围的不同，科学合理地选择模拟软件。

根据模拟尺度可将研究对象分为大尺度（地域和地球尺度）、中尺度（街区和建筑尺度）和小尺度（房间和人体尺度）[52]。其中，针对大尺度的模拟软件包括 ADMS-Urban 和 AUSS-SM 等，用于分析城市气象等；针对小尺度的模拟软件主要包括 CFX、Phoenics 和 STAR-CD 等[80]。本文的研究对象为村镇社区，属于中尺度范畴，针对该尺度国内外广泛应用的微气候模拟软件主要为 ENVI-met、WinMISKAM 和 FLUENT 等。查阅相关文献发现，ENVI-met 软件由于其综合考虑不同空间形态要素间的相互作用，具有对热、湿、风、辐射等环境参数耦合计算的优势，已在城市环境设计、区域微气候研究等领域得到广泛使用[81]。此外，Ali-Toudert 等指出 ENVI-met 软件采用高分辨率三维空间网格对室外微气候参数进行模拟，它可能是目前最适合室外微气候研究的流体力学模拟软件[82]。因此综上所述，本研究将利用 ENVI-met（5.0.1）软件模拟研究苏南地区村镇社区空间形态与室外微气候评价指标的量化关系。

ENVI-met 软件于 1998 年由 Michael Bruse 和 Heribert Fleer 开发并不断改进。如图 10-5 所示，该软件基于计算流体力学、热力学和城市气象学等相关理论，主要用于模拟局地空间内建筑、地表、植被和大气之间的交互作用过程[83]。ENVI-met 软件模型的空间分辨率为 0.5 ~10 m，典型的模拟时长为 24~48 h，时间步长为 1~5 s，可对室外微气候进行较为准确的数值模拟分析[84]。ENVI-met 软件几乎将室外热环境中有效的必要参数，如大气、土壤、植物和空间中所有表面都包含在室外热源计算中，已被广泛应用于城市规划、建筑设计和城市气象学等领域。

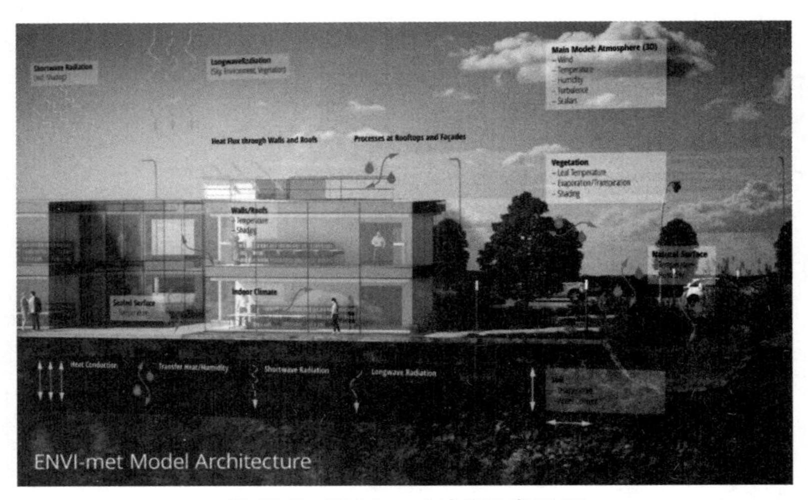

图 10-5 ENVI-met 功能示意图[83]

ENVI-met 软件模型由 3 个子模型（三维主模型、一维边界模型和土壤模型）和嵌套网格组成[85]，如图 10-6 所示。其中，三维主模型利用矩形单元网格划分，其水平方向均为等间距网格，竖直方向根据网格间距放大系数和底层网格间距大小具有 4 种网格划分方式[86]，如图 10-7 所示。本文采用最底层等间距划分为 5 层网格，即近地面最底层网格被均匀划分为 5 等份小网格的方式,以便更加准确地模拟行人高度处的微气候,而上部为间距相对较大的等距网格,以节省运算时间。土壤模型为一维模型,从下垫面表层开始向下 2 m 深度划分 14 层网格,被划分的网格间距逐渐增大,可模拟土壤内部竖直方向的热湿传递工况。一维边界模型范围是从地面至 2 500 m 高度,用于计算大气边界层的初始条件并传递给三维主模型的来流边界。其中一维边界模型在三维主模型的高度范围内,其竖向网格间距与三维主模型相同,而三维主模型上边界至 2 500 m 高度处的范围被划分为 14 个竖向网格间距逐渐增大的附加层。嵌套网格设置在三维主模型的外围区域,可以增加主模型边界大小,从而有效减少由于来流边界过小对模拟结果造成的不利影响,提高模拟的稳定性和结果的准确性。

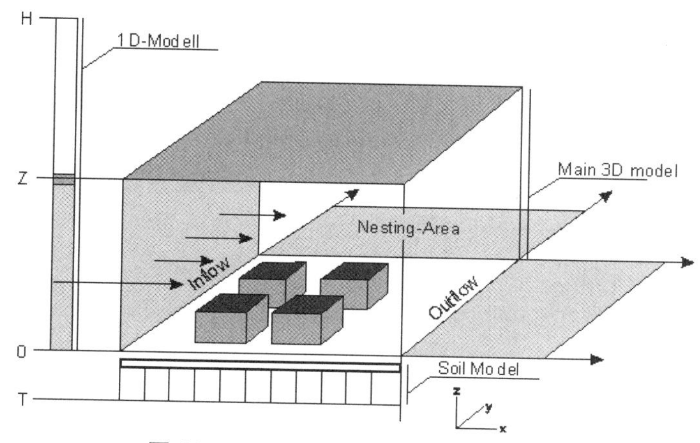

图 10-6　ENVI-met 模型布局示意图 [85]

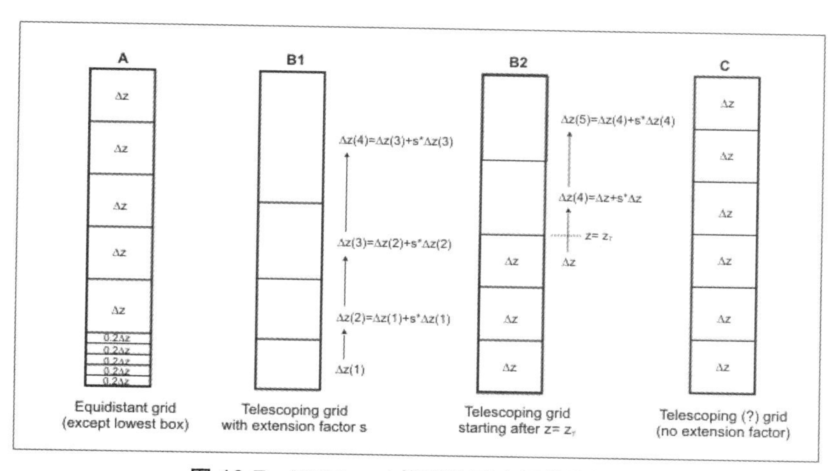

图 10-7　ENVI-met 模型的垂直网格结构 [86]

ENVI-met 软件在模拟不同对象的相互作用时,包括了大气、土壤、植被、辐射和建筑等主要子模型。大气模型主要对大气湍流、空气温湿度、风场等参数进行模拟计算,其中采用三维非静力学不可压缩流体模式(Navier-Stokes 方程)求解风场,采用 1.5 阶闭合方案(E-ε

方程)求解大气涡流[87]。土壤模型主要计算参数包括地表温度、土壤温度和含水量。植被模型主要对植被与空气的热质交换进行计算。辐射模型主要计算长波和短波辐射量。建筑模型主要对建筑表面温度和室内温度进行模拟计算。各个子模型具体控制方程表达式见文献[84]。

ENVI-met 软件可供选择 3 种来流边界条件,分别为开放式(Open)、强迫式(Forced)和循环式(Cyclic)。其中开放式边界条件是把来流边界网格的相邻网格值直接赋值给来流边界网格;而强迫式是把一维边界模型的计算值直接赋值给来流边界网格;循环式是指把出流边界网格值直接赋值给来流边界网格。在模拟参数设置时,可针对不同的湍流模型定义不同的来流边界条件。本研究采用强迫式来流边界条件,该类型在数值模拟中最为稳定。

利用 ENVI-met 软件进行微气候模拟前,主要的输入参数包括背景气象数据(空气温湿度、风速风向、太阳辐射强度、经纬度和时区)、下垫面及建筑的物理属性(土壤温湿度、下垫面类型、建筑物围护结构热工性能等)以及模拟控制参数(网格分辨率、嵌套网格数量、模拟起始时刻、模拟时长、来流边界条件、湍流模型等),可输出的微气候指标包括空气温湿度、风速风向、平均辐射温度、地表温度、建筑表面温度、辐射强度、热舒适度值等。

10.2.2 模拟软件可靠性验证

目前不断有研究者开展利用实测数据或其他模拟软件对 ENVI-met 模拟结果的准确性与有效性进行对比验证研究。如 2008 年,王振[80]将武汉某街区冬、夏季室外热环境实测数据与 ENVI-met 模拟结果进行了对比分析,结果表明空气温湿度、风速风向、地表温度和平均辐射温度的实测值和 ENVI-met 对应的模拟值基本一致。2010 年,陈卓伦[48]对比分析了广州某小区夏季室外 2 m 高度处的热环境实测值和 ENVI-met 模拟值,对比结果表明:空气温湿度模拟值与实测值的空间分布特征和时间变化规律基本吻合;此外,还发现相比于阴天和阵雨天气,全晴天时 ENVI-met 模拟值与实测值的吻合程度较高,原因在于 ENVI-met 模型采用的是理想化背景天气,与实际变化剧烈的天气存在一定差异。2012 年,杨小山应用 MISKAM 软件对 ENVI-met 模拟室外风环境的准确性进行了检验,通过多种工况对比研究,发现风矢量和风压空间分布特征基本一致,证明了 ENVI-met 软件对室外风环境模拟结果的准确性。

2011 年, Chow 等[88]对美国某校园行人高度处空气温度进行实测,将实测结果与 ENVI-met 模拟值进行了对比分析,结果表明:ENVI-met 模拟的温度场与实际吻合,而且研究区域中心的模拟结果精确度优于边缘区域。此外, 2012 年 Chow 和 Brazel[89]通过对比两个村镇社区 2 m 高度处空气温度实测值与 ENVI-met 模拟值,模拟值与实测值的 R^2 值分别为 0.67 和 0.74,均方根误差(RMSE)均为 2.79 ℃。2012 年, Huttner[84]对德国某市两处不同地点 2 m 高度处热环境进行现场实测,将空气温度、相对湿度、风速以及 PET 实测值分别与 ENVI-met 模拟结果进行对比验证,发现模拟结果准确性较高,两个地点风速模拟值和实测值之间的 RMSE 分别为 0.7 m/s 和 0.2 m/s,气温的 RMSE 值分别为 1.7 ℃和 1.1 ℃,相对湿度的 RMSE 值分别为 9.7% 和 9.5%,PET 的 RMSE 值分别为 2.4 ℃和 3.1 ℃。

上述验证研究表明 ENVI-met 软件可作为中尺度下室外微气候分析的有效预测工具，对不同气候区下不同空间类型（街区、校园、村镇社区等）的室外热环境模拟具有较高的准确性。本节利用宜兴市周铁村冬季室外热环境实测数据对 ENVI-met 的可靠性进行验证，以确定 ENVI-met 在苏南地区的适用性。在验证研究中，选取空气温度和相对湿度这两组分别在实测和模拟中都被认为是最具描述价值和表征意义的数据进行比对，通过对比实测值与模拟值，分析热环境参数的空间分布特征及时间变化规律。

均方根误差 *RMSE*（Root Mean Square Error）和判定系数R^2（Coefficient of Determination）为国内外常用的评价模拟精度的指标，上述指标不受原始数据取值范围的影响，适用于不同数据集之间的对比[90]。因此本文选取均方根误差 *RMSE* 和判定系数R^2这两个指标作为模拟精度的校验指标。

均方根误差 *RMSE* 用于定量评价模拟结果的绝对误差，其计算公式如式（10-1）所示：

$$RMSE = \sqrt{\frac{1}{n}\sum_{i=1}^{n}\left(y_{i'} - y_i\right)^2} \tag{10-1}$$

式中，$y_{i'}$——模拟值；

y_i——实测值；

n——实测次数。

判定系数 R^2 是表征回归方程在多大程度上解释了因变量的变化，根据系数值来判断样本数据在总体回归分析中的表现及它们之间的拟合协变关系效果[91]。判定系数的计算公式如下[92]。设 y 为待拟合系数，其均值为$\bar{y}$，拟合值为$\hat{y}$。

其中，总平方和（Total Sum of Squares，SST）表示为：

$$SST = \sum_{i=1}^{n}\left(y_i - \bar{y}\right)^2 \tag{10-2}$$

回归平方和（Sum of Squares Due to Regression，SSR）表示为：

$$SSR = \sum_{i=1}^{n}\left(\hat{y}_i - \bar{y}\right)^2 \tag{10-3}$$

残差平方和（Sum of Squares Due to Error，SSE）表示为：

$$SSE = \sum_{i=1}^{n}\left(y_i - \hat{y}_i\right)^2 \tag{10-4}$$

则有：

$$SST = SSR + SSE \tag{10-5}$$

判定系数表示为：

$$R^2 = \frac{SSR}{SST} \tag{10-6}$$

R^2的取值范围是 0~1，其值越大表示拟合程度越好。

图 10-8 与图 10-9 为宜兴市周铁村 12 月 22 日行人高度处空气温度实测值（为了确保数据的真实性，取仪器自动记录每半个小时前后 5 分钟的平均值）、相对湿度实测值与空气

温度模拟值和相对湿度模拟值之间的线性回归关系。分析可知，除 7 号测点的情况较特殊外（7 号点临近开阔的水面，又正对街巷风口，导致其温度和相对湿度在上午和下午分别有一个急剧上升和下降的突变过程，而且变化时间都早于其他测点近 40 分钟，而软件的模拟机制是按照一种设定的曲线进行拟合，因而无法准确还原这种特殊现象），其他各测点的空气温度和相对湿度都表现出较高的一致性。由表 10-1 可知，各个测点空气温度的判定系数 R^2 值为 0.70~0.89，相对湿度的判定系数 R^2 值为 0.72~0.90。表 10-2 为 9 个测试点气象参数实测值与模拟值的误差分析，结果表明空气温湿度的模拟值与实测值的均方根误差 *RMSE* 分别为 1.54 ℃和 6.79%。参照相关研究，可认为本次模拟与实测的拟合度较高，ENVI-met 软件对于苏南地区村镇社区室外微气候评价具有较好的可靠性[93]。

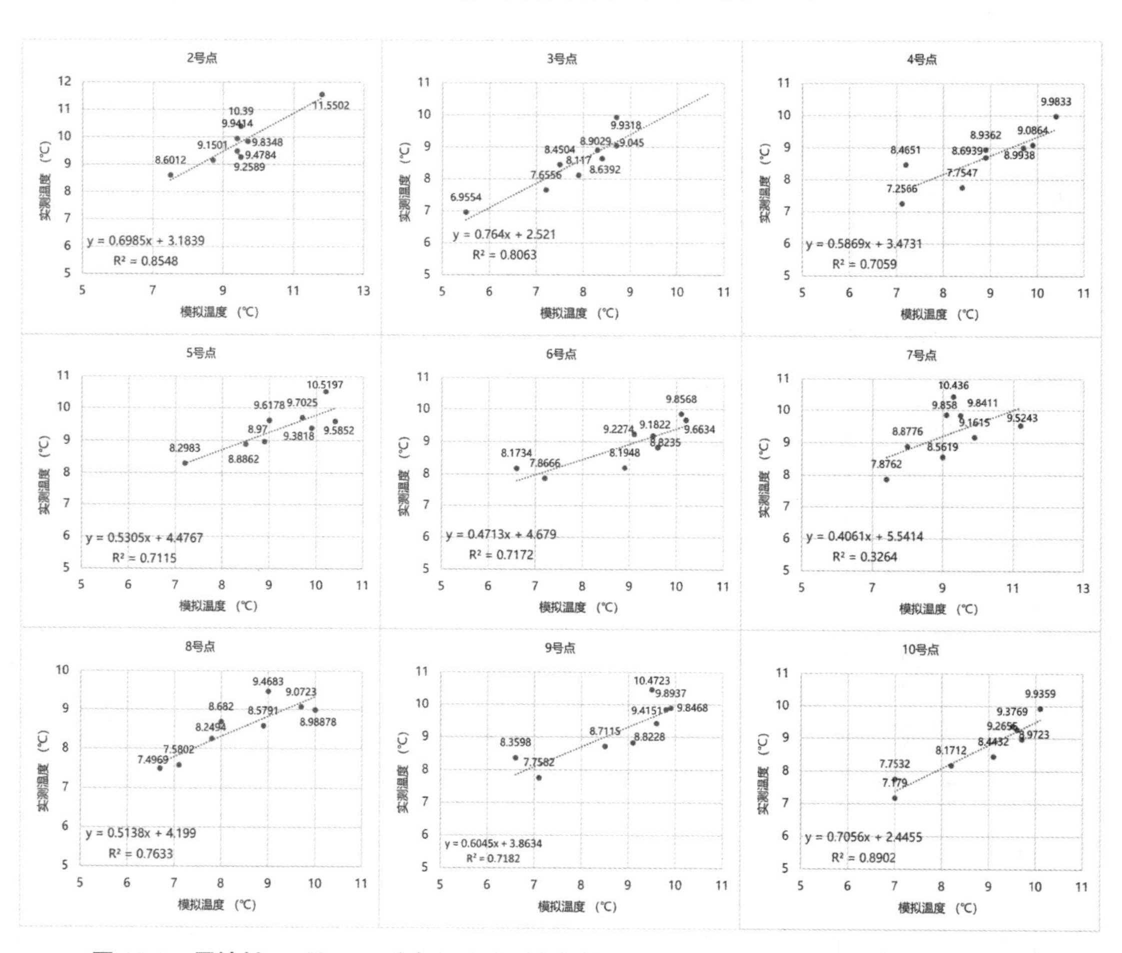

图 10-8 周铁村 12 月 22 日空气温度实测值与模拟值的相关性分析（图片来源：作者自绘）

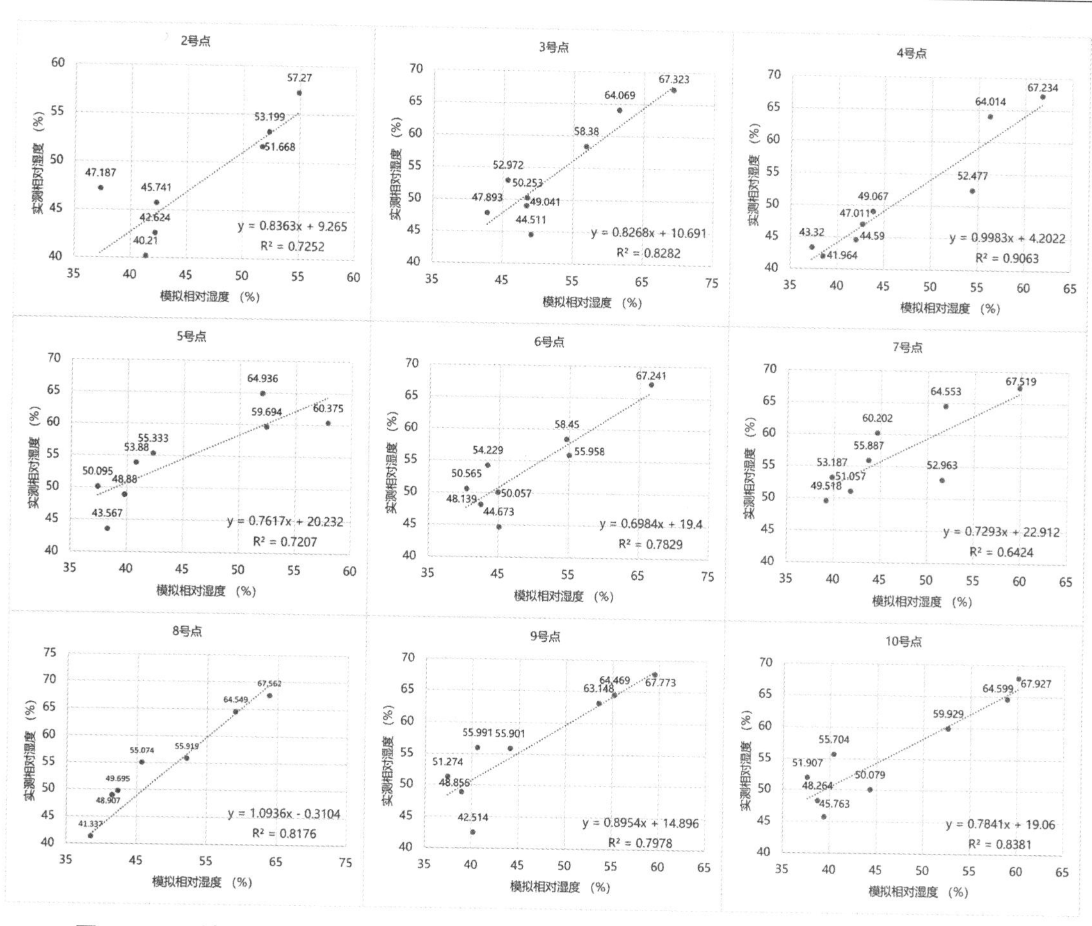

图 10-9　周铁村 12 月 22 日相对湿度实测值与模拟值的相关性分析（图片来源：作者自绘）

表 10-1　空气温度、相对湿度实测值与模拟值的判定系数（R^2）

测点	空气温度	相对湿度	测点	空气温度	相对湿度
X2	0.85	0.73	X3	0.81	0.83
X4	0.71	0.91	X5	0.71	0.72
X6	0.72	0.78	X7	0.33	0.64
X8	0.76	0.82	X9	0.72	0.80
X10	0.89	0.84			

表 10-2　空气温度、相对湿度实测值与模拟值的均方根误差（*RMSE*）

评价量	备注说明	*RMSE*
温度	距地面 1.5 m	1.54/（℃）
相对湿度	距地面 1.5 m	6.79/（%）

10.2.3 典型计算日的选取

从人的主观感觉角度出发，一年中最冷月和最热月的气候状况能够直接反映当地的冷热程度[52]。ENVI-met 软件计算结果全面，但耗时较长，对本研究建立的 48 个基准模型冬、夏季每天逐时微气候进行模拟分析难以实现，而且无法将此方法运用到实际村镇社区规划建设当中。因此，需选取能够代表最冷月 1 月和最热月 7 月普遍气候特征的典型气象日进行冬、夏季微气候模拟。

一般常用中国建筑热环境分析专用气象数据库（CSWD）中典型气象年逐时气象数据进行典型计算日的计算选取，CSWD 观测时间较长且数据来源较新，能够代表该地区各月的典型气象状况[94]。但 CSWD 气象数据来源的气象站常位于郊区且海拔较高，无法反映局地微气候的影响。故本团队于 2020 年 12 月 21 日在江苏省宜兴市周铁村安装了 Onset HOBO RX3004 固定式气象站，用于记录逐时气象数据，固定式气象站具体介绍见上文。迄今为止已记录超过 1 年的气象数据，其气象数据能很好地反映村镇社区空间形态对微气候的影响，因此本研究选择固定式气象站记录的 2021 年整年逐时气象数据对典型计算日进行计算选取。采用一致性指数 d 对每日各时刻气象参数值与该月各时刻气象参数平均值之间的误差进行衡量，从而选取典型计算日，该指标充分考虑了平均误差的相对大小及误差值的敏感性，计算公式如式（10-7）所示：

$$d = 1 - \frac{\sum_{i=1}^{n}\left(X_{day,i} - X_{month,i}\right)^2}{\sum_{i=1}^{n}\left(\left|X_{day,i} - \bar{X}_{month}\right| + \left|X_{month,i} - \bar{X}_{month}\right|\right)^2} \tag{10-7}$$

式中，d——一致性指数；

$X_{day,i}$——每日 i 时刻的气象参数逐时值；

$X_{month,i}$——该月 i 时刻的气象参数的平均值；

$\bar{X}_{month}$——该月各时刻气象参数平均值的均值；

n——一天中的小时数。

典型计算日的选取主要是分析相对关键气象要素并对其进行加权考虑。在此基础上，计算每日各气象要素的一致性指数，根据权重系数计算加权和并进行排序比较，选取一致性指数值最大的一天作为典型计算日。

目前对于不同气象要素加权系数的确定主要从气象数据的使用目的出发，在相关标准和规范中并没有统一规定[95-97]。表 10-3 列举了部分学者在建立典型气象年数据中采用的不同气象要素加权系数，均将空气温度、相对湿度、风速和太阳辐射作为主要分析要素。由于太阳辐射作为最基本的气象要素，空气温度、相对湿度等无不受到太阳辐射的影响，因此大部分学者将其加权系数都设为 1/2。此外，学者 Hall、Wong 和 Yang 在他们的研究中均认为空气温度、湿度和风速这 3 个气象参数的权重系数相等。综合以上，本文选取空气温度、相对湿度、风速和太阳辐射作为分析气象要素，并将其加权系数分别设定为 1/6、1/6、1/6 和 3/6。

表 10-3　气象要素加权系数

气象要素	加权系数					
	Hall[98]	Marion[99]	Wong[100]	Yang[101]	Pissimanis[102]	Jiang[103]
空气温度	1/6	2/10	1/4	1/6	5/32	5/20
湿度	1/6	2/10	1/4	1/6	5/32	3/20
风速	1/6	1/10	1/4	1/6	6/32	2/20
太阳辐射	3/6	5/10	1/4	3/6	16/32	10/20

综上所述，对气象站所记录的最冷月 1 月和最热月 7 月逐日气象数据的一致性指数进行加权和计算，通过排序最终分别选取 1 月 19 日作为冬季典型计算日，7 月 9 日作为夏季典型计算日。

10.2.4　模拟参数设置

ENVI-met 软件参数设置主要包括物理模型、背景气象和人体热舒适度参数设置等 3 个方面。

10.2.4.1　物理模型参数设置

将 48 个基准模型作为苏南地区村镇社区微气候研究对象，进行 ENVI-met 建模。为了计算方便，暂不考虑女儿墙、坡屋面和室内外高差等构造因素。模型的建筑层高均为 3 m，建筑层数为 3~4 层，建筑屋顶均设置为平屋面。综合考虑模拟运算时长与结果准确性，设置主模型区域网格数为 160 × 160 × 30，等距网格分辨率分别为 dx =1.5 m、dy=1.5 m、dz=1.5 m（dx 和 dy 为水平方向的分辨率；dz 表示垂直方向的分辨率），除近地面最底层网格被划分为 5 份等间距网格外，其余网格单元均具有相同的高度 [104]。此外，为了弱化外界条件对主模型区域模拟结果的影响，在主模型区域外围设置了以土壤为下垫面的 6 个嵌套网格 [105]。并且为每一个基准模型都外置了一个九宫格式样的边界缓冲区域（图 10-10），当空气温度、风速等参数沿着网格来到主模型的核心区域时，其模拟结果并不是直接产生的瞬时数值，而是由相邻网格的值求得。这种经历了漫长状态的反复调节过程被称为软件的“自我预热”，该过程可以明确减少建筑主模型与边界处模拟数据的断层式跳动，也是软件的帮助手册中比较推荐的一种可以减少因软件自身机制等造成负面效果的修正方法。最后对模型进行自检，自检结果符合模拟要求。ENVI-met 基准模型如图 10-11 所示。全部模型图见附录。

考虑到 CSWD 气象文件中苏南地区符合条件的只有南京市，因此将模拟地点设置为江苏省南京市（地理坐标约：32° N，119° E）。为了获得更加准确的微气候模拟结果，避免初始条件的影响，将模拟开始时间设置为前一天的 23：00，总模拟时长设置为 24 h[106]。

由于本文主要研究村镇社区空间形态对室外微气候的影响，为了避免下垫面材质不同对热环境产生影响，本文统一将主模型的下垫面材质设置为苏南地区村镇社区普遍采用的混凝土地面，其反射率为 0.2，导热系数为 1.51 W/ m^2·K，建筑围护结构热工性能参照相关节能标准及相关文献，外墙和屋顶的反射率均设为 0.3，墙体的传热系数设置为 1.5 W/m^2 · K [107]，屋面的传热系数设置为 1.28 W/m²·K [108]。

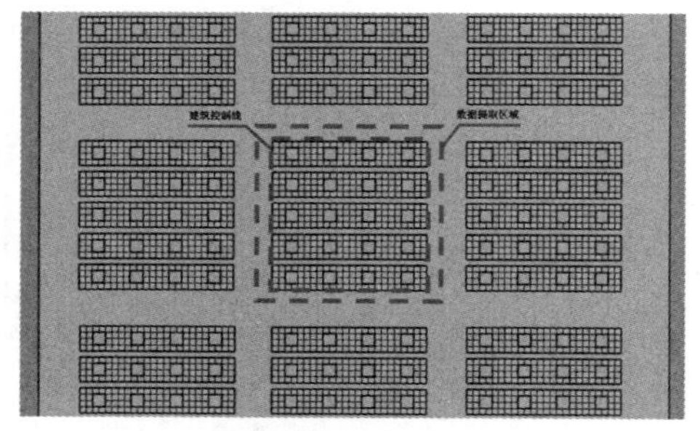

图 10-10　基准模型边界修正场景示意图
（图片来源：作者自绘）

图 10-11　基准模型 ENVI-met 模拟模型
（图片来源：作者自绘）

10.2.4.2　背景气象参数设置

ENVI-met 软件的背景气象参数设置主要包括 2 m 高度处空气温度和相对湿度、10 m 高度处风速风向、太阳辐射强度及不同深度的土壤温度和湿度。本节基于固定式气象站的数据，对冬、夏季典型计算日（1 月 19 日、7 月 9 日）村镇社区微气候模拟的背景气象参数进行设置。

来流边界模式采用简单强迫式（Simple Forcing），可将逐时空气温度和相对湿度作为边界条件进行强迫模拟，典型气象年数据中冬、夏季计算日逐时空气温度和相对湿度如表 10-4 所示。

表 10-4　夏、冬季典型计算日逐时空气温度和相对湿度

时间	夏季典型计算日		冬季典型计算日	
	空气温度（℃）	相对湿度（%）	空气温度（℃）	相对湿度（%）
00:00	24.20	86.00	5.60	67.90
01:00	24.00	84.00	5.10	70.70
02:00	23.80	90.00	4.70	73.60
03:00	23.60	90.00	4.30	76.40
04:00	24.10	92.00	3.90	79.30
05:00	23.40	94.00	3.40	82.10
06:00	24.00	93.00	3.00	85.00
07:00	24.70	87.00	3.60	81.00
08:00	26.10	79.00	4.20	77.00
09:00	28.10	73.00	4.80	73.00
10:00	29.50	73.00	5.40	69.00
11:00	29.50	83.00	6.00	65.00
12:00	28.30	80.00	6.60	61.00
13:00	28.30	81.00	7.20	57.00

续表

时间	夏季典型计算日		冬季典型计算日	
	空气温度(℃)	相对湿度(%)	空气温度(℃)	相对湿度(%)
14:00	29.00	70.00	7.80	53.00
15:00	30.60	69.00	8.40	49.00
16:00	31.60	67.00	9.00	45.00
17:00	31.90	71.00	8.60	47.90
18:00	31.20	74.00	8.10	50.70
19:00	31.10	77.00	7.70	53.60
20:00	30.40	83.00	7.30	56.40
21:00	29.50	89.00	6.90	59.30
22:00	28.70	92.00	6.40	62.10
23:00	28.00	95.00	6.00	65.00

初始风速分别采用冬、夏季典型计算日的日平均值。此外,由于在选取典型计算日时,未将风向作为分析要素,并且阵风风向变化频繁,若采用典型计算日的最多风向无法准确反映风向的普遍规律。因此,需对固定式气象站记录数据中1月和7月的逐时风向频率进行统计,选择频率最高的风向分别作为冬、夏季的典型风向。图10-12为1月和7月风向频率统计结果,表10-5为背景气象条件中的风速和风向值。

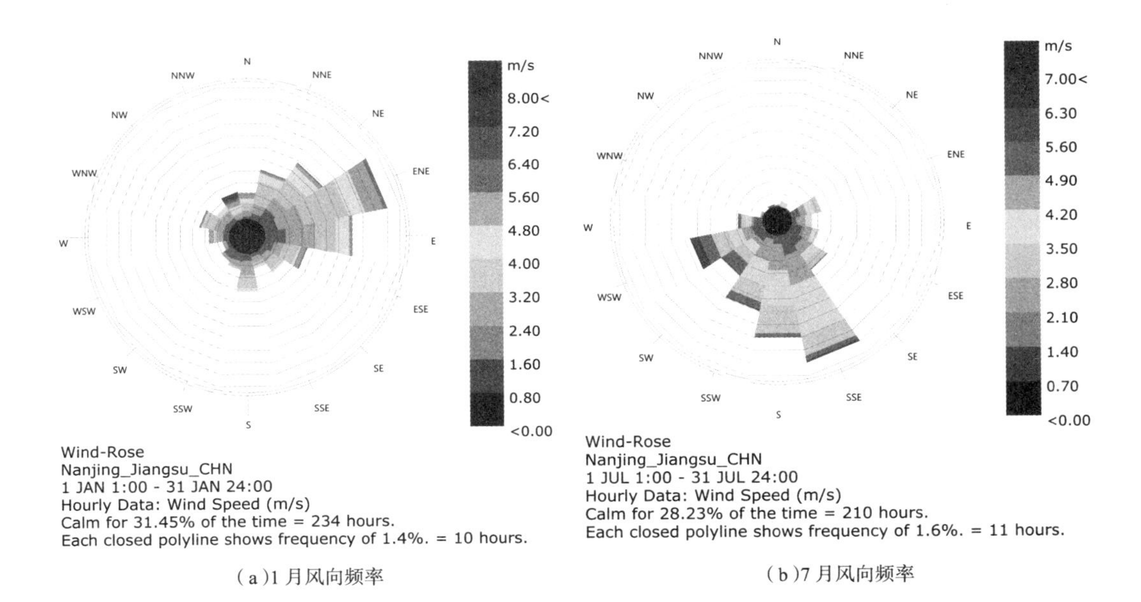

(a)1月风向频率　(b)7月风向频率

图10-12　1月和7月的风向频率统计结果(图片来源:作者自绘)

表 10-5 背景气象条件的风速和风向值

气象参数	1月	7月
风速(m/s)	2.7	3.1
风向(°)	67.5	157.5

对于太阳辐射强度，ENVI-met 软件可以根据模拟地点的经纬度自动计算生成逐时太阳辐射强度，并通过设置调节系数对太阳辐射量进行修改，调节系数区间为 0.5~1.5。调节太阳辐射量应保证太阳总辐射及散射辐射的最大值与典型计算日的值相等，而且使日辐射总量与典型计算日数值尽量相近[109]。根据上述原则，基于典型气象年数据，将冬、夏季典型计算日太阳辐射调节系数分别设置为 0.96 和 0.71，太阳辐射强度逐时变化情况见图 10-13。

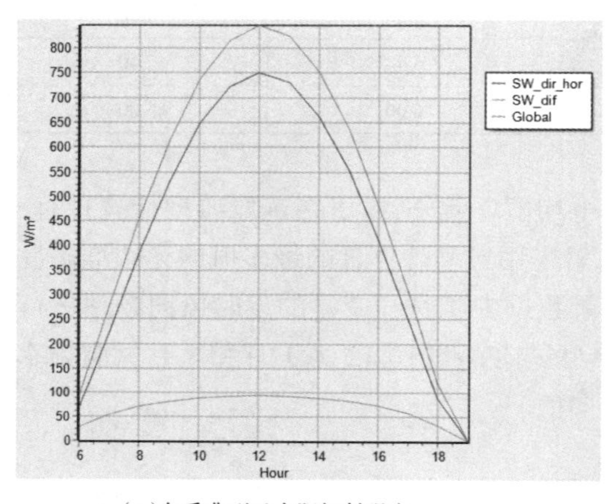

(a)冬季典型日太阳辐射强度

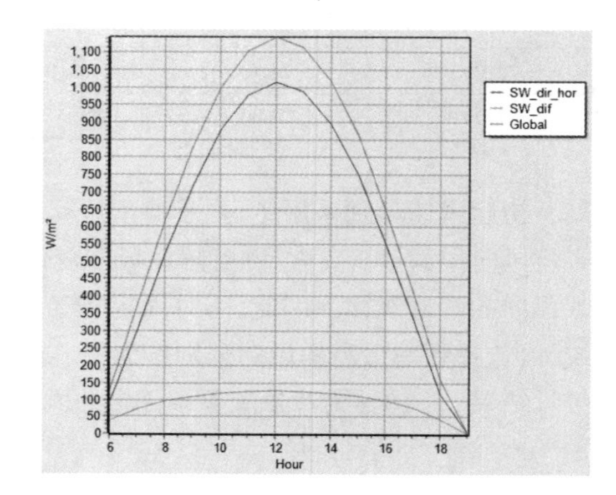

(b)夏季典型日太阳辐射强度

图 10-13 典型计算日逐时太阳辐射强度(图片来源:作者自绘)

根据前人对高空湿度变化特征及其与空气温度和相对湿度的相关研究结果，将 2 500 m 高度处的冬季典型计算日空气比湿值设定为 3.66 g/kg，夏季典型计算日空气比湿值设定为 18.37 g/kg[110]。土壤初始温度与湿度根据相关研究结果和实测设定，如表 10-6 所示[111][112]。

表 10-6 土壤初始温度与湿度

深度	冬季典型计算日		夏季典型计算日	
	温度(℃)	湿度(%)	温度(℃)	湿度(%)
0~20 cm	6.00	70.00	27.00	70.00
20~50 cm	6.00	75.00	27.00	75.00
50~200 cm	6.00	75.00	27.00	75.00
>200 cm	6.00	75.00	27.00	75.00

根据世界气象组织气象仪器及观测方法指南规定，将气象站地面粗糙度设置为 0.1 m[113]。

10.2.4.3　人体热舒适度参数设置

人体热舒适度参数设置主要包括身高、体重、新陈代谢率和服装热阻等，根据相关规范及文献，设置室外人体标准模型为体重 75 kg，身高 1.75 m。冬季典型日服装热阻设置为 1.1 clo，活动状态为步行，步行速度为 1.21 m/s，折合新陈代谢率为 84.49 W；夏季典型日服装热阻设置为 0.7 clo，活动状态为步行，步行速度为 1.21 m/s，折合新陈代谢率为 84.49 W。

综上所述，ENVI-met 软件模拟的参数设置汇总如表 10-7 所示。

表 10-7　模拟参数设置

输入项名称	输入参数	
网格数量及分辨率	160 × 160 × 30 x = 1.5 m，y = 1.5 m，z = 1.5 m	
模拟日期	2021-07-09	2021-01-19
模拟时长	23:00 —次日 24:00	
土壤温度	27 ℃（0~20 cm）/ 27 ℃（20 ~50 cm）	6 ℃（0~20 cm）/ 6 ℃（20~50 cm）
土壤湿度	70%（0 ~20 cm）/75%（20~50 cm）	70%（0 ~20 cm）/75%（20 ~50 cm）
空气温度	23.4 ~31.9 ℃	3.0 ~9.0 ℃
相对湿度	67%~95%	45%~85%
风速风向	3.1 m/s，157.5°	2.7 m/s，67.5°
粗糙长度	0.01	
外墙	传热系数为 1.5（W/m²·K），反射率为 0.3	
屋面	传热系数为 1.28（W/m²·K），反射率为 0.3	
下垫面	传热系数为 1.28（W/m²·K），反射率为 0.2	
服装热阻	0.70 clo	1.10 clo
人体代谢率	84.49 W	84.49 W

10.2.5　模拟分析内容

根据 10.2.4 节模拟参数的设置，对 48 个基准模型冬、夏季典型计算日的室外微气候进行模拟，针对村镇社区空间形态参数对室外行人高度处微气候评价指标的影响规律开展研究，并建立空间形态参数与微气候评价指标的量化模型。

空气温度和风速是室外热环境的主要参数，对人体散热及冷热程度有显著影响。《绿色建筑评价标准》（GB/T 50378—2019）[114] 和《城市居住区热环境设计标准》（JGJ 286—2013）[72] 均将风速和空气温度作为重要的室外热环境设计和评价指标。近年来相关学者试图采用单一参数对室外热环境进行综合评价，即热舒适度指标，它综合考虑了对人体热舒适度有影响作用的各类因素，体现了人体对热环境的整体热舒适度状态[12]。因此，考虑到规范的工程应用及最新的研究趋势，本研究选择风速比、空气温度的单一指标和热舒适度综合指标分别作为室外热环境评价指标，并基于各基准模型的模拟结果，对村镇社区空间形态参数对微气候评价指标的量化关系开展深入研究。

根据前文 10.2 节相关文献总结，村镇社区空间形态参数主要选取容积率、建筑平面组合形式、建筑群体朝向、建筑密度、平面围合度、建筑高度、建筑平均高度、最大建筑高度和建筑高度离散度。此外，根据以往对室外风环境的研究结果可知，建筑朝向对风速值的影响是由建筑朝向与来流风向之间的相对角度导致，因此本研究引入建筑风向投射角指标（后文简称风向投射角），其定义为来流风向与建筑群体方向之间的夹角[104]。对各基准模型空间形态参数范围进行统计，其中风向投射角依据冬、夏季模拟气象参数设置中主导风向与建筑群体方向进行计算。各基准模型空间形态参数符号及参数范围如表 10-8 所示。

表 10-8 基准模型空间形态参数符号及数据范围

空间形态参数	符号	单位	数据范围
建筑群体朝向	D_{bg}	°	0.0~90.0
风向投射角（夏季）	θ_s	°	22.5~67.5
风向投射角（冬季）	θ_w	°	22.5~67.5
建筑密度	λ_b	--	0.15~0.56
平面围合度	C_p	--	0.21~0.79
建筑高度	H	m	9.0~12.0
建筑平均高度	H_{avg}	m	8.4~12.0
最大建筑高度	H_{max}	m	9.0~12.0
建筑高度离散度	H_{std}	m	0.00~3.16
容积率	Far	--	0.61~2.24

由于本文 48 个基准模型建筑形体简单，通过 SketchUp 建立基准模型，上述空间形态参数均可通过 Excel 表格手动完成计算，各空间形态参数计算结果见附录。

10.2.6 数据处理方法

利用 ENVI-met 软件对 48 个基准模型，96 种冬、夏季室外热环境工况进行模拟，每个工况的 24 h 模拟需要消耗的实际时长约 72 h 左右，好在软件自身支持多核心、多线程运算，运算所有 96 组工况最终历时近 2 个月。模拟完所有工况后，需要筛选出室外活动时间段内数据并进行处理和分析。根据相关研究，将户外活动时长的统计规定在早上 6 点至晚上 10 点这 17 h 之内，考虑到我国国情，将不同年龄段人群活动时间及其分布归类，本研究将室外活动时长统计提前了 1 h，即从早上 5 点至晚上 10 点共 18 h[115]。此外，本研究利用 Python 语言中 Pandas 数据库强大的数据处理分析功能，自行编写代码，对模拟数据进行自动筛选及处理，具体操作步骤及部分代码如下。

（1）利用 ENVI-met 的 Leonardo 工具提取整个场地的坐标参数及其对应的微气候指标值（空气温度、风速、PET），如图 10-14 所示。各微气候参数按坐标顺序排列，其中 Data 表示空气温度，Contour 表示风速，Symbol 表示 PET，建筑所在网格值为空值，ENVI-met 软件

默认用 -999 表示。将 96 种工况 5：00—22：00 的逐时模拟结果导出，共得到 1 728 个 CSV 文件。

1 Leonardo导出微气候指标参数CSV文件

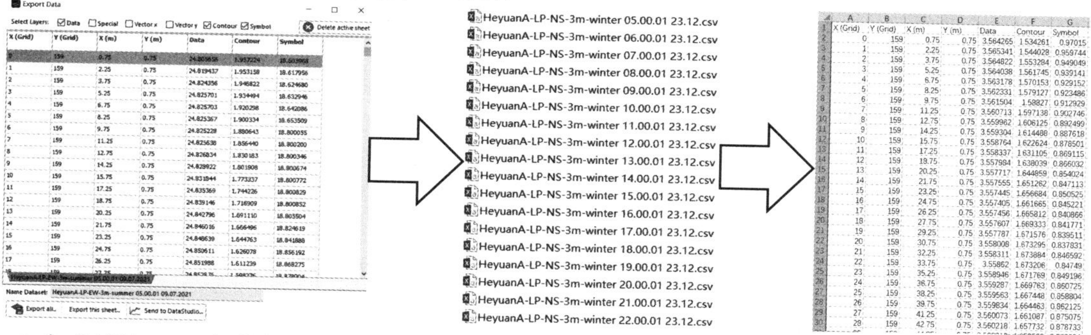

2 自动读取CSV文件数据

```
In [ ]: import pandas as pd
        import os
        os.chdir('.')
        def fns():
            items=os.listdir('.')
            lst=[]
            for e in items:
                if e.endswith('.csv'):
                    lst.append(e)
            return lst
```

3 自动筛选主模型核心区域模拟结果

```
In [ ]: for i in range(rows):
            tt=list(myres.iloc[i,:])
            a1,b1=list(myres.iloc[i,:])[0],list(myres.iloc[i,:])[1]
            if(52<=a1<=107 and 52<=b1<=107):
                res2.append(tt)
```

4 剔除建筑所在网格数据值

```
In [ ]: res1=[]
        for i in range(rows):
            a=list(res.iloc[i,:])
            if(-999.0 not in a):
                res1.append(a)
        myres=pd.DataFrame(res1)
```

5 对逐时模拟结果自动求平均值

```
In [ ]: myres1=pd.DataFrame(res2)
        print(myres.shape[0])
        avg=myres1.mean()
        avg=[""]+list(avg)
```

图 10-14　模拟数据自动提取及处理流程（图片来源：作者自绘）

（2）利用 Python 语言自动读取 CSV 文件数据。

（3）以坐标值为筛选条件自动筛选出各时刻主模型核心区域模拟结果。

（4）剔除建筑所在网格的数据值。

（5）将提取后 5：00—22：00 逐时模拟结果的空气温度、风速、PET 值自动求平均值，得到各个工况一天的平均空气温度、平均风速和平均 PET 值。

最后利用上述平均值为数据基础，对空间形态参数与微气候评价指标的关系开展研究。利用 Python 对单个工况的逐时数据提取和处理只需 30 s 左右，大大节省了数据处理的时间。

10.3 风速与村镇社区空间形态参数的量化关系

本节将基于 ENVI-met 软件对 48 个村镇社区基准模型，96 种冬、夏季室外热环境工况的模拟结果，针对村镇社区空间形态参数对风速的敏感性、不同建筑平面组合形式间风速的差异性及基于空间形态参数的风速量化模型开展研究。

10.3.1 室外风环境评价方法的确定

根据以往相关研究，常用的室外风环境评价方法主要包括蒲福风级[116]、相对舒适度评价法[117]、风概率数值评价法[118]、风速比评价方法[119]等。其中，蒲福风级、相对舒适度评价法以及风概率数值评价法主要考虑风安全及风舒适，根据相应标准中的临界风速与频率对风环境进行评估；风速比评价法不以风速值的大小来评估风环境，其主要用来评估由于周边环境的干扰而导致的风速变化程度。

由于建筑周围的行人高度处风速受来流风速的影响而改变，因此在以某一特定风速为边界条件时，各测点风速值的模拟结果对于实际工程设计的指导作用有限。为了使研究结果更具普适性，本研究采用风速比作为评价室外风环境的指标。风速比反映了不同建筑空间形态对风速的影响程度，已被广泛应用在风环境数值模拟、风洞试验及现场实测的研究中[104]，风速比计算公式如式（10-8）所示。

$$R_i = \frac{U_i}{U} \tag{10-8}$$

式中，R_i——风速比；

U_i——建筑物存在时，i 点位置行人高度处的风速（m/s）；

U——建筑物不存在时，i 点位置行人高度处的风速（m/s）。

由于大气边界层满足“水平均匀性”，因此将模拟的背景气象参数中初始风速作为公式中来流风速（U值），即冬、夏季来流风速分别为 2.7 m/s 和 3.1 m/s，将模拟结果中冬、夏季工况行人高度处的平均风速作为公式中U_i值，本节将采用平均风速比作为风环境的评价指标开展研究。

10.3.2 村镇社区空间形态参数对风速比的敏感性分析

在研究空间形态参数与平均风速比的量化关系之前，需掌握各空间形态参数对平均风速比影响的显著性及显著程度，以此厘清矛盾的主次关系，为量化模型研究提供理论支持。

通过单因素方差分析，得出平均风速比受村镇社区空间形态参数影响的重要程度，所选空间形态参数包括建筑平面组合形式、容积率、建筑密度、平面围合度、道路高宽比、风向投射角、建筑平均高度、最大建筑高度以及建筑高度离散度。通过 *Sig.* 值判断空间形态参数对平均风速比影响的显著性，若 *Sig.* 值小于 0.05，表明该空间形态参数对平均风速比具有显著影响；根据 *F* 值① 判断空间形态参数对平均风速比影响的显著程度，*F* 值越大表明该形态参数对平均风速比影响的显著程度越大，否则相反 [120]。

10.3.2.1　夏季村镇社区空间形态参数敏感性分析

夏季村镇社区平均风速比与空间形态参数的单因素方差分析结果如表 10-9 所示。结果表明：道路高宽比和最大建筑高度的 *Sig.* 值均大于 0.05，说明这两个参数对平均风速比无显著影响；其他空间形态参数对平均风速比均有显著影响。通过比较 *F* 值可知，空间形态参数对夏季平均风速比影响程度由大到小依次为：建筑高度离散度、建筑平均高度、建筑平面组合形式、平面围合度、建筑密度、容积率和风向投射角。

根据显著性分析结果，将对夏季村镇社区平均风速比具有显著影响的量化空间形态参数进行相关性分析，从而判断空间形态参数与平均风速比之间的线性趋势及线性相关程度。此外，可根据 $|R|$ 对变量间相关程度进行分级 [121]：当 $|R| \geqslant 0.9$ 时，属于极高相关；当 $0.7 \leqslant |R| < 0.9$ 时，属于高度相关；当 $0.4 \leqslant |R| < 0.7$ 时，属于中度相关；当 $0.2 \leqslant |R| < 0.4$ 时，属于低度相关；当 $|R| < 0.2$ 时，属于极低相关。

表 10-9　夏季村镇社区空间形态参数与平均风速比的显著性分析

空间形态参数	*F* 值	*Sig.* 值
建筑平面组合形式	5.872	0.000**
建筑密度	2.909	0.006**
容积率	2.145	0.033*
平面围合度	3.995	0.000**
道路高宽比	0.373	0.773
最大建筑高度	0.992	0.324
建筑平均高度	7.166	0.001**
风向投射角	0.386	0.001**
建筑高度离散度	10.950	0.000**

注：**$p < 0.01$，*$p < 0.05$。

表 10-10 为相关性分析结果，根据结果可知，建筑高度离散度与夏季平均风速比呈线性负相关，且相关程度最高，相关系数绝对值为 0.554；风向投射角与夏季平均风速比呈线性正相关，相关程度较高，相关系数绝对值为 0.467。此外，建筑平均高度、平面围合度、建筑密度和容积率与夏季平均风速比相关程度不明显，属于低度或极低度相关。

① *F* 检验（*F*-test），最常用的别名叫做联合假设检验（英语：joint hypotheses test），此外也称方差比率检验、方差齐性检验。

表 10-10　夏季村镇社区空间形态参数与平均风速比相关性分析

空间形态参数	相关系数 *R*
建筑高度离散度	-0.554**
建筑平均高度	0.158
平面围合度	-0.111
建筑密度	0.100
容积率	-0.023
风向投射角	0.467**

注：$^{**}p < 0.01$，$^{*}p < 0.05$。

10.3.2.2　冬季村镇社区空间形态参数敏感性分析

冬季村镇社区平均风速比与空间形态参数的单因素方差分析结果如表 10-11 所示。根据结果可知，道路高宽比和最大建筑高度的 *Sig.* 值均大于 0.05，说明上述参数对冬季平均风速比无显著影响；其他空间形态参数均对平均风速比有影响显著。通过比较 *F* 值可知，村镇社区空间形态参数对冬季平均风速比的影响程度由大到小依次为：建筑高度离散度、建筑平面组合形式、建筑平均高度、平面围合度、建筑密度、容积率、风向投射角。

表 10-11　冬季村镇社区空间形态参数与平均风速比的显著性分析

空间形态参数	*F* 值	*Sig.* 值
建筑平面组合形式	11.703	0.000**
建筑密度	6.109	0.000**
容积率	6.024	0.000**
平面围合度	8.335	0.000**
道路高宽比	0.839	0.48
最大建筑高度	2.590	0.114
建筑平均高度	9.014	0.000**
风向投射角	0.367	0.036*
建筑高度离散度	13.793	0.000**

注：$^{**}p < 0.01$，$^{*}p < 0.05$。

表 10-12 为冬季空间形态参数与平均风速比的相关性分析结果。结果表明：建筑高度离散度与冬季平均风速比呈线性负相关，而且相关程度较高，相关系数绝对值为 0.613；风向投射角和建筑密度与冬季平均风速比呈线性正相关，相关程度依次降低，相关系数绝对值分别为 0.303 和 0.211；建筑平均高度、平面围合度和容积率与冬季平均风速比相关性较弱。

表 10-12　冬季村镇社区空间形态参数与平均风速比相关性分析

空间形态参数	相关系数 R
建筑高度离散度	-0.613**
建筑平均高度	0.106
平面围合度	-0.055
建筑密度	0.211
容积率	-0.007
风向投射角	0.303*

注:**$p < 0.01$,*$p < 0.05$。

10.3.3　建筑平面组合形式与风速比的关系

根据 10.3.2 节村镇社区空间形态参数对冬、夏季室外平均风速比的敏感性分析结果可知,建筑平面组合形式对平均风速比影响程度较大。因此本节将进一步对不同建筑平面组合形式之间平均风速比的差异进行比较分析。

10.3.3.1　夏季建筑平面组合形式与风速比的关系

首先,通过多重比较分析方法,对夏季不同建筑平面组合形式之间的平均风速比是否存在显著性差异进行分析,根据分析结果中的显著性指标 *Sig.* 值判断两组平面组合形式之间是否存在显著性差异,若 *Sig.* 值小于显著性水平则说明具有显著性差异,否则反之。显著性水平是假设检验中的一个概念,是指当原假设为正确时人们却把它拒绝了的概率或风险。它是公认的小概率事件的概率值,必须在每一次统计检验之前确定,通常取 0.05 或 0.01。这表明,当做出接受原假设的决定时,其正确的可能性(概率)为 95% 或 99%。本文的显著性水平取 0.05。分析结果如表 10-13 所示。根据多重比较分析结果可知,对于行列式布局方式,不同的建筑原型如联排(A-HL)与封闭式合院(B-HL)、架空式合院(C1-HL、C2-HL)之间的平均风速比有显著性差异;封闭式合院(B-HL)与架空式合院(C1-HL)之间的平均风速比有显著性差异,却与架空式合院(C2-HL)之间的平均风速比无显著性差异;不同的架空式合院,如 C1-HL、C2-HL 之间的平均风速比也没有显著性差异。对于围合式布局方式,不同的建筑原型,如联排(A-WH)、封闭式合院(B-HL)、架空式合院(C1-WH、C2-WH)之间的平均风速比均没有显著性差异,而且不同架空式合院,如 C1-WH、C2-WH 之间的平均风速比也没有显著性差异。这表明建筑平面组合形式对夏季部分行列式布局的村镇社区平均风速比有显著影响,对围合式布局的村镇社区平均风速比无显著影响。

表 10-13　夏季建筑平面组合形式间平均风速比的显著性差异分析(*Sig.* 值)

组合形式	A-HL	A-WH	B-HL	B-WH	C1-HL	C1-WH	C2-HL
A-WH	0.651	—	—	—	—	—	—
B-HL	0.013	0.013	—	—	—	—	—
B-WH	0.215	0.145	0.389	—	—	—	—

续表

组合形式	A-HL	A-WH	B-HL	B-WH	C1-HL	C1-WH	C2-HL
C1-HL	0.000	0.000	0.024	0.008	—	—	—
C1-WH	0.121	0.085	0.586	0.782	0.018	—	—
C2-HL	0.000	0.000	0.147	0.044	0.389	0.087	—
C2-WH	0.278	0.186	0.308	0.890	0.005	0.678	0.031

注：A-HL——行列式（联排）、A-WH——围合式（联排）、B-HL——行列式（封闭式合院）、B-WH——围合式（封闭式合院）、C1-HL——行列式（架空式合院）、C1-WH——围合式（架空式合院）、C2-HL——行列式（架空式合院）、C2-WH——围合式（架空式合院）。显著性水平为 0.05

夏季不同建筑平面组合形式对应的平均风速比区间分布情况如图 10-15、表 10-14 所示。分析可知，夏季村镇社区平均风速比总体分布范围约在 0.16~0.40 之间。其中，对于同一种建筑原型的基准模型，其行列式布局方式的平均风速比的下四分位数值、中位数和平均值均低于围合式布局的平均风速比的相应值，而行列式布局的平均风速比的四分位距均大于围合式布局的平均风速比的相应值，表明不同空间形态对行列式布局村镇社区夏季平均风速影响较大；围合式布局的村镇社区夏季平均风速变化较小且平均风速较高。联排围合式（A-WH）布局的村镇社区夏季平均风速比的四分位距最小，但中位数和平均值在各平面组合形式中最高，均为 0.35 左右，表明联排围合式（A-WH）布局的村镇社区在夏季平均风速普遍较高。架空式合院行列式（C1-HL）布局的村镇社区平均风速比中位数和平均值最低，分别为 0.20 和 0.21，表明架空式合院行列式（C1-HL）布局的村镇社区在夏季平均风速普遍较低。此外，夏季各建筑平面组合形式的平均风速比中位数由大到小依次为：A-WH——围合式（联排）、A-HL——行列式（联排）、C2-WH——围合式（架空式合院）、B-WH——围合式（封闭式合院）、C1-WH——围合式（架空式合院）、B-HL——行列式（封闭式合院）、C2-HL——行列式（架空式合院）、C1-HL——行列式（架空式合院）。

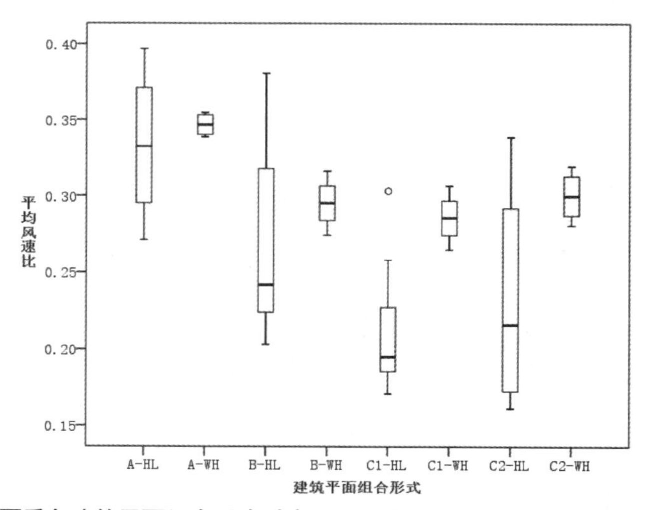

图 10-15　夏季各建筑平面组合形式对应平均风速比区间分布（图片来源：作者自绘）

表 10-14　夏季不同建筑平面组合形式的平均风速比

建筑平面组合形式	平均值	标准差
A-HL	0.33	0.047
A-WH	0.35	0.008
B-HL	0.27	0.064
B-WH	0.30	0.017
C1-HL	0.21	0.045
C1-WH	0.29	0.017
C2-HL	0.23	0.070
C2-WH	0.30	0.017
夏季全部组合形式	0.28	0.065

综上分析，夏季不同建筑平面组合形式对应的平均风速比分布情况呈现出特有的规律。围合式布局的平均风速比相对高于行列式布局，而且对于同一种布局方式的村镇社区，以联排（A）、封闭式合院（B）、架空式合院（C1、C2）为建筑原型的平均风速比依次降低。此外，不同空间形态对行列式村镇社区的平均风速影响较大，而对围合式村镇社区的平均风速影响较小。建筑平面组合形式仅对夏季部分行列式布局的村镇社区平均风速比有显著影响。

10.3.3.2　冬季建筑平面组合形式与风速比的关系

通过多重比较分析法，对冬季不同建筑平面组合形式之间的平均风速比是否存在显著性差异进行分析，分析结果如表 10-15 所示。根据结果可知，对于行列式布局方式，不同的建筑原型如联排（A-HL）、封闭合院（B-HL）及架空合院（C1-HL、C2-HL）之间的平均风速比有显著性差异，而不同的架空合院，如 C1-HL、C2-HL 之间的平均风速比无显著性差异。对于围合式布局方式，不同的建筑原型如联排（A-WH）和架空合院（C1-WH、C2-WH）之间的平均风速比有显著性差异，而联排（A-WH）和封闭合院之间（B-WH）的平均风速比无显著性差异；封闭式合院（B-WH）和架空合院（C1-WH、C2-WH）之间的平均风速比无显著性差异，而且不同架空式合院，如 C1-WH、C2-WH 之间的平均风速比也无显著性差异。这表明建筑平面组合形式对冬季部分行列式及围合式布局的村镇社区平均风速比均有显著影响。

表 10-15　冬季建筑平面组合形式间平均风速比的显著性差异分析（*Sig.* 值）

组合形式	A-HL	A-WH	B-HL	B-WH	C1-HL	C1-WH	C2-HL
A-WH	0.542	—	—	—	—	—	—
B-HL	0.046	0.027	—	—	—	—	—
B-WH	0.292	0.153	0.542	—	—	—	—
C1-HL	0.000	0.000	0.000	0.000	—	—	—
C1-WH	0.088	0.048	0.949	0.560	0.002	—	—
C2-HL	0.000	0.000	0.000	0.000	0.844	0.001	—

续表

组合形式	A-HL	A-WH	B-HL	B-WH	C1-HL	C1-WH	C2-HL
C2-WH	0.083	0.045	0.923	0.541	0.002	0.978	0.001

注：A-HL——行列式（联排）、A-WH——围合式（联排）、B-HL——行列式（封闭式合院）、B-WH——围合式（封闭式合院）、C1-HL——行列式（架空式合院）、C1-WH——围合式（架空式合院）、C2-HL——行列式（架空式合院）、C2-WH——围合式（架空式合院）。显著性水平为 0.05。

冬季不同建筑平面组合形式对应的平均风速比分布情况如图 10-16、表 10-16 所示。分析可知，冬季平均风速比总体分布范围约在 0.12~0.41 之间。其中，对于同一种建筑原型的基准模型，其行列式布局的平均风速比的下四分位数值、中位数和平均值均低于围合式布局的相应值，而行列式布局的平均风速比的四分位距均大于围合式布局的相应值，表明不同空间形态对行列式布局的冬季平均风速影响较大；围合式布局的冬季平均风速变化较小，而且平均风速较高。联排围合式（A-WH）布局的冬季平均风速比的四分位距最小，但中位数和平均值在各平面组合形式中的相应值最高，均为 0.36 左右，表明联排围合式（A-WH）布局的冬季平均风速普遍较高。架空式合院行列式（C2-HL）布局的平均风速比中位数和平均值最低，分别为 0.18 和 0.19，表明架空式合院行列式（C2-HL）布局的村镇社区在冬季平均风速普遍较低。此外，冬季各建筑平面组合形式的平均风速比中位数由大到小依次为：A-WH——围合式（联排）、A-HL——行列式（联排）、B-WH——围合式（封闭式合院）、B-HL——行列式（封闭式合院）、C2-WH——围合式（架空式合院）、C1-WH——围合式（架空式合院）、C1-HL——行列式（架空式合院）、C2-HL——行列式（架空式合院）。

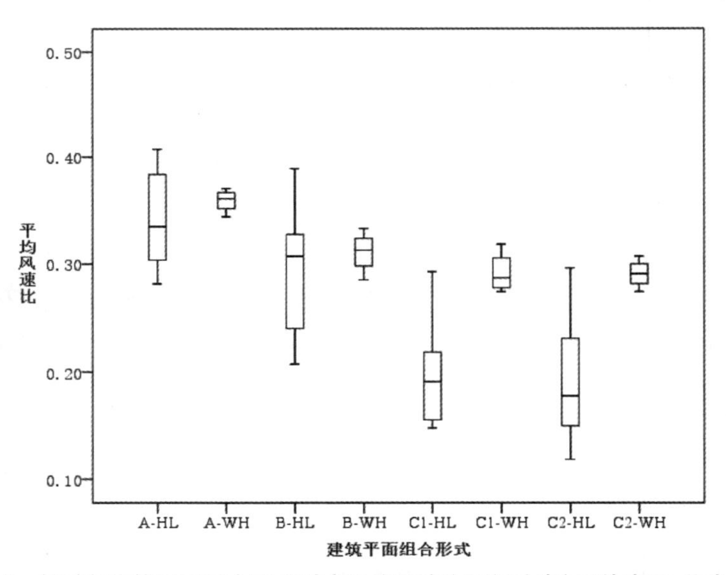

图 10-16　冬季各建筑平面组合形式对应平均风速比区间分布（图片来源：作者自绘）

表 10-16　冬季不同建筑平面组合形式的平均风速比

建筑平面组合形式	平均值	标准差
A-HL	0.34	0.048
A-WH	0.36	0.011
B-HL	0.29	0.061
B-WH	0.31	0.020
C1-HL	0.20	0.049
C1-WH	0.29	0.019
C2-HL	0.19	0.060
C2-WH	0.29	0.014
冬季全部组合形式	0.27	0.075

综上分析，冬季围合式村镇社区的平均风速比高于行列式村镇社区的平均风速比，而且对于同一种布局方式的村镇社区，以联排（A）、封闭式合院（B）、架空式合院（C1、C2）为建筑原型的平均风速比依次降低。此外，不同空间形态对行列式村镇社区的平均风速影响较大，而对围合式村镇社区的平均风速影响较小。建筑平面组合形式仅对冬季部分行列式及围合式布局村镇社区的平均风速比有显著影响。

10.3.4　基于村镇社区空间形态参数的风速比量化模型

为探索村镇社区空间形态参数对室外平均风速比的影响规律，本节将采用 SPSS 软件分别对冬、夏季平均风速比进行逐步多元回归分析，通过对单一自变量参数进行多种曲线拟合，寻找最具统计学意义的拟合模型，在此基础上建立空间形态参数与平均风速比的量化模型。

10.3.4.1　夏季村镇社区平均风速比量化模型

根据 10.3.2.1 节村镇社区空间形态参数与夏季平均风速比的敏感性分析结果，将对平均风速比具有显著影响的量化空间形态参数，即建筑高度离散度、建筑平均高度、平面围合度、建筑密度、容积率和风向投射角作为自变量，平均风速比作为因变量进行回归分析。通过前文夏季基准模型的微气候模拟结果，共获得夏季平均风速比数据 48 组，平均风速比的范围为 0.16~0.40，空间形态参数变化范围见附录。

由于自变量与因变量之间未必只存在线性相关，为了能够更加准确地描述变量间的量化关系，本文运用曲线估计的方法对空间形态参数（自变量）与夏季平均风速比（因变量）进行多种曲线类型拟合，以显著性指标 *Sig.* 和判定系数 R^2 作为主要参考依据，判断变量间的曲线关系[122]。本文重点考虑几种常见的曲线模型，包括线性模型、二次曲线模型、三次曲线模型和对数曲线模型，拟合结果如图 10-17 所示。

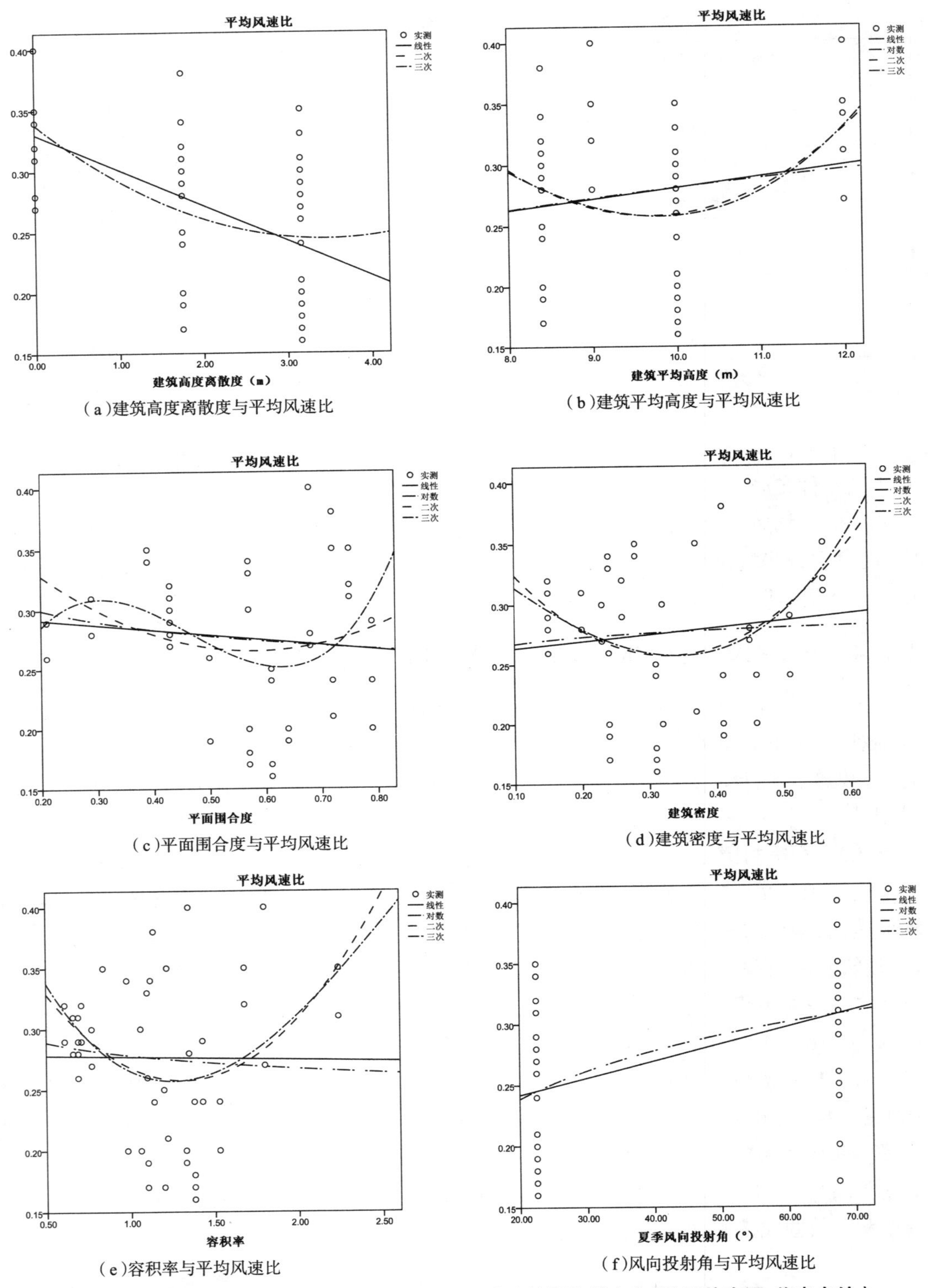

（a）建筑高度离散度与平均风速比

（b）建筑平均高度与平均风速比

（c）平面围合度与平均风速比

（d）建筑密度与平均风速比

（e）容积率与平均风速比

（f）风向投射角与平均风速比

图 10-17　夏季村镇社区空间形态参数与平均风速比的量化拟合曲线（图片来源：作者自绘）

表 10-17 为各拟合曲线的显著性指标 *Sig.* 值和判定系数 R^2 结果。由表可知，建筑高度离散度与平均风速比的拟合模型中，除了对数模型不具有显著的统计学意义，其他 3 种拟合模型的 *Sig.* 值均小于 0.01，表明均具有极显著的统计学意义，而且判定系数 R^2 值均在 0.3-0.33，拟合优度接近。风向投射角与平均风速比建立的 4 种拟合曲线模型均显示出极强的显著性，其 *Sig.* 值均小于 0.01，R^2 值均在 0.234 左右，拟合优度接近。容积率、建筑密度和平面围合度与平均风速比的拟合模型中，只在二次和三次模型中拟合优度较高，而其余模型的拟合结果均无显著性。建筑平均高度与平均风速比的拟合结果均无显著性。

表 10-17　夏季村镇社区空间形态参数与平均风速比拟合模型的判定系数（R^2）

空间形态参数	线性模型	二次模型	三次模型	对数模型
建筑高度离散度	0.305**	0.326**	0.326**	—
建筑平均高度	0.026	0.113	0.120	0.021
平面围合度	0.010	0.041	0.093*	0.014
建筑密度	0.011	0.097*	0.099*	0.002
容积率	0.001	0.128*	0.129*	0.007
风向投射角	0.234**	0.234**	0.234**	0.234**

注：**$p < 0.01$，*$p < 0.05$。

为了全面考虑回归模型中空间形态参数之间的相互影响，寻求能够解释村镇社区平均风速变化规律的最优空间形态参数组合，本研究将各空间形态参数与平均风速比之间具有显著统计学意义的曲线拟合模型作为自变量综合应用到回归分析当中。采用逐步线性回归方法，该方法能够对不同变量组合方式进行多次迭代回归分析，最终选取出最优的变量组合，并构建回归模型。结果显示经历 4 次方程迭代后，得到夏季村镇社区平均风速比的多元回归模型，如式（10-9）所示。

$$VR_{\mathrm{mw(S)}} = 0.635\lambda_{\mathrm{b}}^{3} - 0.235C_{\mathrm{p}}^{3} - 0.001H_{\mathrm{std}}^{3} + 0.057\ln(\theta_{\mathrm{s}}) + 0.11 \quad (10\text{-}9)$$

式中，$VR_{\mathrm{mw(S)}}$——夏季村镇社区行人高度处的平均风速比；

λ_{b}——建筑密度；

C_{p}——平面围合度；

H_{std}——建筑高度离散度（m）；

θ_{s}——夏季风向投射角（°）。

夏季村镇社区平均风速比多元回归模型综合分析结果如表 10-18 所示。由表可知，回归模型的 R^2 为 0.628，表明模型对夏季村镇社区平均风速比的解释度可到 62.8%；根据方差分析可知 *Sig.* 值小于 0.01，*F* 值为 19.830（来自 ANOVA 分布表），表明该回归模型具有极显著的统计学意义；*t* 检验[①] 中 *Sig.* 值均小于 0.05，表明回归系数均具有显著性，各自变量与因变量之间存在显著的相关关系；自变量 *VIF* 值均小于 10，表示回归模型不存在多重共线

① *t* 检验，亦称 student t 检验（Student' s t test）。

性；如图 10-18 所示，回归模型残差符合正态分布，表明多元回归模型与数据匹配程度良好，能很好预测夏季村镇社区室外平均风速。

表 10-18　夏季村镇社区平均风速比多元回归模型综合分析表

判定系数 R^2	*F* 值	*Sig.* 值	自变量	标准化回归系数	*t* 检验	*Sig.* 值	*VIF* 值
0.628	19.830	0.000	常量	—	2.210	0.002	—
			λ_b^3	0.517	2.127	0.039	5.004
			C_p^3	-0.532	-2.360	0.023	4.312
			H_{std}^3	-0.310	-2.403	0.021	1.412
			$ln(\theta_s)$	0.484	4.450	0.000	1.000

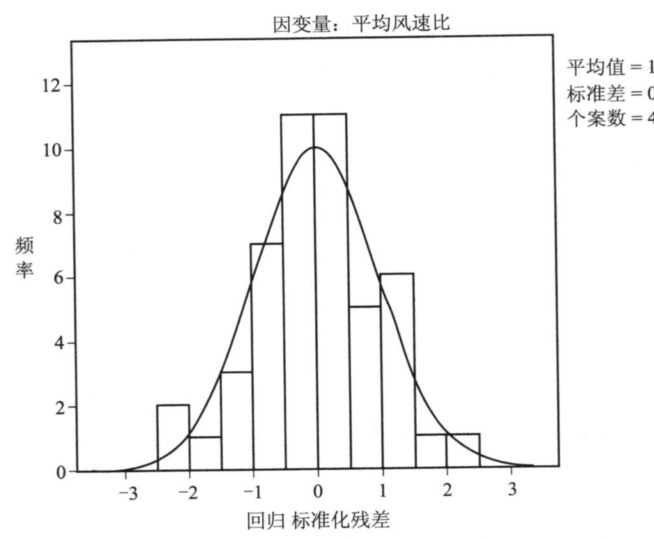

图 10-18　夏季村镇社区平均风速比多元回归模型残差分布（图片来源：作者自绘）

根据标准化回归系数可知，各自变量对夏季平均风速比影响程度由大到小依次为：平面围合度的三次方（C_p^3）、建筑密度的三次方（λ_b^3）、对数夏季风向投射角（$\ln(\theta_s)$）、建筑高度离散度的三次方（H_{std}^3）。

通过多元逐步回归模型可以得到如下结论：建筑密度、平面围合度、建筑高度离散度和风向投射角等共同对夏季村镇社区平均风速比发挥决定性作用。其中，随着平面围合度和建筑高度离散度的增大，夏季村镇社区平均风速比减小；随着建筑密度和风向投射角的增大，夏季村镇社区平均风速比增大。

10.3.4.2　冬季村镇社区平均风速比量化模型

将对冬季平均风速比具有显著影响的量化空间形态参数，即建筑高度离散度、建筑平均高度、平面围合度、建筑密度、容积率、风向投射角等作为自变量，冬季平均风速比作为因变量进行逐步回归分析。通过前文冬季基准模型的微气候模拟结果，共获得冬季村镇社区风速模拟结果 48 组，平均风速比的范围为 0.12~0.41，空间形态参数变化范围见附录。

首先确定各自变量与因变量之间的量化关系，运用曲线估计的方法对各空间形态参数与冬季平均风速比逐个进行多种曲线拟合。由于自变量与因变量之间未必只存在线性相关，为了能够更加准确地描述变量间的量化关系，因此本文重点考虑的曲线模型包括线性模型、二次曲线模型、三次曲线模型和对数曲线模型。图 10-19 为各空间形态参数与冬季平均风速比的拟合结果。

表 10-19 为各拟合曲线的显著性指标 *Sig.* 值和判定系数 R^2 结果。由表可知，建筑高度离散度与冬季平均风速比的拟合模型中，除了对数模型不具有显著的统计学意义，其他 3 种拟合模型的 *Sig.* 值均小于 0.01，并且决定系数 R^2 值均在 0.38 左右，拟合优度接近。风向投射角与平均风速比建立的 4 种拟合模型均显示出较强的显著性，其 *Sig.* 值均小于 0.05，R^2 值均在 0.095 左右，拟合优度接近。在平面围合度、建筑平均高度、建筑密度和容积率与平均风速比的拟合模型中，分别在三次曲线模型和二次曲线模型的拟合优度较高。

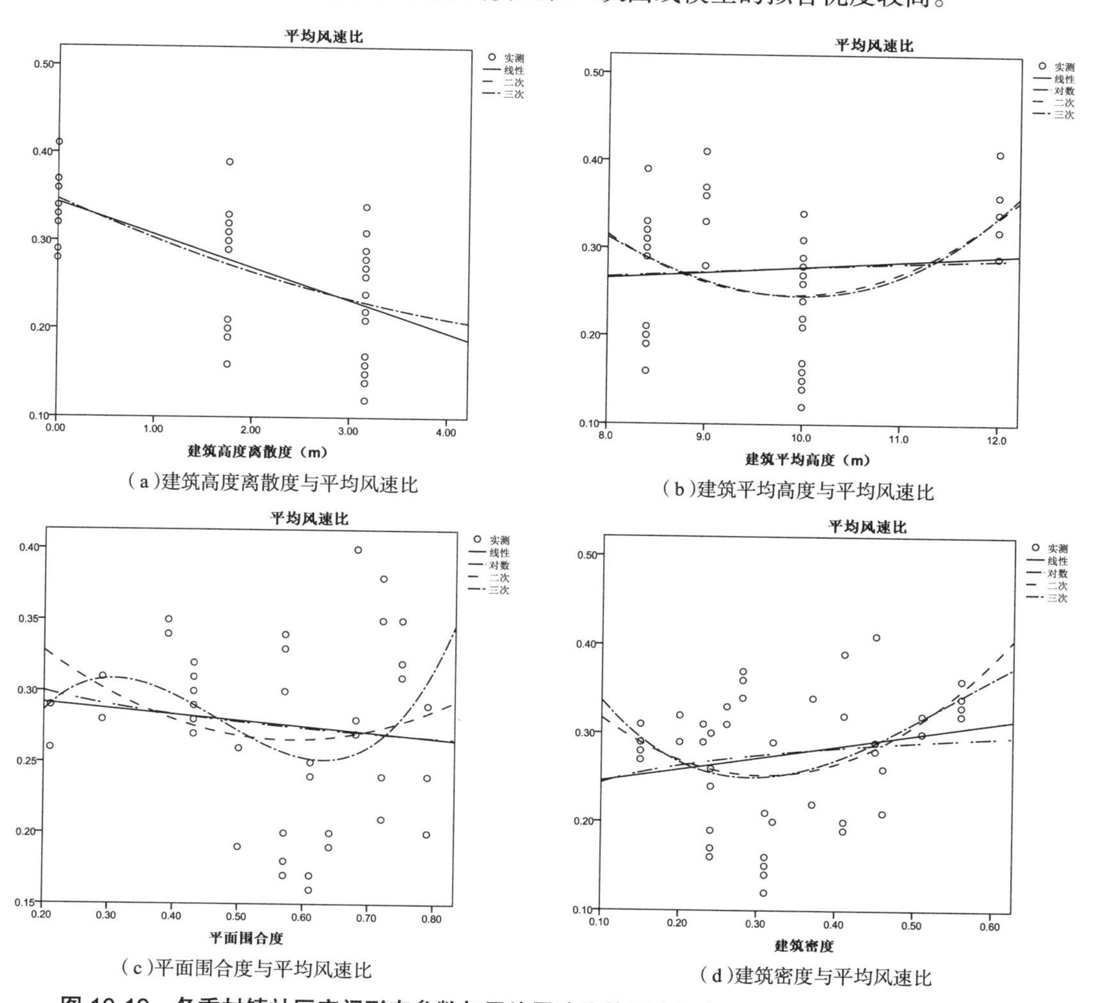

(a)建筑高度离散度与平均风速比

(b)建筑平均高度与平均风速比

(c)平面围合度与平均风速比

(d)建筑密度与平均风速比

图 10-19　冬季村镇社区空间形态参数与平均风速比的量化拟合曲线（图片来源：作者自绘）

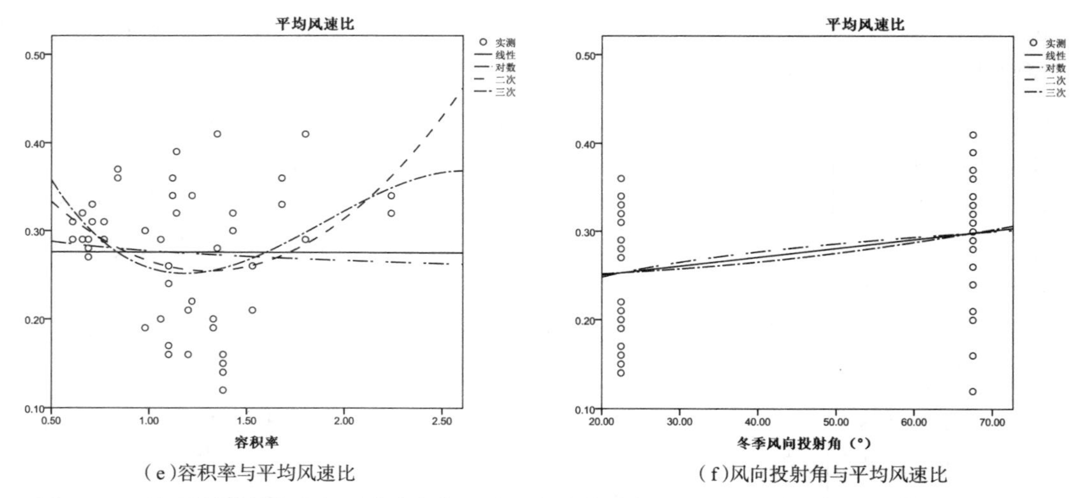

（e）容积率与平均风速比　（f）风向投射角与平均风速比

图 10-19　冬季村镇社区空间形态参数与平均风速比的量化拟合曲线（图片来源：作者自绘）（续）

表 10-19　冬季村镇社区空间形态参数与平均风速比拟合模型的判定系数（R^2）

空间形态参数	线性模型	二次模型	三次模型	对数模型
建筑高度离散度	0.378**	0.381**	0.381**	—
建筑平均高度	0.010	0.157*	0.167	0.006
平面围合度	0.002	0.102	0.214*	0.007
建筑密度	0.046	0.138*	0.141	0.023
容积率	0.001	0.125*	0.133	0.005
风向投射角	0.095*	0.095*	0.095*	0.095*

注：$^{**}p < 0.01$，$^{*}p < 0.05$。

为了寻求能够解释村镇社区冬季平均风速变化规律的最优空间形态参数组合，本研究将各空间形态参数与平均风速比之间具有显著统计学意义的曲线拟合模型作为自变量综合应用到回归分析当中。采用逐步线性回归方法选取最优的变量组合，并构建回归模型。结果显示经历 4 次方程迭代后，得到冬季村镇社区平均风速比的多元回归模型，如式（10-10）所示。

$$VR_{\mathrm{mw(W)}} = -0.279C_{\mathrm{p}}^{3} - 0.002H_{\mathrm{std}}^{3} + 0.53\lambda_{\mathrm{b}}^{2} + 0.041\ln(\theta_{\mathrm{w}}) + 0.15 \tag{10-10}$$

式中，$VR_{\mathrm{mw(W)}}$——冬季村镇社区行人高度处的平均风速比；

C_{p}——平面围合度；

H_{std}——建筑高度离散度（m）；

λ_{b}——建筑密度；

θ_{w}——冬季风向投射角（°）。

冬季村镇社区平均风速比逐步多元回归模型综合分析结果如表 10-20 所示。由表可知，回归模型的 R^2 为 0.695，表明模型对冬季村镇社区的平均风速比解释度可到 69.5%；根

据方差分析可知 *Sig.* 值小于 0.01，*F* 值为 19.111（来自 ANOVA 分布表），表明该回归模型具有极显著的统计学意义；*t* 检验中 *Sig.* 值均小于 0.01，表明回归系数均具有极强显著性，各自变量与因变量之间存在显著的相关关系；自变量 *VIF* 值均小于 10，表示回归模型不存在多重共线性；如图 10-20 所示，回归模型残差符合正态分布，表明多元回归模型与数据匹配程度良好，能很好地预测冬季村镇社区室外平均风速。

表 10-20　冬季村镇社区平均风速比多元回归模型综合分析表

判定系数 R^2	*F* 值	*Sig.* 值	自变量	标准化回归系数	*t* 检验	*Sig.* 值	*VIF* 值
0.695	19.111	0.000	常量	—	2.443	0.019	—
			C_p^3	-0.554	-1.847	0.032	6.750
			H_{std}^3	-0.359	-2.417	0.020	1.658
			λ_b^2	0.621	1.912	0.023	7.909
			$\ln(\theta_w)$	0.308	2.668	0.011	1.000

根据标准化回归系数可知，各自变量对冬季平均风速比影响程度由大到小依次为：建筑密度的二次方（λ_b^2）、平面围合度的三次方（C_p^3）、建筑高度离散度的三次方（H_{std}^3）、对数冬季风向投射角（$\ln(\theta_w)$）。

通过回归模型可以得到如下结论：建筑密度、平面围合度、建筑高度离散度和风向投射角共同对冬季平均风速比发挥决定性作用。其中，随着平面围合度和建筑高度离散度的增大，冬季平均风速比减小；随着建筑密度和风向投射角的增大，冬季平均风速比增大。

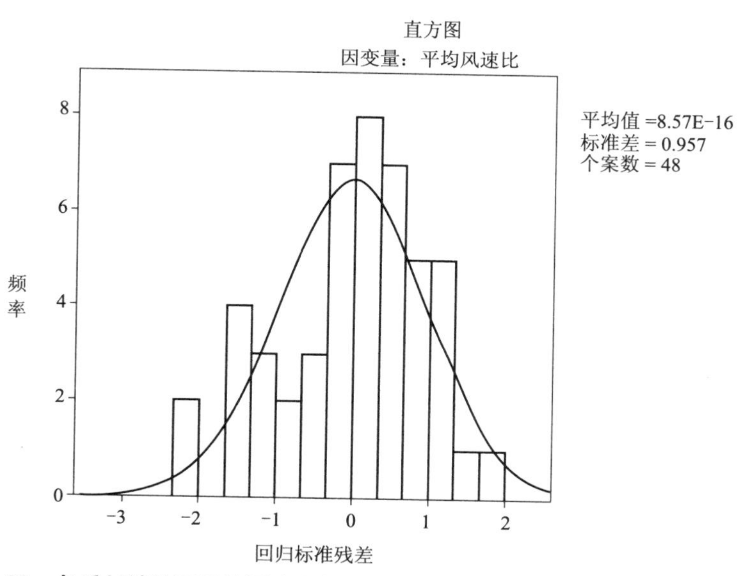

图 10-20　冬季村镇社区平均风速比多元回归模型残差分布（图片来源：作者自绘）

10.4 空气温度与村镇社区空间形态参数的量化关系

本节将基于 ENVI-met 软件对 48 个基准模型，96 种冬、夏季室外热环境模拟工况结果，针对村镇社区空间形态参数与行人高度处空气温度的量化关系开展研究，研究内容包括：村镇社区空间形态参数对室外空气温度的敏感性分析、不同建筑平面组合形式对室外空气温度的差异性分析、建立空间形态参数与室外空气温度的量化模型。

10.4.1 村镇社区空间形态参数对空气温度的敏感性分析

在研究村镇社区空间形态参数与空气温度的量化关系之前，通过单因素方差分析法对空间形态参数进行敏感性分析，以 *Sig.* 值和 *F* 值作为判断依据，得出空间形态参数对空气温度影响的显著性及显著程度，所选空间形态参数包括建筑平面组合形式、容积率、建筑密度、平面围合度、风向投射角、建筑平均高度、最大建筑高度及建筑高度离散度。

10.4.1.1 夏季村镇社区空间形态参数敏感性分析

夏季村镇社区平均空气温度与空间形态参数的单因素方差分析结果如表 10-21 所示。根据结果可知，道路高宽比、最大建筑高度的 *Sig.* 值均大于 0.05，表明以上空间形态参数对夏季平均空气温度无显著影响；其他空间形态参数的 *Sig.* 值均小于 0.05，表明这些空间形态参数对夏季平均空气温度有显著影响。根据 *F* 值可知，村镇社区空间形态参数对夏季平均气温影响程度由大到小依次为：建筑平面组合形式、平面围合度、建筑高度离散度、容积率、建筑密度、建筑平均高度和风向投射角。

表 10-21 夏季村镇社区空间形态参数与平均空气温度的显著性分析

空间形态参数	*F* 值	*Sig.* 值
建筑平面组合形式	8.941	0.000**
建筑密度	5.362	0.000**
容积率	5.373	0.000**
平面围合度	8.738	0.000**
道路高宽比	0.107	0.956
最大建筑高度	0.175	0.678
建筑平均高度	5.316	0.003**
风向投射角	2.570	0.035*
建筑高度离散度	7.650	0.001**

注：$**p < 0.01$，$*p < 0.05$。

根据显著性分析结果，对具有显著影响的量化空间形态参数与夏季平均气温进行相关性分析，以判断空间形态参数与平均空气温度之间的线性趋势及线性相关程度。表 10-22 为相关性分析结果。根据分析结果可知，平面围合度、建筑高度离散度、容积率和建筑密度与夏季平均空气温度呈线性负相关，而且相关程度依次降低；风向投射角和建筑平均高度与夏季平均空气温度呈正相关，相关程度依次降低。此外，平面围合度与夏季平均空气温度属于中度相关；风向投射角和建筑高度离散度与夏季平均空气温度均属于低度相关；容积率、建筑密度和建筑平均高度与夏季平均空气温度均属于极低线性相关。

表 10-22 夏季村镇社区空间形态参数与平均空气温度相关性分析

空间形态参数	相关系数 R
平面围合度	-0.405**
建筑高度离散度	-0.353*
容积率	-0.239
建筑密度	-0.161
建筑平均高度	0.243
风向投射角	0.305*

注：**$p < 0.01$，*$p < 0.05$。

10.4.1.2 冬季村镇社区空间形态参数敏感性分析

根据表 10-23 单因素方差分析结果可知，建筑平面组合形式、建筑密度、容积率、平面围合度的 *Sig.* 值均小于 0.01，表明上述参数对冬季平均空气温度有极显著影响。根据 F 值可知，村镇社区空间形态参数对冬季平均空气温度影响程度由大到小依次为：建筑平面组合形式、平面围合度、建筑密度、容积率。

表 10-23 冬季村镇社区空间形态参数与平均空气温度的显著性分析

空间形态参数	F 值	*Sig.* 值
建筑平面组合形式	15.111	0.000**
建筑密度	7.140	0.000**
容积率	6.232	0.000**
平面围合度	8.100	0.000**
道路高宽比	0.713	0.303
最大建筑高度	0.086	0.771
建筑平均高度	0.165	0.919
风向投射角	0.000	0.992
建筑高度离散度	0.253	0.778

注：**$p < 0.01$，*$p < 0.05$。

根据显著性分析结果，对具有显著影响的量化空间形态参数与冬季平均气温进行相关性分析，以判断空间形态参数与平均气温之间的线性趋势及线性相关程度。表 10-24 为相关性分析结果，结果表明：平面围合度、建筑密度和容积率与冬季平均空气温度呈线性负相关，而且相关程度依次降低，均属于中度相关。

表 10-24 冬季村镇社区空间形态参数与平均空气温度相关性分析

空间形态参数	相关系数 *R*
平面围合度	-0.688**
建筑密度	-0.663**
容积率	-0.606**

注：$^{**}p<0.01$，$^{*}p<0.05$。

10.4.2 建筑平面组合形式与空气温度的关系

根据前文 10.4.1 节敏感性分析结果可知，建筑平面组合形式对村镇社区冬、夏季平均空气温度影响有显著影响。本节将进一步对不同建筑平面组合形式之间平均空气温度的差异性进行比较分析。

10.4.2.1 夏季建筑平面组合形式与空气温度的关系

通过多重比较分析，确定夏季不同建筑平面组合形式间平均空气温度是否存在显著性差异，分析结果如表 10-25 所示。分析结果可知，对于行列式布局方式，不同的建筑原型如联排（A-HL）与封闭式合院（B-HL）、架空式合院（C1-HL、C2-HL）之间的平均空气温度有显著性差异，而封闭式合院（B-HL）和架空式合院（C1-HL、C2-HL）之间的平均空气温度没有显著性差异，并且不同的架空式合院，如 C1-HL、C2-HL 之间的平均空气温度也没有显著性差异。对于围合式布局方式，不同的建筑原型如联排（A-WH）、封闭式合院（B-WH）、架空式合院（C1-WH、C2-WH）之间的平均空气温度无显著性差异，并且不同架空式合院，如 C1-WH、C2-WH 之间的平均空气温度也没有显著性差异。这表明建筑平面组合形式对夏季部分行列式村镇社区平均空气温度有显著影响，对围合式村镇社区平均空气温度无显著影响。

表 10-25 夏季建筑平面组合形式间平均空气温度的显著性差异分析（*Sig.* 值）

组合形式	A-HL	A-WH	B-HL	B-WH	C1-HL	C1-WH	C2-HL
A-WH	0.131	—	—	—	—	—	—
B-HL	0.003	0.000	—	—	—	—	—
B-WH	0.931	0.216	0.012	—	—	—	—
C1-HL	0.000	0.000	0.123	0.000	—	—	—
C1-WH	0.679	0.336	0.005	0.777	0.000	—	—
C2-HL	0.000	0.000	0.277	0.001	0.638	0.000	—
C2-WH	0.722	0.108	0.035	0.708	0.001	0.506	0.004

注：A-HL——行列式（联排）、A-WH——围合式（联排）、B-HL——行列式（封闭式合院）、B-WH——围合式（封闭式合院）、C1-HL——行列式（架空式合院）、C1-WH——围合式（架空式合院）、C2-HL——行列式（架空式合院）、C2-WH——围合式（架空式合院）。显著性水平为 0.05。

夏季不同建筑平面组合形式对应的平均空气温度分布情况如图 10-21、表 10-26 所示。

分析可知，夏季村镇社区平均空气温度总体分布范围约在 29.38 ℃ ~30.74 ℃。对于同一种建筑原型的基准模型，其行列式布局的平均空气温度四分位数值和平均值均低于围合式布局的平均空气温度。联排围合式（A-WH）布局的村镇社区平均空气温度在各平面组合形式中最高，其值为 30.43 ℃；架空式合院行列式（C1-HL）布局的村镇社区平均空气温度最低，为 29.74 ℃。封闭式合院围合式（B-WH）布局的村镇社区的平均空气温度四分位数间距最大，在 0.6 ℃；其余布局方式村镇社区的平均空气温度四分位数间距较为接近，均在 0.2~0.3 ℃。此外，夏季各建筑平面组合形式的平均空气温度中位数由大到小依次为：A-WH——围合式（联排）、B-WH——围合式（封闭式合院）、C1-WH——围合式（架空式合院）、C2-WH——围合式（架空式合院）、A-HL——行列式（联排）、B-HL——行列式（封闭式合院）、C1-HL——行列式（架空式合院）、C2-HL——行列式（架空式合院）。

综上分析，对于苏南地区夏季，围合式村镇社区的平均空气温度普遍高于行列式村镇社区的平均空气温度。对于同一种布局方式的村镇社区，以联排（A）、封闭式合院（B）、架空式合院（C1、C2）为建筑原型的村镇社区平均空气温度依次降低。建筑平面组合形式仅对夏季部分行列式村镇社区的平均空气温度有显著影响。

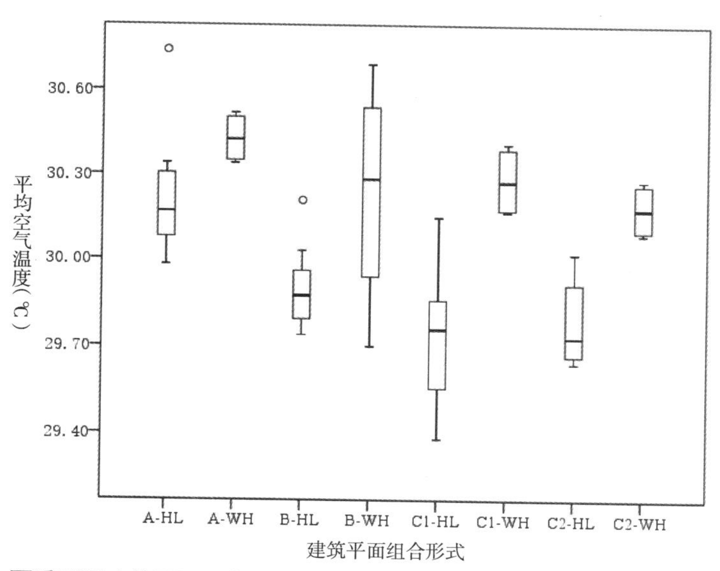

图 10-21　夏季不同建筑平面组合形式对应平均空气温度区间分布（图片来源：作者自绘）

表 10-26　夏季不同建筑平面组合形式的平均空气温度

建筑平面组合形式	平均值（℃）	标准差（℃）
A-HL	30.23	0.24
A-WH	30.43	0.09
B-HL	29.90	0.15
B-WH	30.24	0.42
C1-HL	29.74	0.25

续表

建筑平面组合形式	平均值(℃)	标准差(℃)
C1-WH	30.28	0.13
C2-HL	29.79	0.15
C2-WH	30.18	0.10
夏季全部组合形式	30.04	0.31

10.4.2.2 冬季建筑平面组合形式与空气温度的关系

首先,通过多重比较分析,确定冬季不同建筑平面组合形式间平均空气温度是否存在显著性差异,分析结果如表10-27所示。由结果可知,各行列式布局方式(A-HL、B-HL、C1-HL、C2-HL)与各围合式布局方式(A-WH、B-WH、C1-WH、C2-WH)之间的平均空气温度几乎都存在显著性差异,而各行列式布局之间或各围合式布局之间的平均空气温度并无显著性差异,表明建筑空间形态对冬季平均空气温度均有显著影响。特殊的如联排围合式布局(A-WH)的村镇社区与架空式合院行列式布局(C2-HL)的村镇社区冬季平均空气温度无显著性差异,而与架空式合院围合式布局(C2-WH)的村镇社区冬季平均空气温度有显著性差异。

表10-27 冬季建筑平面组合形式间平均空气温度的显著性差异分析(*Sig.* 值)

组合形式	A-HL	A-WH	B-HL	B-WH	C1-HL	C1-WH	C2-HL
A-WH	0.003	—	—	—	—	—	—
B-HL	0.169	0.000	—	—	—	—	—
B-WH	0.000	0.224	0.000	—	—	—	—
C1-HL	0.517	0.001	0.459	0.000	—	—	—
C1-WH	0.000	0.432	0.000	0.662	0.000	—	—
C2-HL	0.065	0.129	0.002	0.005	0.015	0.018	—
C2-WH	0.000	0.005	0.000	0.086	0.000	0.033	0.000

注:A-HL——行列式(联排)、A-WH——围合式(联排)、B-HL——行列式(封闭式合院)、B-WH——围合式(封闭式合院)、C1-HL——行列式(架空式合院)、C1-WH——围合式(架空式合院)、C2-HL——行列式(架空式合院)、C2-WH——围合式(架空式合院)。显著性水平为0.05。

冬季不同建筑平面组合形式对应的平均空气温度分布情况如图10-22、表10-28所示。分析可知,冬季村镇社区平均空气温度总体分布范围约在6.44~7.07 ℃。对于同一种建筑原型的基准模型,其行列式布局的平均空气温度四分位数值和平均值均低于围合式布局的平均空气温度。封闭式合院行列式(B-HL)布局村镇社区的平均空气温度中位数和平均值在各平面组合形式中最低,均为6.50 ℃;架空式合院围合式(C2-WH)布局村镇社区的空气温度中位数和平均值最高,分别为6.87 ℃和6.88 ℃。架空式合院围合式(C2-WH)布局村镇社区的空气温度四分位数间距最大,为0.24 ℃;其余布局方式的村镇社区平均空气温度四分位数间距较为接近,为0.04~0.09 ℃。此外,各建筑平面组合形式的冬季平均空气温度中位数由大到小依次为：C2-WH——围合式（架空式合院）、B-WH——围合式（封闭式合院）、C1-WH——围合式（架空式合院）、A-WH——围合式（联排）、C2-HL——行列式（架空式合院）、A-HL——行列式（联排）、C1-HL——行列式（架空式合院）、B-HL——行列式（封闭式合院）。

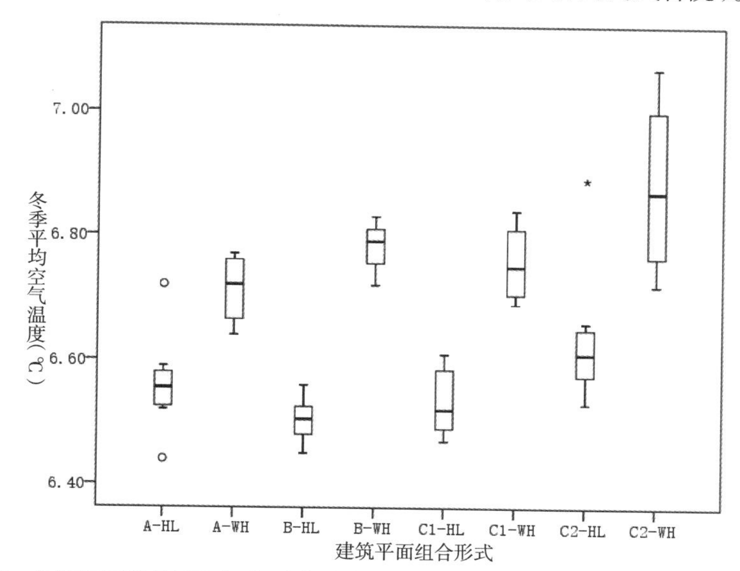

图 10-22　冬季不同建筑平面组合形式对应平均空气温度区间分布（图片来源：作者自绘）

表 10-28　冬季不同建筑平面组合形式的平均空气温度

建筑平面组合形式	平均值（℃）	标准差（℃）
A-HL	6.56	0.079
A-WH	6.71	0.059
B-HL	6.50	0.035
B-WH	6.78	0.046
C1-HL	6.53	0.053
C1-WH	6.76	0.067
C2-HL	6.64	0.111
C2-WH	6.88	0.152
冬季全部组合形式	6.63	0.141

综上分析，冬季不同建筑平面组合形式对应的平均空气温度分布存在一定特征。在苏南地区的冬季，围合式村镇社区的平均空气温度相对高于行列式村镇社区的平均空气温度。对于行列式布局方式的村镇社区，以架空式合院（C1、C2）、联排（A）、封闭式合院（B）为建筑原型的村镇社区平均空气温度依次降低；对于围合式布局方式的村镇社区，以架空式合院（C1、C2）、封闭式合院（B）、联排（A）为建筑原型的村镇社区平均空气温度依次降低。建筑平面组合形式对大多数基准模型冬季平均空气温度有显著影响。

10.4.3 基于村镇社区空间形态参数的空气温度量化模型

10.4.3.1 夏季村镇社区空气温度量化模型

根据敏感性分析结果，将具有显著影响的空间形态参数，即平面围合度、建筑高度离散度、建筑密度、建筑平均高度、容积率和风向投射角作为自变量，平均空气温度作为因变量进行回归分析。通过对夏季村镇社区基准模型微气候进行模拟计算，共获得空气温度模拟数据 48 组，平均空气温度的范围为 29.38 ~30.74 ℃，空间形态参数变化范围见附录。

运用曲线估计的方法对空间形态参数（自变量）与平均空气温度（因变量）进行多种曲线拟合，以显著性指标 *Sig.* 和判定系数 R^2 作为主要参考依据，以判断变量间的曲线关系。重点考虑的曲线模型包括：线性模型、二次模型、三次模型和对数模型。图 10-23 为夏季各空间形态参数与平均空气温度的拟合曲线。

表 10-29 为各拟合曲线的判定系数 R^2 和显著性指标 *Sig.* 值。由表可知，平面围合度和风向投射角与平均空气温度 4 种拟合模型的 *Sig.* 值均小于 0.01，表明上述空间形态参数均具有极显著的统计学意义，而且平面围合度与平均空气温度的二次、三次模型判定系数 R^2 值均在 0.2~0.3，拟合优度较好；风向投射角与平均空气温度的 4 种曲线模型拟合优度一致，其 R^2 值均为 0.093 左右。建筑高度离散度与平均空气温度的拟合模型中，除了对数模型不具有显著的统计学意义，其他 3 种拟合模型均具有极显著的统计学意义，而且二次、三次模型判定系数 R^2 值均为 0.254 左右。容积率与平均空气温度建立的二次曲线模型、三次曲线模型和对数曲线模型具有极显著的统计学意义，其中对数模型的拟合优度较低，二次、三次模型拟合优度接近，模型判定系数 R^2 值约为 0.2 左右。建筑密度与平均空气温度之间的拟合模型中，二次曲线模型和三次曲线模型均具有极显著的统计学意义，而且拟合优度相近，模型判定系数 R^2 值为 0.16~0.18。总体而言，各参数二次曲线模型和三次曲线模型的拟合优度普遍较高。

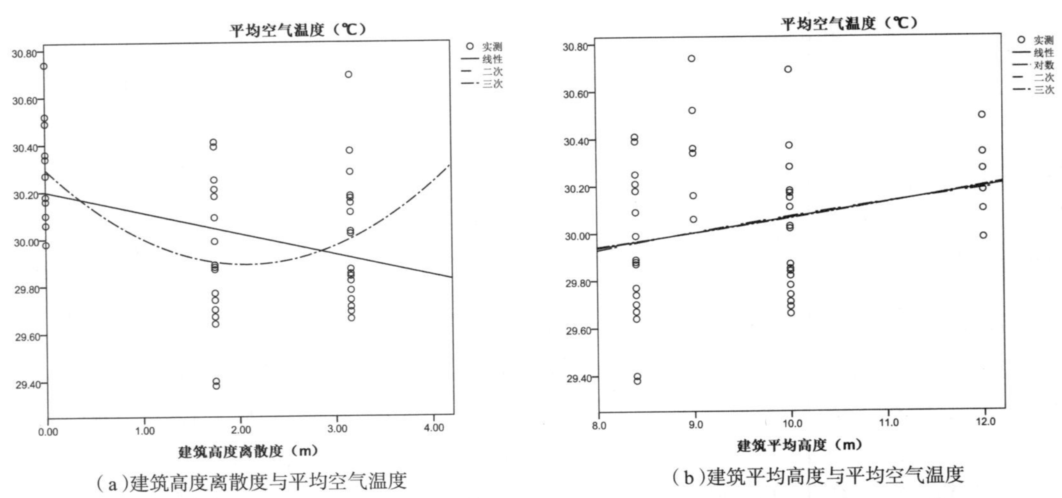

（a）建筑高度离散度与平均空气温度　　（b）建筑平均高度与平均空气温度

图 10-23　夏季村镇社区空间形态参数与平均空气温度的量化拟合曲线（图片来源：作者自绘）

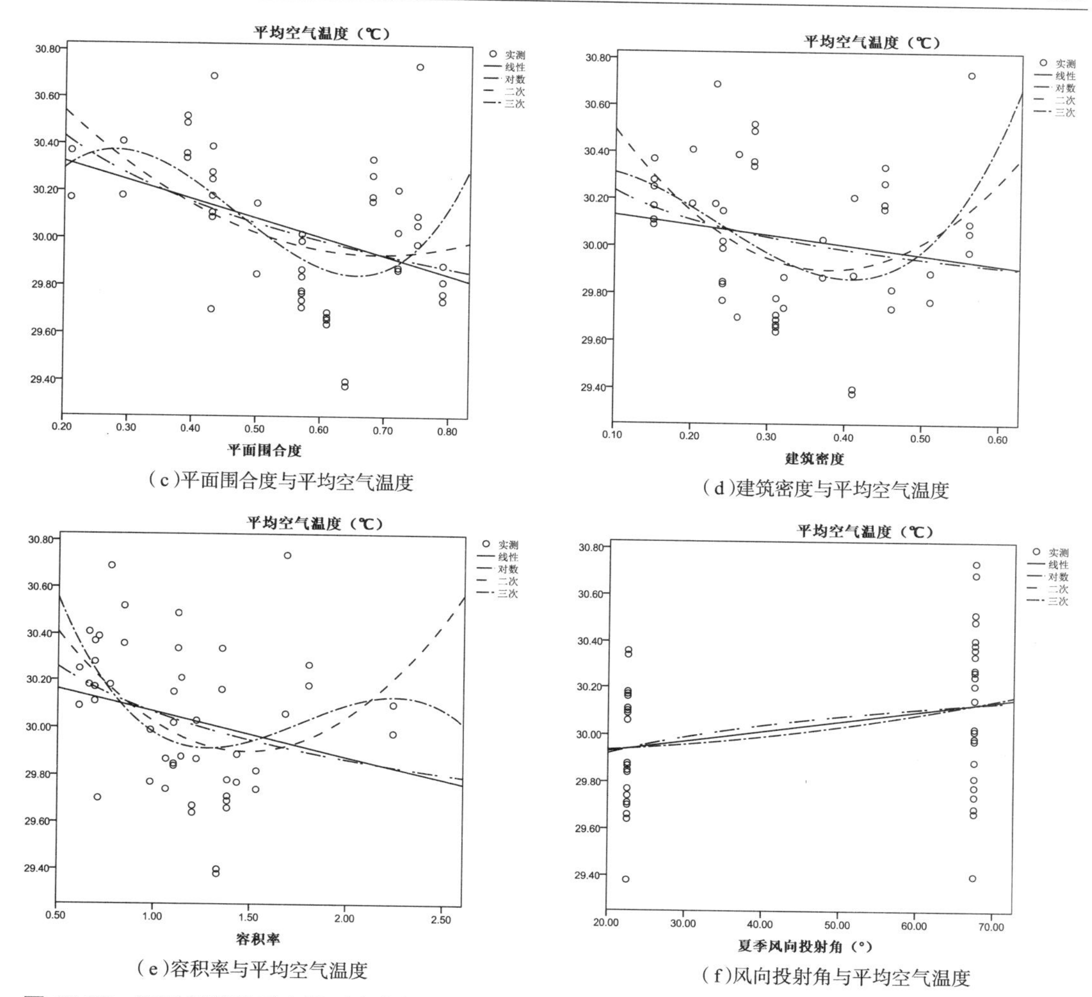

（c）平面围合度与平均空气温度

（d）建筑密度与平均空气温度

（e）容积率与平均空气温度

（f）风向投射角与平均空气温度

图 10-23　夏季村镇社区空间形态参数与平均空气温度的量化拟合曲线（图片来源：作者自绘）（续）

表 10-29　夏季村镇社区空间形态参数与平均空气温度拟合模型的判定系数（R^2）

空间形态参数	线性模型	二次模型	三次模型	对数模型
平面围合度	0.164**	0.212**	0.294**	0.180**
建筑高度离散度	0.125**	0.254**	0.254**	—
容积率	0.057	0.190**	0.209**	0.095**
建筑密度	0.026	0.167**	0.181**	0.050
建筑平均高度	0.059	0.059	0.059	0.059
风向投射角	0.093**	0.093**	0.093**	0.093**

注：**$p<0.01$，*$p<0.05$。

为了更加准确地得到夏季平均空气温度量化模型，寻求解释空气温度变化规律的最优空间形态参数组合，将各空间形态参数与夏季平均空气温度之间具有显著统计学意义的曲线拟合模型作为自变量综合应用到回归分析当中。采用逐步线性回归方法，最终经历 4 次方程迭代运算后，得到夏季村镇社区平均空气温度的多元回归模型，计算公式如式（10-11）所示。

$$T_{a(S)} = 5.132\lambda_b^{\ 3} + 0.001H_{std}^{\ 3} - 2.253C_p^{\ 3} + 0.171\ln(\theta_s) + 29.64 \tag{10-11}$$

式中，$T_{a(S)}$——夏季村镇社区行人高度处的平均空气温度（℃）；

λ_b——建筑密度；

H_{std}——建筑高度离散度（m）；

C_p——平面围合度；

θ_s——风向投射角（°）。

夏季村镇社区平均空气温度逐步多元回归模型综合分析结果如表 10-30 所示。由表可知，回归模型的 R^2 为 0.696，表明模型对夏季村镇社区平均气温的解释度可到 69.6%；根据方差分析可知 *Sig.* 值小于 0.01，F 值为 15.659（来自 ANOVA 分布表），表明该回归模型具有极显著的统计学意义；t 检验中 *Sig.* 值均小于 0.05，表明回归系数均具有显著性，各自变量与因变量之间存在显著的相关关系；自变量 *VIF* 值均小于 10，表示回归模型不存在多重共线性；如图 10-24 所示，回归模型残差符合正态分布，表明多元回归模型与数据匹配程度良好，能很好地预测夏季村镇社区室外平均空气温度。

根据标准化回归系数可知，各自变量对平均空气温度的影响程度由大到小依次为：平面围合度的三次方（$C_p^{\ 3}$）、建筑密度的三次方（$\lambda_b^{\ 3}$）、对数夏季风向投射角（$\ln(\theta_s)$）、建筑高度离散度的三次方（$H_{std}^{\ 3}$）。

通过回归模型可以得到如下结论：建筑密度、平面围合度、建筑高度离散度和风向投射角共同对夏季村镇社区平均气温发挥决定性作用。其中，随着平面围合度的增大，夏季村镇社区平均空气温度降低；随着建筑高度离散度、建筑密度和风向投射角的增大，夏季村镇社区平均空气温度升高。

表 10-30 夏季村镇社区平均空气温度多元回归模型综合分析表

判定系数 R^2	F 值	*Sig.* 值	自变量	标准化回归系数	t 检验	*Sig.* 值	*VIF* 值
0.696	15.659	0.000	常量	—	116.560	0.000	—
			$\lambda_b^{\ 3}$	0.877	3.324	0.002	5.004
			$H_{std}^{\ 3}$	0.026	1.182	0.046	1.412
			$C_p^{\ 3}$	-1.071	-4.375	0.000	4.312
			$ln(\theta_s)$	0.305	2.586	0.013	1.000

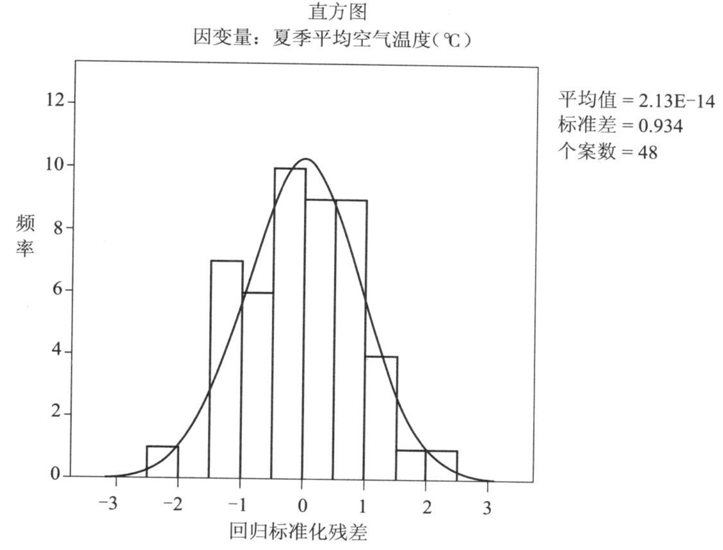

图 10-24　夏季村镇社区平均空气温度多元回归模型残差分布(图片来源：作者自绘)

10.4.3.2　冬季村镇社区空气温度量化模型

根据 10.4.1.2 中冬季村镇社区空间形态参数与平均空气温度的敏感性分析结果，将对冬季平均空气温度具有显著影响的量化空间形态参数，即平面围合度、建筑密度、容积率作为自变量，平均空气温度作为因变量进行多元回归分析。通过对冬季基准模型微气候进行模拟计算，共获得空气温度模拟数据 48 组，平均空气温度的范围为 6.44 ~7.07 ℃，空间形态参数变化范围见附录。

首先，运用曲线估计方法对空间形态参数与冬季平均空气温度进行多种曲线拟合，判断变量间的曲线关系。重点考虑的曲线模型包括线性模型、二次曲线模型、三次曲线模型和对数曲线模型。图 10-25 为冬季各空间形态参数与平均空气温度的拟合曲线。

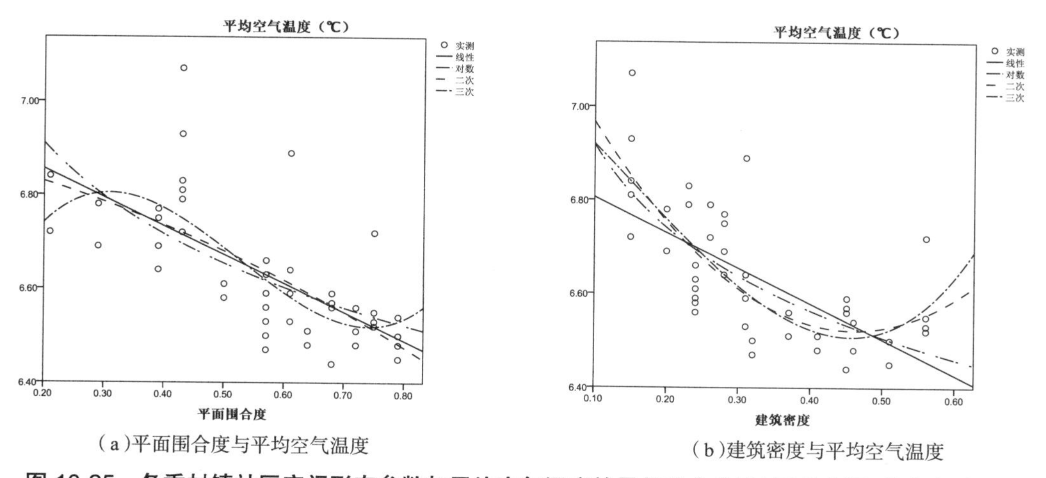

(a)平面围合度与平均空气温度　　(b)建筑密度与平均空气温度

图 10-25　冬季村镇社区空间形态参数与平均空气温度的量化拟合曲线(图片来源：作者自绘)

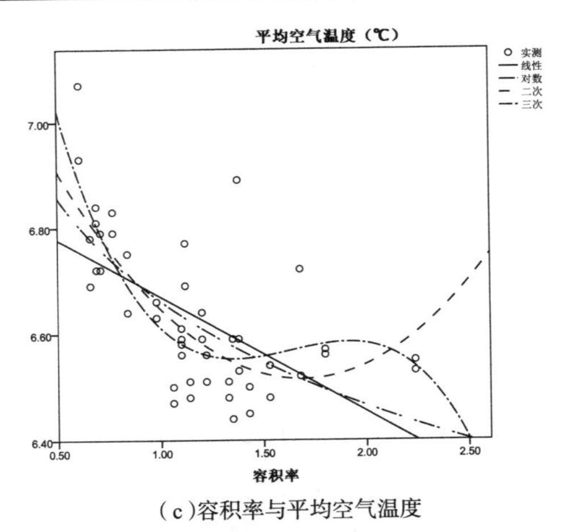

（c）容积率与平均空气温度

图 10-25　冬季村镇社区空间形态参数与平均空气温度的量化拟合曲线（图片来源：作者自绘）（续）

表 10-31 为各拟合曲线的判定系数 R^2 和显著性指标 *Sig.* 值。由表可知，平面围合度、建筑密度、容积率与平均空气温度的 4 种拟合模型的 *Sig.* 值均小于 0.01，表明以上参数均具有极显著的统计学意义，而且拟合优度较为接近，均属于中度相关。

表 10-31　冬季村镇社区空间形态参数与平均空气温度拟合模型的判定系数（R^2）

空间形态参数	线性模型	二次模型	三次模型	对数模型
平面围合度	0.473**	0.477**	0.525**	0.428**
建筑密度	0.439**	0.571**	0.577**	0.514**
容积率	0.367**	0.546**	0.597**	0.470**

为了寻求解释冬季空气温度变化规律的最优空间形态参数组合，将各空间形态参数与冬季平均气温之间具有显著统计学意义的曲线拟合模型作为自变量综合应用到回归分析当中。采用逐步线性回归方法，对不同变量组合方式进行多次迭代回归分析，最终经历 3 次方程迭代运算后，得到冬季村镇社区平均空气温度的多元回归模型，计算公式如式（10-12）所示。

$$T_{\mathrm{a(W)}} = 0.817\lambda_{\mathrm{b}}^{3} - 0.844C_{\mathrm{p}}^{3} - 0.005Far^{3} + 6.79 \qquad (10\text{-}12)$$

式中，$T_{\mathrm{a(W)}}$——冬季村镇社区行人高度平均空气温度（℃）；

λ_{b}——建筑密度；

C_{p}——平面围合度。

Far——容积率。

冬季村镇社区平均空气温度逐步多元回归模型综合分析结果如表 10-32 所示。由表可知，回归模型的 R^2 为 0.622，表明该模型对冬季村镇社区平均气温的解释度达到 62.2%，模型拟合优度较高；方差分析中 *Sig.* 值小于 0.01，F 值为 24.178（来自 F 分布表），表明该模型具有极显著的统计学意义；t 检验中 *Sig.* 值均小于 0.05，表明回归系数均具有显著性，各自变量与因变量之间存在显著的相关关系；自变量 *VIF* 值均小于 10，回归模型不存在多重共线性；如图 10-26 所示，回归模型残差符合正态分布，表明多元回归模型与数据匹配程度良好，能很好地预测冬季村镇社区室外平均空气温度。

表 10-32　冬季村镇社区平均空气温度多元回归模型综合分析表

判定系数 R^2	*F* 值	*Sig.* 值	自变量	标准化回归系数	*t* 检验	*Sig.* 值	*VIF* 值
0.622	24.178	0.000	常量	—	226.699	0.000	—
			λ_b^3	0.307	2.081	0.026	6.789
			C_p^3	-0.885	-4.199	0.000	3.723
			Far^3	-0.084	-1.422	0.045	3.289

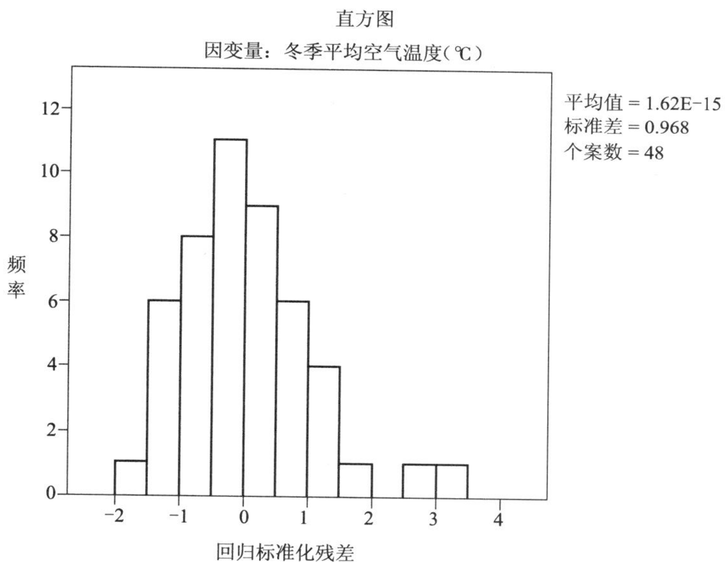

图 10-26　冬季村镇社区平均空气温度多元回归模型残差分布（图片来源：作者自绘）

根据标准化回归系数可知，各自变量对冬季村镇社区平均空气温度的影响程度由大到小依次为：平面围合度的三次方（C_p^3）、建筑密度的三次方（λ_b^3）、容积率的三次方（Far^3）。

通过回归模型可以得到如下结论：容积率、平面围合度和建筑密度共同对冬季村镇社区平均空气温度发挥决定性作用。其中，随着容积率和平面围合度增大，村镇社区冬季平均气温降低；随着建筑密度的增大，村镇社区冬季平均气温升高。

10.5　热舒适度指标与村镇社区空间形态参数的量化关系

本节将采用室外热舒适度指标进行综合性评价，基于 48 个村镇社区基准模型，96 种冬、夏季室外微气候模拟工况结果，针对热舒适度评价指标与村镇社区空间形态参数的量化关系开展研究。主要研究内容包括:村镇社区空间形态参数对热舒适度指标的敏感性分析、不同建筑平面组合形式间热舒适度指标的差异性分析、建立基于空间形态参数的热舒适度指标量化模型。

10.5.1 室外热舒适度指标的确定

根据前文第八章 8.3 节可知,相关研究学者对室外热舒适度评价指标开展了大量研究,并基于不同理论基础相继提出了适用于不同应用条件和范围的热舒适度指标。根据相关文献综述,室外热舒适度研究采用的评价指标使用频次较高的依次为生理等效温度(PET)、通用热气候指标(UTCI)、新标准有效温度(SET*)、平均热感觉指数(PMV)和湿球黑球温度(WBGT)等[123]。以下对上述典型的室外热舒适度评价指标进行了对比分析,以此确定适合于苏南地区村镇社区室外热舒适度评价的指标。表 10-33 为室外热舒适度指标适用范围与理论基础的对比分析。

表 10-33 室外热舒适度指标对比分析

指标名称	提出年份	研究者	适用范围和理论基础
PET	1987	Mayer 和 Höppe	PET 指标适用于所有气候区域,它的理论基础为慕尼黑人体能量平衡模型(MEMI),其综合考虑了微气候参数(空气温湿度、风速、太阳辐射强度)和人体参数(新陈代谢率、服装热阻、皮肤温度、核心温度)。PET 指标可以评价不同新陈代谢率与服装热阻对热舒适度产生的影响
UTCI	1999	Jendritzky 等	UTCI 指标适用于所有气候区域,它的理论基础为 Fiala 多节点模型,其综合考虑了微气候参数(空气温湿度、风速、太阳辐射强度)和人体参数(新陈代谢率、服装热阻、皮肤温度、皮肤湿润度、核心温度)
SET*	1974	Gonzalez 等	SET* 指标适用于炎热气候区域,它的理论基础为二节点模型,其综合考虑了微气候参数(空气温湿度、风速、太阳辐射强度)和人体参数(新陈代谢率和服装热阻)
PMV	1970	Fanger	PMV 指标适用于所有气候区域,而且主要应用于室内热舒适度评价。它的理论基础为 Fanger 热平衡模型,其综合考虑了微气候参数(空气温湿度、风速、太阳辐射强度)和人体参数(新陈代谢率和服装热阻)
WBGT	1957	Yaglou 和 Minard	WBGT 指标适用于炎热气候区域,是一个环境热应力指标,其基于干球温度、湿球温度和黑球温度计算得到

综上分析,PET、UTCI、SET* 和 PMV 考虑因素较为全面,均是基于人体热平衡方程建立的理论型指标。但是 SET* 指标主要适用于炎热气候区域,不符合本文研究地区的气候特征。此外,PMV 虽然适用于所有气候区域,但其主要用于室内热环境舒适度评价,而且在评价室外热舒适度时,会过高评价室外的不舒适状态[124]。UTCI 指标计算复杂,而且 ENVI-met 软件对 UTCI 的指标计算经过简化处理,准确性有待于考证。因此,综合热舒适度指标的适用范围及考虑因素,选择 PET 作为本文苏南地区村镇社区室外热舒适度研究的评价指标。

PET 适用于温差较大的微气候评估,被广泛应用于气象预报和城市规划设计中[125]。本研究采用的 PET 指标是在慕尼黑个体能量平衡模型(MEMI)的基础上发展而来的热舒适度指标,其原理在于使人体在室内环境中的受热状况与在室外环境中人体皮肤和核心温度保持平衡。它是在室外身体热感应理论的背景下发展起来的,已在不同气候区进行了气象测量和问卷调查相结合的研究,更强调心理感受对热感的影响[126]。其人体热平衡方程求解公式如下[90]。

$$M+W+R+C+E+S=0 \tag{10-13}$$

公式中 M 是人体新陈代谢产生的热量,W 是人体所做的机械功,R 是人体外表面向周围环境通过辐射形式散发的热量,C 是人体外表面向周围环境通过对流形式散发的热量,E 是汗液蒸发和呼出的水蒸气所带走的热量,而 S 是人体蓄热率。上述方程中还需要代入人体通用生理特征指标,ENVI-met 软件设置为:成年男性,年龄 35 岁,身高 1.74 m,体重 75 kg,身体代谢率为 84.49 W,服装热阻系数(冬季 1.1,夏季 0.7)[127]。此外,有研究学者划分了不同 PET 温度等级范围及其对应的生理应激反应程度,如表 10-34 所示[128]。

表 10-34 不同 PET 值对应的人体热感觉及应激反应

PET(℃)	热感觉	生理应激反应
≤4	很冷	极端冷应激
4~8	冷	强冷应激
8~13	凉	中等冷应激
13~18	稍凉	轻微冷应激
18~23	舒适	无热应激
23~29	稍暖	轻微热应激
29~35	暖	中等热应激
35~41	热	强热应激
≥41	非常热	极端热应激

10.5.2 村镇社区空间形态参数对热舒适度指标的敏感性分析

为了解冬、夏季 PET 值受空间形态参数影响的显著性及显著程度,通过单因素方差分析法对空间形态参数进行敏感性分析,所选空间形态参数包括建筑平面组合形式、容积率、建筑密度、平面围合度、风向投射角、建筑平均高度、最大建筑高度及建筑高度离散度。

10.5.2.1 夏季村镇社区空间形态参数敏感性分析

夏季村镇社区 PET 均值与空间形态参数的单因素方差分析结果如表 10-35 所示。根据结果可知,道路高宽比、建筑平均高度和风向投射角的 *Sig.* 值均大于 0.05,表明以上空间形态参数对夏季村镇社区 PET 无显著影响;其他空间形态参数均对 PET 有影响显著。通过比较 F 值可知,空间形态参数对夏季 PET 影响程度由大到小依次为:最大建筑高度、容积率、建筑高度离散度、平面围合度、建筑平面组合形式、建筑密度。

表 10-35 夏季村镇社区空间形态参数与 PET 的显著性分析

空间形态参数	*F* 值	*Sig.* 值
建筑平面组合形式	3.077	0.011*
建筑密度	2.873	0.007**
容积率	3.905	0.001**
平面围合度	3.391	0.003**
道路高宽比	1.837	0.154
最大建筑高度	4.556	0.038*
建筑平均高度	2.262	0.094
风向投射角	0.001	0.316
建筑高度离散度	3.451	0.040*

注：**$p < 0.01$，*$p < 0.05$。

根据显著性分析结果，将对 PET 指标具有显著影响的量化空间形态参数进一步进行相关性分析，根据相关系数 R 判断空间形态参数与 PET 指标之间的线性趋势及线性相关程度。

表 10-36 为夏季村镇社区空间形态参数与 PET 相关性分析结果。结果表明：最大建筑高度、容积率、平面围合度、建筑密度、建筑高度离散度均与 PET 呈线性负相关，而且相关系数绝对值依次减小。此外，最大建筑高度、容积率与 PET 属于低度相关，建筑高度离散度、平面围合度、建筑密度与 PET 属于极低度相关。

表 10-36 夏季村镇社区空间形态参数与 PET 相关性分析

空间形态参数	相关系数 R
最大建筑高度	-0.300*
容积率	-0.214
建筑高度离散度	-0.034
平面围合度	-0.167
建筑密度	-0.069

注：**$p < 0.01$，*$p < 0.05$。

10.5.2.2 冬季村镇社区空间形态参数敏感性分析

冬季村镇社区 PET 均值与空间形态参数的单因素方差分析结果如表 10-37 所示。根据结果可知，道路高宽比、最大建筑高度和风向投射角的 *Sig.* 值均大于 0.05，表明上述空间形态参数对冬季村镇社区 PET 无显著影响；其他空间形态参数均对 PET 有影响显著。通过比较 F 值可知，空间形态参数对冬季 PET 影响程度由大到小依次为：建筑高度离散度、建筑平均高度、建筑密度、建筑平面组合形式、容积率、平面围合度。

表 10-37 冬季村镇社区空间形态参数与 PET 的显著性分析

空间形态参数	*F* 值	*Sig.* 值
建筑平面组合形式	5.382	0.000**
建筑密度	5.385	0.000**
容积率	5.103	0.000**
平面围合度	3.168	0.004**
道路高宽比	1.15	0.34
最大建筑高度	2.976	0.091
建筑平均高度	7.125	0.001**
风向投射角	0.025	0.376
建筑高度离散度	10.919	0.000**

注：$^{**}p < 0.01$，$^{*}p < 0.05$。

根据显著性分析结果，将对 PET 指标具有显著影响的量化空间形态参数进一步进行相关性分析，根据相关系数 R 判断空间形态参数与 PET 指标之间的线性趋势及线性相关程度。

表 10-38 为冬季村镇社区空间形态参数与 PET 相关性分析结果。根据结果可知，建筑高度离散度与 PET 呈线性正相关，相关系数值约为 0.297。容积率、建筑平均高度、建筑密度、平面围合度与 PET 呈线性负相关，而且相关系数绝对值依次减小。此外，建筑平均高度与 PET 属于中度相关，建筑高度离散度与 PET 属于低度相关，建筑密度、容积率、平面围合度与 PET 属于极低度相关。

表 10-38 冬季村镇社区空间形态参数与 PET 相关性分析

空间形态参数	相关系数 *R*
建筑高度离散度	0.297*
建筑平均高度	-0.416**
建筑密度	-0.102
容积率	-0.160
平面围合度	-0.003

注：$^{**}p < 0.01$，$^{*}p < 0.05$。

10.5.3 建筑平面组合形式与热舒适度指标的关系

根据 10.5.2 节敏感性分析结果可知，建筑平面组合形式对冬、夏季平均 PET 值均具有显著影响，并且显著影响程度较高。因此本节将利用多重比较分析，进一步分析不同建筑平面组合形式间 PET 的均值是否存在显著性差异。

10.5.3.1 夏季建筑平面组合形式与热舒适度指标的关系

对不同平面组合形式的模型进行多重比较分析,以判断是否存在显著性差异,分析结果如表 10-39 所示。由分析结果可知,对于行列式布局,不同建筑原型如联排(A-HL)、封闭合院(B-HL)以及架空合院(C1-HL、C2-HL)之间的 PET 均值具有显著性差异,而不同的架空合院,如 C1-HL、C2-HL 之间的 PET 均值无显著性差异。对于围合式布局,不同建筑原型,如联排(A-WH)和架空合院(C1-WH、C2-WH)之间的 PET 均值有显著性差异,而联排(A-WH)和封闭合院(B-WH)之间的 PET 均值无显著性差异,封闭合院(B-WH)和架空合院(C1-WH、C2-WH)之间的 PET 均值也无显著性差异。而且不同架空合院,如 C1-WH、C2-WH 之间的 PET 均值也无显著性差异。这表明平面组合形式仅对部分行列式和围合式布局的村镇社区夏季 PET 均值有显著影响。

表 10-39 夏季建筑平面组合形式之间 PET 指标的显著性差异分析(*Sig.* 值)

组合形式	A-HL	A-WH	B-HL	B-WH	C1-HL	C1-WH	C2-HL
A-WH	0.712	—	—	—	—	—	—
B-HL	0.037	0.171	—	—	—	—	—
B-WH	0.000	0.004	0.039	—	—	—	—
C1-HL	0.000	0.001	0.007	0.846	—	—	—
C1-WH	0.263	0.513	0.531	0.021	0.005	—	—
C2-HL	0.004	0.043	0.399	0.159	0.053	0.192	—
C2-WH	0.295	0.553	0.486	0.019	0.004	0.950	0.169

注:A-HL——行列式(联排)、A-WH——围合式(联排)、B-HL——行列式(封闭式合院)、B-WH——围合式(封闭式合院)、C1-HL——行列式(架空式合院)、C1-WH——围合式(架空式合院)、C2-HL——行列式(架空式合院)、C2-WH——围合式(架空式合院)。显著性水平为 0.05。

夏季不同建筑平面组合形式对应的 PET 值区间分布情况如图 10-27、表 10-40 所示。分析可知,夏季 PET 总体分布范围约在 29.12 ~38.07 ℃。对于同一种建筑原型的基准模型,其行列式布局村镇社区的 PET 下四分位数值、中位数和平均值普遍低于围合式布局 PET,表明围合式布局的村镇社区 PET 普遍较高。联排围合式(A-WH)和架空式合院围合式(C1-WH、C2-WH)布局的村镇社区 PET 四分位距最小,间距约为 0.1 ℃,而且中位数和平均值较高,表明这 3 种布局方式的村镇社区夏季 PET 普遍较高且变化范围不大。架空式合院行列式(C2-HL)布局的村镇社区 PET 四分位距最大,表明其 PET 受空间形态参数影响最大,但主要集中在 25% 分位区内。架空式合院行列式(C2-HL)布局的村镇社区 PET 的中位数和平均值最低,均为 29.93 ℃,表明架空式合院行列式(C2-HL)布局的村镇社区在夏季 PET 最低;封闭式合院围合式(B-WH)布局的村镇社区 PET 的中位数和平均值最高,分别为 31.32 ℃和 32.98 ℃,表明封闭式合院围合式(B-WH)布局的村镇社区在夏季 PET 最高。此外,夏季各建筑平面组合形式 PET 的中位数由大到小依次为:B-WH——围合式(封闭式合院)、A-WH——围合式(联排)、C1-WH——围合式(架空式合院)、C2-WH——围合式

（架空式合院）、C1-HL——行列式（架空式合院）、B-HL——行列式（封闭式合院）、A-HL——行列式（联排）、C2-HL——行列式（架空式合院）。

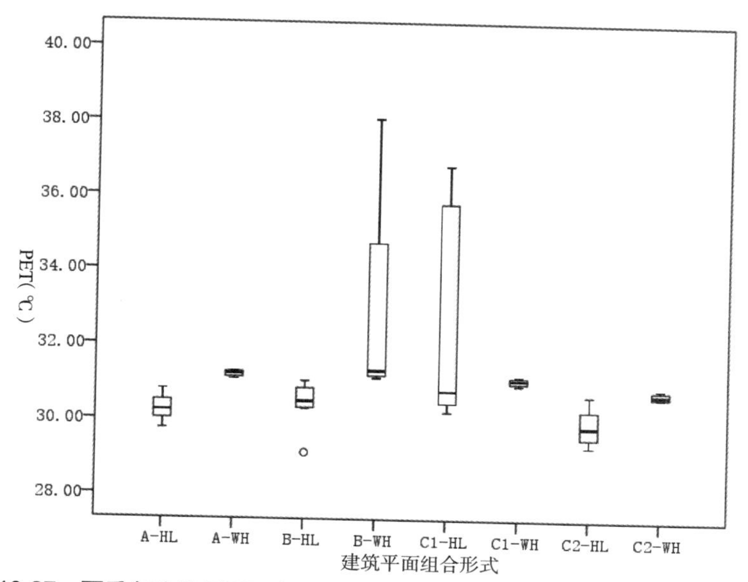

图 10-27 夏季各建筑平面组合形式对应 PET 区间分布（图片来源：作者自绘）

表 10-40 夏季不同建筑平面组合形式的 PET

建筑平面组合形式	平均值（℃）	标准差（℃）
A-HL	30.27	0.349
A-WH	31.21	0.093
B-HL	30.44	0.600
B-WH	32.97	3.405
C1-HL	32.65	2.914
C1-WH	31.09	0.103
C2-HL	29.93	0.474
C2-WH	30.76	0.109
夏季全部组合形式	31.05	1.802

综上分析，夏季不同建筑平面组合形式对应的 PET 分布情况呈现出特有的规律。苏南地区夏季围合式布局的村镇社区 PET 高于行列式布局的村镇社区 PET。此外，不同空间形态对行列式村镇社区 PET 影响较大，对于围合式村镇社区，仅对封闭合院（B）的 PET 影响较大。建筑平面组合形式仅对部分行列式和围合式布局的村镇社区夏季 PET 有显著影响。

10.5.3.2 冬季建筑平面组合形式与热舒适度指标的关系

多重比较分析结果如表 10-41 所示，结果表明：对于行列式布局，不同建筑原型，如联排（A-HL）、封闭合院（B-HL）及架空合院（C1-HL、C2-HL）之间的 PET 有显著差异，而不同的架空合院，如 C1-HL、C2-HL 之间的 PET 无显著差异；对于围合式布局，不同建筑原型，如联排（A-WH）和架空合院（C1-WH、C2-WH）之间的 PET 有显著性差异，而联排（A-WH）和封闭合院之间（B-WH）的 PET 无显著性差异，封闭合院（B-WH）和架空合院（C1-WH、C2-WH）之间的 PET 也无显著性差异，而且不同架空合院，如 C1-WH、C2-WH 之间的 PET 也无显著性差异。表明平面组合形式对部分行列式和围合式冬季 PET 有显著影响。

表 10-41　冬季建筑平面组合形式之间 PET 指标的显著性差异分析（*Sig.* 值）

组合形式	A-HL	A-WH	B-HL	B-WH	C1-HL	C1-WH	C2-HL
A-WH	0.712	—	—	—	—	—	—
B-HL	0.037	0.171	—	—	—	—	—
B-WH	0.000	0.004	0.039	—	—	—	—
C1-HL	0.000	0.001	0.007	0.846	—	—	—
C1-WH	0.263	0.513	0.531	0.021	0.005	—	—
C2-HL	0.004	0.043	0.399	0.159	0.053	0.192	—
C2-WH	0.295	0.553	0.486	0.019	0.004	0.950	0.169

注：A-HL——行列式（联排）、A-WH——围合式（联排）、B-HL——行列式（封闭式合院）、B-WH——围合式（封闭式合院）、C1-HL——行列式（架空式合院）、C1-WH——围合式（架空式合院）、C2-HL——行列式（架空式合院）、C2-WH——围合式（架空式合院）。显著性水平为 0.05。

冬季不同建筑平面组合形式对应的 PET 值分布情况如图 10-28、表 10-42 所示。由分析可知，冬季 PET 总体分布范围约在 5.25~9.36 ℃。其中，对于同一种建筑原型的基准模型，联排（A）和封闭合院（B）的行列式布局的 PET 下四分位数值、中位数和平均值均低于围合式布局，而架空合院（C1、C2）的行列式布局的 PET 下四分位数值、中位数和平均值均高于围合式布局。联排围合式（A-WH）和架空合院围合式（C1-WH、C2-WH）布局的冬季 PET 四分位距最小，间距约为 0.2 ℃，并且中位数和平均值也较低，表明这些布局方式在冬季 PET 普遍较低且受空间形态参数变化影响不大。联排行列式（A-HL）布局的 PET 中位数和平均值最低，分别为 5.62 ℃和 5.61 ℃，表明联排行列式（A-HL）布局在冬季 PET 较低；封闭式合院围合式（B-WH）布局的村镇社区 PET 的中位数和平均值最高，分别为 7.45 ℃和 7.50 ℃，表明封闭式合院围合式（B-WH）布局的村镇社区在冬季 PET 较高。此外，冬季各建筑平面组合形式 PET 的中位数由大到小依次为：B-WH——围合式（封闭式合院）、C1-HL——行列式（架空式合院）、C2-HL——行列式（架空式合院）、B-HL——行列式（封闭式合院）、C1-WH——围合式（架空式合院）、C2-WH——围合式（架空式合院）、A-WH——围合式（联排）、A-HL——行列式（联排）。

综上分析，对于冬季的行列式布局，以架空合院（C1、C2）、封闭合院（B）、联排（A）为建筑原型的 PET 依次降低；在围合式布局中，以封闭合院（B）、架空合院（C1、C2）、联排（A）为建筑原型的 PET 依次降低。此外，不同空间形态对行列式布局的 PET 影响较大，而对于围合式布局，不同空间形态仅对封闭合院（B）的 PET 影响较大。表明建筑平面组合形式仅对部分行列式和围合式 PET 有显著影响。

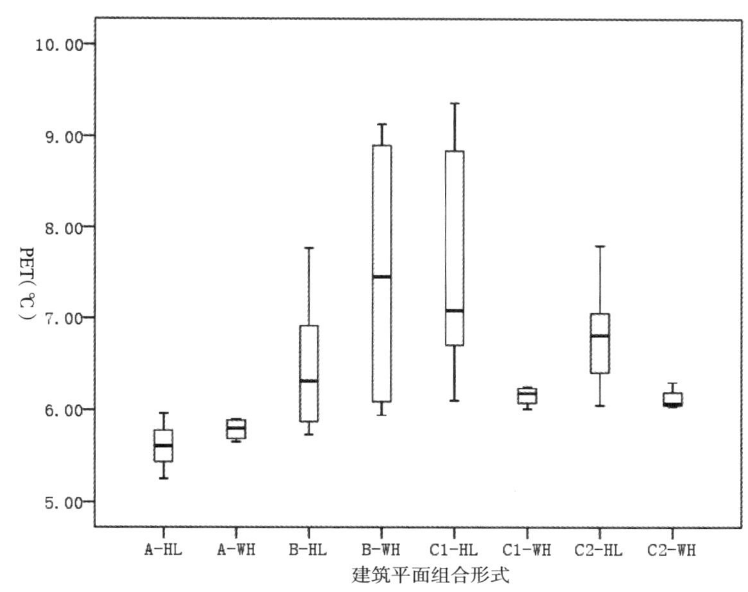

图 10-28　冬季各建筑平面组合形式对应 PET 区间分布(图片来源:作者自绘)

表 10-42　冬季不同建筑平面组合形式的 PET

建筑平面组合形式	平均值(℃)	标准差(℃)
A-HL	5.61	0.238
A-WH	5.79	0.120
B-HL	6.46	0.722
B-WH	7.50	1.638
C1-HL	7.59	1.241
C1-WH	6.16	0.107
C2-HL	6.80	0.546
C2-WH	6.12	0.121
冬季全部组合形式	6.54	1.018

10.5.4　基于村镇空间形态参数的热舒适度指标量化模型

10.5.4.1　夏季村镇社区热舒适度指标量化模型

根据 10.5.2.1 节夏季村镇社区空间形态参数与 PET 均值的显著性分析结果,将对 PET 有显著影响的量化空间形态参数,即最大建筑高度、容积率、建筑高度离散度、平面围合度、建筑密度作为自变量, PET 作为因变量进行回归分析,得到空间形态参数与 PET 的量化关系。通过前文对夏季微气候模拟,共获得夏季 PET 模拟数据 48 组,其中 PET 均值的范围为

29.12~38.07 ℃,空间形态参数变化范围见附录。

首先,确定各自变量与因变量之间的量化关系,运用曲线估计的方法对选取的空间形态参数(自变量)分别与PET指标(因变量)进行多种曲线拟合,以判定系数 R^2 和显著性指标 *Sig.* 值作为主要参考依据,判断变量间的曲线关系。重点考虑的曲线模型包括:线性模型、二次曲线模型、三次曲线模型和对数曲线模型图10-29为村镇社区空间形态参数与夏季PET均值之间的拟合曲线。

表10-43为各拟合曲线的显著性指标 *Sig.* 值和判定系数 R^2 结果。由表可知,建筑高度离散度与PET的拟合模型中,除了对数和线性模型不具有显著的统计学意义,其他2种拟合模型的 *Sig.* 值均小于0.05,而且二次模型和三次模型判定系数 R^2 值均在0.133左右,拟合优度接近。最大建筑高度与PET建立的4种拟合模型均显示出较强的显著性,其 *Sig.* 值均小于0.05, R^2 值均在0.09左右,拟合优度接近。平面围合度和建筑密度与PET的拟合模型中,均在二次和三次模型中具有较强的显著性。

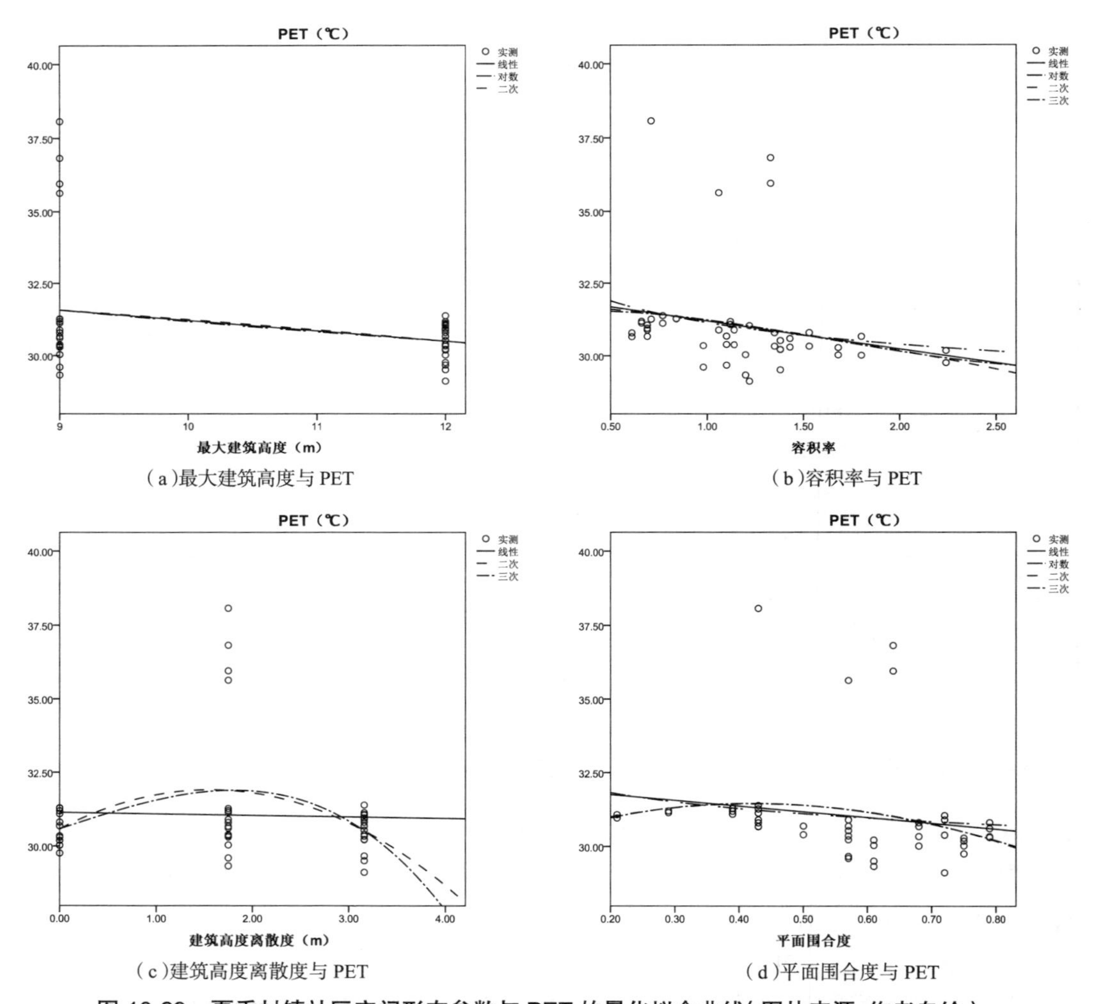

(a)最大建筑高度与PET

(b)容积率与PET

(c)建筑高度离散度与PET

(d)平面围合度与PET

图10-29 夏季村镇社区空间形态参数与PET的量化拟合曲线(图片来源:作者自绘)

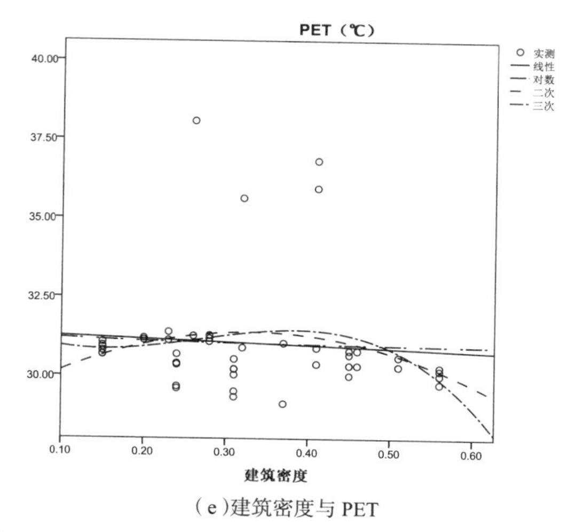

（e）建筑密度与 PET

图 10-29　夏季村镇社区空间形态参数与 PET 的量化拟合曲线（图片来源：作者自绘）（续）

表 10-43　夏季村镇社区空间形态参数与 PET 拟合模型的判定系数（R^2）

空间形态参数	线性模型	二次模型	三次模型	对数模型
最大建筑高度	0.090*	0.090*	0.090*	0.090*
容积率	0.046	0.046	0.046	0.042
建筑高度离散度	0.001	0.133*	0.133*	—
平面围合度	0.028	0.044*	0.044*	0.020
建筑密度	0.005	0.040*	0.049*	0.001

注：$^{**}p<0.01$，$^{*}p<0.05$。

为了更加准确地得到夏季村镇社区 PET 均值的量化模型，寻求能够解释村镇社区夏季平均 PET 变化规律的最优空间形态参数组合，本研究将各空间形态参数与 PET 之间具有显著统计学意义的曲线拟合模型作为自变量综合应用到回归分析当中。采用逐步线性回归方法，该方法能够对不同变量组合方式进行多次迭代回归分析，最终选取出最优的变量组合，并构建回归模型。结果显示经历 4 次方程迭代后，得到夏季村镇社区平均 PET 的多元回归模型，如式（10-14）所示。

$$PET_{(S)}=3.883\lambda_b^{\ 3}+0.009H_{std}^{\ 3}-3.067C_p^{\ 3}-0.416H_{max}+36.15 \quad (10\text{-}14)$$

式中，$PET_{(S)}$——夏季村镇社区行人高度处的 PET 平均值（℃）；

λ_b——建筑密度；

H_{std}——建筑高度离散度（m）；

C_p——平面围合度；

H_{max}——最大建筑高度（m）。

夏季村镇社区平均 PET 逐步多元回归模型综合分析结果如表 10-44 所示。由表可知，回归模型的 R^2 为 0.433，表明该模型对夏季村镇社区平均 PET 的解释度可到 43.3%；根据方

差分析可知 *Sig.* 值小于 0.05，*F* 值为 7.446(来自 ANOVA 分布表)，表明该回归模型具有较显著的统计学意义；*t* 检验中 *Sig.* 值均小于 0.05，表明回归系数均具有显著性，各自变量与因变量之间存在显著的相关关系；自变量 *VIF* 值均小于 10，表示回归模型不存在多重共线性；如图 10-30 所示，回归模型残差符合正态分布，表明多元回归模型与数据匹配程度良好，能很好地预测夏季村镇社区室外平均 PET。

表 10-44　夏季村镇社区平均 PET 多元回归模型综合分析表

判定系数 R^2	*F* 值	*Sig.* 值	自变量	标准化回归系数	*t* 检验	*Sig.* 值	*VIF* 值
0.433	7.446	0.000	常量	—	14.039	0.000	—
			λ_b^3	0.115	1.369	0.024	4.795
			H_{std}^3	0.068	1.270	0.038	3.149
			C_p^3	-0.290	-2.041	0.016	3.850
			H_{max}	-0.350	-2.603	0.014	2.371

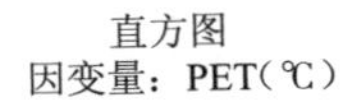

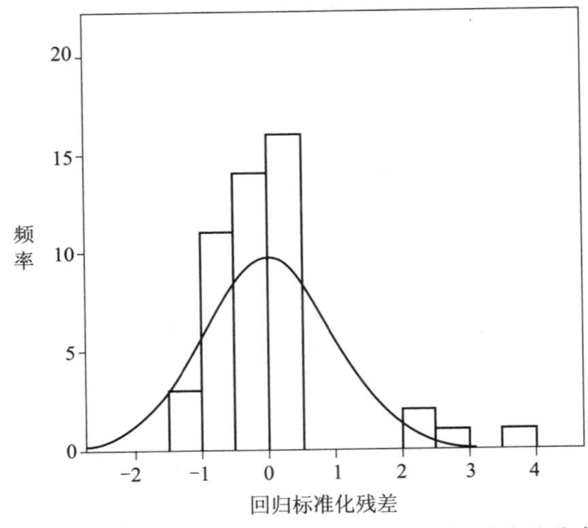

图 10-30　夏季村镇社区平均 PET 多元回归模型残差分布(图片来源：作者自绘)

根据标准化回归系数可知，各空间形态参数自变量对夏季村镇社区平均 PET 影响程度由大到小依次为：最大建筑高度(H_{max})、平面围合度的三次方(C_p^3)、建筑密度的三次方(λ_b^3)、建筑高度离散度的三次方(H_{std}^3)。

通过回归模型得到如下结论：建筑密度、建筑高度离散度、平面围合度和最大建筑高度共同对夏季 PET 发挥决定性作用。其中，随着建筑密度和建筑高度离散度的增大，夏季村镇社区平均 PET 增大；随着平面围合度和最大建筑高度的增大，夏季村镇社区平均 PET 减小。

10.5.4.2 冬季村镇社区热舒适度指标量化模型

根据显著性分析结果，将对冬季 PET 具有显著影响的量化空间形态参数，即建筑高度离散度、建筑平均高度、建筑密度、容积率、平面围合度作为自变量，PET 作为因变量进行回归分析，得到空间形态参数与 PET 值的量化模型。通过前文冬季基准模型微气候模拟，共获得冬季 PET 数据 48 组，其中 PET 均值的范围为 5.25~9.36 ℃。

首先，确定各自变量与因变量之间的数量关系，运用曲线估计的方法对选取的空间形态参数（自变量）分别与 PET 指标（因变量）进行多种曲线拟合，以判定系数 R^2 和显著性指标 *Sig.* 值作为主要参考依据，判断变量间的曲线关系。重点考虑的曲线模型包括：线性模型、二次曲线模型、三次曲线模型和对数曲线模型。图 10-31 为冬季村镇社区空间形态参数与 PET 均值之间的拟合曲线。

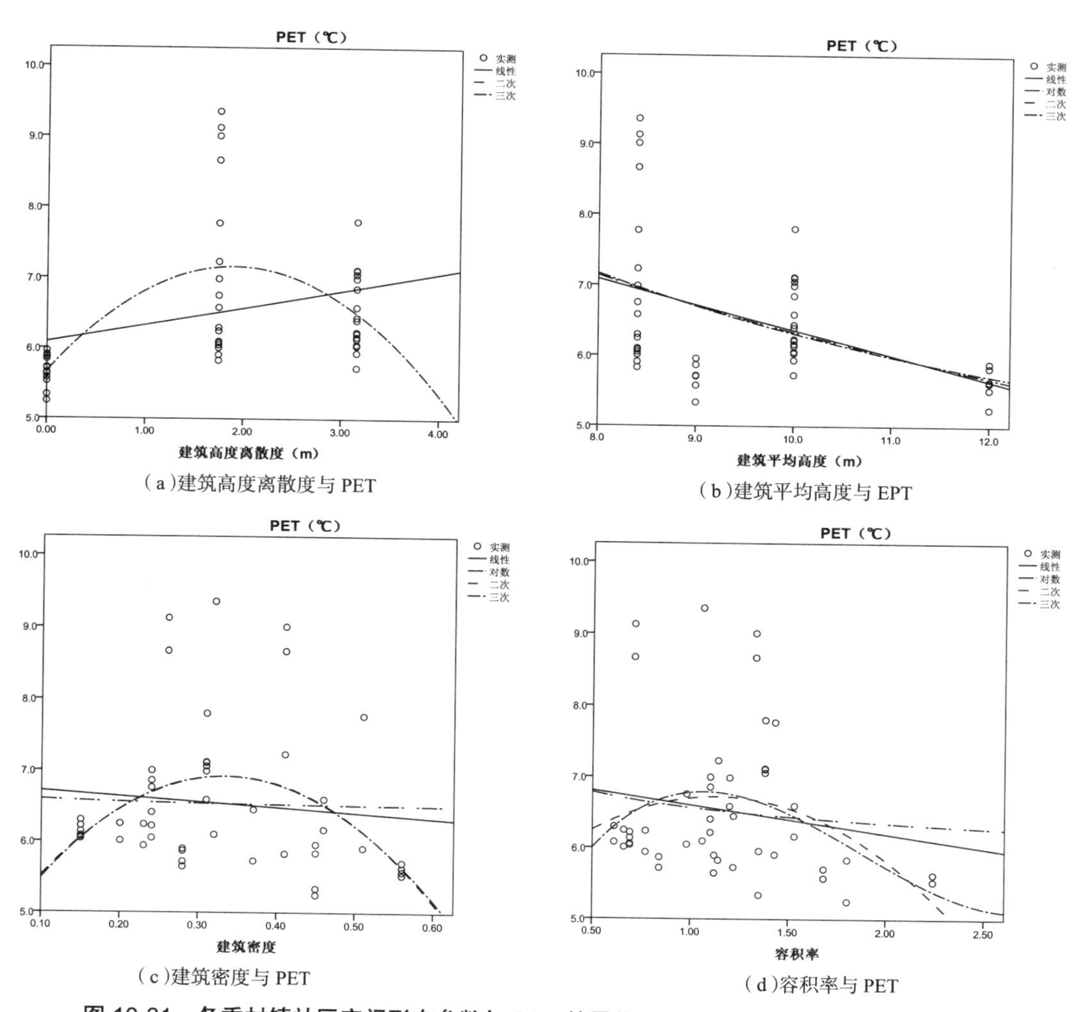

（a）建筑高度离散度与 PET

（b）建筑平均高度与 EPT

（c）建筑密度与 PET

（d）容积率与 PET

图 10-31 冬季村镇社区空间形态参数与 PET 的量化拟合曲线（图片来源：作者自绘）

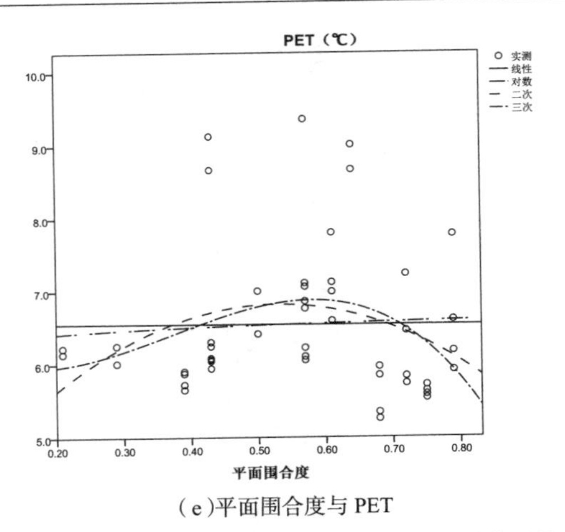

(e)平面围合度与 PET

图 10-31　冬季村镇社区空间形态参数与 PET 的量化拟合曲线（图片来源：作者自绘）（续）

表 10-45 为各拟合曲线的显著性指标 *Sig.* 值和判定系数 R^2 结果。由表可知，建筑高度离散度与 PET 的拟合模型中，除了对数模型不具有显著的统计学意义，其他 3 种拟合模型的 *Sig.* 值均小于 0.05，表明上述模型均具有较显著的统计学意义，并且二次模型和三次模型判定系数 R^2 值均在 0.327 左右，拟合优度接近。建筑平均高度与 PET 建立的 4 种拟合模型均有较强的显著性，其 *Sig.* 值均小于 0.05，R^2 值均在 0.175 左右，拟合优度接近。建筑密度和平面围合度与 PET 的拟合模型中，二次曲线模型和三次曲线模型的拟合优度均较高，而线性模型和对数曲线模型的拟合无显著性。

表 10-45　冬季村镇社区空间形态参数与 PET 拟合模型的判定系数（R^2）

空间形态参数	线性模型	二次模型	三次模型	对数模型
建筑高度离散度	0.088*	0.327**	0.327**	—
建筑平均高度	0.173**	0.175*	0.175*	0.175**
建筑密度	0.011	0.144*	0.144*	0.001
容积率	0.026	0.089	0.095	0.011
平面围合度	0.003	0.080*	0.094*	0.002

注：$^{**}p<0.01$，$^{*}p<0.05$。

为了更加准确地得到冬季村镇社区 PET 均值的量化模型，寻求能够解释村镇社区冬季平均 PET 变化规律的最优空间形态参数组合，本研究将各空间形态参数与 PET 之间具有显著统计学意义的曲线拟合模型作为自变量综合应用到回归分析当中。采用逐步线性回归方法，该方法能够对不同变量组合方式进行多次迭代回归分析，最终选取出最优的变量组合，并构建回归模型。结果显示经历 4 次方程迭代后，得到冬季村镇社区平均 PET 的多元回归模型，如式（10-15）所示。

$$PET_{(\mathrm{w})}=5.054\lambda_{\mathrm{b}}^{3}-0.089H_{\mathrm{std}}^{3}-1.428C_{\mathrm{p}}^{3}+1.24H_{\mathrm{avg}}+5.55 \quad (10\text{-}15)$$

式中，$PET_{(\mathrm{w})}$——冬季村镇社区行人高度处生理等效温度平均值（℃）；

λ_b——建筑密度；

H_{std}——建筑高度离散度（m）；

C_p——平面围合度；

H_{avg}——建筑平均高度（m）。

冬季村镇社区平均 PET 逐步多元回归模型综合分析结果如表 10-46 所示。由表可知，回归模型的 R^2 为 0.580，表明该模型对冬季村镇社区平均 PET 的解释度可到 58.0%；根据方差分析可知 *Sig.* 值小于 0.01，*F* 值为 9.436（来自 ANOVA 分布表），表明该回归模型具有极显著的统计学意义；*t* 检验中 *Sig.* 值均小于 0.05，表明回归系数均具有显著性，各自变量与因变量之间存在显著的相关关系；自变量 *VIF* 值均小于 10，表示回归模型不存在多重共线性；如图 10-32 所示，回归模型残差符合正态分布，表明多元回归模型与数据匹配程度良好，能很好预测冬季村镇社区室外平均 PET。

表 10-46　冬季村镇社区平均 PET 多元回归模型综合分析表

判定系数 R^2	*F* 值	*Sig.* 值	自变量	标准化回归系数	*t* 检验	*Sig.* 值	*VIF* 值
0.580	9.436	0.000	常量	—	14.966	0.000	—
			λ_b^3	0.264	1.769	0.046	7.629
			H_{std}^3	-1.230	-3.969	0.000	6.219
			C_p^3	-0.208	-1.701	0.048	5.675
			H_{avg}	1.509	4.127	0.000	8.654

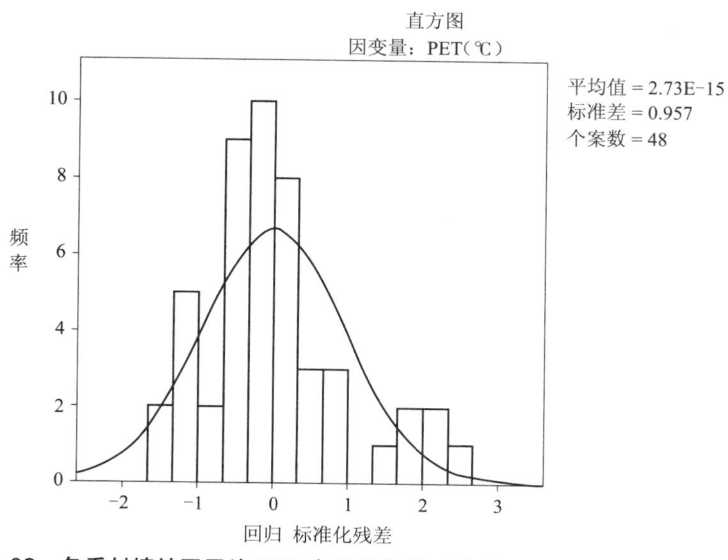

图 10-32　冬季村镇社区平均 PET 多元回归模型残差分布（图片来源：作者自绘）

根据标准化回归系数可知，各自变量对冬季平均 PET 影响程度由大到小依次为：建筑平均高度的一次方（H_{avg}）、建筑高度离散度的三次方（H_{std}^3）、建筑密度的三次方（λ_b^3）、平面围合度的三次方（C_p^3）。

通过回归模型可以得到如下结论：建筑平均高度、建筑密度、平面围合度和建筑高度离散度共同对冬季村镇社区 PET 发挥决定性作用。其中，随着建筑密度和建筑平均高度的增大，冬季村镇社区平均 PET 增大；随着建筑高度离散度和平面围合度的增大，冬季村镇社区平均 PET 减小。

10.6　本章小结

本章基于 10.2 节 48 个村镇社区基准模型，96 种冬、夏季室外微气候工况模拟结果，以平均风速比、空气温度及热舒适度指标 PET 作为室外微气候评价指标，针对村镇社区空间形态参数对微气候评价指标的影响开展深入研究。首先利用方差分析法确定了不同村镇社区空间形态参数对微气候评价指标的敏感性，其次通过探索性分析得出了不同建筑平面组合形式间微气候评价指标的差异性，最后利用逐步多元回归分别建立了村镇社区空间形态参数与平均风速比、空气温度及 PET 的量化模型，为将来村镇社区规划改造综合优化研究提供依据。

（1）确定了采用 ENVI-met 软件作为村镇社区微气候分析的模拟工具，并基于苏南地区村镇社区热环境实测数据对 ENVI-met 模拟结果的可靠性进行了验证。验证结果表明：冬季各个测点空气温度和相对湿度的实测结果与模拟结果逐时变化规律、水平空间分布规律都表现出较高的一致性，其中空气温度的判定系数 R^2 值为 0.70~0.89，相对湿度的判定系数 R^2 值为 0.72~0.90。此外，基于 CSWD 中典型气象年逐时气象参数，确定冬季和夏季的典型计算日分别为 1 月 19 日和 7 月 9 日。最后，依据 ENVI-met 软件参数设置要求，分别对物理模型参数、背景气象参数和人体热舒适度参数进行设置。

（2）对于风速而言，首先，通过敏感性分析确定了冬、夏季村镇社区空间形态参数对平均风速比影响的显著性及显著程度。其中，夏季时建筑高度离散度、建筑平均高度、建筑平面组合形式、平面围合度、建筑密度、容积率和风向投射角对村镇社区平均风速比具有显著影响；冬季时建筑高度离散度、建筑平面组合形式、建筑平均高度、平面围合度、建筑密度、容积率、风向投射角对村镇社区平均风速比具有显著影响，而且影响程度均依次减小。在此基础上，采用相关性分析得出了建筑平均高度、建筑密度、风向投射角与冬、夏季平均风速比均呈线性正相关；建筑高度离散度、平面围合度与冬、夏季平均风速比均呈线性负相关。其次，通过比较不同建筑平面组合形式间平均风速比的差异性，得出了围合式布局村镇社区的平均风速比高于行列式布局村镇社区的平均风速比。不同空间形态对行列式布局村镇社区的平均风速影响较大，对围合式布局村镇社区的平均风速影响较小。最后，运用曲线估计方法，判断各空间形态参数与平均风速比的量化关系，并利用逐步回归方法，分别构建了冬、夏季村镇社区空间形态参数与平均风速比的量化模型。

（3）对于空气温度而言，首先，通过敏感性分析确定了冬、夏季村镇社区空间形态参数对平均空气温度影响的显著性及显著程度。其中，夏季时建筑平面组合形式、平面围合度、建筑密度、建筑高度离散度、容积率、建筑平均高度和风向投射角对村镇社区平均空气温度具有显著影响；冬季时建筑平面组合形式、平面围合度、建筑密度、容积率对村镇社区平均空气温度具有显著影响，而且影响程度均依次减小。在此基础上，采用相关性分析确定了建筑平均高度、风向投射角与冬、夏季平均气温均呈线性正相关；建筑密度、容积率、平面围合度与冬、夏季平均气温均呈线性负相关。其次，通过比较各建筑平面组合形式间平均气温的差异性，得出了围合式布局村镇社区的平均空气温度高于行列式布局村镇社区的平均空气温度。最后，运用曲线估计方法，判断各空间形态参数与平均空气温度的量化关系，并利用逐步回归方法，分别构建了冬、夏季村镇社区空间形态参数与平均空气温度的量化模型。

（4）对于热舒适度指标 PET 而言，首先，通过敏感性分析确定了冬、夏季村镇社区空间形态参数对 PET 指标影响的显著性及显著程度。其中，夏季时最大建筑高度、容积率、建筑高度离散度、平面围合度、建筑平面组合形式、建筑密度对村镇社区平均 PET 具有显著影响；冬季时建筑高度离散度、建筑平均高度、建筑密度、建筑平面组合形式、容积率、平面围合度对村镇社区平均 PET 具有显著影响，而且影响程度均依次减小。在此基础上，通过相关性分析，确定了空间形态参数与 PET 指标的线性趋势及线性相关程度。其中，夏季时，最大建筑高度、建筑密度、建筑高度离散度、平面围合度、容积率与平均 PET 呈负相关，无空间形态参数与平均 PET 呈正相关；冬季时，建筑高度离散度与平均 PET 呈正相关，建筑密度、建筑平均高度、容积率与平均 PET 呈负相关。其次，通过比较各建筑平面组合形式间 PET 指标的差异性，得出了夏季围合式布局村镇社区的平均 PET 高于行列式布局村镇社区的平均 PET；冬季行列式与围合式布局的村镇社区平均 PET 各有高低。不同空间形态对行列式布局村镇社区平均 PET 影响较大，对围合式布局村镇社区平均 PET 影响较小。最后，运用曲线估计方法，判断各空间形态参数与平均 PET 的量化关系，并利用逐步回归方法，分别构建了冬、夏季村镇社区空间形态参数与平均 PET 的量化模型。

第十一章　总结与展望

11.1　研究总结

随着我国新型城镇化的快速发展，加之全球气候变化和能源紧缺问题日益显现，村镇社区室外热舒适度和建筑节能成为亟待研究的问题。我国苏南地区经济发达、建筑密集，本文通过对苏南地区村镇社区空间形态及室外热环境开展调研，总结得出村镇社区空间形态布局特征及微气候变化规律；通过建立村镇社区基准模型，利用数值模拟技术与统计分析方法，针对冬、夏季村镇社区空间形态参数与室外微气候评价指标的量化关系开展研究。本文的主要研究总结如下。

（1）总结提取了苏南地区村镇社区空间形态及布局特征。通过文献综述和现场调研相结合的方式，对苏南地区村镇社区空间形态开展深入研究，从建筑平面控制要素、建筑竖向控制要素和建筑整体控制要素等 3 个层面总结了空间形态分布特征，其中建筑平面控制要素包括建筑平面组合形式、建筑群体朝向、建筑密度和平面围合度，建筑竖向控制要素包括建筑高度、建筑平均高度、最大建筑高度和建筑高度离散度，建筑整体控制要素包括容积率。同时归纳总结得出苏南地区村镇社区常见建筑原型为联排、封闭合院及架空院落，常见布局方式为行列式和围合式，并在此基础上以 NS、EW 两种建筑朝向，3 m、6 m 两种道路宽度，9 m、12 m 两种建筑高度建立了 48 个典型基准模型，为后续研究提供数据基础。

（2）揭示了苏南地区村镇社区空间形态参数对冬、夏季室外微气候评价指标的敏感性，建立了其相互间的量化模型。首先，运用 ENVI-met 软件对 48 个基准模型冬、夏季典型计算日进行微气候模拟，以空气温度、平均风速比和生理等效温度（PET）作为微气候评价指标，利用单因素方差法确定了空间形态参数对微气候评价指标的敏感性。结果表明：对于风速而言，夏季时建筑高度离散度、建筑平均高度、建筑平面组合形式、平面围合度、建筑密度、容积率和风向投射角对平均风速比有显著影响；冬季时建筑高度离散度、建筑平面组合形式、建筑平均高度、平面围合度、容积率、建筑密度、风向投射角对平均风速比有显著影响，而且影响程度均依次减小。在此基础上，采用相关性分析得出了建筑平均高度、建筑密度、风向投射角与冬、夏季平均风速比均呈线性正相关；建筑高度离散度、平面围合度与冬、夏季平均风速比均呈线性负相关。对于空气温度而言，夏季时建筑平面组合形式、平面围合度、建筑高度离散度、容积率、建筑密度、建筑平均高度和风向投射角对平均空气温度有显著影响；冬季时建筑平面组合形式、平面围合度、建筑密度、容积率对平均空气温度有显著影响，而且影响程度均依次减小。此外建筑平均高度、风向投射角与冬、夏季平均气温均呈线性正相关；建筑密度、容积率、平面围合度与冬、夏季平均气温均呈线性负相关。对于 PET 而言，夏季时最大建筑高度、容积率、建筑高度离散度、平面围合度、建筑平面组合形式、建筑密度对平均PET有显著影响;冬季时建筑高度离散度、建筑平均高度、建筑密度、建筑平面组合形式、容积率、平面围合度对平均PET有显著影响,而且影响程度均依次减小。此外确定了空间形态参数与PET指标的线性趋势及线性相关程度。其中,夏季时,最大建筑高度、建筑密度、建筑高度离散度、平面围合度、容积率与平均PET呈负相关;冬季时,建筑高度离散度与平均PET呈正相关,建筑密度、建筑平均高度、容积率与平均PET呈负相关。其次,得出了不同建筑平面组合形式间微气候评价指标的差异性,结果表明:对于风速而言,围合式布局的平均风速比高于行列式布局,并且行列式布局的平均风速比受空间形态影响变化较大。对于空气温度而言,围合式布局的平均空气温度高于行列式布局,而且不同布局方式的平均空气温度受空间形态参数影响不一。对于PET而言,夏季围合式布局的平均PET高于行列式布局,冬季则各有高低,而且行列式布局的平均PET受空间形态影响变化较大。最后,利用逐步回归建立了空间形态参数与微气候评价指标的量化模型。

11.2 创新与不足

综合以上分析,本文取得的创新成果如下。

(1)利用文献综述及实地调研,总结提取了苏南地区村镇社区空间形态及布局特征,并建立了代表该地区特征的典型基准模型。

(2)利用数值模拟和统计分析方法揭示了苏南地区村镇社区空间形态参数对冬、夏季室外微气候评价指标的敏感性,并建立了空间形态参数与单一指标空气温度、平均风速比和热舒适度综合性指标PET的量化模型。

但研究也存在如下不足。

(1)对空间形态及布局考虑不够全面。苏南地区村镇社区布局方式不仅仅局限于行列式和围合式,还有点群式、混合式等,而且建筑形式多样。同时微气候除了受到建筑空间形态影响外,还受到绿化、水体、建筑材质、下垫面等影响。本研究以理想基准模型为基础,结果具有一定的局限性,难以符合实际村镇社区的复杂性和多样性。

(2)对空间形态影响因素分析不够全面。本文仅从室外微气候的视角来讨论村镇社区空间形态。而空间形态对室外空气品质、声环境、光环境、室内热湿环境都有影响,需要从多个维度结合绿色建筑及建筑性能优化设计进行讨论。

11.3 展望

为了使研究结果更具普遍性、导向性和推广性,未来的研究工作有以下几个推进方向。

(1)基于本文第三章、第四章的结论,结合村镇社区空间形态对室外热环境的作用规律,利用相关算法,如粒子群优化算法等,构建以村镇社区室外热环境与建筑节能综合性能优化为目标的村镇社区空间形态设计模型;提出村镇社区空间形态优化综合目标并运用层次分析法确定不同季节各子目标权重。

（2）由于村镇社区空间形态的复杂性和多样性，调研结果不能涵盖所有村镇类型的空间形态特征和布局方式。在后续工作中，需完善影响因素，探索绿化、水体、下垫面等对热环境的影响；同时扩大研究尺度，结合“微观”“中观”“宏观”3个层面，对室外微气候开展深入研究，提升研究成果的普遍性与科学性。

（3）本研究是基于冬、夏季典型日开展，没有涵盖过渡季节。在后续研究工作中，将拓展研究时长，对数月至全年尺度下的村镇社区热环境开展研究。

（4）本文仅基于空气温度、平均风速比、热舒适度指标建立空间形态的量化模型。在后续研究中，若以综合性能优化为目标，需对室外光环境、声环境、空气品质及室内热环境等更多空间环境要素进行综合考虑。

（5）为提升村镇社区空间形态与热环境的量化模型在实际工程应用中的便捷性，在后续研究中，需运用计算机编程语言对接多种优化算法，开发基于微气候与建筑节能综合性能优化的空间形态设计软件。软件将通过友好的操作界面，根据实际项目建设要求输入形态参数范围，根据综合性能优化目标需求调节各单目标权重系数，最后输出计算结果（综合性能评价值、各单目标性能评价值、空间形态参数组合）。

（6）本研究以苏南地区为例，其研究范围可推广至其他地区。根据实地调研、卫星地图及文献综述总结提取各个地区村镇社区的空间形态参数与布局形式特征，并建立基准模型；通过对基准模型进行微气候模拟研究，获取大量数据；利用本文研究方法即可获得适用于各地区的空间形态参数与微气候指标的量化模型。

参考文献

[1] UNITED NATIONS. World urbanization prospects：the 2018 revision. New York：United Nations，2018.

[2] TAN，LAU，KKL. Urban tree design approaches for mitigating daytime urban heat island effects in a high-density urban environment[J]. Energy and buildings，2016，114：265-274.

[3] 中华人民共和国国家发展和改革委员会. 关于印发《2022 年新型城镇化和城乡融合发展重点任务》的通知 [EB/OL]. 2022-03-17[2022-10-11]. https://www.ndrc.gov.cn/xwdt/tzgg/202203/t20220317_1319456.html.

[4] 住房和城乡建设部. 2016 年城乡建设统计公报 [N]. 中国建设报，2017-08-22.

[5] NAZARIAN N，ACERO J A，NORFORD L. Outdoor thermal comfort autonomy：Performance metrics for climate-conscious urban design[J]. Building and environment，2019，155：145-160.

[6] ENGINEERS A C. ANSI/ASHRAE Standard 55-2004：thermal environmental conditions for human occupancy. Atlanta：ASHRAE，2004.

[7] 赖达祎. 中国北方地区室外热舒适研究 [D]. 天津：天津大学，2012.

[8] 张伟. 居住小区绿地布局对微气候影响的模拟研究 [D]. 南京：南京大学，2015.

[9] CARLESTAM G. Studier av utomhusaktiviteter med automatisk kamera[R]. Stockholm：Rapport frånbyggforskningen，1968.

[10] NIKOLOPOULOU M，LYKOUDIS S. Use of outdoor spaces and microclimate in a Mediterranean urban area[J]. Building and environment，2007，42(10)：3691-3707.

[11] 张伟，郜志，丁沃沃. 室外热舒适性指标的研究进展 [J]. 环境与健康杂志，2015，32(9)：836-841.

[12] 刘念雄，秦佑国. 建筑热环境 [M]. 北京：清华大学出版社，2005.

[13] MACPHERSON R K. The assessment of the thermal environment. A review[J]. British journal of industrial medicine，1962，19(3)：151-164.

[14] BLAZEJCZYK K，EPSTEIN Y，JENDRITZKY G，et al. Comparison of UTCI to selected thermal indices[J]. International journal of biometeorology，2012，56(3)：515-535.

[15] SIPLE P A，PAEESL C F. Excerpts from：measurements of dry atmospheric cooling in subfreezing temperatures[J]. Wilderness & environmental medicine，1945，89(3)：177-199.

[16] ENGINEERS R. 1997 ASHRAE handbook：fundamentals[M]. Atlanta：ASHRAE，1997.

[17] OFCM. Report on wind chill temperature and extreme heat indices：evaluation and im-

prove-ment projects[R]. Colorado：National oceanic and atmospheric administration，office of the federal coordinator for meteorological services and supporting research，2003.

[18] THOM E C. The discomfort index[J]. Weatherwise，1959，12(1)：57-60.

[19] WINTERLING G A. Humiture-revised and adapted for the summer season in Jacksonville，Fla，BULLETIN OF THE AMERICAN METEOROLOGICAL SOCIETY，1979，60(4)：329-330. http://www.jstor.org/stable/26218670.

[20] MASTERSON J M，RICHARDSON F A. Humidex：a method of quantifying human discomfort due to excessive heat and humidity[M]. Downsview，Ontario：Environment Canada，1979.

[21] STEADMAN R G. The assessment of sultriness. part I：a temperature-humidity index based on human physiology and clothing science[J]. Journal of Applied Meteorology，1979，18(7)：861-873.

[22] BELDING H S，HATCH T F，Index for evaluating heat stress in terms of resulting physiological strain[J]. Heating piping and air conditioning，1955，27(8)：129.

[23] YAGLOU C P，MINARD D. Control of heat casualties at military training centers[J]. Ama arch ind health，1957，16(4)：302-316.

[24] PARSONS K. Heat stress standard ISO 7243 and its global application[J]. Industrial health，2006，44(3)：368.

[25] MAYER H，HPPE P. Thermal comfort of man in different urban environments[J]. Theoretical and applied climatology，1987，38(1)：43-49.

[26] LIN T P. Thermal perception，adaptation and attendance in a public square in hot and humid regions[J]. Building and environment，2009，44(10)：2017-2026.

[27] BLAZEJCZYK K. New climatological-and-physiological model of the human heat balance outdoor (MENEX) and its applications in bioclimatological studies in different scales. Book title：Bioclimatic research of the human heat balance. Source：Zeszyty Instytutu Geografii i Przestrzennego Zagospodarowania PAN. 1994，Num 28，pp27-58.

[28] REYNOLDS J S. Microclimatic landscape design：creating thermal comfort and energy efficiency[J]. Landscape journal，1997，16(1)：129-130.

[29] JENDRITZKY G，MAAROUF A，ETC. J5B.4 An update on the development of a Universal Thermal Climate Index [C]. 15th Conference on Biometeorology and Aerobiology Joint with the International Congress on Biometeorology (27 October - 1 November 2002 Kansas City，Missouri)，January 1，2002.

[30] JENDRITZKY G，MAAROUF A，STAIGER H. Looking for a universal thermal climate index(UTCI) for outdoor applications[C]. Windsor-conference on thermal standards，2001：5-8.

[31] DEAR R D，SKINNER C J. “Climate and tourism-an Australian perspective.” [C]. First

international workshop on climate, tourism and recreation. 2001.

[32] 中华人民共和国国家标准,人居环境气候舒适度评价标准:GB/T 27963—2011[S].

[33] 中华人民共和国国家标准,高温作业分级:GB/T 4200—2008[S].

[34] CHEN L, NG E. Outdoor thermal comfort and outdoor activities: a review of research in the past decade[J]. Cities, 2012, 29(2): 118-125.

[35] 郑有飞,余永江,谈建国,等. 气象参数对人体舒适度的影响研究 [J]. 气象科技, 2007, 35(6): 827-831.

[36] 张聪聪. 基于风速比和空气龄的住宅小区风环境数值模拟研究 [D]. 长沙: 湖南大学, 2014.

[37] 邱仞之. 环境高温与热损伤 [M]. 北京: 军事医学科学出版社, 2000.

[38] 林波荣. 绿化对室外热环境影响的研究 [D]. 北京: 清华大学建筑学院, 2004.

[39] JOHANSSON E. Influence of urban geometry on outdoor thermal comfort in a hot dry climate: a study in Fez, Morocco[J]. Building and environment, 2006, 41(10): 1326-1338.

[40] KRÜGER E L, MINELLA F O, RASIA F. Impact of urban geometry on outdoor thermal comfort and air quality from field measurements in Curitiba, Brazil[J]. Building and environment, 2011, 46(3): 621-634.

[41] CARFAN A C, GALVANI E, NERY J T. Study of thermal comfort in the city of São Paulo using ENVI-met model[J]. Investigaciones geográficas, 2012, 78(78): 34-47.

[42] PERINI K, MAGLIOCCO A. Effects of vegetation, urban density, building height, and atmospheric conditions on local temperatures and thermal comfort[J]. Urban forestry and urban greening, 2014, 13(3): 495-506.

[43] TALEGHANI M, KLEEREKOPER L, TENPIERIK M, et al. Outdoor thermal comfort within five different urban forms in the Netherlands[J]. Building and environment, 2015, 83(Jan.): 65-78.

[44] LIU Z, JIN Y, JIN H. The effects of different space forms in residential areas on outdoor thermal comfort in severe cold regions of China[J]. International journal of environmental research and public health, 2019, 16(20): 3960.

[45] XI T, LI Q, MOCHIDA A, et al. Study on the outdoor thermal environment and thermal comfort around campus clusters in subtropical urban areas[J]. Building and environment, 2012, 52(Jun.): 162-170.

[46] 刘琳. 城市局地尺度热环境时空特性分析及热舒适评价研究 [D]. 哈尔滨: 哈尔滨工业大学建筑学院, 2018.

[47] CHENG V, NG E, CHAN C, et al. Outdoor thermal comfort study in a sub-tropical climate: a longitudinal study based in Hong Kong[J]. International Journal of Biometeorology, 2012, 56(1): 43-56.

[48] 陈卓伦. 绿化体系对湿热地区建筑组团室外热环境影响研究 [D]. 广州：华南理工大学建筑学院，2010.

[49] 王一，栾沛君. 室外公共空间夏季热舒适性评价研究——以上海当代大中型住宅区为例 [J]. 住宅科技，2016，36(11)：52-57.

[50] 李悦. 上海中心城典型街区空间形态与微气候环境模拟分析 [D]. 上海：华东师范大学，2018.

[51] 殷晨欢. 干热地区基于热舒适需求的街区空间布局与自动寻优初探 [D]. 南京：东南大学，2018.

[52] 中华人民共和国建设部. 建筑气候区划标准：GB 50178—93 [S]. 北京：中国计划出版社，1993.

[53] 国家气象科学数据中心. 中国地面气候标准值月值数据集 [EB/OL]. http://data.cma.cn/data/cdcdetail/dataCode/SURF_CLI_CHN_MUL_MMON_19812010.htm.

[54] XU C C，LI S H，ZHANG X S. Energy flexibility for heating and cooling in traditional Chinese dwellings based on adaptive thermal comfort：a case study in Nanjing[J]. Building and environment，2020(179)：106952.

[55] 周铁镇志编纂委员会. 周铁镇志 [M]. 南京：凤凰出版社，2008.

[56] 杨林童. 城镇传统街区空间形态与结构的组织模式探究 [D]. 南京：东南大学，2018.

[57] 刘巧. 夏热冬冷、夏热冬暖气候环境中的建筑热力学模型研究 [D]. 南京：东南大学，2019.

[58] 闵天怡. 基于“开启”体系的太湖流域乡土民居气候适应机制与环境调控性能研究 [D]. 南京：东南大学，2020.

[59] 赵芹. 城市居住地块形态特征研究与表述 [D]. 南京：南京大学，2015.

[60] 陈宇青. 结合气候的设计思路 [D]. 武汉：华中科技大学，2005.

[61] 王恩琪，韩冬青，董亦楠. 江苏镇江市村落物质空间形态的地貌关联解析 [J]. 城市规划，2016，40(4)：75-84.

[62] 邓述平. 居住区规划设计资料集 [M]. 北京：中国建筑工业出版社，1996.

[63] GROLEAU D，MARENNE C. Environmental specificities of the urban built forms[C]. Rebuild network in the framework of the recite programme of D.G.XVI regional policies of the European Commission. Rebuilt-rebuilding the European city-integration of renewable energies in established urban structures European conference，1995：8-15.

[64] 中华人民共和国住房和城乡建设部. 夏热冬冷地区居住建筑节能设计标准：JGJ 134—2010 [S]. 北京：中国建筑工业出版社，2010.

[65] 江苏省住房和城乡建设厅科技发展中心. 江苏省绿色建筑设计标准：DB32/3962—2020 [S]. 南京：江苏凤凰科学技术出版社，2021.

[66] 中国建筑设计研究院有限公司. 民用建筑设计统一标准：GB 50352—2019 [S]. 北京：中国建筑工业出版社，2019.

[67] 吕骥超. 传统乡村聚落平面形态量化方法应用及拓展研究 [D]. 南京：东南大学，2018.
[68] 周俭. 城市住宅区规划原理 [M]. 上海：同济大学出版社，1999.
[69] 张涛. 城市中心区风环境与空间形态耦合研究——以南京新街口中心区为例 [D]. 南京：东南大学，2015.
[70] 钱舒皓. 城市中心区声环境与空间形态耦合研究——以南京新街口为例 [D]. 南京：东南大学，2015.
[71] 周钰. 街道界面形态的量化研究 [D]. 天津：天津大学，2012.
[72] 华南理工大学. 城市居住区热环境设计标准：JGJ 286—2013 [S]. 北京：中国建筑工业出版社，2013.
[73] 鲍莉，金海波. 传统砖木建筑功能与性能整体提升的实践初探——宜兴市周铁镇北河沿民宅更新设计 [J]. 南方建筑，2016(3)：16-20.
[74] 杨峰，钱锋，刘少瑜. 高层居住区规划设计策略的室外热环境效应实测和数值模拟评估 [J]. 建筑科学，2013，29(12)：28-34.
[75] 刘蔚巍. 人体热舒适客观评价指标研究 [D]. 上海：上海交通大学，2008.
[76] STANDARDS S. Ergonomics of the thermal environment-instruments for measuring physical quantities(ISO 7726)[S]. Geneva：International standard organization，1998.
[77] 黄博文，杨大禹. 中国传统民居院落空间的“围合”哲学 [J]. 华中建筑，2018，255(8)：17-21.
[78] 孙磊，周凌，黄华青. 合院原型在当代住宅组团中的类型分异研究——以 1978 年以来沿海经济发达地区住宅发展为例 [J]. 建筑学报，2020(6)：106-112.
[79] 孟庆林，王频，李琼. 城市热环境评价方法 [J]. 中国园林，2014，30(12)：13-16.
[80] 王振. 夏热冬冷地区基于城市微气候的街区层峡气候适应性设计策略研究 [D]. 武汉：华中科技大学，2008.
[81] 李坤明. 湿热地区城市居住区热环境舒适性评价及其优化设计研究 [D]. 广州：华南理工大学，2017.
[82] ALI-TOUDERT F，MAYER H. Numerical study on the effects of aspect ratio and orientation of an urban street canyon on outdoor thermal comfort in hot and dry climate[J]. Building and environment，2006，41(2)：94-108.
[83] BRUSE D. Overview in a nutshell[EB/OL]. https：//www.envi-met.com/overview-in-a-nutshell.
[84] HUTTNER S. Further development and application of the 3D microclimate simulation ENVI-met[D]. Mainz：Johannes Gutenberg-Universität in Mainz，2012.
[85] Basic layout of ENVI-met. Basic layout of ENVI-met[EB/OL]. https：//envimet.info/documents/onlinehelpv3/hs800.htm.
[86] Basic layout of ENVI-met. Basic layout of ENVI-met[EB/OL].https：//envimet.info/documents/onlin ehelpv3/hs790.htm.

[87] MELLOR G L，YAMADA T. Development of a turbulence closure model for geophysical fluid problems[J]. Reviews of geophysics，1982，20(4)：851-875.

[88] CHOW W T L，POPE R L，MARTIN C A，et al. Observing and modeling the nocturnal park cool island of an arid city：horizontal and vertical impacts[J]. Theoretical and applied climatology，2011，103(1-2)：197-211.

[89] CHOW W T L，BRAZEL A J. Assessing xeris caping as a sustainable heat island mitigation approach for a desert city[J]. Building and environment，2012，47(Jan.)：170-181.

[90] MA X，FUKUDA H，et al. The study on outdoor pedestrian thermal comfort in blocks：a case study of the Dao He Old Block in hot-summer and cold-winter area of Southern China[J]. Solar energy，2019，179(Feb.)：210-225.

[91] MUNIZ-GAL L P，PEZZUTO C C，CARVALHO M，et al. Urban geometry and the microclimate of street canyons in tropical climate[J]. Building and environment，2019，169：106547.

[92] 李雯喆. 低能耗办公建筑总图布局形态研究 [D]. 杭州：浙江大学，2020.

[93] LOPEZ-CABEZA V P，GALAN-MARIN C，RIVERA-GOMEZ C，et al. Courtyard microclimate ENVI-met outputs deviation from the experimental data[J]. Building and environment，2018，144(Oct.)：129-141.

[94] 中国气象局气象信息中心气象资料室，清华大学建筑技术科学系. 中国建筑热环境分析专用气象数据集 [M]. 北京：中国建筑工业出版社，2005.

[95] KALOGIROU S A. Generation of typical meteorological year (TMY-2) for Nicosia，Cyprus[J]. Renewable energy，2003，28(15)：2317-2334.

[96] SKEIKER K，GHANI B A. A software tool for the creation of a typical meteorological year[J]. Renewable energy，2009，34(3)：544-554.

[97] 李红莲. 建筑能耗模拟用典型气象年研究 [D]. 西安：西安建筑科技大学，2016.

[98] HALL I J. Generation of typical meteorological years for 26 SOLMET stations[M]. California：Sandia National Laboratories，1978.

[99] MARION W，URBAN K. Users manual for TMY2s：derived from the 1961-1990 national solar radiation data base[R]. Golden，CO，United States：national renewable energy laboratory，1995.

[100] WONG W L，NGAN K H. Selection of an “example weather year” for Hong Kong[J]. Energy and buildings，1993，19(4)：313-316.

[101] YANG L，LAM J C，LIU J. Analysis of typical meteorological years in different climates of China[J]. Energy conversion and management，2007，48(2)：654-668.

[102] PISSIMANIS D，KARRAS G，NOTARIDOU V，et al. The generation of a “typical meteorological year” for the city of Athens[J]. Solar energy，1988，40(5)：405-411.

[103] JIANG Y. Generation of typical meteorological year for different climates of China[J].

Energy, 2010, 35(5): 1946-1953.

[104] JIN H, LIU Z, JIN Y, et al. The effects of residential area building layout on outdoor wind environment at the pedestrian level in severe cold regions of China[J]. Sustainability, 2017, 9(12): 2310.

[105] CONRY P, SHARMA A, POTOSNAK M J, et al. Chicago's heat island and climate change: bridging the scales via dynamical downscaling[J]. Journal of applied meteorology and climatology, 2015, 54(7): 1430-1448.

[106] ENVI-met. Configuration file-basic settiings [EB/OL]. http: //www.envimet.info/doku.php? id=basic_settings.

[107] 丁锋. 传统砖木建筑的技术模式研究——以宜兴地区周铁镇老街区传统民居性能分析为例 [D]. 南京：东南大学,2015.

[108] 徐苛珂. 基于苏州古城区传统建筑修复的围护结构节能改造研究 [D]. 苏州：苏州科技大学,2017.

[109] 王频. 湿热地区城市中央商务区热环境优化研究 [D]. 广州：华南理工大学, 2015.

[110] 郭艳君,丁一汇. 1958—2005 年中国高空大气比湿变化 [J]. 大气科学, 2014, 38(1): 1-12.

[111] 王晓巍. 北方季节性冻土的冻融规律分析及水文特性模拟 [D]. 哈尔滨：东北农业大学, 2010.

[112] 张文君,周天军,宇如聪. 中国土壤湿度的分布与变化 I. 多种资料间的比较. 大气科学 [J]. 大气科学, 2008, 32(3): 581-597.

[113] WIERINGA J. Representativeness of wind observations at airports[J]. Bulletin of the American meteorological society, 1980, 61(9): 962-971.

[114] 中国建筑科学研究院有限公司. 绿色建筑评价标准：GB/T 50378—2019 [S]. 北京：中国建筑工业出版社, 2019.

[115] 张爱民, 张菲菲. 高层村镇社区户外活动空间适老性影响因素研究——以济南市为例 [C]. // 中国城市规划学会. 共享与品质——2018 中国城市规划年会论文集(20 住房建设规划). 北京:中国建筑工业出版社, 2018.

[116] BOTTEMA M. A method for optimization of wind discomfort criteria[J]. Building and environment, 2000, 35(1): 1-18.

[117] SOLIGO M J, IRWIN P A, WILLIAMS C J, et al. A comprehensive assessment of pedestrian comfort including thermal effects[J]. Journal of wind engineering and industrial aerodynamics, 1998, 77(98): 753-766.

[118] BLOCKEN B, CARMELIET J. Pedestrian wind environment around buildings: literature review and practical examples[J]. Journal of thermal envelope and building science, 2004, 28(2): 107-159.

[119] 希缪,斯坎伦. 风对结构的作用:风工程导论 [M]. 刘尚培,译. 上海：同济大学出版

社，1992.

[120] 李新欣. 室内购物街天然光环境性能优化研究 [D]. 哈尔滨：哈尔滨工业大学，2018.

[121] 郭红霞. 相关系数及其应用 [J]. 武警工程大学学报，2010，26(2)：3-5.

[122] 卢纹岱,朱红兵. SPSS 统计分析 [M]. 5 版. 北京：电子工业出版社，2015.

[123] LI J，LIU N. The perception，optimization strategies and prospects of outdoor thermal comfort in China：a review[J]. Building and environment，2020，170：106614.

[124] NIKOLOPOULOU M，BAKER N，STEEMERS K. Thermal comfort in outdoor urban spaces：understanding the human parameter[J]. Solar energy，2001，70(3)：227-235.

[125] 黄建华. 人与热环境 [M]. 北京：科学出版社，2011.

[126] MIDDEL A，HAB K，BRAZEL A J，et al. Impact of urban form and design on mid-afternoon microclimate in Phoenix local climate zones[J]. Landscape and urban planning，2014，122(2)：16-28.

[127] STAIGER H，LASCHEWSKI G，MATZARAKIS A. Selection of appropriate thermal indices for applications in human biometeorological studies[J]. Atmosphere (Basel)，2019，10(1)：18.

[128] TANABE S. KIMURA K. Effects of air temperature，humidity，and air movement on thermal comfort under hot and humid conditions[J]. ASHRAE Trans，1994(100)：953-969.

附录 A　各基准模型空间布局示意图

表 A-1　各基准模型空间布局示意图

模型示意图		
ID	A-3 F-HL-EW-3 m	A-3 F-HL-EW-6 m
模型示意图		
ID	A-3 F-HL-NS-3 m	A-3 F-HL-NS-6 m
模型示意图		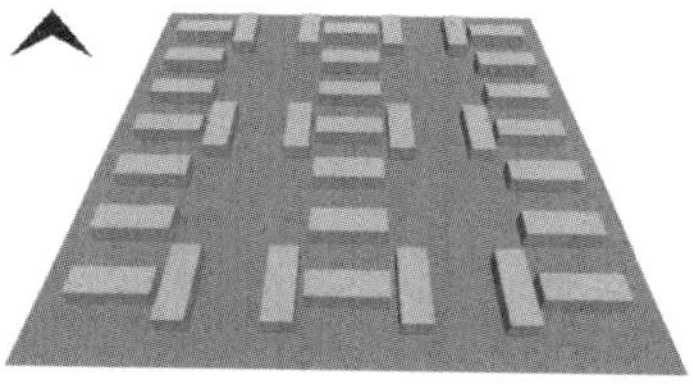
ID	A-3 F-WH-EW-3 m	A-3 F-WH-NS-3 m
模型示意图		
ID	A-4 F-HL-EW-3 m	A-4 F-HL-EW-6 m
模型示意图		
ID	A-4 F-HL-NS-3 m	A-4 F-HL-NS-6 m

续表

模型示意图		
ID	A-4 F-WH-EW-3 m	A-4 F-WH-NS-3 m
模型示意图		
ID	B-3 F-HL-EW-3 m	B-3 F-HL-EW-6 m
模型示意图		
ID	B-3 F-HL-NS-3 m	B-3 F-HL-NS-6 m
模型示意图		
ID	B-3 F-WH-EW-3 m	B-3 F-WH-NS-3 m
模型示意图		
ID	B-4 F-HL-EW-3 m	B-4 F-HL-EW-6 m
模型示意图		
ID	B-4 F-HL-NS-3 m	B-4 F-HL-NS-6 m

续表

模型示意图		
ID	B-4 F-WH-EW-3 m	B-4 F-WH-NS-3 m
模型示意图		
ID	C1-3 F-HL-EW-3 m	C1-3 F-HL-EW-6 m
模型示意图		
ID	C1-3 F-HL-NS-3 m	C1-3 F-HL-NS-6 m
模型示意图		
ID	C1-3 F-WH-EW-3 m	C1-3 F-WH-NS-3 m
模型示意图		
ID	C1-4 F-HL-EW-3 m	C1-4 F-HL-EW-6 m
模型示意图		
ID	C1-4 F-HL-NS-3 m	C1-4 F-HL-NS-6 m

续表

模型示意图		
ID	C1-4 F-WH-EW-3 m	C1-4 F-WH-NS-3 m
模型示意图		
ID	C2-3 F-HL-EW-3 m	C2-3 F-HL-EW-6 m
模型示意图		
ID	C2-3 F-HL-NS-3 m	C2-3 F-HL-NS-6 m
模型示意图		
ID	C2-3 F-WH-EW-3 m	C2-3 F-WH-NS-3 m
模型示意图		
ID	C2-4 F-HL-EW-3 m	C2-4 F-HL-EW-6 m
模型示意图		
ID	C2-4 F-HL-NS-3 m	C2-4 F-HL-NS-6 m

续表

模型示意图		
ID	C2-4 F-WH-EW-3 m	C2-4 F-WH-NS-3 m

附录B 各基准模型空间形态参数汇总

表 B-1 各基准模型的空间形态参数

案例编号	高宽比	平面围合度	容积率	建筑密度	建筑平均高度(m)	建筑最大高度(m)	建筑高度离散度(m)
A-3 F-HL-EW-3 m	3.0	0.75	1.68	0.56	9.00	9.00	0.00
A-3 F-HL-EW-6 m	1.5	0.68	1.35	0.45	9.00	9.00	0.00
A-3 F-HL-NS-3 m	3.0	0.75	1.68	0.56	9.00	9.00	0.00
A-3 F-HL-NS-6 m	1.5	0.68	1.35	0.45	9.00	9.00	0.00
A-3 F-WH-EW-3 m	3.0	0.39	0.84	0.28	9.00	9.00	0.00
A-3 F-WH-NS-3 m	3.0	0.39	0.84	0.28	9.00	9.00	0.00
A-4 F-HL-EW-3 m	4.0	0.75	2.24	0.56	12.00	12.00	0.00
A-4 F-HL-EW-6 m	2.0	0.68	1.80	0.45	12.00	12.00	0.00
A-4 F-HL-NS-3 m	4.0	0.75	2.24	0.56	12.00	12.00	0.00
A-4 F-HL-NS-6 m	2.0	0.68	1.80	0.45	12.00	12.00	0.00
A-4 F-WH-EW-3 m	4.0	0.39	1.12	0.28	12.00	12.00	0.00
A-4 F-WH-NS-3 m	4.0	0.39	1.12	0.28	12.00	12.00	0.00
B-3 F-HL-EW-3 m	3.0	0.79	1.43	0.51	8.40	9.00	1.75
B-3 F-HL-EW-6 m	1.5	0.72	1.14	0.41	8.40	9.00	1.75
B-3 F-HL-NS-3 m	3.0	0.79	1.43	0.51	8.40	9.00	1.75
B-3 F-HL-NS-6 m	1.5	0.72	1.14	0.41	8.40	9.00	1.75
B-3 F-WH-EW-3 m	3.0	0.43	0.71	0.26	8.40	9.00	1.75
B-3 F-WH-NS-3 m	3.0	0.43	0.71	0.26	8.40	9.00	1.75
B-4 F-HL-EW-3 m	4.0	0.79	1.53	0.46	10.00	12.00	3.16
B-4 F-HL-EW-6 m	2.0	0.72	1.22	0.37	10.00	12.00	3.16
B-4 F-HL-NS-3 m	4.0	0.79	1.53	0.46	10.00	12.00	3.16
B-4 F-HL-NS-6 m	2.0	0.72	1.22	0.37	10.00	12.00	3.16
B-4 F-WH-EW-3 m	4.0	0.43	0.77	0.23	10.00	12.00	3.16
B-4 F-WH-NS-3 m	4.0	0.43	0.77	0.23	10.00	12.00	3.16
C1-3 F-HL-EW-3 m	3.0	0.64	1.33	0.41	8.40	9.00	1.75
C1-3 F-HL-EW-6 m	1.5	0.57	1.06	0.32	8.40	9.00	1.75
C1-3 F-HL-NS-3 m	3.0	0.64	1.33	0.41	8.40	9.00	1.75
C1-3 F-HL-NS-6 m	1.5	0.57	1.06	0.32	8.40	9.00	1.75

续表

案例编号	高宽比	平面围合度	容积率	建筑密度	建筑平均高度（m）	建筑最大高度（m）	建筑高度离散度（m）
C1-3 F-WH-EW-3 m	3.0	0.29	0.66	0.20	8.40	9.00	1.75
C1-3 F-WH-NS-3 m	3.0	0.29	0.66	0.20	8.40	9.00	1.75
C1-4 F-HL-EW-3 m	4.0	0.57	1.38	0.31	10.00	12.00	3.16
C1-4 F-HL-EW-6 m	2.0	0.50	1.10	0.24	10.00	12.00	3.16
C1-4 F-HL-NS-3 m	4.0	0.57	1.38	0.31	10.00	12.00	3.16
C1-4 F-HL-NS-6 m	2.0	0.50	1.10	0.24	10.00	12.00	3.16
C1-4 F-WH-EW-3 m	4.0	0.21	0.69	0.15	10.00	12.00	3.16
C1-4 F-WH-NS-3 m	4.0	0.21	0.69	0.15	10.00	12.00	3.16
C2-3 F-HL-EW-3 m	3.0	0.61	1.20	0.31	8.40	9.00	1.75
C2-3 F-HL-EW-6 m	1.5	0.57	0.98	0.24	8.40	9.00	1.75
C2-3 F-HL-NS-3 m	3.0	0.61	1.20	0.31	8.40	9.00	1.75
C2-3 F-HL-NS-6 m	1.5	0.57	0.98	0.24	8.40	9.00	1.75
C2-3 F-WH-EW-3 m	3.0	0.43	0.61	0.15	8.40	9.00	1.75
C2-3 F-WH-NS-3 m	3.0	0.43	0.61	0.15	8.40	9.00	1.75
C2-4 F-HL-EW-3 m	4.0	0.61	1.38	0.31	10.00	12.00	3.16
C2-4 F-HL-EW-6 m	2.0	0.57	1.10	0.24	10.00	12.00	3.16
C2-4 F-HL-NS-3 m	4.0	0.61	1.38	0.31	10.00	12.00	3.16
C2-4 F-HL-NS-6 m	2.0	0.57	1.10	0.24	10.00	12.00	3.16
C2-4 F-WH-EW-3 m	4.0	0.43	0.69	0.15	10.00	12.00	3.16
C2-4 F-WH-NS-3 m	4.0	0.43	0.69	0.15	10.00	12.00	3.16

附录 C　气象数据文件处理方法

（1）将待处理的气象数据文件（.EPW 格式）通过 Excel 软件打开，并利用 Excel 表格对气象数据文件格式进行调整，如图 C-1 所示。

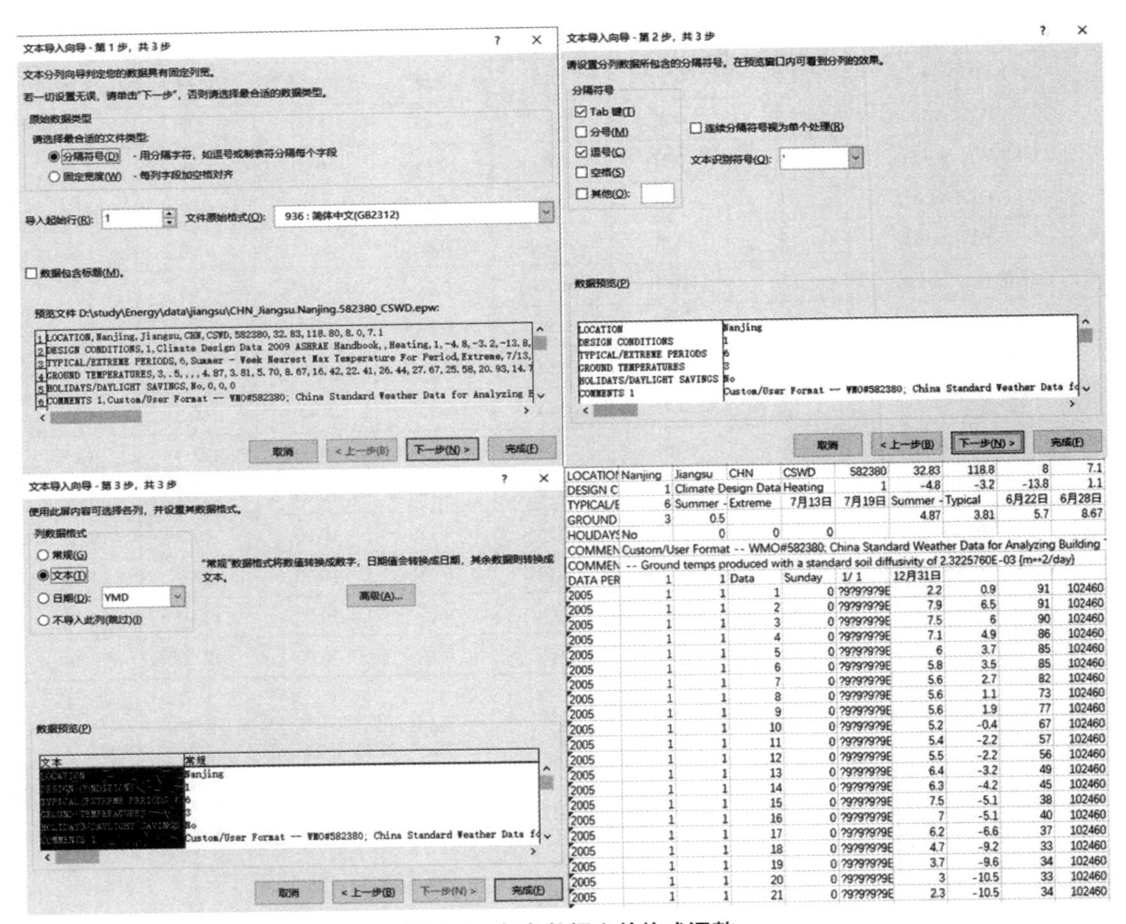

图 C-1　气象数据文件格式调整

（2）在 Excel 软件中将典型计算日的干球温度、相对湿度、风速及风向数据替换为相应基准模型室外微气候逐时模拟结果，如图 C-2 所示。

2005	1	18	22	0	?9?9?9?9E	0.1	-1.2	90	102630	9999	9999	278	0	0	0	999900	999900	999900	99990	0	0	9
2005	1	18	23	0	?9?9?9?9E	-0.5	-1.5	92	102630	9999	9999	250	0	0	0	999900	999900	999900	99990	0	0	1
2005	1	18	24	0	?9?9?9?9E	-1	-1.5	96	102630	9999	9999	252	0	0	0	999900	999900	999900	99990	0	0	2
2005	1	19	1	0	?9?9?9?9E	-1.2	-1.5	97	102080	9999	9999	267	0	0	0	999900	999900	999900	99990	0	0	8
2005	1	19	2	0	?9?9?9?9E	-1.6	-1.7	99	102080	9999	9999	252	0	0	0	999900	999900	999900	99990	0	0	3
2005	1	19	3	0	?9?9?9?9E	-1.5	-1.7	98	102080	9999	9999	271	0	0	0	999900	999900	999900	99990	0	0	9
2005	1	19	4	0	?9?9?9?9E	-1.8	-1.7	100	102080	9999	9999	257	0	0	0	999900	999900	999900	99990	0	0	6
2005	1	19	5	0	?9?9?9?9E	-0.9	-1.3	97	102080	9999	9999	268	0	0	0	999900	999900	999900	99990	0	0	8
2005	1	19	6	0	?9?9?9?9E	-0.8	-1.1	98	102080	9999	9999	259	0	0	0	999900	999900	999900	99990	0	0	5
2005	1	19	7	0	?9?9?9?9E	-0.5	-1.1	96	102080	9999	9999	260	0	0	0	999900	999900	999900	99990	0	0	5
2005	1	19	8	0	?9?9?9?9E	-1	-1.3	98	102080	9999	9999	263	2	7	1	999900	999900	999900	99990	0	0	7
2005	1	19	9	0	?9?9?9?9E	-0.8	-1.1	98	102080	9999	9999	257	17	3	16	999900	999900	999900	99990	0	0	4
2005	1	19	10	0	?9?9?9?9E	0.9	0	93	102080	9999	9999	272	128	66	97	999900	999900	999900	99990	0	0	7
2005	1	19	11	0	?9?9?9?9E	3.1	0.6	84	102080	9999	9999	282	239	147	157	999900	999900	999900	99990	180	3	7
2005	1	19	12	0	?9?9?9?9E	4.2	1.3	81	102080	9999	9999	287	306	205	184	999900	999900	999900	99990	202	3	7
2005	1	19	13	0	?9?9?9?9E	6.5	0.9	67	102080	9999	9999	290	419	457	153	999900	999900	999900	99990	202	1	5
2005	1	19	14	0	?9?9?9?9E	7	1.3	67	102080	9999	9999	299	347	289	198	999900	999900	999900	99990	180	3	7
2005	1	19	15	0	?9?9?9?9E	8	1.1	62	102080	9999	9999	285	408	733	105	999900	999900	999900	99990	180	2	1
2005	1	19	16	0	?9?9?9?9E	8.9	1.7	61	102080	9999	9999	301	294	648	87	999900	999900	999900	99990	180	2	5
2005	1	19	17	0	?9?9?9?9E	9	2.1	62	102080	9999	9999	320	175	304	49	999900	999900	999900	99990	180	2	9
2005	1	19	18	0	?9?9?9?9E	8.2	3.1	70	102080	9999	9999	295	53	0	0	999900	999900	999900	99990	0	0	3
2005	1	19	19	0	?9?9?9?9E	5.8	2.9	81	102080	9999	9999	287	0	0	0	999900	999900	999900	99990	0	0	4
2005	1	19	20	0	?9?9?9?9E	4.2	2.7	90	102080	9999	9999	267	0	0	0	999900	999900	999900	99990	0	0	0
2005	1	19	21	0	?9?9?9?9E	3.4	2.5	94	102080	9999	9999	272	0	0	0	999900	999900	999900	99990	0	0	2
2005	1	19	22	0	?9?9?9?9E	2.7	1.7	93	102080	9999	9999	269	0	0	0	999900	999900	999900	99990	0	0	2
2005	1	19	23	0	?9?9?9?9E	2.2	1.7	97	102080	9999	9999	258	0	0	0	999900	999900	999900	99990	0	0	0
2005	1	19	24	0	?9?9?9?9E	1.5	0.9	96	102080	9999	9999	275	0	0	0	999900	999900	999900	99990	0	0	7
2005	1	20	1	0	?9?9?9?9E	2.9	2.5	97	101810	9999	9999	261	0	0	0	999900	999900	999900	99990	202	2	0
2005	1	20	2	0	?9?9?9?9E	2.5	1.9	96	101810	9999	9999	268	0	0	0	999900	999900	999900	99990	0	0	2
2005	1	20	3	0	?9?9?9?9E	2	1.7	98	101810	9999	9999	275	0	0	0	999900	999900	999900	99990	0	0	6

图 C-2　气象参数的替换

（3）将上述文件保存为 TXT 格式文件，并用记事本编辑软件打开经数据替换后的文件（.TXT 格式），将气象数据文件中的空格值替换为英文输入法下的逗号“,”；将原始典型气象年数据的文件（.EPW 格式）用记事本编辑软件打开，复制其头文件并对新的 TXT 格式文件的头文件进行替换，如图 C-3 所示。最后将修改后的 TXT 文件后缀名改成 EPW。

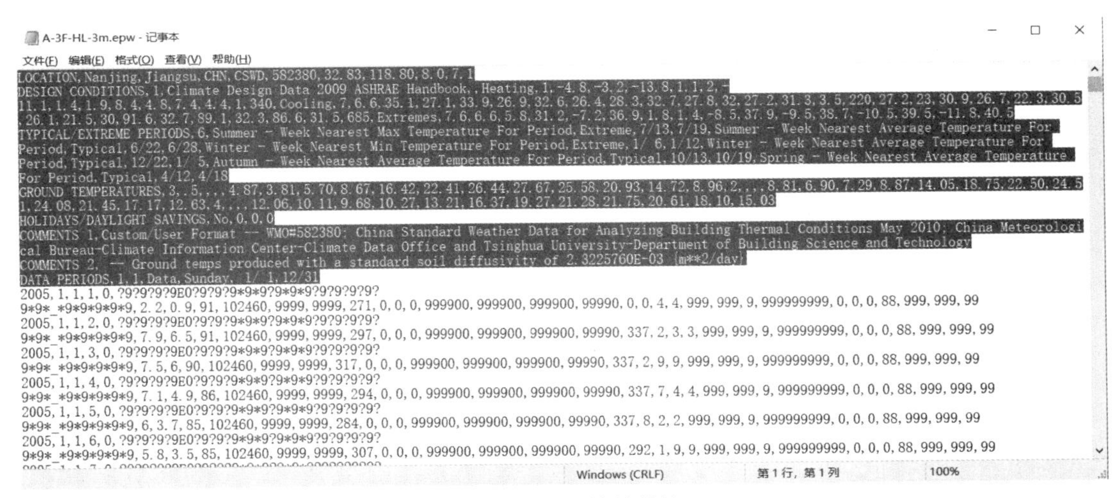

图 C-3　头文件的替换